Handbuch Gehölzschnitt

Steve Bradley

Handbuch Gehölzschnitt

Bassermann

Impressum

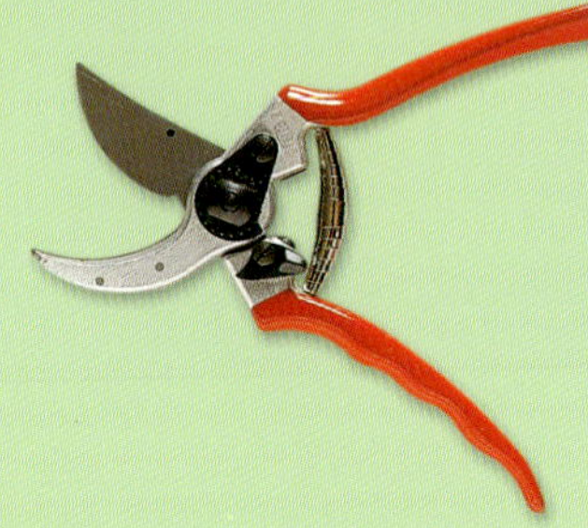

ISBN 978-3-8094-2477-2

Originaltitel: The Pruner's Bible

Umschlaggestaltung: Atelier Versen, Bad Aibling
Übersetzung: Feryal Kanbay, München
Redaktion und Gesamtherstellung: Redaktionsbüro Wolfgang Funke, Augsburg
Satz: Atelier Lehmacher, Friedberg/Bay.

Printed in Singapore

817 2635 4453 6271

Inhaltsverzeichnis

Hinweise zur Benutzung

In diesem Buch finden Sie detaillierte Informationen zu allen wichtigen Schnitttechniken. Diese sind klar und verständlich dargestellt und auch für den Anfänger nachvollziehbar. Zu Beginn werden die Grundtechniken des Pflanzenschnitts erläutert. Es wird erklärt, wieso Pflanzen geschnitten werden müssen. Was Sie alles benötigen, wie Sie die Werkzeuge richtig einsetzen und Unfälle vermeiden ist ebenfalls Thema.

Ab Seite 175 finden Sie die Beschreibungen von über 70 häufig kultivierten Garten- und Kübelgehölzen. Diese sind alphabetisch nach ihren botanischen Namen angeordnet. Allgemeinen Informationen über die Pflanze folgt jeweils eine detaillierte Beschreibung des Schnitts, die zusätzlich anschaulich illustriert ist. Im letzten Kapitel werden die Techniken zum Schnitt von Hecken, Kletterpflanzen und Obstgehölzen vorgestellt.

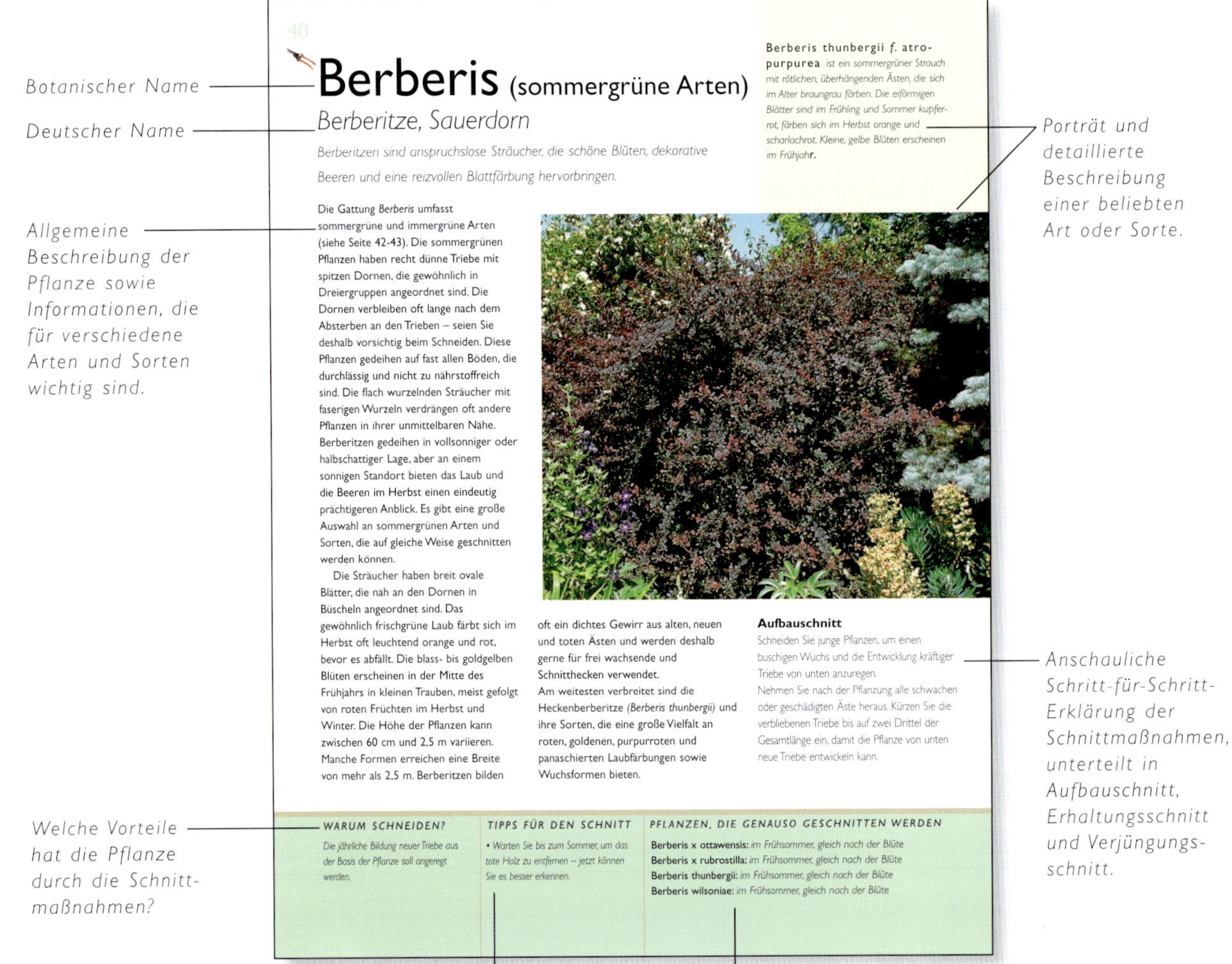

40

Berberis (sommergrüne Arten)

Berberitze, Sauerdorn

Berberitzen sind anspruchslose Sträucher, die schöne Blüten, dekorative Beeren und eine reizvollen Blattfärbung hervorbringen.

Berberis thunbergii *f.* atropurpurea *ist ein sommergrüner Strauch mit rötlichen, überhängenden Ästen, die sich im Alter braungrau färben. Die eiförmigen Blätter sind im Frühling und Sommer kupferrot, färben sich im Herbst orange und scharlachrot. Kleine, gelbe Blüten erscheinen im Frühjahr.*

Die Gattung *Berberis* umfasst sommergrüne und immergrüne Arten (siehe Seite 42-43). Die sommergrünen Pflanzen haben recht dünne Triebe mit spitzen Dornen, die gewöhnlich in Dreiergruppen angeordnet sind. Die Dornen verbleiben oft lange nach dem Absterben an den Trieben – seien Sie deshalb vorsichtig beim Schneiden. Diese Pflanzen gedeihen auf fast allen Böden, die durchlässig und nicht zu nährstoffreich sind. Die flach wurzelnden Sträucher mit faserigen Wurzeln verdrängen oft andere Pflanzen in ihrer unmittelbaren Nähe. Berberitzen gedeihen in vollsonniger oder halbschattiger Lage, aber an einem sonnigen Standort bieten das Laub und die Beeren im Herbst einen eindeutig prächtigeren Anblick. Es gibt eine große Auswahl an sommergrünen Arten und Sorten, die auf gleiche Weise geschnitten werden können.

Die Sträucher haben breit ovale Blätter, die nah an den Dornen in Büscheln angeordnet sind. Das gewöhnlich frischgrüne Laub färbt sich im Herbst oft leuchtend orange und rot, bevor es abfällt. Die blass- bis goldgelben Blüten erscheinen in der Mitte des Frühjahrs in kleinen Trauben, meist gefolgt von roten Früchten im Herbst und Winter. Die Höhe der Pflanzen kann zwischen 60 cm und 2,5 m variieren. Manche Formen erreichen eine Breite von mehr als 2,5 m. Berberitzen bilden oft ein dichtes Gewirr aus alten, neuen und toten Ästen und werden deshalb gerne für frei wachsende und Schnitthecken verwendet.
Am weitesten verbreitet sind die Heckenberberitze *(Berberis thunbergii)* und ihre Sorten, die eine große Vielfalt an roten, goldenen, purpurroten und panaschierten Laubfärbungen sowie Wuchsformen bieten.

Aufbauschnitt

Schneiden Sie junge Pflanzen, um einen buschigen Wuchs und die Entwicklung kräftiger Triebe von unten anzuregen.
Nehmen Sie nach der Pflanzung alle schwachen oder geschädigten Äste heraus. Kürzen Sie die verbliebenen Triebe bis auf zwei Drittel der Gesamtlänge ein, damit die Pflanze von unten neue Triebe entwickeln kann.

WARUM SCHNEIDEN?

Die jährliche Bildung neuer Triebe aus der Basis der Pflanze soll angeregt werden.

TIPPS FÜR DEN SCHNITT

- *Warten Sie bis zum Sommer, um das tote Holz zu entfernen – jetzt können Sie es besser erkennen.*

PFLANZEN, DIE GENAUSO GESCHNITTEN WERDEN

Berberis x ottawensis: *im Frühsommer, gleich nach der Blüte*
Berberis x rubrostilla: *im Frühsommer, gleich nach der Blüte*
Berberis thunbergii: *im Frühsommer, gleich nach der Blüte*
Berberis wilsoniae: *im Frühsommer, gleich nach der Blüte*

Praktische Tipps für jede Pflanze!

Auflistung von häufig kultivierten Pflanzen, die auf dieselbe Art und Weise geschnitten werden. Trotz ähnlicher Schnitttechniken kann der Schnittzeitpunkt differieren und wird daher für jede Pflanze angegeben.

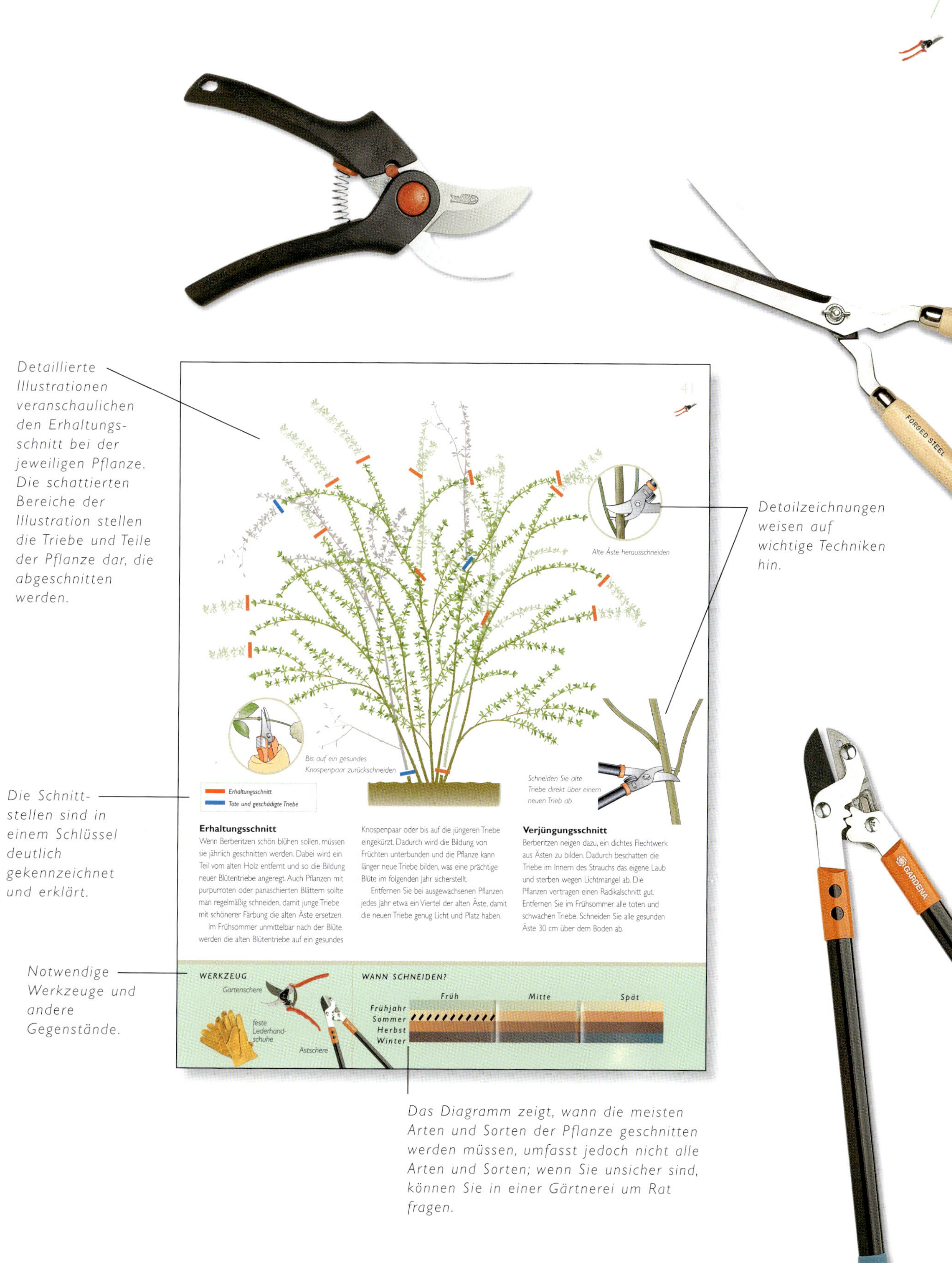

Erhaltungsschnitt

Wenn Berberitzen schön blühen sollen, müssen sie jährlich geschnitten werden. Dabei wird ein Teil vom alten Holz entfernt und so die Bildung neuer Blütentriebe angeregt. Auch Pflanzen mit purpurroten oder panaschierten Blättern sollte man regelmäßig schneiden, damit junge Triebe mit schönerer Färbung die alten Äste ersetzen.

Im Frühsommer unmittelbar nach der Blüte werden die alten Blütentriebe auf ein gesundes Knospenpaar oder bis auf die jüngeren Triebe eingekürzt. Dadurch wird die Bildung von Früchten unterbunden und die Pflanze kann länger neue Triebe bilden, was eine prächtige Blüte im folgenden Jahr sicherstellt.

Entfernen Sie bei ausgewachsenen Pflanzen jedes Jahr etwa ein Viertel der alten Äste, damit die neuen Triebe genug Licht und Platz haben.

Verjüngungsschnitt

Berberitzen neigen dazu, ein dichtes Flechtwerk aus Ästen zu bilden. Dadurch beschatten die Triebe im Innern des Strauchs das eigene Laub und sterben wegen Lichtmangel ab. Die Pflanzen vertragen einen Radikalschnitt gut. Entfernen Sie im Frühsommer alle toten und schwachen Triebe. Schneiden Sie alle gesunden Äste 30 cm über dem Boden ab.

GRUNDLAGEN

Auf den folgenden Seiten erfahren Sie, warum Gehölze geschnitten werden müssen und wie es gemacht wird. Neben allgemeinen Richtlinien und Hinweisen werden die grundlegenden Schnitttechniken erläutert und die notwendigen Werkzeuge vorgestellt. Diese Informationen sollen Ihnen als Starthilfe dienen, damit Sie Ihre Pflanzen in Bestform bringen können.

Warum schneiden?

Viele trauen sich den Schnitt ihrer Bäume und Sträucher nicht zu. Vor lauter Angst Fehler zu machen, überlassen sie die Gehölze lieber sich selbst. Die Folge ist eine Verschlechterung des Allgemeinzustands der Pflanzen, sie werden anfälliger für Schädlinge und Krankheiten. Andere schneiden einfach drauf los, wie sie es für richtig halten.

Gehölze, die voreilig und zu stark geschnitten worden sind, entwickeln sich wesentlich schlechter als solche, die nicht geschnitten wurden. Gravierender ist, dass sie kaum noch Ähnlichkeit mit der natürlichen Wuchsform haben und wenig attraktiv aussehen. Richtig geschnittene Pflanzen hingegen bringen mehr Blüten, mehr Früchte und mehr Blätter an kräftigen Trieben hervor.

Sehen Sie sich die Pflanzen in Ihrem Garten genau an. Fragen Sie sich also nicht, warum Sie sie schneiden sollen, sondern eher:

- ***Wann schneide ich meine Pflanzen?***
- ***Wie schneide ich meine Pflanzen?***
- ***Welches Ergebnis will ich erzielen?***

Gehölzschnitt ist eine Methode, das Wachstum, die Form und die Produktivität der Pflanze zu beeinflussen und sie auf diese Weise zu dem zu erziehen, was Sie am Ende haben wollen. Es gibt viele verschiedene Gründe, warum man Pflanzen schneidet und es gibt verschiedene Gründe, dieselbe Pflanze in verschiedenen Phasen ihres Lebens zu schneiden. Richtiger Pflanzenschnitt bedeutet nicht, zu wissen wie und wo man zu schneiden hat, es ist vielmehr das Ziel, das man vor Augen hat. Erfahrene Gärtner können beschreiben wie die Pflanze nach erfolgtem Rückschnitt aussehen soll, noch bevor sie die Schere in die Hand genommen haben.

Natürlich müssen nicht alle Gehölze regelmäßig geschnitten werden. Manche kann man völlig sich selber überlassen oder schneidet nur dann, wenn sie sich zu stark ausbreiten und im Garten zuviel Raum beanspruchen und anderen Gewächsen das Licht wegnehmen.
Andere Pflanzen hingegen verdanken ihr Aussehen und ihre Form ausschließlich einem fachgerechten Schnitt – ohne Rückschnitt gäbe es keine Buchskugeln, formalen Hecken oder Topiari. Besonders für Obstbäume oder -sträucher ist der Schnitt unverzichtbar, um die Pflanzen gesund, wüchsig und ertragreich zu kultivieren.
Bisweilen werden die Möglichkeiten des Gehölzschnitts aber auch missbraucht, etwa von Gartenbesitzern, die absolute Kontrolle über ihren Garten ausüben wollen. Entschlossen verpassen sie allen Pflanzen einen Einheitsschnitt, so dass sie am Ende in Größe und Form dastehen wie Soldaten. So manche Stadtverwaltung lässt Bäume brutal auf eine Standardhöhe und -form stutzen. Resultat ist oft ein Erscheinungsbild, das mit der Natur nicht mehr viel zu tun hat.

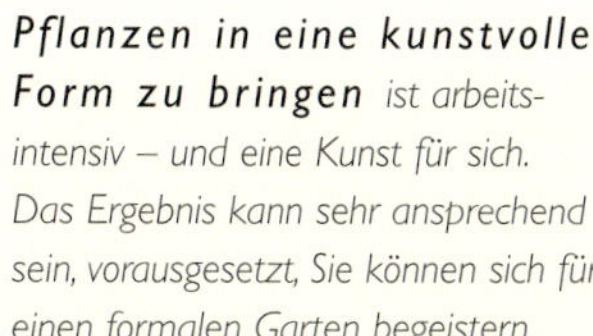

Pflanzen in eine kunstvolle Form zu bringen *ist arbeitsintensiv – und eine Kunst für sich. Das Ergebnis kann sehr ansprechend sein, vorausgesetzt, Sie können sich für einen formalen Garten begeistern.*

Koniferen *verleihen einem Garten einen strukturierten, formalen Rahmen. Wenn der Aufbauschnitt bei Jungpflanzen richtig durchgeführt wurde, werden sie später nur wenig Pflegeschnitt benötigen.*

SINN DES SCHNITTS

Jede Schnittmaßnahme sollte individuell auf die Pflanze und das anvisierte Ziel abgestimmt sein. In jeder Phase des Lebens eines Gehölzes erfüllt der Schnitt einen bestimmten Zweck. Im Laufe der Zeit kommen so an ein und derselben Pflanze verschiedene Schnitttechniken zum Einsatz, sie alle dienen aber der Kontrolle des Wuchses und des Erscheinungsbildes. Das Ziel soll ein gleichmäßiger Wuchs, die Erhaltung der natürlichen Wuchsform, die Kontrolle des Wachstums und die Förderung der Blüten- und Fruchtbildung sein. Dies alles ist Voraussetzung für kräftige, gesunde Bäume und Sträucher.

ERZIEHUNG

Eine Pflanze, die sich selbst überlassen ist, wird vermutlich nicht die Wuchsform entwickeln, die Sie sich vorstellen. Wahrscheinlich werden Sie ihr etwas

Eine blühende Hecke (oben) *bringt Farbe in den Garten und bietet Schutz und Privatsphäre. Wählen Sie den Schnittzeitpunkt so, dass Sie die Blüten so lange wie möglich genießen können.*

Viele Bäume (links) *müssen geschnitten werden, damit sie einen richtigen Stamm bilden. So kann Licht auf den Boden fallen und auch andere Pflanzen können unter dem Blätterdach gedeihen.*

Streng formale Gärten (rechts) *erhalten ihr charakteristisches Aussehen durch kleinblättrige Pflanzen wie den Buchsbaum, der sich in streng geometrischen Formen erziehen lässt.*

unter die Arme greifen müssen. Eine Schnittart, die oft als Aufbauschnitt bezeichnet wird, findet zu Beginn des Pflanzenlebens statt und dient dazu, das Gehölz zur Bildung eines Grundgerüsts aus kräftigen, gleichmäßig gewachsenen Ästen anzuregen.

Sorgfältiges Schneiden in den frühen Jahren ermöglicht es Ihnen, die Pflanze so zu formen, dass sie wohl proportioniert und attraktiv ist und Blüten und Früchte dort hervorbringt, wo sie gut zu sehen bzw. leicht zu pflücken sind. Ergebnis ist ein Baum oder Strauch mit gleichmäßig wachsenden, kräftigen Ästen, die nicht so leicht abbrechen können.

Pflanzen, die in ihrer Jugend richtig erzogen wurden, sind später einfacher zu pflegen. Die Zeit, die Sie in die Erziehung und den Rückschnitt von Jungpflanzen investieren, sollten Sie als Investition in die Zukunft betrachten, Sie werden später Zeit sparen und langfristig nur Vorteile haben.

Der Schmetterlingsstrauch ist ein ausgezeichnetes Ziergehölz, das aber regelmäßig zurückgeschnitten werden muss, damit es durch seine Wuchskraft und mit seinen langen, überhängenden Trieben Nachbarpflanzen nicht völlig verdeckt.

AUSGEWOGENES WACHSTUM

Eine gesunde Pflanze sollte Anzeichen von kräftigem, aktivem Wuchs zeigen. Das gilt besonders für junge Pflanzen, die sich noch an den Boden oder an das Substrat gewöhnen und ihr Astgerüst aufbauen. Jeder Eingriff in dieser Phase dient dazu, die Pflanze zu der Form zu entwickeln, die Sie wollen. Dabei sollten Sie sich über folgende Zusammenhänge klar sein.

Die meisten sich selbst überlassenen Pflanzen beginnen bereits früh in ihrem Leben mit der Bildung von Blüten auf Kosten der Triebe. Ein zeitiger Rückschnitt kann den Blütenansatz verzögern.

Junge Gehölze bringen in der Eingewöhnungsphase oft nur wenige Blüten hervor. Einmal ausgewachsen, setzt die Pflanze aber regelmäßig zahlreiche Blüten und Früchte an und verlangsamt dabei allmählich das Wachstum, von Jahr zu Jahr erscheinen nun weniger und immer kürzere Triebe. Mit zunehmendem Alter der Pflanze nimmt dabei das jährliche Wachstum insgesamt ab, es gibt also immer mehr alte und immer weniger kräftige, junge Triebe. Dies ist insofern problematisch, als das Laub auf dem älteren und jüngeren Holz gebildet wird, während Blüten meistens nur auf altem Holz erscheinen.

Aus der Sicht des Gärtners ist es aber wichtig, dass die Entwicklung von Trieben und die Blütenbildung zur gleichen Zeit stattfindet. Der Schnitt sollte ein Gleichgewicht schaffen, so dass Gehölze weiter junge verholzende Triebe bilden, während sie gleichzeitig Blüten und Früchte hervorbringen. Oft kann dieses Gleichgewicht durch die Kontrolle der Schnittzeit gesteuert werden. Der Gehölzschnitt im Spätwinter und im zeitigen Frühjahr regt beispielsweise die Pflanzen an, große Mengen neuer Triebe zu bilden, während der Sommerschnitt eine Pflanze zur Entwicklung von mehr Blüten- und Fruchtknospen im Folgejahr anregt. Das Entfernen verwelkter Blütenstände dient ebenfalls dazu, die Blühsaison zu verlängern. Die Pflanzen stecken ihre Energie dann nicht in die Samenbildung, sondern weiterhin in die Produktion von Blüten. Eine Pflanze, die bereits Samen angesetzt hat, wird die Blütenbildung allmählich einstellen, da die vorangegangenen Blüten ja bereits ihren Zweck erfüllt haben. Denn Samen stellen das Überleben der Art sicher.

BLÜTEN- UND FRUCHTBILDUNG REGULIEREN

Pflanzen, die ihren Zyklus der Blüten- und Fruchtbildung voll entwickelt haben, neigen oft zu einer Überproduktion. Eine Rose, die jahrelang nicht geschnitten wurde, wird mehr und mehr Blüten und Früchte hervorbringen, die aber klein bleiben und von geringerer Qualität sind.

Dagegen hilft nur das Entfernen alter Äste und Zweige, sprich der unproduktivsten Triebe. Der Schnitt schwacher Triebe führt dazu, dass die Energie in die Entwicklung von Blüten und Früchten gesteckt wird, die jedoch in geringerer Zahl erscheinen. Ein gutes Beispiel dafür ist der

***Hartriegel* (links) *und Weide* (ganz links)** *werden auch wegen ihrer Triebe gepflanzt, die in den Wintermonaten eine herrliche Färbung zur Schau stellen. Um diese Wirkung zu erzielen, müssen die Pflanzen jedes Jahr radikal zurückgeschnitten werden.*

***Einige Stechpalmen* (unten)** *haben von Natur eine kegelförmige Wuchsform, die nur wenig Eingriffe erfordert. Sie vertragen aber auch einen strengen Formschnitt sehr gut.*

Schmetterlingsstrauch *(Buddleja davidii)*. An einem nicht geschnittenen Strauch können unzählige Blütenrispen von ca. 10 cm Länge erscheinen. Eine regelmäßig und zum richtigen Zeitpunkt geschnittene Pflanze wird zwar eine geringere Zahl an Blütenrispen hervorbringen, diese können jedoch 30 cm oder länger sein.

BESONDERHEITEN HERVORHEBEN

Manche Pflanzen haben nur wenig attraktive Blüten – einige bringen sogar Blüten hervor, die man kaum wahrnimmt. Dafür machen andere charakteristische Eigenschaften sie zu attraktiven Gartenpflanzen. Eine Reihe sommergrüner Sträucher wie der Hartriegel (*Cornus* spec.) und die Weide (*Salix* spec.) besitzen beispielsweise eine farbige Rinde, die besonders im Winter schön zur Geltung kommt. Manche Haselarten (*Corylus* spec.) und Holundersorten (*Sambucus* spec.) tragen im Frühling und Sommer große, bunte Blätter, die nur an diesjährigem Holz gebildet werden. Je kräftiger dies ist, umso größer wird die Wirkung sein. In beiden Fällen kann ein kräftiger Wuchs nur durch Rückschnitt erreicht werden – beim Hartriegel müssen beispielsweise die Pflanzen bisweilen jährlich etwa 10-15 cm über dem Boden abgeschnitten werden.

PFLANZEN GESUND ERHALTEN

Die Abwehr von Schädlingen und Krankheiten ist eine der wichtigsten Aufgaben des Gärtners. Der Pflanzenschnitt ist hierbei eine wichtige und wirksame Möglichkeit zur Vorbeugung und kann auch ernste Probleme beseitigen helfen. Der Aufbauschnitt fördert beispielsweise die Bildung kräftiger Äste und Zweige, die nicht so leicht abbrechen und damit Schädlingen und Krankheiten erst gar keine Chance geben, in gesundes Pflanzengewebe einzudringen.

Viele Gehölzkrankheiten schädigen das Holz und folglich die gesamte Struktur der Pflanze. Krankheitserreger dringen meist durch abgestorbenes Gewebe ein, zum Beispiel durch eine Wunde oder Verletzung, und breiten sich über die gesunden Pflanzenteile aus. Rostkrankheiten sind das klassische Beispiel dafür. Diese Pilzerkrankungen führen zum Absterben der Rinde und des darunter liegenden Holzes. Deshalb ist die erste Maßnahme immer das Entfernen von totem oder geschädigtem Holz.

Bei Verdacht auf eine Erkrankung sollten Sie nach Symptomen wie braunen Flecken im Holz oder direkt unter der Rinde suchen. Schneiden Sie die betroffenen Teile bis ins gesunde Holz zurück.

Wird auf eine offene Wuchsform zurückgeschnitten, verbessert sich die Luftzirkulation zwischen den Ästen. Dadurch verringert sich ebenfalls die Gefahr von Erkrankungen wie Mehltau. Durch das Auslichten werden geschädigte Teile der Pflanze entfernt und solche, die Schädlingen wie Blattläusen Schutz bieten.

Der Zeitpunkt des Pflanzenschnitts spielt für die Abwehr bestimmter Krankheiten eine entscheidende Rolle. In Gebieten, in denen Bakterien- oder Pilzkrankheiten häufig auftreten, sollten Sie bei trockener Witterung schneiden (weitere Informationen siehe Seite 24). Manche Erkrankungen sind so schwerwiegend, dass man die ganze Pflanze entfernen und verbrennen muss. Dem Ulmensterben fielen beispielsweise in den 70er und 80er Jahren des 20. Jahrhunderts unzählige Bäume zum Opfer.

DAS WACHSTUM BEGRENZEN

Vielleicht das extremste Beispiel für die Begrenzung des Wachstums einer Pflanze ist die Erziehung eines Bonsai. In Gärten greift man jedoch am häufigsten zur Schere, um Hecken in Form zu halten, die als Schutz- und Trennwand dienen sollen.

Unterbinden sie übermäßiges Wachstum *einer Pflanzenreihe, so dass eine Hecke entsteht, die wie eine Blütenwand wirkt – eine sehr dekorative Möglichkeit zur Schaffung von Sichtschutz im Garten.*

Viele Pflanzen wachsen zu einer beachtlichen Größe heran, wenn sie sich selbst überlassen sind. In der Natur überleben meist die gesündesten und größten Arten, da sie die kleineren überwuchern und verdrängen. Entlang von Wegen und in kleinen Gärten kann das aber zum Problem werden. Die meisten Gartenbesitzer werden irgendwann damit konfrontiert und müssen die Pflanzen zurückschneiden, um den Wuchs zu zügeln, aber auch um eine gleichmäßige Wuchsform sowie die Blüten- und Fruchtbildung anzuregen.

Auch ganz praktische Gründe erfordern es, den Umfang einer Pflanze zu reduzieren: Wenn Sie hochwüchsige Rosen in einem exponierten Garten um die Hälfte einkürzen, schützen Sie sie vor Wind und im Winter vor einer Wurzelschädigung.

DER VERJÜNGUNGSSCHNITT

Der Verjüngungsschnitt dient dazu, ältere, aus der Form geratene oder blühfaul gewordene Gehölze, insbesondere Sträucher, zu regenerieren. Diese Maßnahme kann auch bei vernachlässigten oder unansehnlich gewordenen Pflanzen durchgeführt werden.

Die Effektivität des Verjüngungsschnitts ist unterschiedlich. Manche Gewächse vertragen einen radikalen Rückschnitt gut, erholen sich wieder und wachsen noch jahrelang ausgezeichnet. Pflanzen wie Ginster oder viele Koniferen vertragen diese Behandlung aber nicht und gehen nach einem starken Rückschnitt ein, anstatt sich zu regenerieren.

Selbst bei Gehölzen die auf einen Radikalschnitt positiv ansprechen, können bei veredelten, also auf einer Unterlage aufgebrachten Pflanzen Probleme auftreten. Sollten Sie bei einem veredelten Gehölz einen Verjüngungsschnitt durchführen, müssen Sie genau darauf achten, wo sich die Veredelungsstelle befindet. Wird die Pflanze unterhalb dieser Stelle geschnitten, entwickeln sich starkwüchsige Wildtriebe aus der Unterlage heraus. Ein Verjüngungsschnitt kann also die Qualität Ihrer Gehölze im Garten entscheidend verbessern helfen, aber erwarten Sie keine Wunder! Jahrelange Vernachlässigung wird nicht innerhalb einer Pflanzsaison wettgemacht.

Verjüngungsschnitt *kommt für Koniferen nicht in Frage, da sie am alten Holz keine neuen Triebe bilden können. Daher ist es besser, vergreiste oder geschädigte Nadelgehölze vollständig zu entfernen und sie durch neue zu ersetzen.*

Das richtige Werkzeug

Der Gehölzschnitt ist keine leichte Aufgabe und kann durch minderwertiges oder ungepflegtes, stumpfes Werkzeug zusätzlich erschwert werden.

Die wichtigste zu beachtende Regel ist, dass Sie für jede Schnittarbeit das geeignete Werkzeug verwenden sollten. Sie können nicht erwarten, dass ein Werkzeug gute Arbeit leistet, wenn eigentlich ein anderes erforderlich wäre. Gartenscheren, Astscheren und Baumsägen (mit festem oder zusammenklappbarem Sägeblatt) dienen dazu, Äste und Zweige von einer bestimmten Dicke zu schneiden. Spezielle Heckenscheren werden zur Formgebung und zum Stutzen von Hecken verwendet.

GARTENSCHEREN

Die meisten Schnitte werden mit Gartenscheren ausgeführt. Welchen Typ Sie wählen, hängt im Wesentlichen von ihrer persönlichen Präferenz ab. Achten Sie beim Kauf darauf, dass die Schere gut in der Hand liegt! Qualitativ hochwertige Fabrikate sind in verschiedenen Größen – zum Beispiel speziell für Damen – und Modellen, sogar für Linkshänder, erhältlich.

Der Schneidemechanismus der verschiedenen Modelle kann etwas variieren. Man unterscheidet ein- und doppelschneidige Scheren.

BAUMMESSER

Baummesser, auch Hippen genannt, haben eine geschwungene Schneide, die das Schneiden vergreister Äste zwischen dünnen Zweigen erleichtert. Der Griff ist so geformt, dass er gut in der Hand liegt.

ASTSCHEREN

Die Astschere ist das klassische Werkzeug für den Rückschnitt kräftiger Sträucher und Bäume. Dank der Hebelwirkung ihrer langen Arme lassen sich dicke Triebe mühelos schneiden. Sie sind sowohl mit Bypass- als auch mit Ambossmechanismus erhältlich. Mit der Stielastschere können Sie Äste in der Baumkrone schneiden, ohne eine Leiter zu benötigen. Es handelt sich hier um eine Astschere, die auf einem 2-3 m langen Griff befestigt und mit einem Zugmechanismus ausgestattet ist, der sich mit einer Leine bedienen lässt. Mit einer ähnlich konstruierten Heckenschere lassen sich hohe Hecken schneiden.

Bypass-Gartenschere

Ambossschere

Ambossschere mit Ratschenfunktion

VERSCHIEDENE GARTENSCHERENMODELLE

Gartenscheren werden in zwei Typen unterteilt:

- **Die Ambossschere** hat eine gerade Schneide, deren Gegenstück eine Auflage aus weicherem Metall oder Kunststoff ist. Manche Ambossscheren sind mit einer Ratschenfunktion (einer Vorrichtung aus Zahnkranz und Sperrklinke) versehen, die einen Schnitt durch das Holz in Etappen ermöglichen. Das Schneiden geht hier jedoch langsamer voran als bei herkömmlichen Modellen. Die Ambossschere eignet sich nicht für alle Schnittarten, da sie die Triebe quetschen und die Rinde spalten kann.
- **Die Bypass-Gartenschere** ist sehr beliebt für kleinere Arbeiten. Bei diesem Modell bewegt sich die obere Schneide gegen die untere, unbewegliche Schneide. Diese Schere macht saubere Schnitte und lässt keine zerfransten Wundränder zurück.

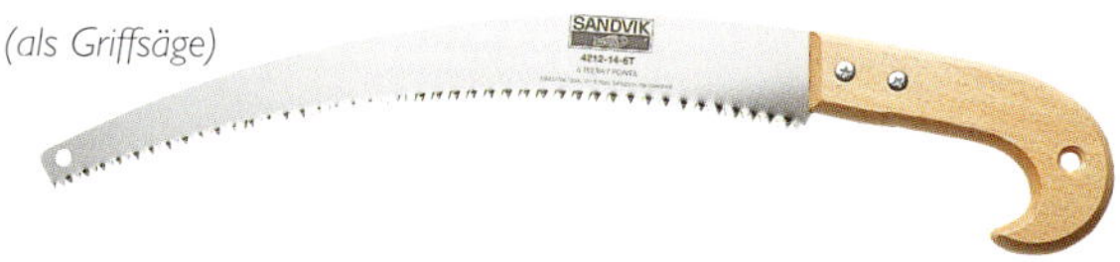

Schwertsäge (als Griffsäge)

Klappsäge

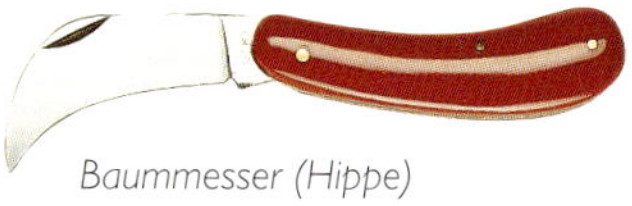

Baummesser (Hippe)

SÄGEN

Für jeden Astdurchmesser gibt es eine passende Säge. Die Schwertsäge ist von Nutzen, wenn die Äste dicht beieinander stehen. Sie hat ein geschwungenes Blatt, das sich nach vorne hin verjüngt und nur auf der einen Seite schräg gezähnt ist.

Die Klappsäge ist eine Variante der Schwertsäge, doch lässt sich das Sägeblatt zusammenklappen wie ein Taschenmesser.

Die Bügelsäge mit verstellbarer Blatt- und Spannvorrichtung ist neben dem Baummesser und der Gartenschere das gebräuchlichste Schnittwerkzeug. Sie wird zum Schneiden dicker Äste verwendet. Das Sägeblatt ist austauschbar.

Mit der Stielastsäge schneiden Sie höher gelegene Äste, ohne auf eine Leiter steigen zu müssen. Der Stiel ist 2-3 m lang und trägt am oberen Ende eine Schwertsäge.

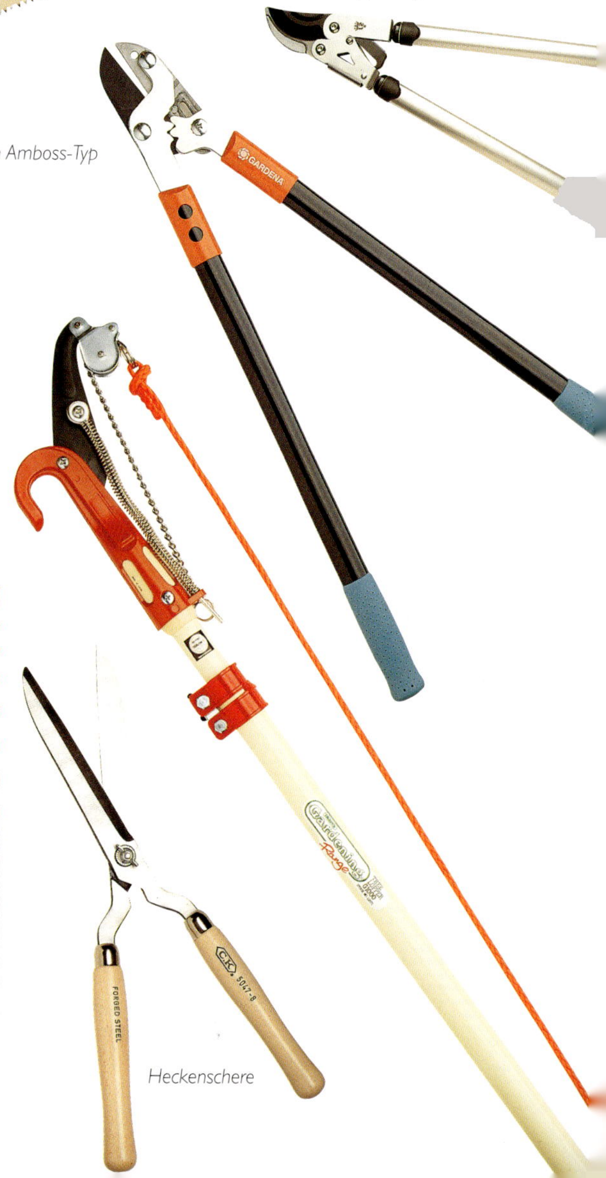

Astschere vom Bypass-Typ

Bügelsäge

Astschere vom Amboss-Typ

Stielastsäge

HECKENSCHERE

Heckenscheren funktionieren nach dem Bypass-Prinzip und werden für Hecken- und Formschnitt verwendet. Man kann damit große Flächen mit dünnen, weichen Trieben schneiden. Manche Modelle weisen an der Basis der Schneide eine Einkerbung auf, die das Schneiden dickerer Triebe ermöglicht.

Der Schnitt einer Hecke *sollte immer von unten nach oben erfolgen, damit abgeschnittene Pflanzenteile nicht an den unteren Ästen hängen bleiben.*

Heckenschere

Sicherheit

Gartenarbeiten sind nicht ungefährlich und es gibt Gelegenheiten, bei denen das Tragen von Schutzkleidung anzuraten ist. Gartenhandschuhe aus festem Leder oder mit Stulpen sind beim Gehölzschnitt von großem Nutzen, besonders wenn Sie Pflanzen mit Dornen oder Stacheln schneiden. Handschuhe schützen empfindliche Haut vor pflanzlichen Substanzen, die allergische Reaktionen verursachen können, beispielsweise dem Saft der Wolfsmilch oder der Raute (*Ruta* spec).

Treffen Sie grundsätzlich Vorkehrungen, wenn Sie Elektrogeräte einsetzen. Eine Schutzbrille ist hier dringend anzuraten. Wenn Sie eine Arbeit erledigen müssen, bei der viel Staub aufgewirbelt wird, sollten Sie einen Mundschutz tragen.

Viele Unfälle passieren bei der Handhabung von Rasenmähern, Rasentrimmern, Elektro-Heckenscheren, Spaten, Grabegabeln oder Schnittwerkzeugen. Auf den meisten Modellen finden Sie Symbole, die auf eine notwendige Schutzkleidung hinweisen. Sollten Sie also diesbezüglich unsicher sein, sehen Sie zunächst auf dem Gerät nach.

Tragen Sie niemals weite, flatternde Kleidung, diese kann leicht in die beweglichen Teile eines Geräts geraten!

Eine weitere mögliche Gefahr, die oft übersehen wird, ist der Abfall, den Sie beim Pflanzenschnitt verursachen. Entfernen Sie große Holzstücke immer sofort aus Arbeitsbereich, so dass Sie nicht darüber stolpern und hinfallen können. Ein Häcksler in der Nähe ist sehr nützlich – nach Möglichkeit in der Mitte der Rasenfläche –, damit Sie den Holzabfall gleich dort lagern können. Legen Sie eine Pause ein, nachdem Sie einige Sträucher geschnitten haben, und häckseln Sie das bereits angefallene Holz. Das Kleinholz können Sie auf den Kompost geben.

WERKZEUGPFLEGE

Werkzeug kann nicht richtig funktionieren, wenn es schmutzig, rostig oder beschädigt ist. Reinigen Sie alle Gartengeräte nach Gebrauch stets gründlich und reiben Sie die Metalloberflächen mit einem in Öl getränkten Lappen ab. Mechanisches Werkzeug muss regelmäßig nachgeschliffen werden, elektrische

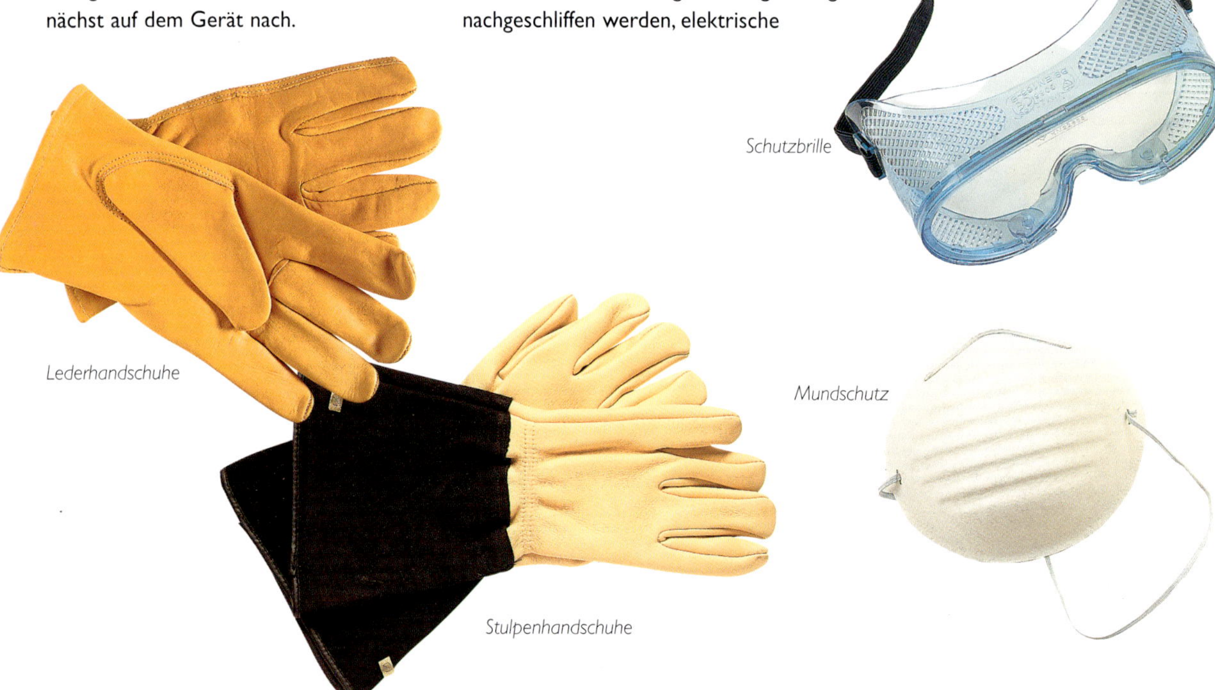

Schutzbrille

Lederhandschuhe

Mundschutz

Stulpenhandschuhe

Lange, dicke Äste (links), *werden immer zuerst von der Unterseite angesägt, damit die Rinde nicht aufgerissen wird, wenn der Ast nach unten wegbricht.*

Feste Gartenhandschuhe (unten) *sind beim Schnitt dorniger oder Allergie auslösender Pflanzen unverzichtbar.*

Geräte sind gleich nach Gebrauch zu reinigen. Große Geräte sollten jedes Jahr oder alle zwei Jahre vom Fachmann gewartet werden. Sämtliche Geräte und Werkzeuge müssen in einem trockenen Raum aufbewahrt werden, um sie in gutem Zustand zu erhalten.

GEBRAUCH VON LEITERN

Der Schnitt hoher Bäume, Sträucher und Hecken stellt Sie vor die Frage, wie hoch Sie auf eine Leiter steigen können, um den Schnitt noch sicher durchzuführen. Das hängt vor allem davon ab, ob Sie sich bei der Arbeit in einer erhöhten Lage wohl fühlen. Sind Sie bei guter Gesundheit, dürfte die Arbeit auf einer richtig gesicherten Leiter oder Arbeitsbühne keine Probleme verursachen. Für Arbeiten, bei denen Sie sich auf der Leiter nach vorne lehnen müssen, oder bei sehr hohen Sträuchern und Bäumen sollten Sie eine Firma beauftragen, zum Beispiel einen Gartenbaubetrieb, der auf den Schnitt von Hecken und Sträucher spezialisiert ist. Baumschulen sind darauf eingerichtet, große Bäume zu schneiden, zu fällen oder Holzabfälle zu entfernen.

Grundlegende Techniken

Bis zu einem gewissen Grad können Sie den nötigen Schnittaufwand selbst beeinflussen, indem Sie beim Kauf Pflanzen auswählen, die keine Anzeichen von Schädlingen und Krankheiten sowie von Verletzungen aufweisen. Es ist natürlich nicht einfach, das während der Vegetationsruhe zu erkennen.

Beim Kauf von Kletterpflanzen, Rosen und Sträuchern wählen Sie Pflanzen aus, bei denen mehrere gesunde Triebe dicht über dem Bodenniveau austreiben. Bäume mit einem starkwüchsigen Einzelstamm und Nebentrieben, die in regelmäßigen Abständen fast rechtwinklig zum Hauptstamm stehen, entwickeln später kräftige Äste und eine schöne Krone.

Schneiden Sie immer bis auf kräftige, gesunde Knospen zurück (links) *um den Neuaustrieb anzuregen und die Wundheilung zu beschleunigen.*

Ist die gewünschte Höhe erreicht (rechts), *benötigen manche Pflanzen nur noch einen jährlichen leichten Schnitt mit einer Heckenschere.*

ERSTE ÜBERLEGUNGEN

Bevor Sie mit dem Schnitt beginnen, überlegen Sie, wie die Pflanze sich einmal entwickeln soll. Sie sollten wissen, wie die natürliche Wuchsform dieser Pflanze aussieht – ob sie zum Beispiel aufrecht, buschig oder ausladend wächst – und wann sie blüht. Damit können Sie vorhersehen, wie die Pflanze auf den Rückschnitt ansprechen wird. Sie dürfen jedoch nicht vergessen, dass die meisten Pflanzen je nach Jahreszeit auf einen Rückschnitt unterschiedlich reagieren.

Sie werden vielleicht bereits festgestellt haben, dass sich am Ende eines jeden Triebs eine End- oder Gipfelknospe (Terminalknospe) befindet, oft als Vegetationspunkt bezeichnet. Darunter, entlang des Triebs sind weitere kleinere Knospen angeordnet, die man Achsel- oder Seitenknospen nennt. Sie liegen an der Übergangsstelle zwischen Blatt und Stängel oder zwischen Haupt- und Seitenzweigen. Diese Knospen sind in einer bestimmten Weise angeordnet, die sich von Pflanze zu Pflanze unterscheidet.

Die Endknospe beeinflusst das Wachstum und die Entwicklung der Achselknospen durch die Produktion von Substanzen, die deren Wachstum hemmen – eine Reaktion, die man als Spitzendominanz (Apikaldominanz) bezeichnet. Wird die Endknospe entfernt oder geschädigt, findet diese Regulierung nicht mehr statt und die Seitenknospen können sich schneller zu Seitentrieben entwickeln. Die Spitzendominanz scheint bei Jungpflanzen stärker ausgeprägt zu sein und tritt nach einem Verjüngungsschnitt viel deutlicher hervor.

Es ist wichtig zu verstehen, wie eine Pflanze auf eine Schnittmaßnahme reagieren wird. Machen Sie nicht den Fehler zu glauben, dass ein radikaler Rückschnitt der beste Weg ist, das Wachstum von Pflanzen zu regulieren – in Wirklichkeit regt dieser die Pflanze an, noch stärker zu wachsen.

WO SCHNEIDEN?

Die Stellung der Knospen zueinander entlang eines Triebes ist arttypisch. Sind sie in zwei sich gegenüber liegenden Reihen wechselständig angeordnet (eine Knospe auf der einen Seite des Triebs und eine weiter versetzt oben auf der anderen Seite des Triebs usw.), so spricht man von zweizeiliger Knospenstellung. Von der Triebspitze aus betrachtet, verlaufen die Knospen spiralig.

Bei gegenständig angeordneten Knospen (eine Knospe auf beiden Seiten des Triebs, direkt gegenüber liegend), stehen die Knospen von oben betrachtet etwa rechtwinkelig zueinander.

Besonders auffällig ist die quirlständige Knospenstellung, bei der drei oder mehr Knospen in gleicher Höhe rund um den Trieb angeordnet sind. Die Knospen stehen an der Basis des Triebs gewöhnlich näher beieinander, nach oben hin wird der Abstand immer größer.

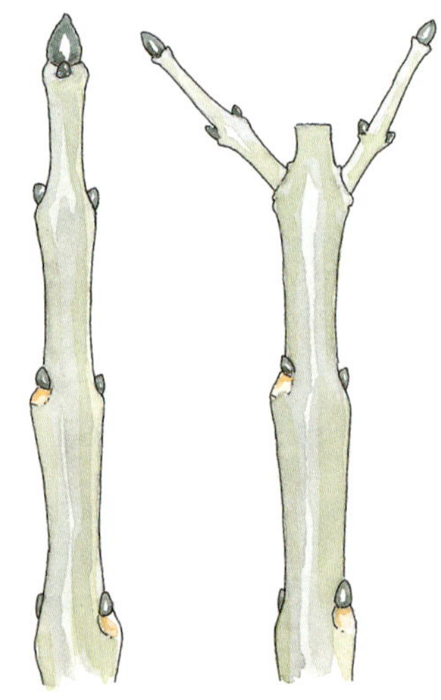

Bei gegenständiger Knospenstellung *treiben nach einem Schnitt zwei Triebe aus.*

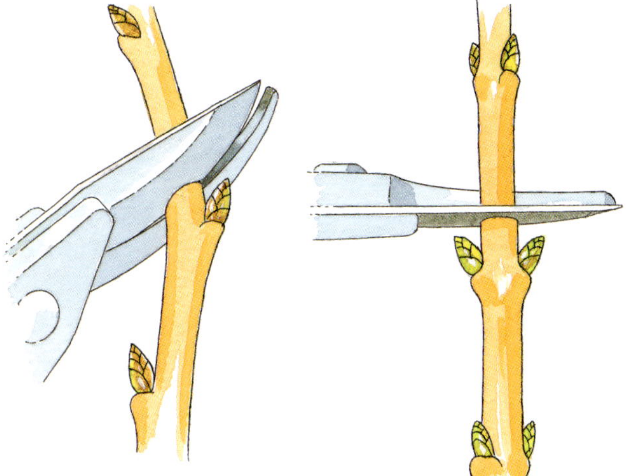

Schnitt bei wechselständigen Knospen: *Der Schnitt wird immer schräg knapp über einer Knospe durchgeführt.*

Schnitt bei gegenständigen Knospen: *Führen Sie den Schnitt rechtwinkelig zum Trieb direkt über dem Knospenpaar durch.*

Diese Anordnung der Knospen hat einzig den Zweck, den sich aus ihnen entwickelnden Blättern ein Maximum an Licht und Platz zu gewährleisten.

Bei Pflanzen mit wechselständiger Knospenstellung sollte jeder Schnitt knapp über einer Knospe ausgeführt werden, und zwar von der Knospe weg schräg nach unten. Das ist wichtig, da die Heilung der Schnittfläche durch die Nähe der Triebknospen positiv beeinflusst wird. Der Schnitt wird möglichst über einer nach außen zeigenden Knospe durchgeführt, damit der Trieb nicht nach innen wächst. Bei Pflanzen mit gegenständiger Knospenstellung sollte ein Schnitt knapp über einem Knospenpaar, aber im rechten Winkel zum Trieb durchgeführt werden. Dabei entsteht eine gerade Schnittfläche, so dass keine der beiden Knospen geschädigt wird.

Schneiden Sie Gehölze, die wegen ihrer dekorativen Früchte kultiviert werden (links), *nachdem sich die Vögel die Früchte geholt haben.*

Den Japanischen Ahorn können Sie vor Krankheiten schützen (rechts), *indem Sie den Rückschnitt im Sommer während der Wachstumsphase durchführen.*

DER RICHTIGE ZEITPUNKT

Gehölze werden meistens im Winter geschnitten. Das ist zwar bequem für den Gärtner, aber nicht immer ideal für die Pflanze.

Die allgemeine Regel besagt, dass sommergrüne Pflanzen nach der Blüte oder im Herbst, Winter oder im zeitigen Frühjahr während der Vegetationsruhe geschnitten werden sollten. Aber wie bei jeder Regel gibt es auch hier Ausnahmen. Pflanzen, die man wegen ihrer dekorativen Früchte kultiviert, werden mehrere Jahre nicht geschnitten, damit sie üppige Beeren oder Hagebutten hervorbringen. Manche vertragen den Rückschnitt während ihrer Ruhezeit nicht so gut, besonders im Spätwinter oder im Vorfrühling, und ein Schnitt zum falschen Zeitpunkt kann für große Bereiche eines Gehölzes, in extremen Fällen sogar für die ganze Pflanze, tödlich sein. Aus diesem Grund werden manche Gehölze wie die Birke (*Betula* spec.), die Rosskastanie (*Aesculus* spec.), der Ahorn (*Acer* spec.), die Pappel (*Populus* spec.) und die Walnuss (*Juglans* spec.) im Sommer zurückgeschnitten, wenn sie voll belaubt sind. Sie bluten dann nicht so stark, weil die Blätter den Saft, der zu den Schnittwunden steigt, abziehen. Die Schnittstellen bleiben so relativ trocken und die Gefahr, dass Triebe absterben, ist geringer.

Andere Pflanzen werden zu einem bestimmten Zeitpunkt des Jahres zurückgeschnitten, um sie vor Schädlingen und Krankheiten zu schützen. Wenn Pilz- und Bakterienkrankheiten in der Region, in der Sie leben, weit verbreitet sind, sollte der Rückschnitt bei trockener Witterung durchgeführt werden. Blattfallkrankheit bei Hartriegel oder Feuerbrand beim Zierapfel kann sich bei feuchtem Wetter im Frühjahr leicht ausbreiten.

VERLETZUNGEN VERMEIDEN

Jeder Schnitt an einem Baum oder Strauch bedeutet für diesen eine Verletzung. Oft sind es kleine Schnittflächen, aber beim Entfernen von großen Ästen können sehr große Wundflächen entstehen. Wie schnell die Wunden heilen, ist ein Zeichen dafür, wie gesund und widerstandsfähig die Pflanze ist. Tatsache ist, dass Schnittwunden, wie alle anderen Verletzungen auch, das Eindringen von Pilzen und Bakterien ermöglichen. Diese Gefahr kann zwar nie völlig ausgeschlossen werden, aber Sie können das Risiko verringern, indem Sie scharfes Werkzeug verwenden und die Schnitte richtig und sauber durchführen.

Seit Tausenden von Jahren „helfen“ Gärtner Bäumen und Sträuchern bei der

Wundheilung, indem sie die Wunden zum Schutz mit einem Wundverschlussmittel bestreichen. Untersuchungen in den letzten Jahren haben jedoch gezeigt, dass das Verschließen von Wunden Pilzsporen einschließen und Fäulnis fördern kann.

Gesunde Gehölze stellen selbst chemische und physikalische Barrieren her, die Fäulniserregern Einhalt bieten. Ein richtig platzierter sauberer Schnitt bietet der Pflanze oft mehr Schutz als jedes Wundverschlussmittel. Bei vielen Pflanzen ist diese natürliche Barriere sichtbar – eine leicht verdickte Stelle, an der sich ein Seitentrieb vom Haupttrieb abzweigt. Wird der Schnitt genau an dieser Stelle durchgeführt, erfolgt die Selbstheilung schneller. Daher sollte ein Trieb knapp über einer Knospe geschnitten werden, da in der Nähe von Knospen Wachstum fördernde Stoffe produziert werden, die eine Wundheilung beschleunigen.

Bei sehr großen Wunden hilft ein Wundverschlussmittel Infektionen zu vermeiden, bis die Wunde vollkommen verheilt ist. Das Mittel sollte atmungsaktiv und dauerelastisch sein, damit es auch dann noch gut anliegt, wenn sich im lauf der Heilung das neu gebildete Wundgewebe aufwölbt.

Die fächerförmige Erziehung *an einer Mauer ist eine gute Möglichkeit, größere Gehölze in beengten Verhältnissen zu kultivieren. Es ist wichtig, dass sich nach dem Rückschnitt älterer Äste jüngere, produktivere Triebe entwickeln können.*

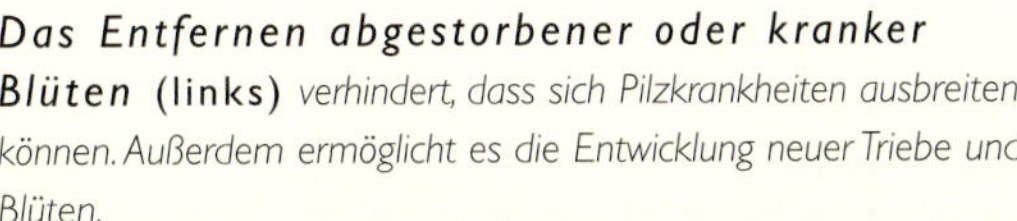

Das Entfernen abgestorbener oder kranker Blüten (links) *verhindert, dass sich Pilzkrankheiten ausbreiten können. Außerdem ermöglicht es die Entwicklung neuer Triebe und Blüten.*

Das Abschneiden verwelkter Blüten (unten) *unterbindet die Samenbildung. Mit dieser Maßnahme wird die Bildung neuer Blüten angeregt und die Blühperiode verlängert.*

PFLEGE UND ERZIEHUNG

Ein richtig durchgeführter Schnitt erfüllt verschiedene Aufgaben. Eine davon ist die Erziehung, die durch Anbinden von Trieben in einer bestimmten Position oder durch das Entfernen von Trieben, die in eine unerwünschte Richtung wachsen, unterstützt wird. Der Einsatz von Stäben, Drähten, Spalieren oder anderen Stützhilfen erfolgt gewöhnlich nach dem Rückschnitt, um den Wuchs in eine waagerechte oder winkelige Richtung zu lenken oder der Pflanze die Entwicklung einer aufrechten Wuchsform zu erleichtern.

Ein Rückschnitt kann aber nicht ohne Berücksichtigung anderer Pflegemaßnahmen durchgeführt werden. Vernachlässigen Sie nicht die Nährstoffversorgung Ihrer Pflanzen, denn das Entfernen großer belaubter Bereiche eines im Wachstum befindlichen Gehölzes, besonders bei einem Sommerschnitt, kann zu dessen Schwächung führen! Düngen, Wässern und Mulchen sind lebenswichtig, um ein ausgewogenes, gesundes Wachstum zu erhalten und helfen den Pflanzen, sich nach einem Rückschnitt schneller zu erholen.

ENTSPITZEN

Eine spezielle Form des Rückschnitts ist das Entspitzen oder Pinzieren. Man kann damit einer Jungpflanze zur richtigen Wuchsform verhelfen. Dabei werden Endknospen entfernt, um die Entwicklung von Nebentrieben anzuregen. Da die Triebe junger Pflanzen oft weich sind, können Sie die Triebspitze einfach mit den Fingernägeln zwischen Daumen und Zeigefinger abkneifen.

ABGEBLÜHTES ENTFERNEN

Sobald eine Blüte bestäubt ist, wird sie eine Frucht mit Samen im Inneren bilden, während eine nicht bestäubte Blüte viel länger an der Pflanze verbleibt. Ist einmal Samen angesetzt, bildet die Pflanze allmählich weniger Blüten, was nicht unbedingt erwünscht ist. Entfernen Sie daher verwelkte Blüten, um die Bildung weiterer anzuregen. Besonders effektiv ist dies bei remontierenden Rosen.

Diese Pflegemaßnahme ist für Pflanzen, die wie Wildrosen nur einmal blühen, nicht von Bedeutung. Das Entfernen verwelkter Blüten dient hier lediglich dem Zweck, das schöne und gepflegte Aussehen der Pflanze zu erhalten. Bei vielen Gewächsen dürfen nur die welken Blüten und ein kurzer Abschnitt des Blütenstiels entfernt werden, so dass möglichst viel Laub und weiches junges Holz zurückbleibt. Diese Bereiche der Pflanze können weiterhin Nährstoffe herstellen, um die restliche Pflanze während ihres Wachstums zu versorgen.

GEHÖLZE VON A BIS Z

Auf den folgenden Seiten finden Sie Schnitttechniken für mehr als 70 der am häufigsten kultivierten Zier- und Kübelgehölze. Die Pflanzen sind alphabetisch nach ihren botanischen Namen geordnet. Jede Pflanze ist ausführlich beschrieben, auch werden verschiedene Arten und Sorten vorgestellt. Die Beschreibungen der Methoden des Aufbau-, Erhaltungs- und Verjüngungsschnitts sind anschaulich und detailliert illustriert. So sehen Sie auf einen Blick, wann, wo und wie der Schnitt durchzuführen ist und welche Werkzeuge Sie dazu benötigen.

Abelia

Abelie

Das glänzende, dunkelgrüne Laub und die attraktiven Blüten machen Abelien zu einem echten Blickfang im Garten.

Abelien werden wegen ihrer attraktiven Blätter und der üppigen Blüten gepflanzt. Man unterscheidet sommergrüne, immergrüne oder halbimmergrüne Arten. In kalten Wintern werfen auch die immergrünen Formen ihr Laub ab. Die Pflanzen sind bedingt winterhart und gedeihen am besten auf durchlässigem Boden in sonniger Lage. Schutz vor kaltem Wind, der in exponierten Gärten Frostschäden verursachen kann, ist vorteilhaft. Die Vielfalt der gehandelten Sorten ermöglicht es, sich vom Frühsommer (*A. floribunda,* immergrün) bis in den Spätherbst (*A. schumannii,* sommergrün) an der Blüte zu erfreuen. Früh blühende Arten können sogar einen zweiten Flor an diesjährigen Trieben hervorbringen.

Die paarweise und gegenständig angeordneten Blätter der Abelie sind oval und dunkelgrün glänzend. Junge, frisch entfaltete Blätter sind heller. Ihre Zweige sind rötlich braun, mit der Zeit werden sie dunkel. Die Rinde wird im Alter rissig und schuppig. Abelien bilden buschige Dickichte. Die Triebe entwickeln sich aus der Basis, sind anfangs aufrecht, hängen aber mit zunehmender Länge über.

In den Blattachseln und an den Triebenden sitzen unzählige kleine, röhrenförmige Blüten von bis zu 2 cm Länge. Ihre Farbe variiert von Weiß mit rosa Zeichnung bis zu Rosapurpur und Tiefrosa. Die rosafarbenen bis bronzeroten Blüten bleiben lange nach dem Verblassen an der Pflanze haften. Verschieden Formen tragen panaschierte Blätter, wie die Sorten von *A.* x *grandiflora,* z. B. 'Francis Mason' und 'Sunrise'.

Für eine natürliche Wuchsform ist ein regelmäßiger jährlicher Schnitt erforderlich. Nur so haben die Triebe genügend Raum, um sich gut zu entwickeln.

Abelia schumannii *ist ein bedingt frostharter Strauch von aufrechter, ausladender Wuchsform. Ältere Triebe haben eine rissige und geschuppte Rinde. Die sommergrünen Blätter sind von breit ovaler, spitz zulaufender Form. Sie sitzen paarweise und gegenständig an den schlanken Trieben. Anfangs bronzefarben, werden sie später glänzend grün. Im Sommer erscheinen die sternförmigen, duftenden Blüten, die und sich beim Öffnen rosaweiß färben.*

WARUM SCHNEIDEN?

Die jährliche Bildung und Entwicklung neuer Triebe soll angeregt und altes, nicht blühendes Holz entfernt werden.

TIPPS FÜR DEN SCHNITT

- *Schneiden Sie spät blühende Pflanzen nicht gleich nach der Blüte, da sonst neue Triebe erscheinen, die durch Winterfröste schwer geschädigt werden.*

PFLANZEN, DIE GENAUSO GESCHNITTEN WERDEN

Abelia floribunda: *im Spätfrühling und Sommer nach der Blüte*
Abelia chinensis: *im zeitigen Frühjahr*
Abelia x grandiflora ***und Sorten:*** *im zeitigen Frühjahr*
Abelia schumannii: *im zeitigen Frühjahr*

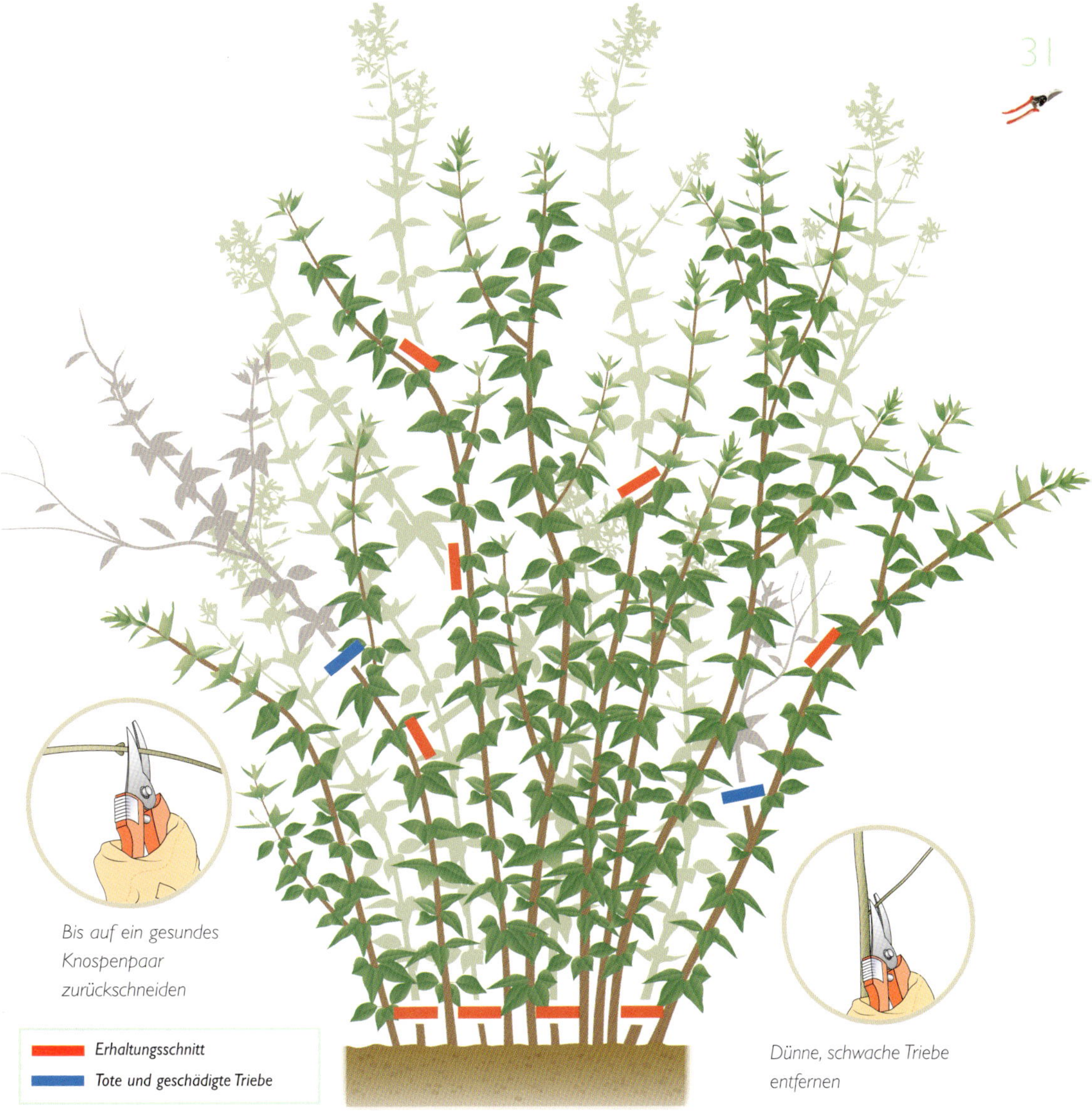

Bis auf ein gesundes Knospenpaar zurückschneiden

Erhaltungsschnitt

Tote und geschädigte Triebe

Dünne, schwache Triebe entfernen

Aufbauschnitt

Schneiden Sie junge Pflanzen, um einen buschigen Wuchs mit kräftigen Trieben anzuregen, die aus dem Boden treiben. Entfernen Sie nach der Pflanzung alle schwachen oder geschädigten Triebe. Schneiden Sie die verbliebenen Triebe auf ein Drittel zurück. Dadurch wird während des Anwachsens die Entwicklung neuer Triebe aus der Basis der Pflanze angeregt..

Erhaltungsschnitt

Die Abelie bildet Triebe an der Basis oder an bestehenden Trieben aus. Ein regelmäßiger jährlicher Schnitt zur Entfernung der ältesten Triebe schafft Platz für den Neuaustrieb.

Schneiden Sie nach der Blüte etwa ein Viertel der ältesten Triebe entweder bis auf eine kräftige Knospe oder bis zum Boden zurück. Entfernen Sie dünne, schwache Triebe, um zu dichten Wuchs zu verhindern. Entfernen Sie im Spätfrühling alle Äste mit Frostschäden.

Verjüngungsschnitt

Lässt man Abelien jahrelang ohne Schnitt wachsen, bilden sie zahlreiche dünne und kurze Triebe und weniger Blüten von geringer Größe.

Schneiden Sie im Frühjahr alle Triebe etwa 15-20 cm über dem Boden ab.

Entfernen Sie im Sommer ein Drittel der schwächsten Triebe, um einen zu dichten Wuchs zu verhindern.

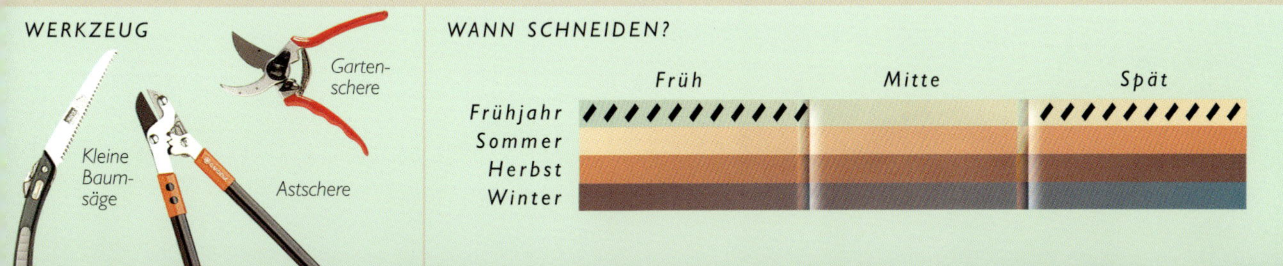

Actinidia

Strahlengriffel

Der ideale Standort für diese Kletterpflanze ist eine Süd- oder Südostmauer in der Nähe eines Fensters. Dort können Sie dann im Frühsommer den herrlichen Duft der Blüten genießen.

Die starkwüchsigen Klettergehölze werden in warmen Regionen wegen ihrer Früchte und ihres dekorativen Laubs gepflanzt. In kälteren Gebieten kultiviert man sie wegen ihrer Blätter und Blüten. Die Schlinger können mehr als 7,5 m hoch werden und gedeihen gut auf feuchten, durchlässigen und nährstoffreichen Böden. Die Pflanze braucht eine helle, sonnige windgescützte Lage. Die ovalen bis länglichen Blätter sind dunkelgrün, *Actinidia kolomikta* trägt grün, rosa und weiß gefärbtes und A. *polygama* grün und silbrig-weiß gefärbtes Laub. Die Blätter färben sich im Herbst matt-gelb.

Kleine, weiße, duftende Blüten erscheinen ab Frühsommer. Haben Sie eine weibliche und eine männliche Pflanze, so folgen später oft goldgelbe Früchte.

Der Rosa Strahlengriffel **Actinidia kolomikta** *ist eine starkwüchsige, sommergrüne Kletterpflanze mit satt braunen, sich windenden Trieben, die in der Jugend behaart sind. Die dunkelgrünen Blätter sind oval bis herzförmig. Sie können zur Spitze hin weiße, hellrosa oder dunkelrosa Zeichnungen aufweisen, besonders wenn die Pflanze an einem hellen, sonnigen Standort steht. Bevor es abfällt, färbt sich das Laub im Herbst matt gelb. Kleine, duftende Blüten werden im Frühsommer gebildet, denen gelblich grüne, unscheinbare Früchte folgen.*

Aufbauschnitt

Schneiden Sie junge Pflanzen, damit sie ein Gerüst aus kräftigen Trieben bilden. Diese treiben aus der Basis heraus.

Im ersten Frühjahr nach der Pflanzung werden alle schwachen oder geschädigten Äste entfernt. Kürzen Sie die verbliebenen Äste bis auf eine kräftige, gesunde Knospe etwa 30 cm über dem Boden ein. Wenn die neuen Triebe erscheinen, wählen sie etwa sechs der kräftigsten aus und binden Sie sie fest.

Schneiden Sie im zweiten Frühjahr alle Seitentriebe um zwei Drittel zurück und kürzen Sie dünne Triebe auf ein oder zwei Knospen ein. Entfernen Sie schwache Triebe..

Aufbauschnitt: *Erstes Frühjahr*

WARUM SCHNEIDEN?

Ein gleichmäßiger Wuchs soll angeregt und das Wuchern im Zaum gehalten werden.

TIPPS FÜR DEN SCHNITT

- *Vor Beginn des Neuaustriebs schneiden.*

PFLANZEN, DIE GENAUSO GESCHNITTEN WERDEN

Actinidia arguta *und Sorten: im Spätwinter oder zeitigen Frühjahr*
Actinidia deliciosa (chinensis) *und Sorten: im Spätwinter oder zeitigen Frühjahr*
Actinidia kolomikta *und Sorten: im Spätwinter oder zeitigen Frühjahr*
Actinidia polygama *und Sorten: im Spätwinter oder zeitigen Frühjahr*
Unterarten und Sorten von **Vitis**: *im Spätwinter oder wenn die Pflanzen voll belaubt sind*

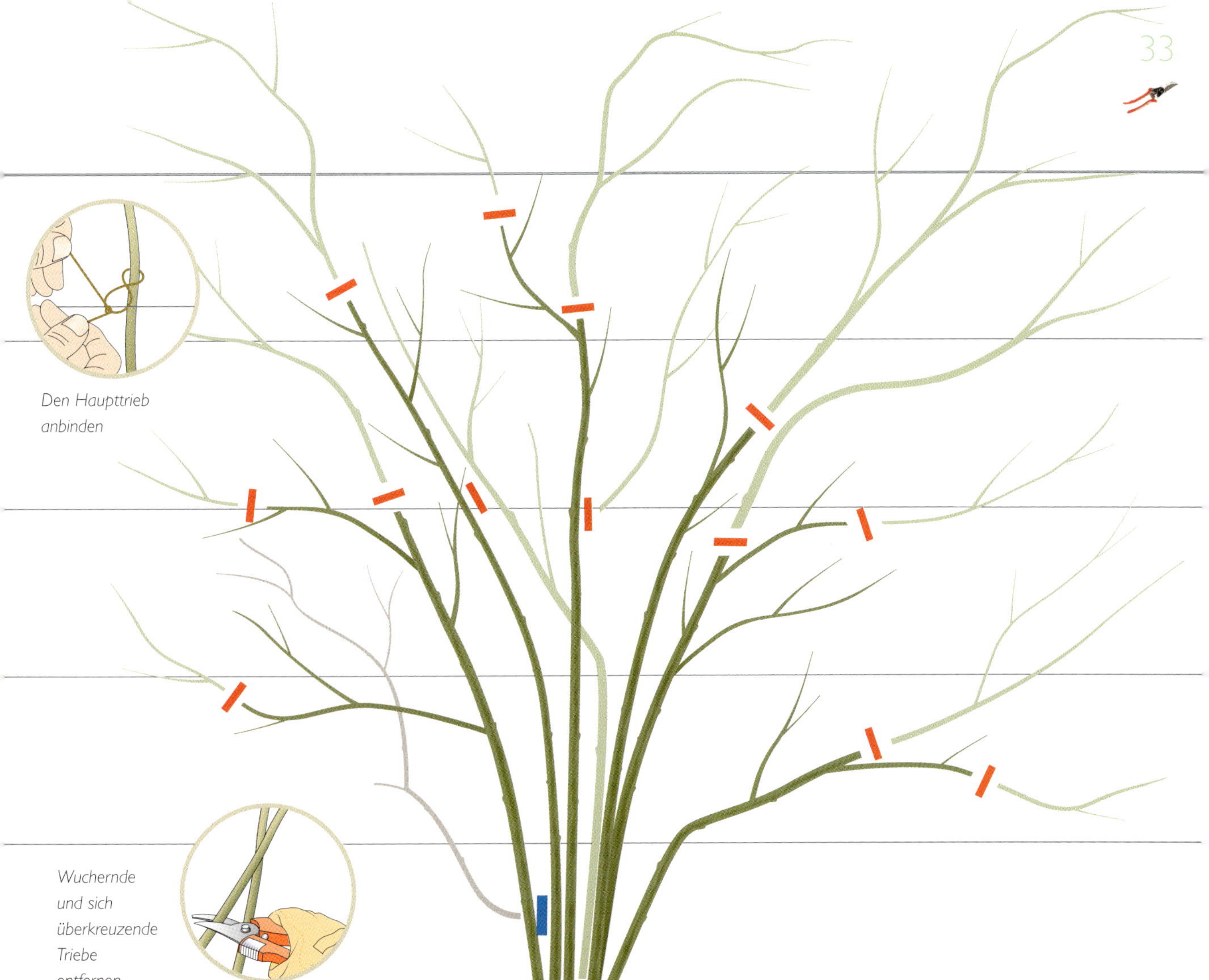

Den Haupttrieb anbinden

Wuchernde und sich überkreuzende Triebe entfernen

Erhaltungsschnitt

Tote und geschädigte Triebe

Erhaltungsschnitt

Fördern Sie die Entwicklung eines Gerüstes aus kräftigen Trieben sowie die Bildung von gesunden Trieben. Schneiden Sie dazu ausgewachsene Pflanzen zurück, um ihren Wuchs zu zügeln. Sie neigen sonst zum Wuchern.

Kürzen Sie die Haupttriebe im Spätwinter oder im zeitigen Frühjahr auf ein Drittel oder auf die Hälfte ein. Binden Sie sie an, damit ein stützendes Gerüst entsteht. Schneiden Sie alle unerwünschten Triebe heraus, um einen zu dichten Wuchs zu verhindern.

Entfernen Sie im Sommer zu dicht wachsende oder sich überkreuzenden Äste. Schneiden Sie alte, verkahlte Äste direkt über dem Boden ab, um Platz für neue Triebe zu schaffen.

Verjüngungsschnitt

Wenn Strahlengriffel älter werden, bilden sie ein wirres Durcheinander aus alten und neuen Ästen, was oft ein schwaches, verkümmertes Wachstum zur Folge hat. Diese Gehölze vertragen einen Radikalschnitt sehr gut.

Schneiden Sie die Pflanze im Frühjahr bis auf ein Gerüst aus drei oder vier Haupttrieben von je etwa 1 m Länge zurück.

Entfernen Sie 6-8 Wochen nach dem Rückschnitt alle schwachen, dünnen Triebe bis auf sechs der kräftigsten und gesündesten, damit ein neues Gerüst entstehen kann.

Amelanchier

Felsenbirne

Es gibt kaum einen schöneren Anblick als eine ausgewachsene Felsenbirne, die im Frühling in voller Blüte steht. Die zahlreichen weißen Blüten erscheinen, wenn sich die Blätter entfalten.

Die Felsenbirne braucht einen feuchten, durchlässigen und nährstoffreichen Boden. Sie bevorzugt saure, also nicht kalkhaltige Böden, auch wenn *Amelanchier asiatica* Kalk durchaus gut verträgt. Die Pflanze liebt einen vollsonnigen oder halbschattigen Standort. Im Frühling erscheinen kleine, weiße, sternförmige Blüten in Trauben an schlanken, braunschwarzen Trieben, gefolgt von kleinen blauschwarzen Früchten, die ab dem Sommer gebildet werden. Die ovalen Blätter sind anfangs bronzegrün, färben sich später dunkelgrün und nehmen im Herbst eine lebhafte Rot- und Orangetönung an.

Junge Pflanzen haben oft eine aufrechte Wuchsform, werden aber ausladend breit, wenn sie ausgewachsen sind. Sie bilden häufig dichte Gestrüppe von bis zu 6 m Höhe und 8 m Breite, da sie unzählige Ausläufer hervorbringen.

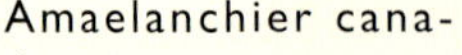

Amaelanchier canadensis *ist ein großer, Ausläufer bildender Strauch, der wegen seiner Blüten im Frühjahr und seiner dekorativen Laubfärbung im Herbst kultiviert wird. Als junge Pflanze hat sie eine aufrechte Wuchsform, bildet aber im Alter ein ausladendes Dickicht aus bräunlich-schwarzen Zweigen. Im Frühjahr entfalten sich ovale Blätter, die anfangs bronzegrün, später dunkelgrün sind. Im Herbst färbt sich das Laub leuchtend rot und orange. Im Frühjahr, noch vor den Blättern, erscheinen die kleinen weißen Blüten, denen erbsengroße, schwarze Früchte folgen.*

Aufbauschnitt: *Nach der Pflanzung*

Aufbauschnitt

Schneiden Sie junge Pflanzen, um einen buschigen Wuchs mit kräftigen Trieben anzuregen. Diese entwickeln sich auf Bodenhöhe. Entfernen Sie nach der Pflanzung alle geschädigten Triebe. Schneiden Sie die schwachen Triebe bis auf 1-2 Knospen über dem Boden zurück, damit an der Basis neue Triebe austreiben können, wenn die Pflanze angewachsen ist.

WARUM SCHNEIDEN?

Die Entwicklung neuer Triebe und eine üppigere Blüte sollen angeregt werden.

TIPPS FÜR DEN SCHNITT

- *Schneiden Sie immer nur wenig, um die Ausbildung unzähliger Ausläufer zu verhindern.*

PFLANZEN, DIE GENAUSO GESCHNITTEN WERDEN

Amelanchier asiatica: *im Spätfrühling nach der Blüte*
Amelanchier arborea: *im Spätfrühling nach der Blüte*
Amelanchier canadensis: *im Spätfrühling nach der Blüte*
Amelanchier laevis: *im Spätfrühling nach der Blüte*
Amelanchier lamarckii: *im Spätfrühling nach der Blüte*

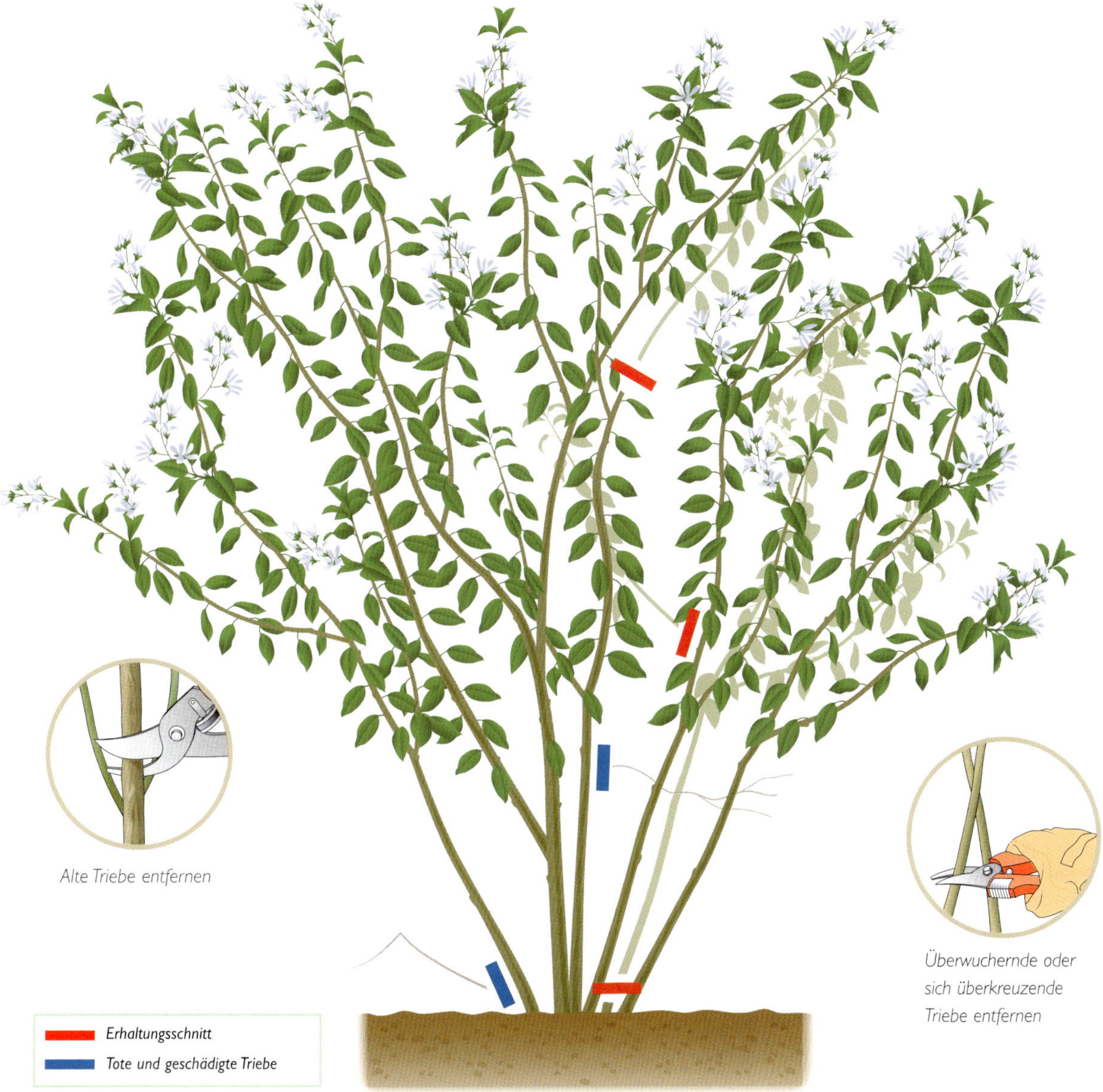

Alte Triebe entfernen

Überwuchernde oder sich überkreuzende Triebe entfernen

Erhaltungsschnitt

Tote und geschädigte Triebe

Erhaltungsschnitt

Felsenbirnen sind gewöhnlich große mehrstämmige Sträucher. Sie treiben neue Triebe aus dem Boden heraus oder bilden sie unten an vorhandenen Ästen. Das Entfernen zu dicht wachsender Äste regt die Entwicklung neuer Triebe an und schafft Platz für ihre Entfaltung. Lichten Sie nach der Blüte alle sich überkreuzenden, aneinander reibenden Äste aus. Nehmen Sie dabei immer die ältesten Triebe heraus. Schneiden Sie sie entweder bis auf eine gesunde Knospe oder bis zum Boden zurück. Entfernen Sie alle schwachen und dünnen Triebe, um ein Überwuchern zu verhindern. Manche Arten können Sie auch als Bäume erziehen. In diesem Fall müssen alle Ausläufer, die sich um den Stamm herum entwickeln, entfernt werden.

Verjüngungsschnitt

Lässt man Felsenbirnen jahrelang ohne Schnitt wachsen, entwickeln sie dünne Äste und bilden ein Dickicht aus sich überkreuzenden Trieben, die sich umeinander winden können. Schneiden Sie in diesem Fall im Frühjahr alle Triebe 7-10 cm über dem Boden ab. Entfernen Sie im Sommer bis zu einem Drittel der schwächsten Äste.

Aronia

Apfelbeere

Dieser im Frühling blühende Strauch wird zum Blickfang, wenn er frei stehend wachsen kann. Auch die Beeren sind den ganzen Sommer lang ein zierendes Element.

Die Apfelbeere ist ein großer, frostharter, Ausläufer bildender Strauch, der bis zu 3 m hoch und breit werden kann. Sie bevorzugt feuchte, aber durchlässige Böden, gedeiht jedoch nicht auf flachgründigem, kalkhaltigem Boden. Die sommergrüne Pflanze braucht einen vollsonnigen oder halbschattigen Standort. Ihre blassbraunen Äste werden im Alter dunkelgrau. Die ovalen, dunkelgrünen Blätter haben oberseits eine matte Oberfläche und auf der Unterseite einen grauen, filzigen Belag. Im Herbst, bevor sie abfallen, nehmen sie Gelb-, Orange- und Rottöne an. Im Frühjahr erscheinen an den Enden der Triebe Büschel kleiner, weißer Blüten, die mit einem rosa Hauch überzogen sind.
Ab dem Sommer folgen kleine rote oder violettschwarze Früchte.

Aufbauschnitt

Schneiden Sie junge Pflanzen, um eine buschige Form aus kräftigen Trieben anzuregen; diese treiben aus dem Boden heraus.

Entfernen Sie nach der Pflanzung alle geschädigten Triebe und nehmen Sie die schwächeren bis auf ein oder zwei Knospen über dem Boden zurück. So wird die Entwicklung neuer Triebe aus der Basis der Pflanze angeregt.

Aronia melanocarpa *bildet im Frühling an den Triebenden unzählige kleine, mit einem zarten Rosahauch überzogene weiße Blüten. Ihnen folgen kleine, violettschwarze Früchte. Dieser große, ausladende und sommergrüne Strauch bringt oft zahlreiche Schösslinge hervor. Die hellbraunen Triebe werden im Alter tiefgrau. Die Pflanze trägt dunkelgrüne Blätter, die eine ovale Form haben und auf der Unterseite einen grauen, filzigen Belag aufweisen. Das Laub verfärbt sich im Herbst gelb, orange und rot.*

WARUM SCHNEIDEN?

Das Wachstum neuer Triebe und eine üppigere Blüte sollen angeregt werden.

TIPPS FÜR DEN SCHNITT

• Manchmal ist es besser, eine überalterte Pflanze durch eine neue zu ersetzen, als einen Verjüngungsschnitt durchzuführen.

PFLANZEN, DIE GENAUSO GESCHNITTEN WERDEN

Aronia arbutifolia *und Sorten*: *im Spätfrühling nach der Blüte*
Aronia melanocarpa *und Sorten*: *im Spätfrühling nach der Blüte*
Aronia prunifolia *und Sorten*: *im Spätfrühling nach der Blüte*

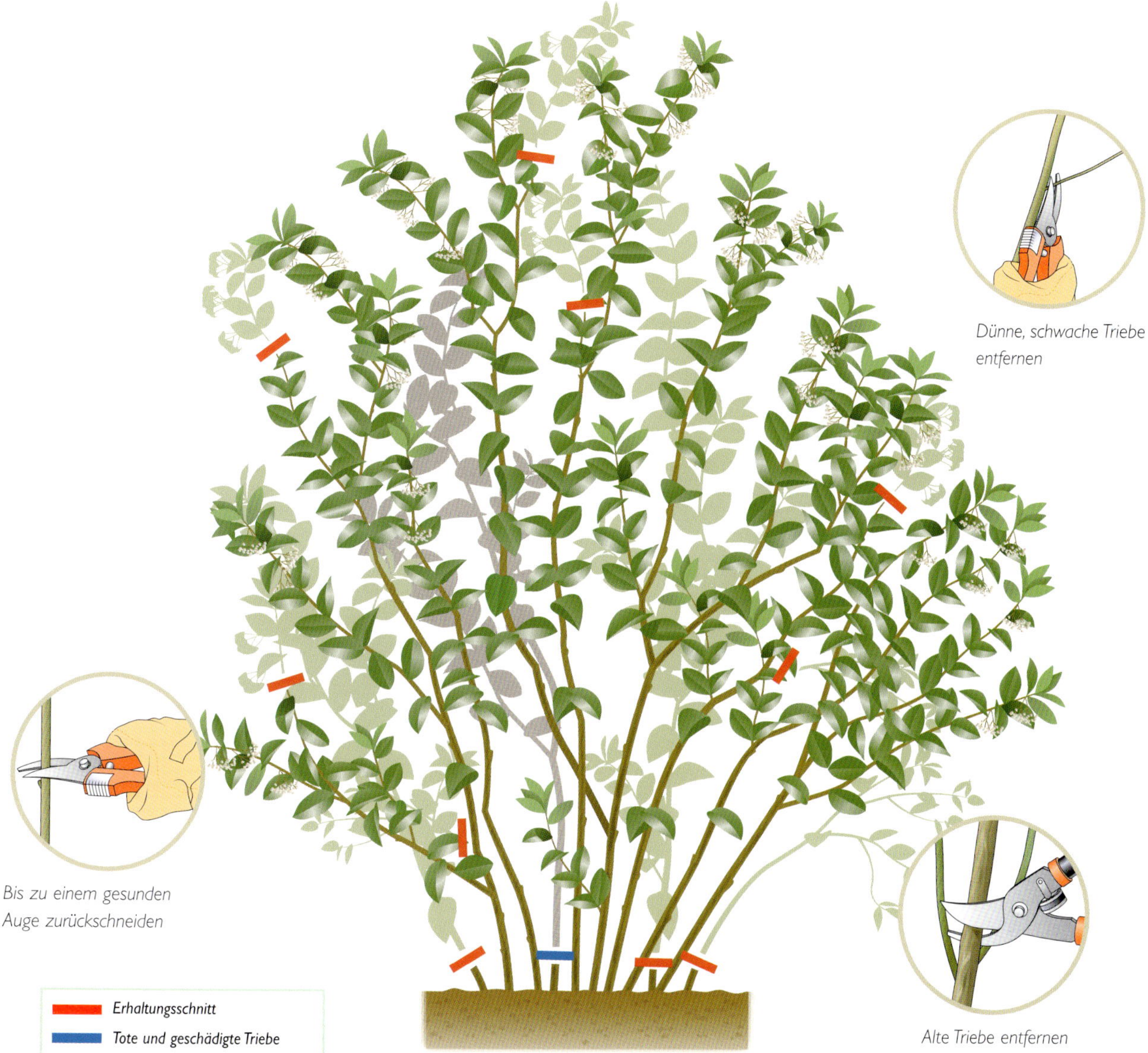

Dünne, schwache Triebe entfernen

Bis zu einem gesunden Auge zurückschneiden

Alte Triebe entfernen

Erhaltungsschnitt

Tote und geschädigte Triebe

Erhaltungsschnitt

Die Apfelbeere ist ein großer mehrstämmiger Strauch. Neue Triebe entwickeln sich aus der Basis und auch über dem Boden an vorhandenen Ästen. Der jährliche Schnitt einiger alter Äste regt nicht nur die Bildung neuer Triebe an, sondern schafft auch mehr Platz für deren Entfaltung.

Schneiden Sie im Frühjahr nach der Blüte etwa ein Viertel der ältesten Äste zurück. Kürzen Sie sie entweder bis auf eine gesundene Knospe oder bis zum Boden ein. Entfernen Sie alle dünnen und schwachen Triebe, um ein Überwuchern zu verhindern.

Verjüngungsschnitt

Die Apfelbeere verträgt einen Radikalschnitt nicht immer gut und erholt sich nach einem Verjüngungsschnitt meist nicht mehr. Es kann sich lohnen, einen alten Strauch bis zum Boden zurückzuschneiden und zu warten, ob er wieder austreibt. Bisweilen ist es besser, die alte Pflanze durch eine neue zu ersetzen.

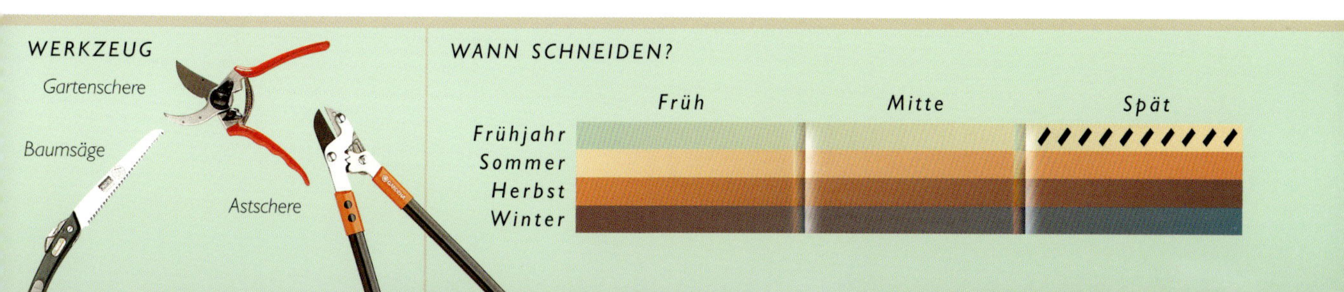

Aucuba japonica

Aukube

Mit ihrem glänzenden Laub und der hübschen Wuchsform erhellt die Aukube schattige Ecken, in denen kaum eine andere Pflanze gedeihen würde.

Die Gattung *Aucuba* umfasst eigentlich drei Arten, wobei die bedingt winterharte und zuverlässige *A. japonica* sowie ihre zahlreichen hervorragenden Sorten bei uns als Kübelpflanzen kultiviert werden. Diese Pflanzen sind anspruchslos und gedeihen auf allen Böden, die durchlässig sind. Sie werden zwar meist als frei stehende Sträucher gepflanzt, eignen sich aber auch für Heckenpflanzungen gut. Die Aukube ist auch die ideale Pflanze für einen Stadtgarten, da dieser immergrüne Strauch nicht nur Schatten und Halbschatten verträgt, sondern auch gegen Luftverschmutzung unempfindlich ist. Sogar wenn die Blätter mit Staub und Ruß bedeckt sind, sehen sie nach einem Regenschauer frisch und glänzend aus.

Im Herbst bringen weibliche Pflanzen leuchtend rote Beeren von 1,5 cm Durchmesser hervor, die oft bis zum Spätwinter oder Vorfrühling an der Pflanze verbleiben. Damit die Früchte zum echten Blickfang werden, sollte man eine männliche Pflanze mit 4-5 weiblichen Exemplaren zusammen einpflanzen.

Die ledrigen, glänzend grünen Blätter sind breit oval, am Rand leicht gezähnt und paarweise an den dicken, grünen Trieben angeordnet, die sich später graugrün färben. Der Strauch bildet eine breite, hügelförmige Form von 3-4 m Höhe und etwa gleicher Breite. Im Frühling erscheinen kleine, rötlich violette Blüten an den Triebenden, gefolgt von grünen Beeren, die sich im Herbst rot färben. Die beliebtesten Sträucher sind die Sorten mit panaschierten Blättern wie die weibliche Form von *A. japonica* 'Crotonifolia' mit goldgelben Punkten auf einem hellgrünen Untergrund. Sehr beliebt ist auch die weibliche Form von *A. japonica* 'Picturata', deren Blätter in der Mitte golden gefärbt sind. Die panaschierten Formen verlieren ihre Farben, wenn sie an einem schattigen Standort wachsen.

Aucuba japonica *ist eine ideale Kübelpflanze für schattige Standorte. Der robuste Strauch ist von gedrungener, runder Wuchsform und hat dicke, grüne Triebe, die sich im Alter gräulich grün färben. Die glänzenden, dunkelgrünen Blätter, oft gelb gezeichnet, haben eine breit ovale Form und sind am Rand leicht gezähnt. Im Frühjahr erscheinen kleine, rötlich violette Blüten an den Triebenden, denen im Herbst oft rote Beeren folgen.*

WARUM SCHNEIDEN?

Die gleichmäßige und runde Form der Pflanze soll erhalten bleiben und das Verkahlen und Wuchern an der Basis verhindert werden.

TIPPS FÜR DEN SCHNITT

- *Schneiden Sie im Frühjahr, wenn das Laub nach der Überwinterung unansehnlich geworden ist.*

PFLANZEN, DIE GENAUSO GESCHNITTEN WERDEN

Aucuba japonica *und Sorten*: *Mitte Frühling, nachdem die Beeren vertrocknet sind*

Daphne odora *und Sorten*: *im Spätfrühling nach der Blüte*

Enkianthus chinensis: *Mitte Frühling nach der Blüte*

Skimmia japonica: *Mitte Frühling, nachdem die Beeren vertrocknet sind*

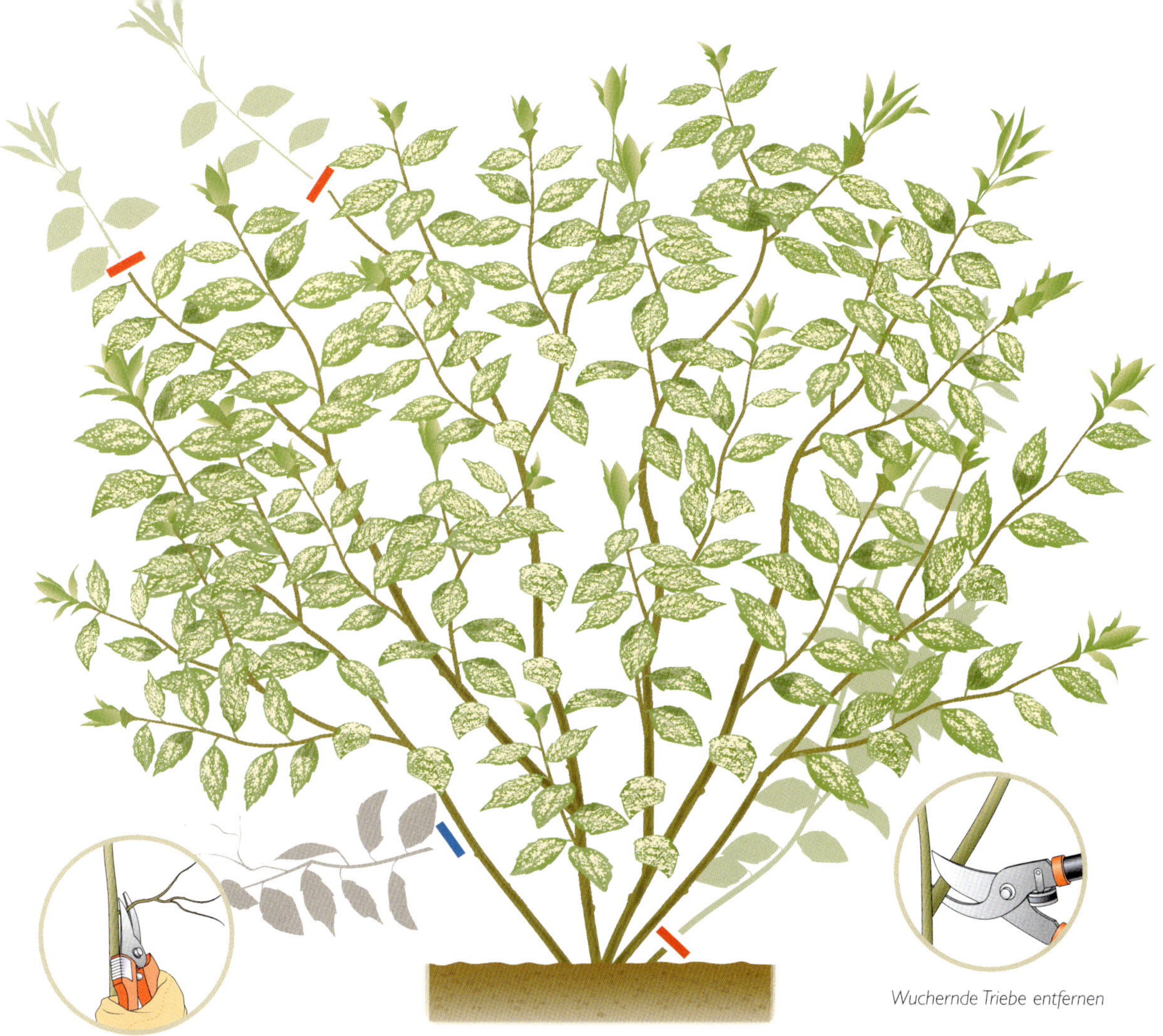

Wuchernde Triebe entfernen

Tote oder geschädigte Triebe entfernen

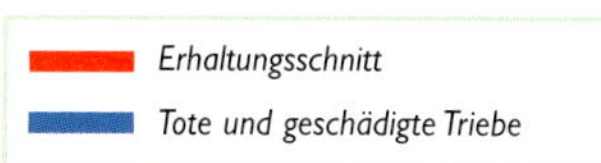

Aufbauschnitt

Der Aufbauschnitt bei jungen Pflanzen fördert einen buschigen Wuchs aus kräftigen Trieben, die sich 15-20 cm über dem Boden entwickeln. Schneiden Sie nach der Pflanzung alle schwachen und geschädigten Zweige heraus. Kürzen Sie die Triebe etwa um ein Drittel ein, um beim Anwachsen der Pflanze die Bildung neuer anzuregen.

Erhaltungsschnitt

Schneiden Sie die Pflanze im Frühjahr, wenn die Zeit der Beeren vorbei und die Frostgefahr vorüber ist. Versuchen Sie eine gleichmäßige Form mit gesundem, glänzendem Laub zu erhalten.

Schneiden Sie alle wuchernden Äste und Zweige zurück, damit die Pflanze ihre natürliche Wuchsform behält. Entfernen Sie alle einfarbig grünen Triebe, die sich an panaschierten Sorten gebildet haben, damit die einfarbigen Merkmale der Elternpflanzen sich nicht durchsetzen. Schneiden Sie Triebe mit Anzeichen von Frostschäden und abgestorbene Teile bis ins gesunde Holz zurück.

Verjüngungsschnitt

Die Aukube neigt dazu, lange, kahle Triebe zu bilden, die nur einige Blätter an den Enden tragen. Auch verkahlen sie oft an der Basis und stellen die nackten Triebe zur Schau.

Schneiden Sie im ersten Jahr die Hälfte der Haupttriebe 15-20 cm über dem Boden und die schwachen, dünnen bis ganz zum Boden zurück.

Kürzen Sie die verbliebenen alten Triebe im zweiten Jahr bis auf 15-20 cm über dem Boden ein. Entfernen Sie alle dünnen, schwachen Triebe, die sich nach dem vorjährigen Schnitt entwickelt haben.

WERKZEUG

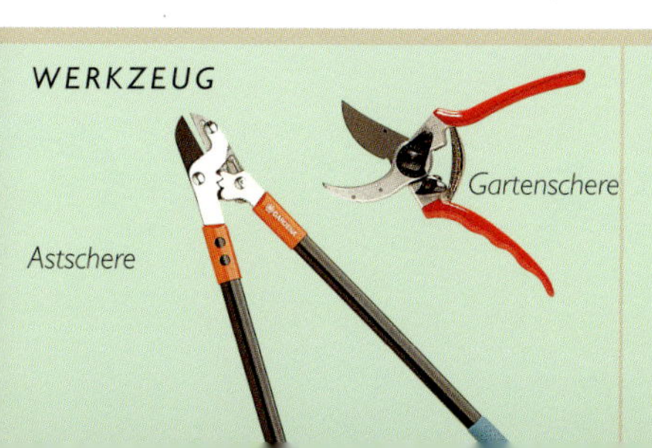

WANN SCHNEIDEN?

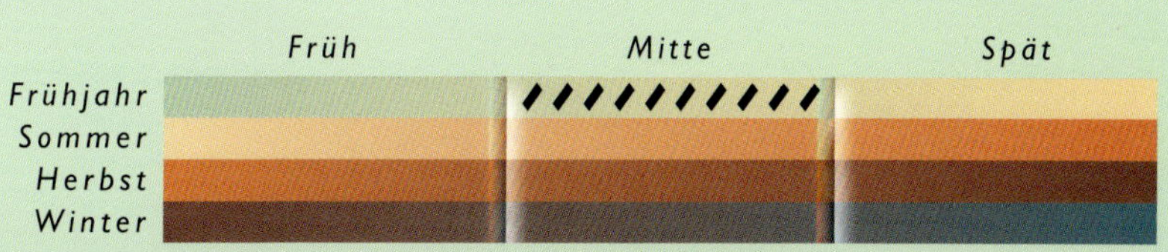

	Früh	Mitte	Spät
Frühjahr		//////////	
Sommer			
Herbst			
Winter			

Berberis (sommergrüne Arten)

Berberitze, Sauerdorn

Berberitzen sind anspruchslose Sträucher, die schöne Blüten, dekorative Beeren und eine reizvollen Blattfärbung hervorbringen.

Berberis thunbergii *f.* atropurpurea *ist ein sommergrüner Strauch mit rötlichen, überhängenden Ästen, die sich im Alter braungrau färben. Die eiförmigen Blätter sind im Frühling und Sommer kupferrot, färben sich im Herbst orange und scharlachrot. Kleine, gelbe Blüten erscheinen im Frühjahr.*

Die Gattung *Berberis* umfasst sommergrüne und immergrüne Arten (siehe Seite 42-43). Die sommergrünen Pflanzen haben recht dünne Triebe mit spitzen Dornen, die gewöhnlich in Dreiergruppen angeordnet sind. Die Dornen verbleiben oft lange nach dem Absterben an den Trieben – seien Sie deshalb vorsichtig beim Schneiden. Diese Pflanzen gedeihen auf fast allen Böden, die durchlässig und nicht zu nährstoffreich sind. Die flach wurzelnden Sträucher mit faserigen Wurzeln verdrängen oft andere Pflanzen in ihrer unmittelbaren Nähe. Berberitzen gedeihen in vollsonniger oder halbschattiger Lage, aber an einem sonnigen Standort bieten das Laub und die Beeren im Herbst einen eindeutig prächtigeren Anblick. Es gibt eine große Auswahl an sommergrünen Arten und Sorten, die auf gleiche Weise geschnitten werden können.

Die Sträucher haben breit ovale Blätter, die nah an den Dornen in Büscheln angeordnet sind. Das gewöhnlich frischgrüne Laub färbt sich im Herbst oft leuchtend orange und rot, bevor es abfällt. Die blass- bis goldgelben Blüten erscheinen in der Mitte des Frühjahrs in kleinen Trauben, meist gefolgt von roten Früchten im Herbst und Winter. Die Höhe der Pflanzen kann zwischen 60 cm und 2,5 m variieren. Manche Formen erreichen eine Breite von mehr als 2,5 m. Berberitzen bilden oft ein dichtes Gewirr aus alten, neuen und toten Ästen und werden deshalb gerne für frei wachsende und Schnitthecken verwendet.

Am weitesten verbreitet sind die Heckenberberitze *(Berberis thunbergii)* und ihre Sorten, die eine große Vielfalt an roten, goldenen, purpurroten und panaschierten Laubfärbungen sowie Wuchsformen bieten.

Aufbauschnitt

Schneiden Sie junge Pflanzen, um einen buschigen Wuchs und die Entwicklung kräftiger Triebe von unten anzuregen.

Nehmen Sie nach der Pflanzung alle schwachen oder geschädigten Äste heraus. Kürzen Sie die verbliebenen Triebe bis auf zwei Drittel der Gesamtlänge ein, damit die Pflanze von unten neue Triebe entwickeln kann.

WARUM SCHNEIDEN?

Die jährliche Bildung neuer Triebe aus der Basis der Pflanze soll angeregt werden.

TIPPS FÜR DEN SCHNITT

• Warten Sie bis zum Sommer, um das tote Holz zu entfernen – jetzt können Sie es besser erkennen.

PFLANZEN, DIE GENAUSO GESCHNITTEN WERDEN

Berberis x ottawensis: *im Frühsommer, gleich nach der Blüte*
Berberis x rubrostilla: *im Frühsommer, gleich nach der Blüte*
Berberis thunbergii: *im Frühsommer, gleich nach der Blüte*
Berberis wilsoniae: *im Frühsommer, gleich nach der Blüte*

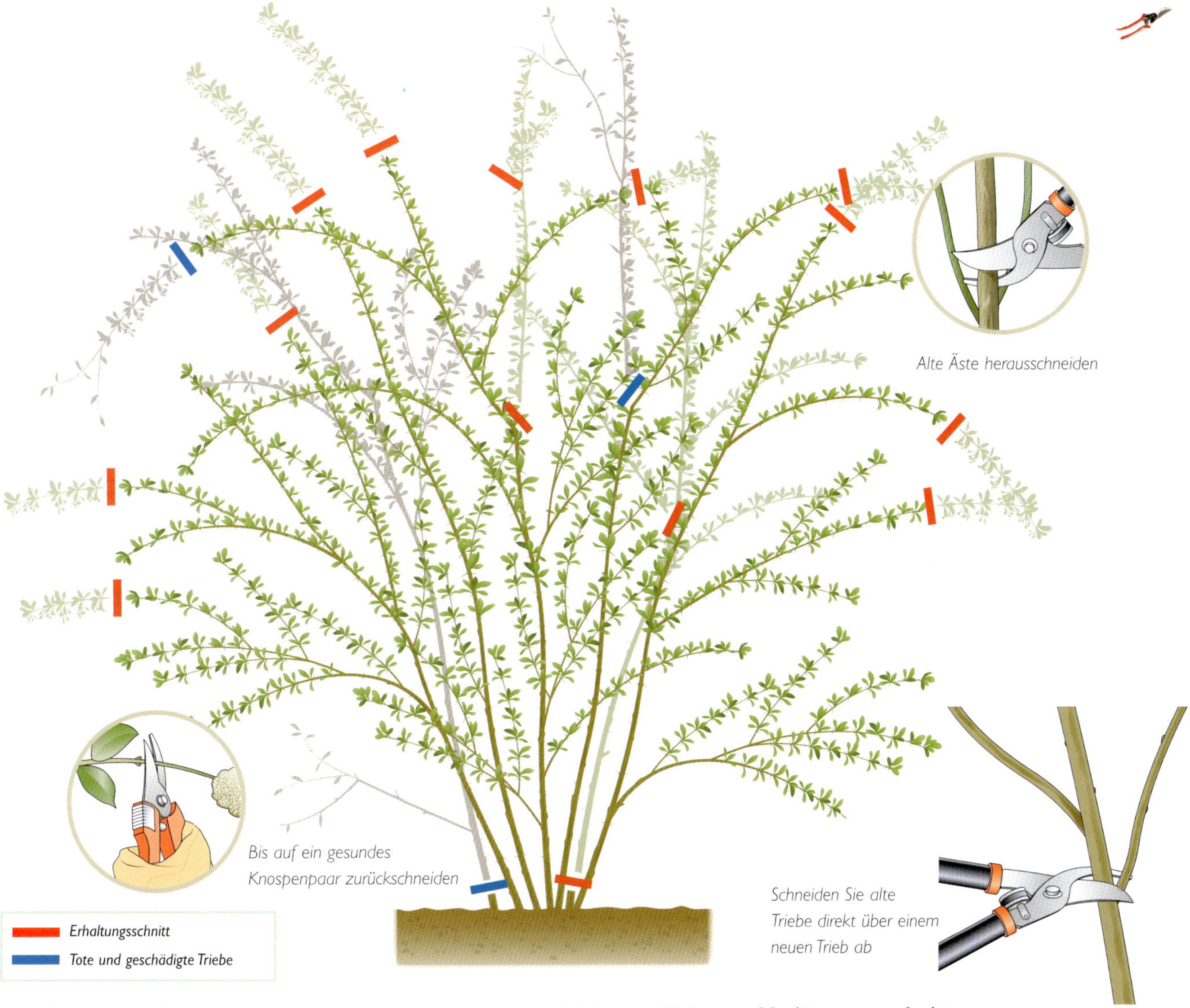

Alte Äste herausschneiden

Bis auf ein gesundes Knospenpaar zurückschneiden

Schneiden Sie alte Triebe direkt über einem neuen Trieb ab

Erhaltungsschnitt

Tote und geschädigte Triebe

Erhaltungsschnitt

Wenn Berberitzen schön blühen sollen, müssen sie jährlich geschnitten werden. Dabei wird ein Teil vom alten Holz entfernt und so die Bildung neuer Blütentriebe angeregt. Auch Pflanzen mit purpurroten oder panaschierten Blättern sollte man regelmäßig schneiden, damit junge Triebe mit schönerer Färbung die alten Äste ersetzen.

Im Frühsommer unmittelbar nach der Blüte werden die alten Blütentriebe auf ein gesundes Knospenpaar oder bis auf die jüngeren Triebe eingekürzt. Dadurch wird die Bildung von Früchten unterbunden und die Pflanze kann länger neue Triebe bilden, was eine prächtige Blüte im folgenden Jahr sicherstellt.

Entfernen Sie bei ausgewachsenen Pflanzen jedes Jahr etwa ein Viertel der alten Äste, damit die neuen Triebe genug Licht und Platz haben.

Verjüngungsschnitt

Berberitzen neigen dazu, ein dichtes Flechtwerk aus Ästen zu bilden. Dadurch beschatten die Triebe im Innern des Strauchs das eigene Laub und sterben wegen Lichtmangel ab. Die Pflanzen vertragen einen Radikalschnitt gut. Entfernen Sie im Frühsommer alle toten und schwachen Triebe. Schneiden Sie alle gesunden Äste 30 cm über dem Boden ab.

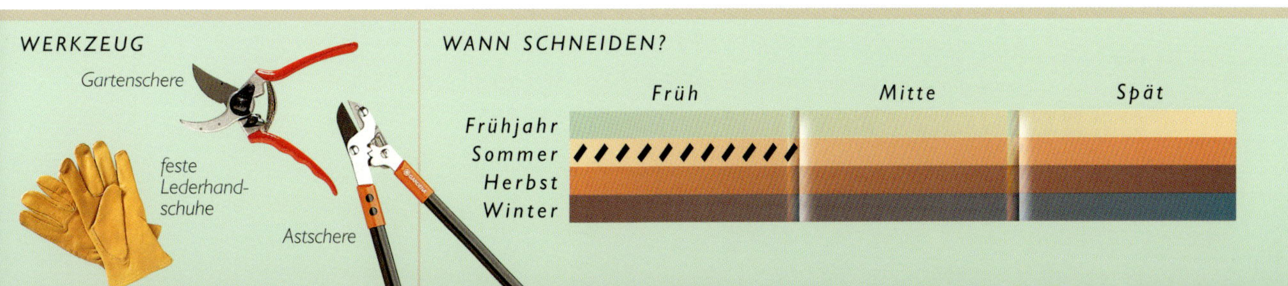

Berberis (immergrüne Arten)

Berberitze, Sauerdorn

Diese nützlichen Sträucher tragen das ganze Jahr ihr Laub und bringen schöne Blüten und bunte Beeren hervor.

Die immergrünen Berberitzen sind wie ihre sommergrünen Verwandten (siehe Seite 40-41) sehr vielseitige Sträucher, die in verschiedenen Größen vorkommen – von niederliegenden und zwergwüchsigen Formen bis zu großen Büschen, die sich fast zu kleinen Bäumen entwickeln. Sie lassen sich problemlos kultivieren und bieten mit ihrem Laub, ihren Blüten und Beeren einen prächtigen Anblick. Viele der Sträucher sind sowohl an den Ästen als auch an den Blättern mit spitzen Dornen bewehrt. Sie eignen sich hervorragend als Sichtschutz und als Barriere, aber Sie müssen beim Schneiden Handschuhe tragen. Diese Pflanzen wachsen an sonnigen Plätzen oder im Halbschatten. In schattigen Lagen erscheinen die Blüten nicht so zahlreich.

Die meisten immergrünen Arten haben breit ovale Blätter, die in der Nähe der Dornen in Büscheln angeordnet sind. Die Blätter sind dunkelgrün und glänzend, auf der Unterseite heller und am Rand oder an der Spitze oft mit Dornen versehen. Von Mitte bis Ende Frühling erscheinen üppige hängende Trauben mit 3-15 orangegelben Blüten. Im Herbst und Winter folgen kleine, ovale Früchte, die violett oder bläulich schwarz sein können. Die Höhe der Pflanzen variiert von 30 cm bis zu 3 m und manche Formen werden mehr als 5 m breit. Sie bilden dichte, verworrene Dickichte aus alten, neuen und toten Ästen.

Aufbauschnitt

Schneiden Sie junge Pflanzen, um eine buschige Form aus kräftigen neuen Trieben zu bekommen. Diese treiben aus dem Boden heraus.

Nehmen Sie nach der Pflanzung alle schwachen oder geschädigten Äste heraus. Die Pflanze soll ein Jahr Zeit zum Anwachsen haben. Entfernen Sie im zweiten Jahr alte Triebe bis auf die kräftigen, die im ersten Jahr gebildet wurden.

Berberis x stenophylla *ist ein starkwüchsiger, immergrüner Strauch mit langen, überhängenden Trieben, die anfangs leicht braun sind und sich später graubraun färben. Die schmalen, dunkelgrünen Blätter haben eine raue, lederartige Struktur und können an den Enden spitze Dornen tragen. Im Spätfrühling erscheinen kleine, hängende Trauben tiefgelber Blüten, denen im Herbst unzählige kleine, blauschwarze Beeren folgen.*

WARUM SCHNEIDEN?

Jedes Jahr sollen sich aus dem Boden zahlreiche neue Triebe entwickeln.

TIPPS FÜR DEN SCHNITT

- *Warten Sie bis zum Sommer, um das tote Holz zu entfernen – jetzt können Sie es besser erkennen.*

PFLANZEN, DIE GENAUSO GESCHNITTEN WERDEN

Berberis buxifolia: *im Sommer nach der Blüte*
Berberis x gladwynensis: *im Sommer nach der Blüte*
Berberis darwinii: *im Sommer nach der Blüte*
Berberis julianae: *im Sommer nach der Blüte*
Berberis linearifolia: *im Sommer nach der Blüte*

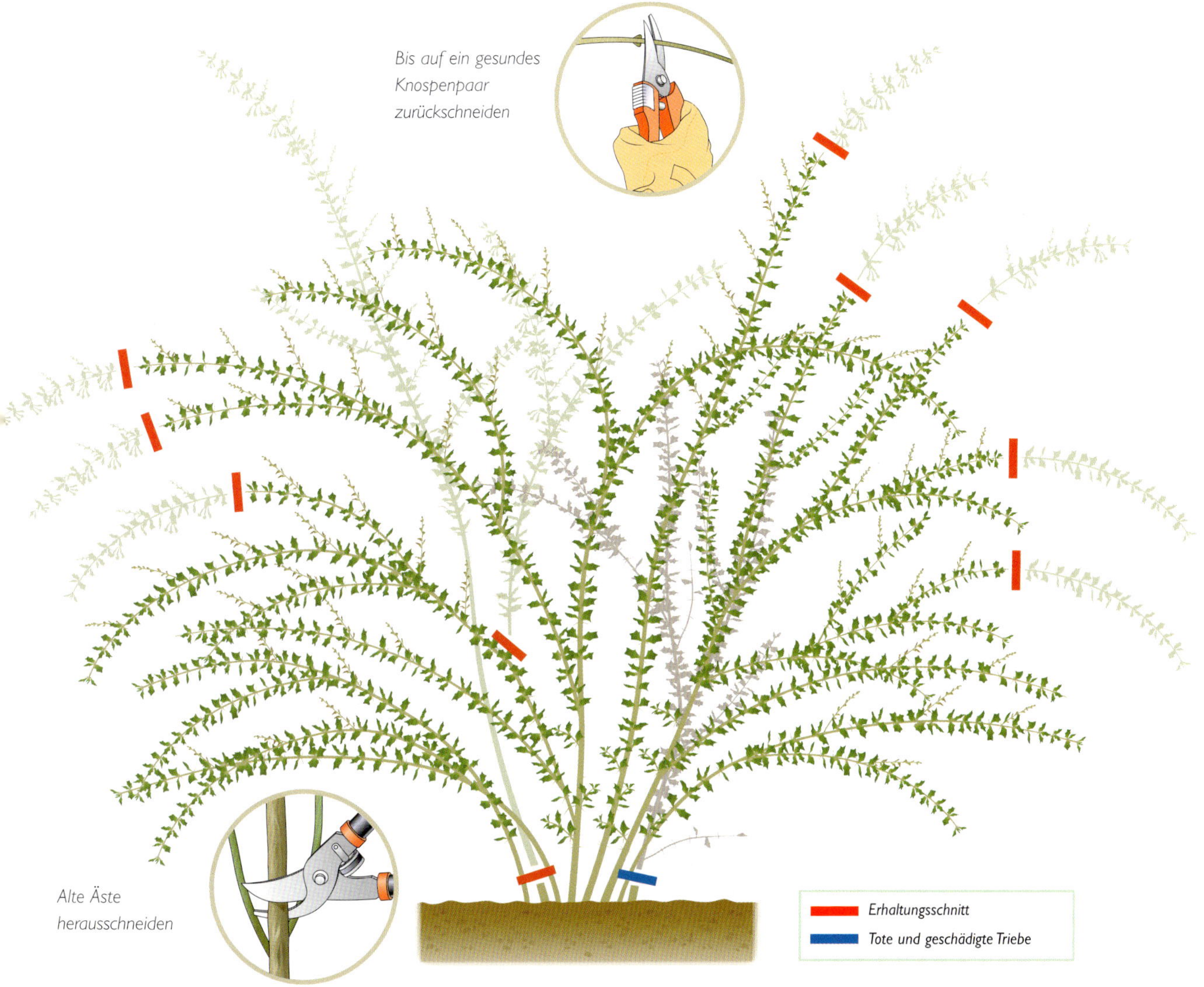

Bis auf ein gesundes Knospenpaar zurückschneiden

Alte Äste herausschneiden

Erhaltungsschnitt

Tote und geschädigte Triebe

Erhaltungsschnitt

Diese Pflanzen müssen jedes Jahr geschnitten werden. Dabei werden die alten Äste entfernt, die allmählich zu dicht wachsen und sich in der Mitte des Strauchs stark überkreuzen. Gleichzeitig wird so die Bildung neuer Blütentriebe angeregt.

Schneiden Sie die alten Blütentriebe unmittelbar nach der Blüte oder im Frühsommer bis auf ein kräftiges Knospenpaar oder bis zum Neuaustrieb zurück. So opfern Sie zwar die Beeren, garantieren aber die optimale Blütezeit im folgenden Jahr.

Entfernen Sie bei ausgewachsenen Sträuchern jedes Jahr etwa ein Viertel der alten Äste, damit die neuen Triebe genug Licht und Platz haben.

Verjüngungsschnitt

Berberitzen neigen dazu, ein dichtes Flechtwerk aus Ästen zu bilden. Dadurch beschatten die Triebe im Innern des Strauchs das eigene Laub und sterben ab. In diesem Fall treibt die Pflanze nur am Rand aus. Die Sträucher vertragen einen Radikalschnitt gut. Entfernen Sie im Frühsommer tote und schwache Äste und schneiden Sie gesunde 30 cm über dem Boden ab.

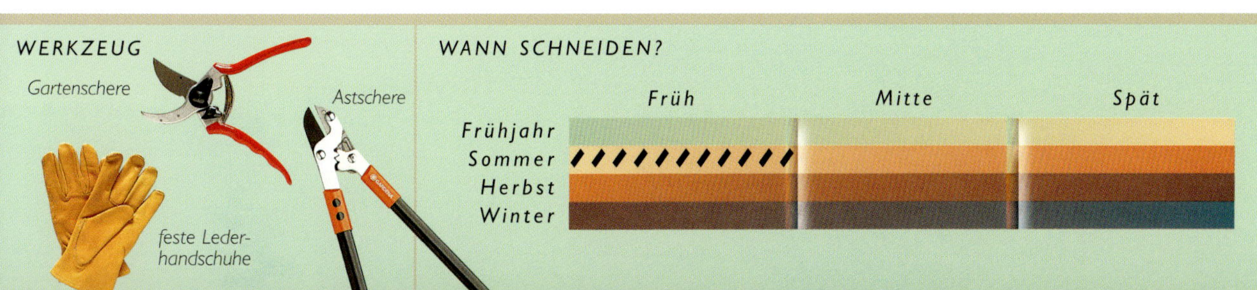

Bignonia capreolata

Kreuzrebe

Die dekorative Kletterpflanze bildet im Sommer flammend orangefarbene Blüten. An einer stabilen Stütze erzogen, bringt sie Farbe und Struktur in den Wintergarten.

Bignonia capreolata *ist eine starkwüchsige Kletterpflanze. Die immergrünen Blätter sind breit oval und frisch- bis dunkelgrün. Die Fiederblättchen mit dem gewellten Rand sind paarweise angeordnet und bilden windende Ranken, mit denen sich die Pflanze festhält. Im Sommer erscheinen Büschel orangeroter Trompetenblüten.*

Bignonia capreolata ist die einzige Art dieser Gattung. Hat sich die starkwüchsige Kletterpflanze erst einmal eingewöhnt, kann sie bis zu 10 m hoch werden. Sie benötigt eine geeignete Stütze, an der sie mit Hilfe ihrer Ranken empor wachsen kann. Die immergrünen Blätter sind breit oval bis lanzettlich und bestehen aus Blättchen mit gewelltem Rand auf schlanken, biegsamen Stielen. Die trichterförmigen Blüten sind etwa 5 cm lang und orangerot. Im Sommer erscheinen an den Trieben Büschel aus bis zu fünf Blüten. Die Kreuzrebe gedeiht auf feuchtem, durchlässigem, nährstoffreichem Boden und braucht eine sonnige Lage, die vor Frost und Wind geschützt ist. In kälteren Regionen sollte die Pflanze im Wintergarten kultiviert werden.

Aufbauschnitt

Schneiden Sie junge Gewächse, damit sie angeregt werden, ein Gerüst aus kräftigen Trieben zu bilden, die sich aus der Basis der Pflanze entwickeln.

Entfernen Sie im ersten Frühjahr nach der Pflanzung alle schwachen oder geschädigten Triebe. Binden Sie die kräftigsten zwei oder drei Triebe fest, damit ein Gerüst für das spätere Wachstum entsteht. Sobald neue Triebe gebildet werden, können Sie die kräftigsten unter ihnen an einer Kletterhilfe hochwachsen lassen.

Erhaltungsschnitt

Versuchen Sie durch den entsprechenden Schnitt ein Gerüst aus kräftigen, gesunden Trieben zu bilden und die Entwicklung von Blütentrieben anzuregen. Der Schnitt dient auch dazu, das Wachstum der Pflanze in Grenzen zu halten.

Kürzen Sie Seitentriebe bis auf ein Drittel der ursprünglichen Länge. An ihnen erscheinen die diesjährigen Blüten. Entfernen Sie gleichzeitig alle schwachen oder widerspenstigen Zweige.

Schneiden Sie wuchernde Äste bis auf eine kräftige Knospe zurück, damit die Pflanze sich verzweigen kann.

WARUM SCHNEIDEN?

Die Entwicklung neuer Triebe soll angeregt und die Blütenbildung gefördert werden.

TIPPS FÜR DEN SCHNITT

- *Schneiden Sie im Frühjahr, bevor der Neuaustrieb beginnt.*

PFLANZEN, DIE GENAUSO GESCHNITTEN WERDEN

Bignonis capreolata ***und Sorten***: *im Frühjahr vor Beginn des Neuaustriebs*
Lonicera japonica: *im Frühjahr*
Macfadyena unguis-cati: *im Frühjahr vor Beginn des Neuaustriebs*
Passiflora caerulea: *im Frühjahr*
Smilax aspera: *im Frühjahr*
Tecoma capensis ***und Sorten***: *im Frühjahr vor Beginn des Neuaustriebs*

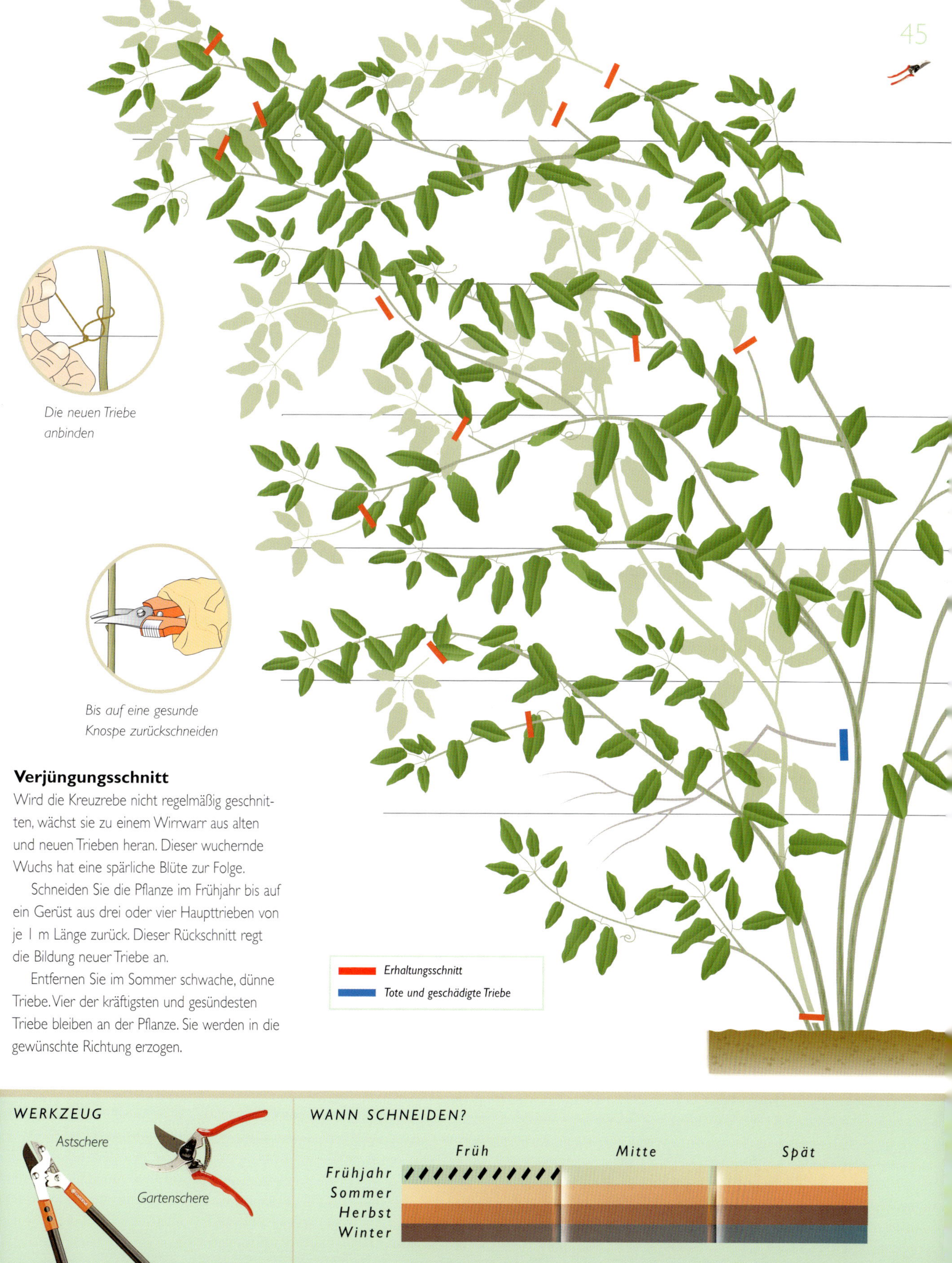

Die neuen Triebe anbinden

Bis auf eine gesunde Knospe zurückschneiden

Verjüngungsschnitt

Wird die Kreuzrebe nicht regelmäßig geschnitten, wächst sie zu einem Wirrwarr aus alten und neuen Trieben heran. Dieser wuchernde Wuchs hat eine spärliche Blüte zur Folge.

Schneiden Sie die Pflanze im Frühjahr bis auf ein Gerüst aus drei oder vier Haupttrieben von je 1 m Länge zurück. Dieser Rückschnitt regt die Bildung neuer Triebe an.

Entfernen Sie im Sommer schwache, dünne Triebe. Vier der kräftigsten und gesündesten Triebe bleiben an der Pflanze. Sie werden in die gewünschte Richtung erzogen.

Bougainvillea

Bougainvillee, Drillingsblume

Die leuchtenden Hochblätter, die sehr üppig erscheinen, bedecken das Laub fast völlig und bieten vom Sommer bis zum Herbst einen prächtigen Anblick.

Diese frostempfindlichen Pflanzen sollten in unseren Breiten in einem Gewächshaus wachsen oder in einem Kübel kultiviert werden, der in der kalten Jahreszeit in ein Winterquartier umziehen muss. In warmen Regionen kann die Bougainvillee in den Garten gepflanzt werden. Sie braucht Wärme und viel Sonne. Diese Pflanzen sind starkwüchsige, halbimmergrüne Klettergewächse. In der Natur halten sie sich mit Hilfe ihrer bedornten Triebe an Nachbarpflanzen und anderen Unterlagen fest, die ihnen als Stütze dienen. Im Garten oder Gewächshaus benötigen sie eine stabile Kletterhilfe, an der die Triebe festgebunden werden.

Die Bougainvillee wird wegen ihrer prächtig gefärbten Hochblätter kultiviert, die die winzigen, trichterförmigen und völlig unscheinbaren Blüten umgeben. Diese Hochblätter oder Brakteen sind umgebildete Laubblätter, deren Farbe von Weiß über Gelb und Orangetönen bis zu Rot, Purpur und Violett variieren kann.

Die eiförmigen, scharf zugespitzen Blätter sind frisch- bis dunkelgrün, aber es gibt auch Sorten mit panaschiertem Laub. Die Blätter sind wechselständig an spitz bedornten, frischgrünen Trieben angeordnet, die allmählich verholzen und sich zu einem matten Braungrün färben. Die dekorativen Hochblätter werden zusammen mit den Blüten im Sommer und Herbst gebildet. Sie behalten ihre Farbe oft noch mehrere Monate nach der Blüte, verblassen jedoch allmählich und werden papierartig.

Bougainvilleen werden etwa 8 m hoch und bis zu 12 m breit, was aber von der Größe der Kletterhilfe abhängt. Die Blüten werden an diesjährigem Holz gebildet und die beste Zeit für einen Rückschnitt ist kurz nach dem Verblassen der Hochblätter.

Bougainvillea glabra *ist eine starkwüchsige, Kletterpflanze mit breiten, hellgrünen Blättern an dünnen Trieben, die oft zum Teil verborgene Dornen tragen. Sie wird wegen ihrer leuchtend gefärbten, papierartigen Hochblätter geschätzt. Diese umgeben kleine, weiße Blüten, die von Sommer bis Frühherbst blühen. Die Pflanze klettert an jeder Art von Unterlage hoch.* **B. glabra** *'Scarlet O'Hara' (rechts) trägt besonders auffallend Hochblätter.*

Aufbauschnitt

Jungpflanzen werden geschnitten, um die Entwicklung eines Gerüstes aus kräftigen Trieben anzuregen, die vom Fuß der Pflanze austreiben.

Schneiden Sie im ersten Frühjahr nach der Pflanzung alle schwachen oder geschädigten Triebe heraus. Kürzen Sie anschließend alle kräftigen, gesunden Äste bis auf 30 cm über dem Boden ein. Sobald sich neue Triebe entwickeln, binden Sie die kräftigsten von ihnen an der Stützhilfe fest.

WARUM SCHNEIDEN?

Die Bildung neuer Triebe soll angeregt und eine regelmäßige Blüte gefördert werden.

TIPPS FÜR DEN SCHNITT

• Halten Sie die Triebe beim Schneiden an den Spitzen fest, da die Dornen sich weiter unten befinden.

PFLANZEN, DIE GENAUSO GESCHNITTEN WERDEN

Bougainvillea x buttania *und Sorten*: *im Vorfrühling nach Verblassen der Hochblätter*

Bougainvillea x glabra *und Sorten*: *im Vorfrühling nach Verblassen der Hochblätter*

Bougainvillea spectabilis *und Sorten*: *im Spätsommer nach Verblassen der Hochblätter*

Den Haupttrieb anbinden

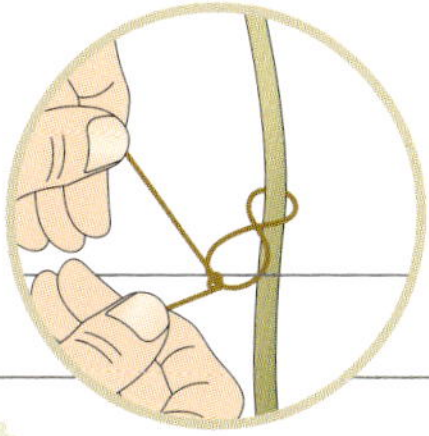

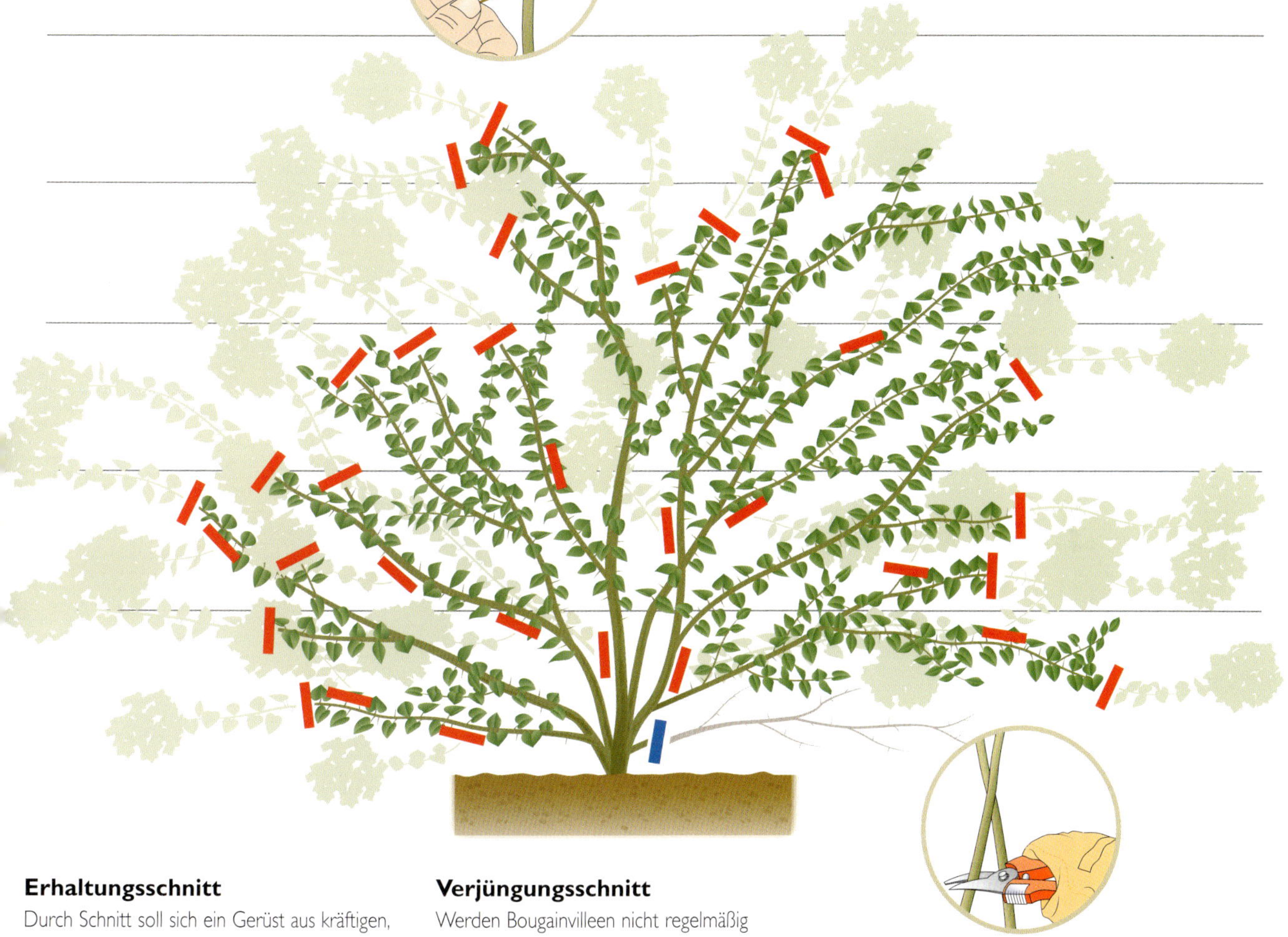

Wuchernde Triebe entfernen

Erhaltungsschnitt

Durch Schnitt soll sich ein Gerüst aus kräftigen, gesunden Trieben entwickeln und die Bildung neuer Blütentriebe angeregt werden. Er soll auch den Wuchs der Pflanze in Grenzen halten.

Schneiden Sie die Haupttriebe auf etwa zwei Drittel zurück und binden Sie sie an der Kletterhilfe fest. Entfernen Sie alle überzähligen Triebe, um ein Wuchern zu verhindern.

Schneiden Sie alle Seitentriebe bis auf zwei oder drei Knospen über dem Haupttrieb zurück – diese tragen die diesjährigen Blüten und Hochblätter.

Verjüngungsschnitt

Werden Bougainvilleen nicht regelmäßig geschnitten, kann ein Wirrwarr aus unzähligen alten und neuen Trieben entstehen. Dieses Überwuchern hat oft Schädlingsbefall und Krankheiten zur Folge. Schneiden Sie die Pflanze im Frühjahr bis auf ein Gerüst aus drei oder vier Haupttrieben von jeweils 1 m zurück, um den Neuaustrieb zu fördern. Verwenden Sie dafür die Baumschere, bei sehr dicken Trieben die Astschere.

Entfernen Sie 6-8 Wochen nach dem Rückschnitt alle schwachen, dünnen Triebe.

Erhaltungsschnitt

Tote und geschädigte Triebe

Lassen Sie nur etwa sechs der kräftigsten und gesündesten Triebe übrig für die Blütenbildung. Nehmen Sie drei oder vier der ältesten Äste heraus und binden Sie die übrigen in gewünschter Form an.

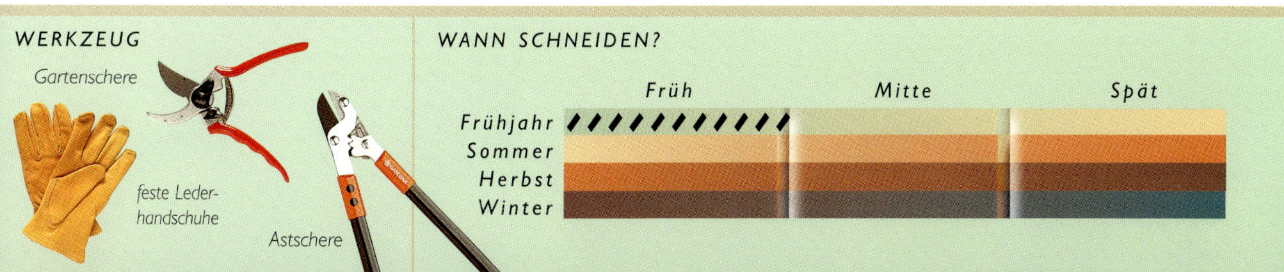

Buddleja davidii

Schmetterlingsflieder

Dieser zuverlässige und prächtige Strauch ist bei Gartenanfängern beliebt, weil nur wenige Pflanzen so anspruchslos sind.

Wie der deutsche Name schon besagt, lockt der Schmetterlingsflieder mit seinen duftenden, nektarreichen Blüten viele Schmetterlingsarten an. Im Hoch- und Spätsommer trägt er lange, überhängende Blütenrispen aus Hunderten von winzigen Blüten und wird so zum absoluten Blickfang. Oft folgt ein zweiter Flor mit kleineren Blütenrispen, die sich an den Seitentrieben entwickeln. Es gibt eine Reihe von Sorten, die Blüten in den verschiedensten Farben hervorbringen – von tiefem Schwarzviolett über Blau und Purpurrot bis zu reinem Weiß.

Der winterharte sommergrüne Strauch hat tiefgrüne, breit lanzettliche Blätter, die unterseits oft graufilzig sind. Die hellbraunen Äste verholzen allmählich zu einem Dunkelbraun und werden schließlich mattgrau; die alte Rinde bekommt tiefe Risse. Die Pflanze gedeiht auf den meisten Böden und kann in milden Regionen eine Endhöhe von 6 m und eine Breite von 5 m erreichen. Sie wächst im Allgemeinen zu einem kuppelförmigen Strauch, der am Fuß schmäler ist. Die Blütenrispen entwickeln sich an den Enden der einjährigen Triebe.

Wird die Pflanze nicht geschnitten, wächst sie zu einem dichten, buschigen Dickicht mit unzähligen kleinen Blütenrispen. Der Strauch muss daher regelmäßig jedes Jahr geschnitten werden, damit er eine schöne natürliche Wuchsform behält und kräftigere Triebe sowie größere Blütenrispen bildet.

Buddleja davidii 'Empire Blue' *ist ein kräftiger Strauch, mit überhängenden Trieben, die sich mattgrau verfärben, wenn die Pflanze älter wird. An den Ästen sitzen paarweise gegenüberliegende, längliche, unterseits graufilzige Blätter. Die langen Blütenrispen erscheinen an den Triebenden und blühen vom Mitte Sommer bis in den frühen Herbst.*

Aufbauschnitt

Junge Pflanzen werden geschnitten, um eine buschige Wuchsform aus kräftigen neuen Trieben anzuregen.

Nehmen Sie im Frühjahr, wenn der Neuaustrieb beginnt, alle dünnen, schwachen oder geschädigten Äste heraus. Schneiden Sie die verbliebenen Äste bis auf 3-4 Knospenpaare zurück, damit ein Gerüst aus neuen Trieben entstehen kann. Diese entwickeln sich 30 cm über dem Boden, so ensteht ein kleiner Stamm.

Erhaltungsschnitt

Soll der Schmetterlingssflieder üppig blühen, muss er jährlich geschnitten werden – nicht nur um alte Blütentriebe zu entfernen, die allmählich die Pflanze überwuchern würden, sondern auch um die Bildung neuer Blütentriebe anzuregen.

Schneiden Sie im Frühjahr alle alten Blütentriebe auf zwei oder drei Knospenpaare zurück, um im Sommer und Herbst eine lange und prächtige Blüte zu gewährleisten.

WARUM SCHNEIDEN?

Zur Anregung für einen kräftigen Wuchs und zur Bildung von größeren und attraktiven Blütenrispen.

TIPPS FÜR DEN SCHNITT

• Benutzen Sie eine Bypass-Schere, damit die Triebe nicht zerquetscht werden.

PFLANZEN, DIE GENAUSO GESCHNITTEN WERDEN

Buddleja crispa *und Sorten:* *Mitte Frühling, nachdem die Frostgefahr vorbei ist*
B. fallowiana *und Sorten:* *Mitte Frühling, nachdem die Frostgefahr vorbei ist*
B. globosa *und Sorten:* *im Spätwinter, bevor sich die Knospen öffnen*

Alte Äste entfernen

Bis auf ein gesundes Knospenpaar zurückschneiden

Erhaltungsschnitt

Tote und geschädigte Triebe

Soll ein Ast oder Trieb ganz entfernt werden, können Sie bis ins alte Holz zurückschneiden oder ihn nach Möglichkeit über einem gesunden Knospenpaar abschneiden.

Schneiden Sie alle dünnen, schwachen Triebe immer bis zum Ansatz zurück, da sie anfällig für Schädlingsbefall und Krankheiten sind und selten gut blühen.

Verjüngungsschnitt

Werden diese Pflanzen lange Zeit nicht geschnitten, entwickeln sie sich zu dichten, wuchernden Sträuchern. Sie bilden dann unzählige dünne, schwache Äste, die an den Enden nur wenige, kaum sichtbare Blüten hervorbringen. Außerdem wird die Pflanze durch den dichten Wuchs anfällig für Schädlingsbefall und Krankheiten. In diesem Fall hilft nur ein Radikalschnitt bis zum Fuß des Strauchs.

Schneiden Sie die Pflanze im Frühjahr bis zum Grund zurück. Je nach Wuchsdichte können Sie eine Baumsäge oder Astschere verwenden. Dieser Radikalschnitt regt die Bildung neuer Triebe an.

Verjüngungsschnitt im Frühjahr

Einen Monat nach dem ersten Schnitt können Sie schwache, dünne Jungtriebe entfernen und etwa acht der kräftigsten Triebe übrig lassen. Diese bilden das neue Grundgerüst und bringen die Blütenrispen hervor.

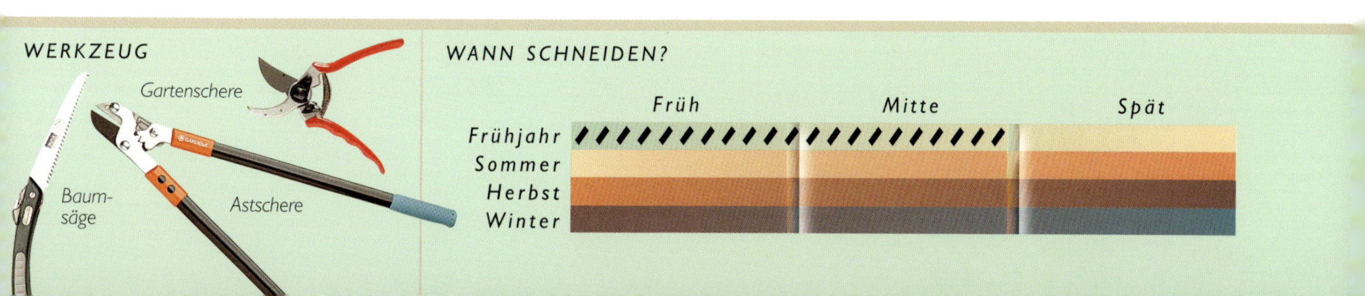

Callicarpa

Schönfrucht, Liebesperlenstrauch

Der Liebesperlenstrauch ist vor allem wegen seiner kleinen, runden und leuchtend gefärbten Früchte beliebt. Sie erscheinen nach langen, warmen Sommern und halten bis in den Winter hinein.

Callicarpa bodinieri *var.* giraldii *'Profusion'* *ist ein Strauch von offener, aufrechter Wuchsform. Die mittelgroßen, breit ovalen Blätter sind im Frühling und Sommer glänzend grün und nehmen im Herbst, bevor sie abfallen, Orange- und Violetttöne an. Büschel kleiner, fliederfarbener Blüten erscheinen im Spätsommer. Ihnen folgen glänzende, violette Früchte, die bis in den Winter halten.*

Die winterharten bis frostempfindlichen Sträucher mit der buschigen Wuchsform bevorzugen einen nährstoffreichen, durchlässigen Boden. In vollsonniger oder halbschattiger Lage gedeihen sie am besten. *Callicarpa japonica* 'Leucocarpa' benötigt Winterschutz, kann jedoch bei strengem Frost über dem Boden absterben, erholt sich dann aber wieder. Alle Arten entwickeln sich besser, wenn sie regelmäßig mit organischem Material gemulcht werden. Sie brauchen Windschutz, stellen aber sonst keine Ansprüche.

Die meisten Arten tragen breit ovale, dunkelgrüne Blätter, die oft spitz auslaufen. Sie sind gegenständig und paarweise an grünlich violetten Ästen angeordnet, die allmählich ein mattes Grün annehmen. Die Blätter von *C. bodinieri* var. *giraldii* 'Profusion' sind anfangs bronzefarben, färben sich später aber dunkelgrün. Die meisten Sträucher der Gattung sind sommergrün, nur *C. rubelle* hat blassgelbgrünes, immergrünes Laub.

Im Sommer erscheinen kleine, rosafarbene Blüten, die an den Triebenden aus den Blattachseln gebildet werden. Im Herbst und Winter folgen dichte Büschel aus kleinen, perlenförmigen Früchten in leuchtendem Purpurrosa. Eine Ausnahme stellt *C. japonica* 'Leucocarpa' mit weißen Blüten dar, denen weiße Beeren folgen, die mit der Zeit durchscheinend werden.

WARUM SCHNEIDEN?

Die älteren Äste sollen durch neue ersetzt und die von Frost geschädigten Triebe entfernt werden.

TIPPS FÜR DEN SCHNITT

- *Schneiden Sie Triebe mit Frostschäden bis zum Boden zurück, sie treiben dann wieder aus der Basis heraus.*

PFLANZEN, DIE GENAUSO GESCHNITTEN WERDEN

Callicarpa bodinieri *und Sorten*: *im Vorfrühling*
Callicarpa japonica *und Sorten*: *Mitte Frühling*
Callicarpa rubella *und Sorten*: *Mitte Frühling*

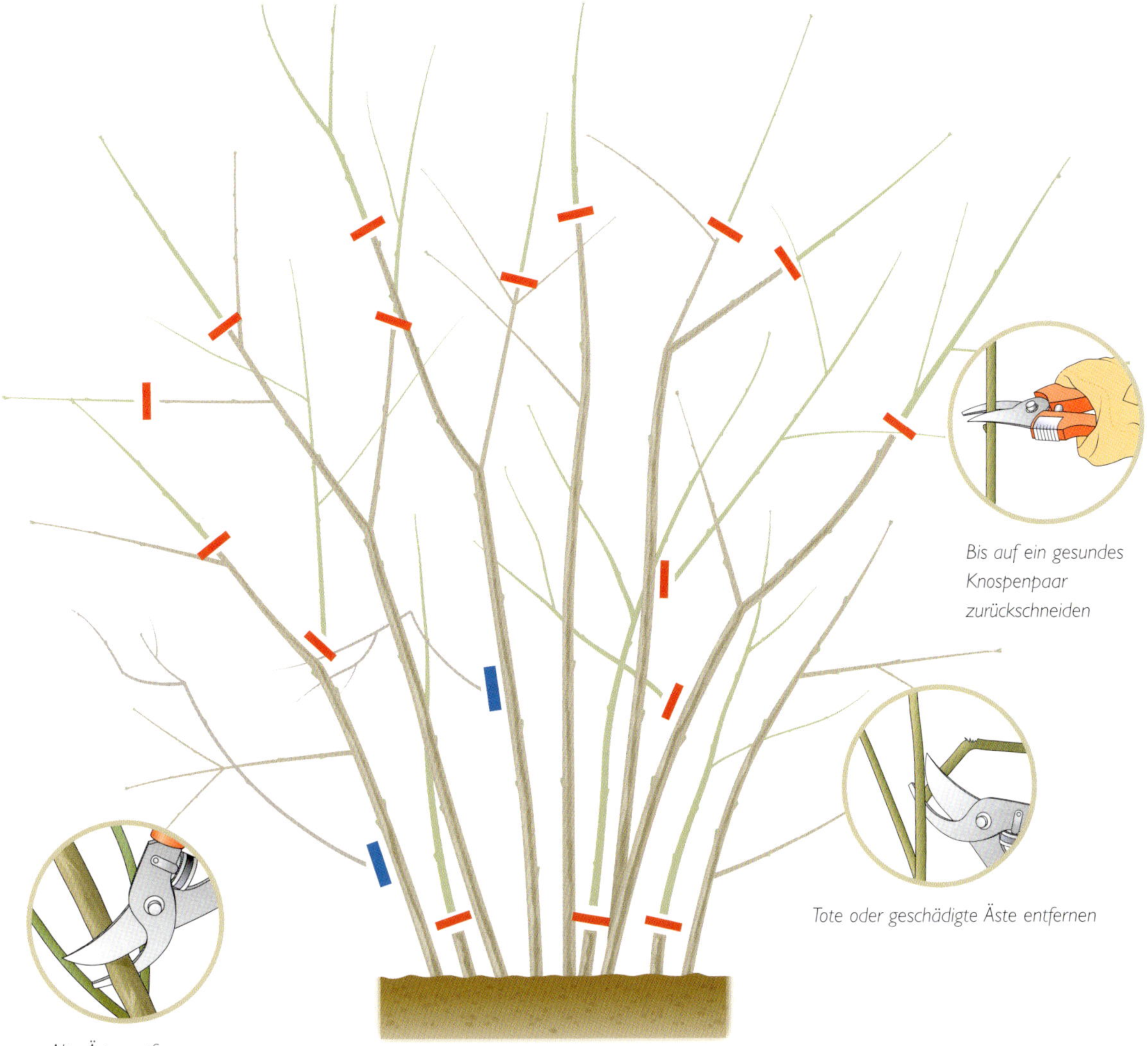

Bis auf ein gesundes Knospenpaar zurückschneiden

Tote oder geschädigte Äste entfernen

Alte Äste entfernen

Erhaltungsschnitt

Tote und geschädigte Triebe

Aufbauschnitt

Schneiden Sie junge Pflanzen, damit sie eine buschige Wuchsform aus kräftigen Trieben bilden können; diese treiben direkt über dem Boden heraus.

Nehmen Sie im Frühjahr, wenn der Neuaustrieb beginnt, alle schwachen oder geschädigten Triebe heraus. Kürzen Sie die verbliebenen bis auf 3-4 Knospen direkt über dem Boden.

Erhaltungsschnitt

Soll *Callicarpa* üppig blühen, muss der Strauch jährlich geschnitten werden, damit das alte Holz entfernt und die Entwicklung neuer Blütentriebe angeregt wird.

Schneiden Sie im Frühjahr, wenn die Frostgefahr vorüber ist, die ältesten Äste bis zum Boden zurück. Nehmen Sie jedes Jahr etwa ein Fünftel bis ein Viertel der ältesten, geschädigten oder abgebrochenen Triebe heraus.

Schneiden Sie die Blütentriebe vom Vorjahr mindestens um die Hälfte zurück – gerade über einer gesunden Knospe oder einem gleichmäßig wachsenden neuen Seitentrieb.

Verjüngungsschnitt

Diese Sträucher wachsen dichter und wuchern, wenn sie älter werden. Sie bringen dann weniger Blüten und Früchte hervor und werden immer anfälliger für Schädlinge und Krankheiten, besonders wenn sie nicht geschnitten werden.

Nehmen Sie im Frühjahr alle Äste bis auf 3-4 kräftige heraus und schneiden Sie die verbliebenen Triebe etwa 5-7 cm über dem Boden ab. So wird die Bildung neuer Triebe angeregt.

Entfernen Sie im folgenden Jahr alle dünnen oder schwachen Triebe. Schneiden Sie die drei oder vier verbliebenen alten Äste dicht über dem Boden ab.

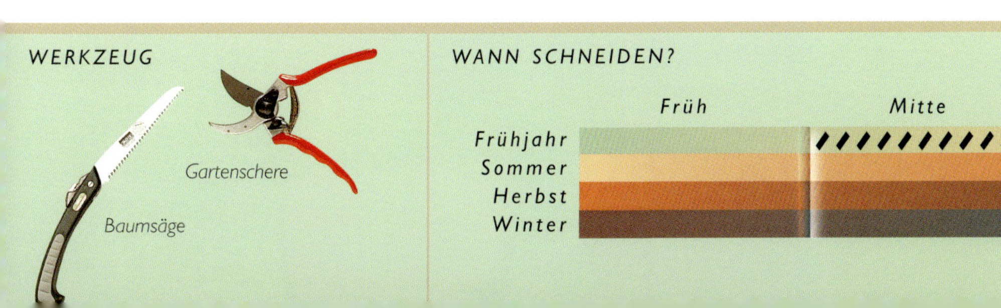

Callistemon

Zylinderputzer, Flaschenputzer

Zylinderputzer werden vor allem wegen ihrer bürstenähnlichen Blüten gepflanzt. Während der Blütezeit sehen sie oft aus, als würden sie in Flammen stehen, besonders wenn die Äste sich im Winde wiegen.

Diese immergrünen Sträucher stammen ursprünglich aus Australien und werden bei uns als Kübelpflanzen gehalten. Sie gedeihen am besten in kalkarmer, humoser Erde. Ideal ist im Sommer ein heller, sonniger und windgeschützter Standort . Die Pflanzen werden im Freiland oft 4 m hoch und 5 m breit, im Schutz einer Mauer sogar noch größer. Die langen, schmalen, dunkelgrünen Blätter sitzen an langen, überhängenden Ästen, die hellbraun sind, sich später graubraun färben und eine leicht korkartige Oberfläche entwickeln. Im Spätfrühling und Sommer erscheinen Blütenstände, die an Flaschenbürsten erinnern. Oft folgen der Blüte kleine, eichelförmige, verholzende Samenkapseln, die lange am Strauch haften bleiben.

Schneiden Sie *Callistemon citrinus* und Sorten sowie *C. rigidus* im Sommer nach der Blüte. *C. sieberi* muss nur wenig geschnitten werden.

Callistemon citrinus *ist ein immergrüner Strauch mit langen, schlanken, überhängenden Ästen, die hellbraun gefärbt sind und später gräulich braun werden. Die dunkelgrünen Blätter sind lang, schmal und lanzettlich. Im Spätfrühling und Frühsommer werden an vorjährigen Triebenden bürstenähnliche Blütenstände gebildet, denen kleine, eichelförmige Samenkapseln folgen.*

WARUM SCHNEIDEN?

Das Wuchern der Pflanze wird verhindert und ihre Form erhalten.

TIPPS FÜR DEN SCHNITT

• Schneiden Sie bis auf gesunde Knospen zurück.

PFLANZEN, DIE GENAUSO GESCHNITTEN WERDEN

Callistemon citrinus ***und Sorten:*** *im Spätsommer nach der Blüte*
Callistemon rigidus: *im Spätsommer nach der Blüte*

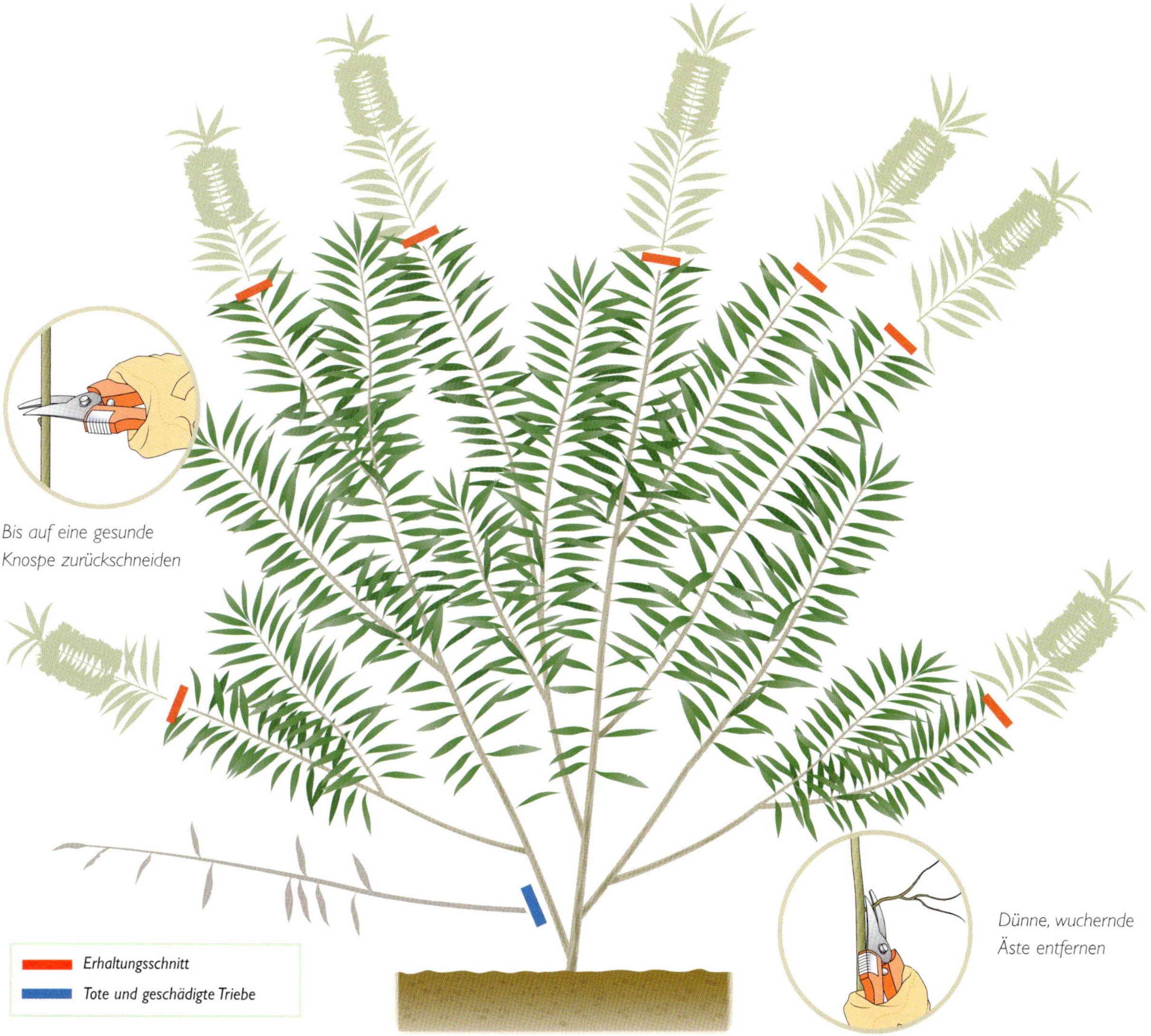

Bis auf eine gesunde Knospe zurückschneiden

Erhaltungsschnitt

Tote und geschädigte Triebe

Dünne, wuchernde Äste entfernen

Aufbauschnitt

Schneiden Sie junge Pflanzen, um einen möglichst buschigen Wuchs aus kräftigen Trieben anzuregen, die sich unten an den Ästen entwickeln.

Nehmen Sie nach der Pflanzung alle schwachen oder geschädigten Triebe heraus. Kürzen Sie die verbliebenen Äste bis auf etwa zwei Drittel der Gesamtlänge. Dadurch wird der Austrieb neuer Triebe aus der Basis der Pflanze angeregt, während der Strauch Zeit hat anzuwachsen.

Erhaltungsschnitt

Zylinderputzer benötigen keinen jährlichen Schnitt für eine üppige Blüte. Aber sie sollten geschnitten werden, um lange, dürre, ziemlich kahle Äste zu entfernen und die Bildung neuer Blütentriebe anzuregen.

Schneiden Sie die alten Blütentriebe unmittelbar nach der Blüte bis auf ein gesundes Auge zurück. Dadurch können sich zahlreiche neue Blütentriebe entwickeln, die im folgenden Jahr prächtige Blüten hervorbringen.

Verjüngungsschnitt

Diese Sträucher bilden lange, wuchernde Äste und können kahl und ungepflegt aussehen, wenn sie nicht geschnitten werden. Hier kann ein Radikalschnitt Abhilfe schaffen. Dieser sollte nicht auf einmal, sondern innerhalb von 2-3 Jahren in mehreren Stufen durchgeführt werden.

Schneiden Sie jedes Jahr nach der Blüte 1-2 Äste bis auf 5-7 cm über dem Boden ab, um die Entwicklung neuer Triebe anzuregen.

WERKZEUG

WANN SCHNEIDEN?

	Früh	Mitte	Spät
Frühjahr			
Sommer			//////////
Herbst			
Winter			

Calluna

Besenheide, Heidekraut

Heidekraut ist ein winterharter, immergrüner Strauch. Es ist in vielen Sorten erhältlich und schmückt den Garten das ganze Jahr über.

Calluna vulgaris *ist ein niedriger Strauch von ausladender Wuchsform. Die Triebe sind mattgrün, werden später hellbraun, dann grau und holzig, wobei die Rinde abblättert. Die schmalen, kurzen Blätter an den schlanken Trieben überlappen sich dicht und sorgen für ein koniferenähnliches Aussehen. Ab Hochsommer erscheinen kleine, glockenförmige Blüten, die noch lange nach dem Verblühen an der Pflanze haften bleiben.*

Von *Calluna vulgaris* gibt es Hunderte von Sorten, die sich besonders für Gärten mit sauren Böden gut eignen, auf denen blühende Bodendecker sonst kaum gedeihen. Einige der kleineren Sorten passen in Steingärten, während größere als Solitäre oder in Begleitung gepflanzt werden können. Sie gedeihen auf sandigem oder magerem bis mäßig nährstoffreichem, Feuchtigkeit speicherndem, aber durchlässigem Boden sehr gut. Auf kargem Boden blühen sie üppiger. Heidekraut braucht eine vollsonnige Lage, verträgt aber keine Trockenheit. Es ist nicht anfällig für Schädlingsbefall, aber bei Wärme und Nässe steigt die Gefahr von Pilzinfektionen. In schweren Tonböden oder bei Staunässe können die Wurzeln faulen.

Die kompakten, buschigen Sträucher haben eine niedrige, ausladende Wuchsform. Die größten Sorten werden etwa 60 cm hoch und 1 m breit, sie bilden einen niedrigen Hügel oder eine mattenartige Form. Die kleinsten Sorten wachsen etwa 25 cm hoch und mehr als 50 cm breit. Das Laub kann von Grün-, Gelb-, Orange- und Rottönen bis zu Silbergrau variieren. Die einzelnen Blätter sind schmal, schuppenförmig und 3 mm lang; oft überlappen sie sich so dicht, dass ein koniferenähnliches Aussehen entsteht. Die Blätter sind an dünnen, gelbgrünen Trieben angeordnet, die sich im Alter hellbraun färben. Die Triebe verholzen mit der Zeit und die Rinde blättert allmählich ab.

Vom Hochsommer bis zum Spätherbst erscheinen kurze, aufrechte Ähren aus 30-50 kleinen Glockenblüten. Die Blütenfarbe kann von Weiß bis zu allen möglichen Rosa- und Rottönen variieren.

Aufbauschnitt

Schneiden Sie junge Pflanzen, damit sie eine buschige Form aus vielen Trieben entwickeln, die aus dem Boden austreiben.

Schneiden Sie nach der Pflanzung alle schwachen oder geschädigten Triebe heraus und kürzen sie verbliebenen Triebe auf ein Drittel ihrer Länge ein.

WARUM SCHNEIDEN?

Neue Blütentriebe sollen angeregt und die Pflanze in Form gehalten werden.

TIPPS FÜR DEN SCHNITT

- *Calluna vulgaris in milden Regionen sollte gleich nach der Blüte geschnitten werden.*

PFLANZEN, DIE GENAUSO GESCHNITTEN WERDEN

Calluna vulgaris: *im Spätwinter oder Vorfrühling nach der Blüte*
Erica carnea *und Sorten*: *Mitte Frühling nach der Blüte, aber vor dem Neuaustrieb*
Erica cinerea *und Sorten*: *im Vorfrühling nach der Blüte*
Erica x darleyensis *und Sorten*: *Mitte Frühling nach der Blüte, aber vor dem Neuaustrieb*

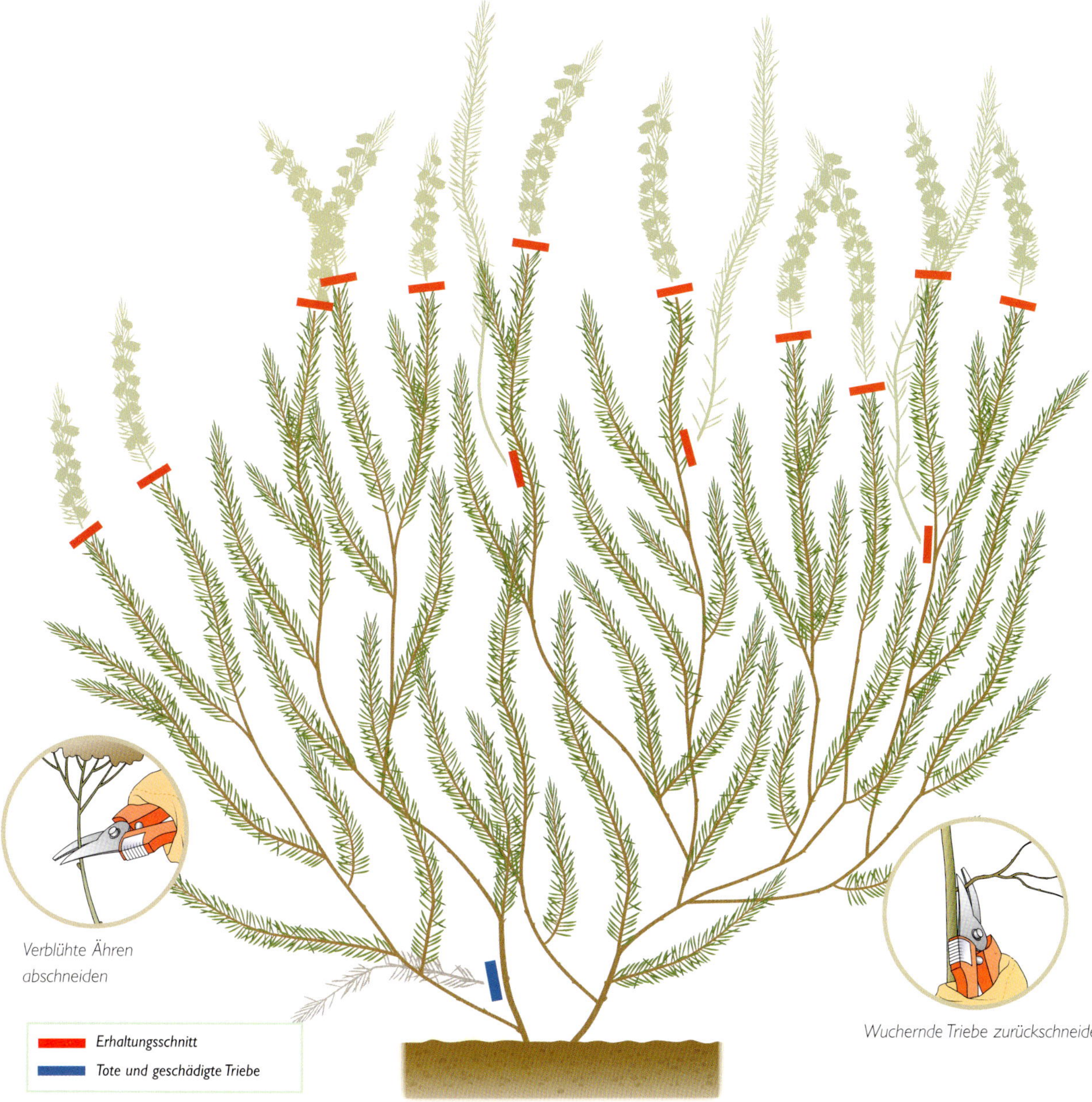

Verblühte Ähren abschneiden

Wuchernde Triebe zurückschneiden

Erhaltungsschnitt

Tote und geschädigte Triebe

Erhaltungsschnitt

Achten Sie darauf, dass die Pflanze nicht wuchert und in der Mitte verkahlt.

Stutzen Sie im Spätwinter oder im zeitigen Frühjahr alte Blütentriebe bis unterhalb der abgeblühten Ähren. Schneiden Sie alle wuchernden Triebe zurück, damit sie sich gut verzweigen.

Verjüngungsschnitt

Diese niederwüchsigen Sträucher verkahlen oft in der Mitte. Sie vertragen zwar einen Radikalschnitt, aber man sollte alte, struppige Pflanzen durch neue ersetzen. Werfen Sie alte, wuchernde Pflanzen einfach weg.

Kürzen Sie die Pflanze alle fünf Jahre mit einer Schere um ein Drittel

WERKZEUG

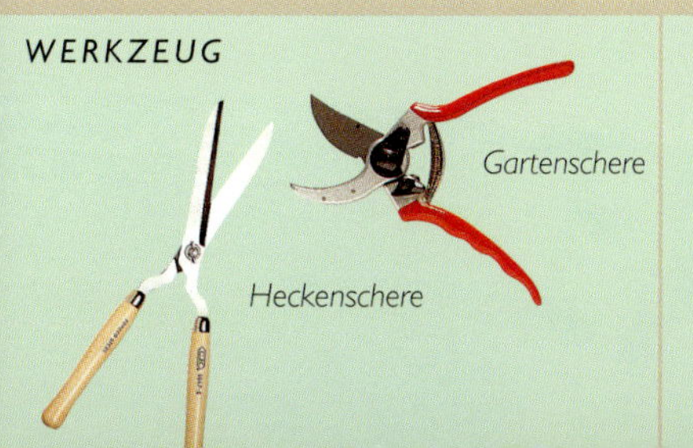

WANN SCHNEIDEN?

Camellia

Kamelie, Teestrauch

Im zeitigen Frühjahr versprechen die Blüten der Kamelie, dass die warmen Tage nicht mehr lange auf sich warten lassen.

Camellia *'Black Lace'* *ist ein langsam wachsender, aufrechter immergrüner Strauch mit blassbraunen Ästen, die sich im Alter graubraun färben. Die breit ovalen, glänzenden, tief dunkelgrünen Blätter sind zugespitzt und am Rand gesägt. Von Vor- bis Spätfrühling erscheinen große, dunkelrote, gefüllte Blüten, die sich aus dicken, hellgrünen Knospen entfalten. Gelegentlich folgen im Spätherbst grünlich braune Früchte mit korkartiger Struktur. Sie gilt als winterhart bis -18 °C.*

Diese beliebten immergrünen Pflanzen werden wegen ihrer attraktiven Blüten, die Rosen ähneln, und der schönen, glänzend grünen Blätter kultiviert. Wenn sie sich eingewöhnt haben, stellen sie im Allgemeinen keine Ansprüche, müssen aber auf einem sauren Boden oder in einem Kübel mit Azaleenerde – einem Substrat für Pflanzen, die saure Böden lieben – wachsen. Kamelien bevorzugen feuchte, durchlässige Böden mit einer Lage Laubkompost oder Rindenmulch, damit die Wurzeln unter der Oberfläche genug Feuchtigkeit haben. Sie schätzen einen halbschattigen oder lichtschattigen Standort. Die Sorten von *C. japonica* sind frosthart, aber trotzdem können die Pflanzen bei strengem Frost Schaden erleiden. *C. sasanqua* ist bedingt winterhart und muss vor Frost geschützt werden. Einige Hybriden sind nicht stabil und können revertieren, das bedeutet, dass sie andersfarbige Blüten hervorbringen, die oft den Blüten der Elternpflanzen ähneln.

Die Kamelie wächst gewöhnlich zu großen Sträuchern oder kleinen Bäumen heran, die bis zu 9 m hoch und 8 m breit werden. Ihre dunkelgrünen Blätter sind breit oval, oft zugespitzt und am Rand leicht gezähnt.

Es gibt zahlreiche Sorten, die von Spätwinter bis Mitte Frühling blühen und eine riesige Farbpalette von Rot-, Rosa- und Gelbtönen sowie Weiß aufweisen. Sogar einige Sorten mit weiß, rosa oder rot panaschierten Blüten sind erhältlich. Die Blütenform kann von einfach mit nur sieben Blütenblättern bis zu dicht gefüllt mit nahezu 60 Blütenblättern variieren.

Viele Kamelien entwickeln sich auch ohne Schnitt gut, können dann aber eine offene, dünne Wuchsform bilden und bringen nur noch kleinere Blüten hervor.

Aufbauschnitt

Schneiden Sie junge Pflanzen, damit sie sich zu wohl geformten Sträuchern mit zahlreichen Ästen entwickeln können, die nahe am Boden heraustreiben.

Im Frühjahr werden schwache, dünne Äste auf zwei oder drei Knospen zurückgeschnitten. Kürzen Sie wuchernde Triebe um ein Drittel.

WARUM SCHNEIDEN?

Die Pflanze soll eine gesunde, buschige Form entwickeln und üppig blühen.

TIPPS FÜR DEN SCHNITT

- *Schneiden Sie bald nach der Blüte, bevor die eigentliche Vegetationszeit der Pflanze beginnt.*

PFLANZEN, DIE GENAUSO GESCHNITTEN WERDEN

Camellia japonica *und Sorten*: *im Frühjahr nach der Blüte*
Camellia reticulata *und Sorten*: *im Frühjahr nach der Blüte*
Camellia sasanqua *und Sorten*: *im Frühjahr vor dem Neuaustrieb*
Camellia x williamsii *und Sorten*: *im Frühjahr nach der Blüte*

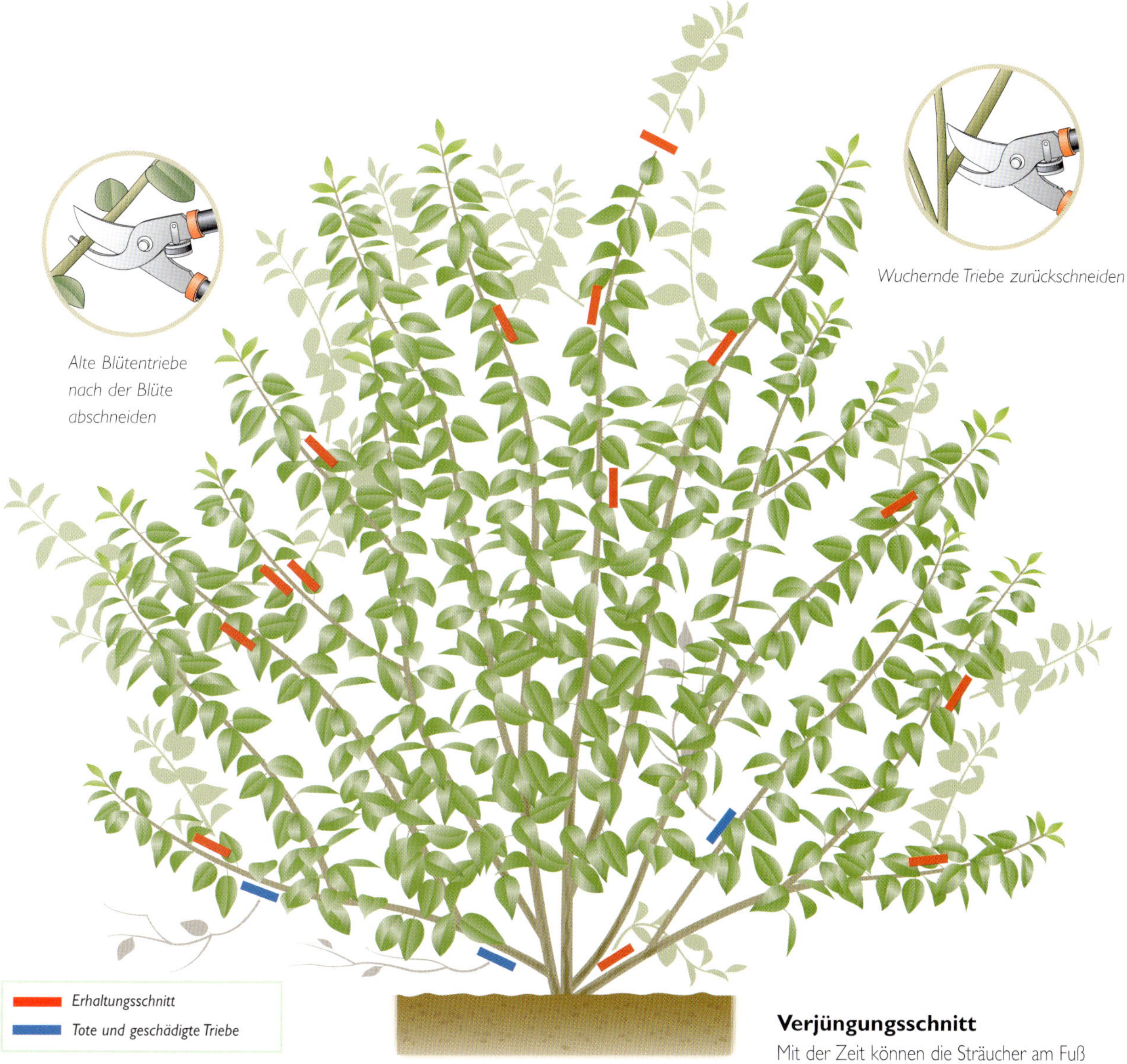

Alte Blütentriebe nach der Blüte abschneiden

Wuchernde Triebe zurückschneiden

Erhaltungsschnitt

Tote und geschädigte Triebe

Verjüngungsschnitt

Mit der Zeit können die Sträucher am Fuß verkahlen. Sie vertragen einen Radikalschnitt gut, der aber innerhalb von zwei Jahren und nicht auf einmal erfolgen sollte.

Schneiden Sie dazu im Frühjahr nach der Blüte die dicksten Äste auf etwa 60 cm über dem Boden ab. Kürzen Sie im folgenden Jahr die verbliebenen alten Äste etwa gleich lang ein. Falls erforderlich, dünnen Sie einige der neuen Triebe aus, um ein Wuchern zu verhindern.

Erhaltungsschnitt

Kamelien gedeihen gut, auch wenn sie jahrelang nur wenig oder gar nicht geschnitten werden. Wenn Sie aber das vorjährige Holz unmittelbar nach der Blüte bis zum alten Holz einkürzen, entwickelt sich die Pflanze buschiger und blüht üppiger. Durch Schnitt können Sie auch das Verkahlen des Strauchs verhindern.

Schneiden Sie die Blütentriebe im Frühjahr gleich nach der Blüte auf 3-5 Knospen des alten Holzes zurück. Dadurch wird die Pflanze angeregt, zahlreiche kurze Blütentriebe für das folgende Jahr zu bilden.

Kürzen Sie im Sommer alle wuchernden Triebe ein, damit die Pflanze eine ausgewogene Form behält und nicht asymmetrisch wächst.

WERKZEUG

WANN SCHNEIDEN?

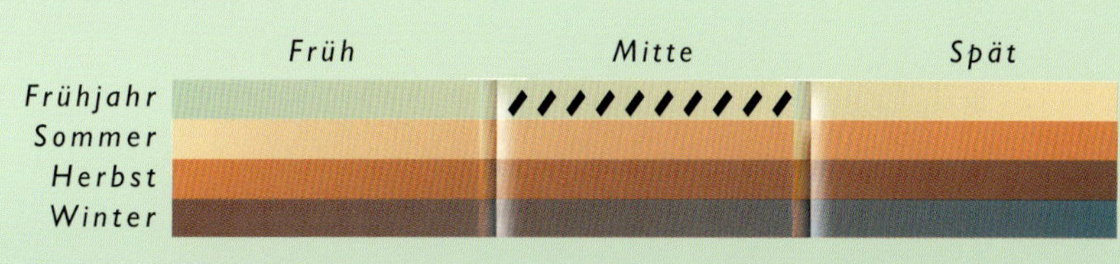

Campsis

Trompetenblume, Klettertrompete

Die Trompetenblume ist die ideale Kletterpflanze für eine warme, sonnige Mauer. Sie bringt vom Spätsommer bis zu den ersten Herbstfrösten prächtige, trompetenförmige Blüten hervor.

Campsis grandiflora *ist eine starkwüchsige sommergrüne Kletterpflanze, die meist mit Hilfe ihrer Haftwurzeln an Klettergerüsten hochranken oder alle möglichen Stützen überwachsen kann. Die langen, rankenden Triebe sind goldbraun gefärbt. Die großen Blätter sind in ovale Fiederblättchen mit gezähntem Rand eingeteilt, die an einem Hauptblattstiel angeordnet sind. Große Trompetenblüten in Orangerot bilden Trugdolden, die an den Enden der Triebe erscheinen. Manchmal werden im Herbst hülsenähnliche Früchte gebildet.*

Die Arten dieser Gattung sind starkwüchsige, sommergrüne Kletterpflanzen, die mit Hilfe von Haftwurzeln an Klettergerüsten empor wachsen. Die Pflanzen können 10 m hoch und etwa 6 m breit werden. Die Chinesische Klettertrompete *(Campsis grandiflora)* kann sich oft nicht von alleine an der Unterlage festhalten und muss daher an einer Kletterhilfe festgebunden werden.

Die langen, rankenden Triebe sind grün und färben sich im Alter zu einem hellen Goldbraun. Die großen Blätter sind in 7-9 ovale, frischgrüne Fiederblättchen geteilt, die am Rand gezähnt und auf der Unterseite oft fein behaart sind. Sie sind an einem Hauptblattstiel angeordnet, der am Ast sitzt. Bis zu zwölf Trompetenblüten in Rot-, Orange- oder Gelbtönen bilden Trugdolden, die an den Triebenden erscheinen. Manchmal folgen im Herbst schlanke, verholzte hülsenähnliche Früchte. Die am häufigsten kultivierte Sorte ist *C. tagliabuana* 'Madame Galen', die große, orangerote, bis zu 8 cm lange Blüten trägt.

Aufbauschnitt

Schneiden Sie junge Pflanzen, damit sie ein Gerüst aus vier oder fünf kräftigen Ästen bilden können. Nehmen Sie im ersten Frühjahr nach der Pflanzung alle schwachen oder geschädigten Triebe heraus. Schneiden Sie alle gesunden Äste 15 cm über dem Boden ab.

Sobald neue Triebe gebildet werden, binden Sie die kräftigsten fest. Schneiden Sie dünnere Triebe bis auf eine Knospe zurück.

WARUM SCHNEIDEN?

Die Entwicklung von Blütentrieben soll angeregt und der Wuchs in Grenzen gehalten werden.

TIPPS FÜR DEN SCHNITT

- *Verwenden Sie scharfes Werkzeug, da die Triebe brüchig sind.*

PFLANZEN, DIE GENAUSO GESCHNITTEN WERDEN

Campsis grandiflora ***und Sorten:*** *im Spätwinter oder Vorfrühling*
Campsis radicans ***und Sorten:*** *im Spätwinter oder Vorfrühling*
Campsis x tagliabuana ***und Sorten:*** *im Spätwinter oder Vorfrühling*

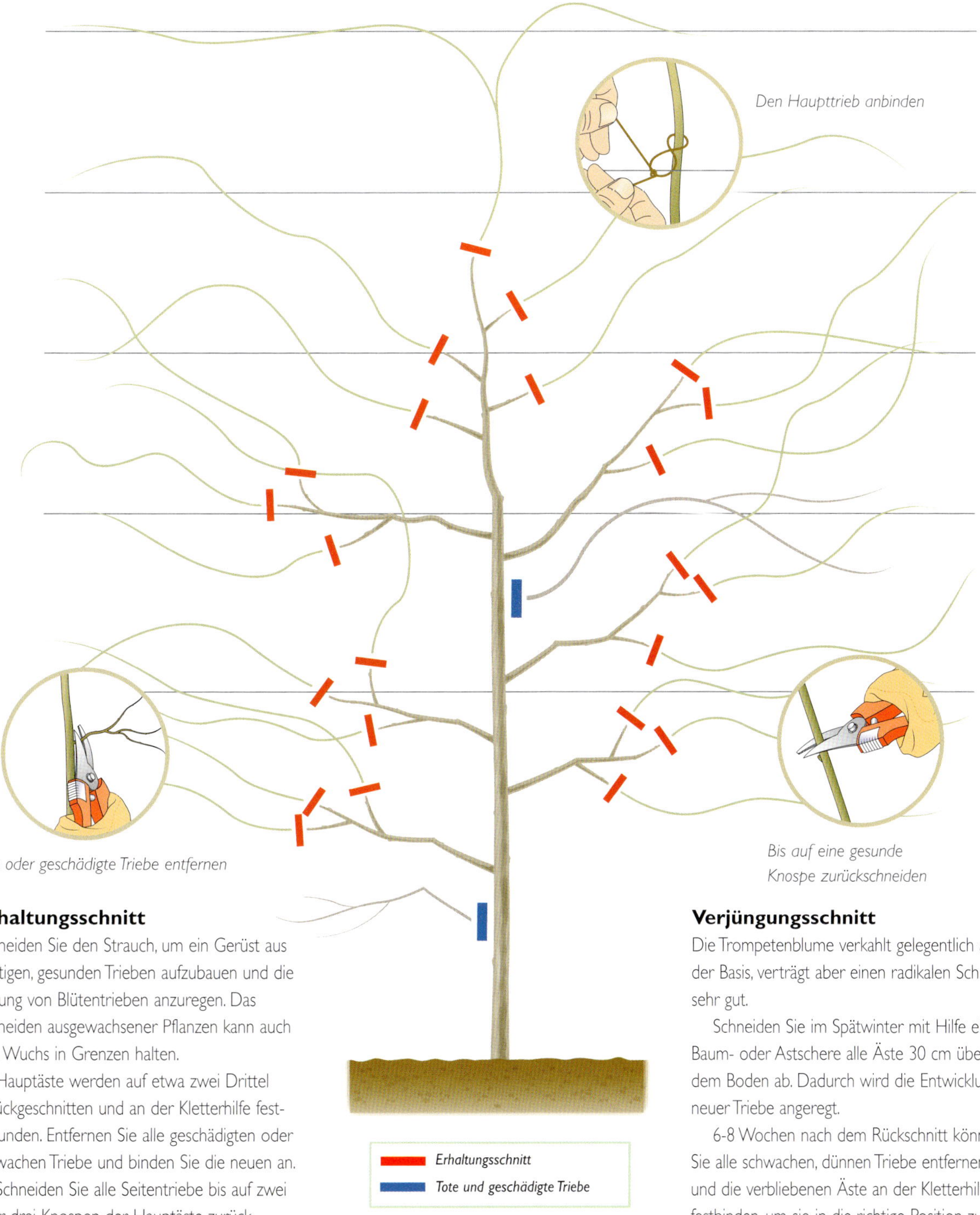

Den Haupttrieb anbinden

Alte oder geschädigte Triebe entfernen

Bis auf eine gesunde Knospe zurückschneiden

Erhaltungsschnitt

Tote und geschädigte Triebe

Erhaltungsschnitt

Schneiden Sie den Strauch, um ein Gerüst aus kräftigen, gesunden Trieben aufzubauen und die Bildung von Blütentrieben anzuregen. Das Schneiden ausgewachsener Pflanzen kann auch den Wuchs in Grenzen halten.

Hauptäste werden auf etwa zwei Drittel zurückgeschnitten und an der Kletterhilfe festgebunden. Entfernen Sie alle geschädigten oder schwachen Triebe und binden Sie die neuen an.

Schneiden Sie alle Seitentriebe bis auf zwei oder drei Knospen der Hauptäste zurück – diese bringen die diesjährigen Blüten hervor.

Verjüngungsschnitt

Die Trompetenblume verkahlt gelegentlich an der Basis, verträgt aber einen radikalen Schnitt sehr gut.

Schneiden Sie im Spätwinter mit Hilfe einer Baum- oder Astschere alle Äste 30 cm über dem Boden ab. Dadurch wird die Entwicklung neuer Triebe angeregt.

6-8 Wochen nach dem Rückschnitt können Sie alle schwachen, dünnen Triebe entfernen und die verbliebenen Äste an der Kletterhilfe festbinden, um sie in die richtige Position zu erziehen.

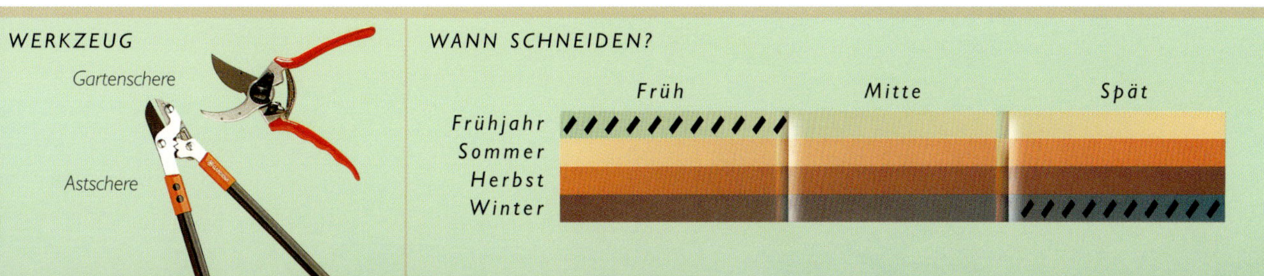

Ceanothus (sommergrüne Arten)

Säckelblume

Die blaue Säckelblume bietet im Garten einen herrlichen Anblick, auch die seltenere, rosa blühende Art zeigt eine verschwenderische Blütenfülle.

Ceanothus x pallidus *'Marie Simon'* *ist ein ausladender Strauch von dichter, buschiger Wuchsform. Die schlanken grünen Äste sind in der Jugend rosarot überhaucht und färben sich im Alter gräulich braun. Die dunkelgrünen Blätter sind oval und am Rand fein gezähnt. Vom Hochsommer bis zum Herbst erscheinen sanftrosa Blüten in großen, dichten Dolden an den Enden der diesjährigen Haupt- und Seitentriebe.*

Manche der 55 Arten dieser Gattung sind immergrüne Gewächse (siehe S. 62-63). Die sommergrünen Pflanzen sind relativ frostharte Sträucher, die Kaskaden von hauptsächlich blauen Blüten hervorbringen. Einige rosa blühende Formen sind auch erhältlich. Sie eignen sich als dekorative Solitäre, sollten aber in kälteren Regionen eher an einer Mauer oder an einem Zaun stehen, wo sie geschützt wachsen. Allerdings können sie an solchen geschützten Plätzen doppelt so hoch werden wie frei stehende Exemplare. Die Säckelblume bevorzugt durchlässige, nährstoffreiche Böden in vollsonniger Lage. Sie verträgt Kalk, aber die Blätter können sich blassgrün und sogar gelb verfärben, wenn der Boden zu kalkreich ist.

Die Pflanze wird gewöhnlich etwa 1,5-2 m hoch und ca. 1,5 m breit. Die ovalen, dunkelgrünen Blätter sind am Rand fein gezähnt und haben rötlich braune Stiele, die sich im Alter graubraun färben. Sommergrüne Arten bringen im Hochsommer und den ganzen Herbst über Blüten auf dem diesjährigen Holz hervor. Die kleinen Blüten von 3 mm Durchmesser erscheinen in großen Dolden an den Enden der Haupt-, manchmal auch der Seitentriebe. Der Neuaustrieb ist anfällig für späte Fröste. Die Pflanze erholt sich zwar wieder, die Blütenbildung kann aber verzögert sein.

WARUM SCHNEIDEN?

Die Pflanze soll gleichmäßig wachsen und neue Triebe und Blüten bilden.

TIPPS FÜR DEN SCHNITT

- *Verwenden Sie scharfes Werkzeug, um die Schnitte sauber auszuführen, denn zerquetschtes Gewebe kann absterben.*

PFLANZEN, DIE GENAUSO GESCHNITTEN WERDEN

Ceanothus *'Gloire der Versailles'*: *im Vorfrühling vor dem Beginn des Neuaustriebs*

Ceanothus x delileanus *und Sorten*: *Mitte Frühling vor dem Beginn des Neuaustriebs*

Ceanothus x pallidus *und Sorten*: *Mitte Frühling vor dem Beginn des Neuaustriebs*

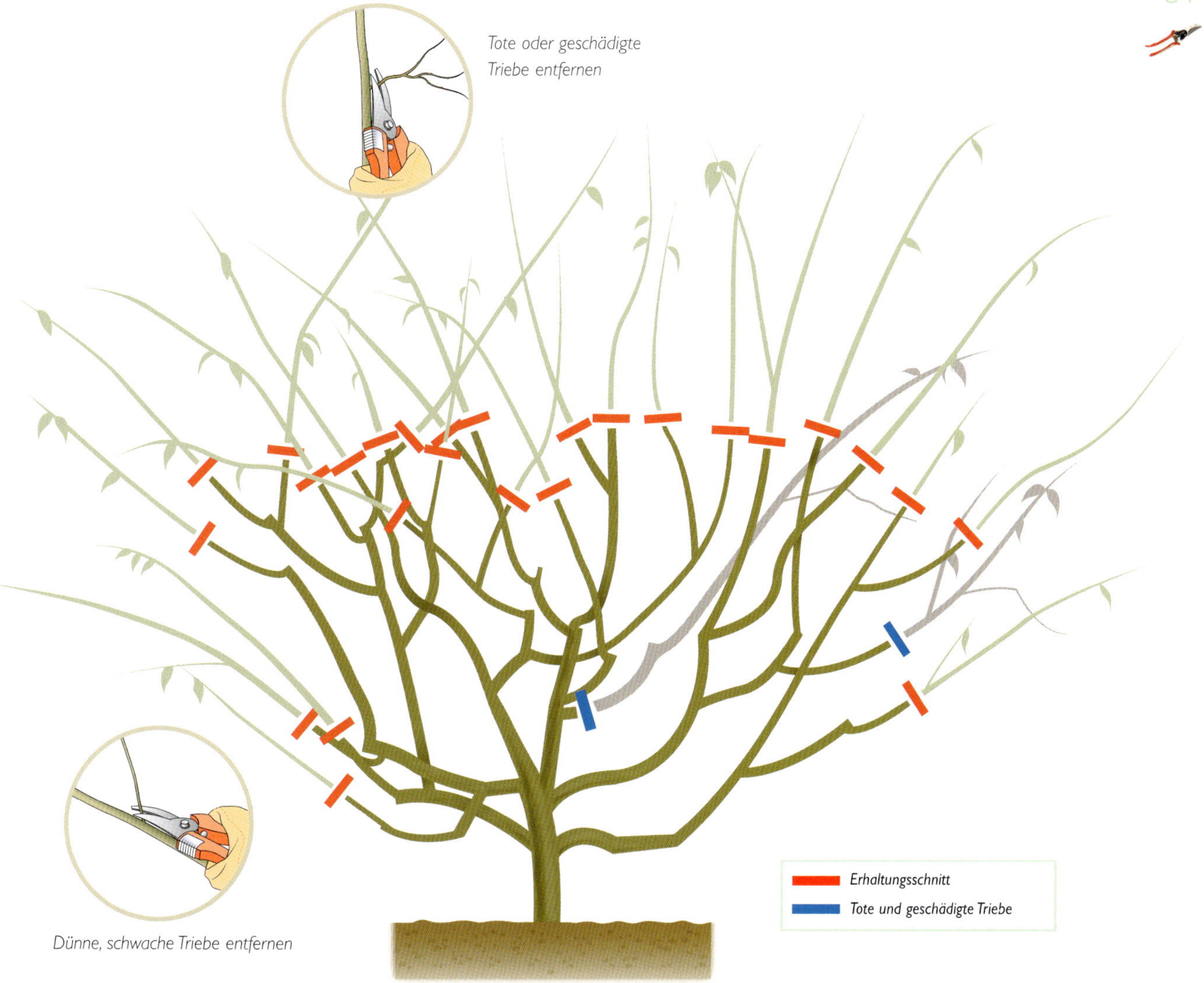

Tote oder geschädigte Triebe entfernen

Erhaltungsschnitt
Tote und geschädigte Triebe

Dünne, schwache Triebe entfernen

Aufbauschnitt

Schneiden Sie junge Pflanzen, damit sie einen buschigen Wuchs und kräftige Trieben entwickeln.

Nehmen Sie im ersten Frühjahr nach der Pflanzung schwache oder geschädigte Äste heraus. Schneiden Sie dann alle kräftigen, gesunden Triebe auf ein Drittel der Länge zurück.

Kürzen Sie im folgenden Frühjahr alle Haupttriebe um ein Drittel und die Seitentriebe an den Hauptästen bis auf 15 cm.

Erhaltungsschnitt

Ausgewachsene Pflanzen wachsen oft offen und wuchern stark. Um das zu vermeiden, sollte der Strauch jedes Jahr geschnitten werden, sobald er eine Höhe von 1,5-2 m erreicht hat. Außerdem sollten alle schwachen, zum Wuchern neigende Triebe entfernt werden.

Schneiden Sie im Frühjahr, bevor der Neuaustrieb beginnt, alle Äste auf 2-3 Augen des vorjährigen Holzes zurück. Nehmen Sie geschädigte Äste in der Mitte der Pflanze heraus.

Verjüngungsschnitt

Sträucher, die nicht geschnitten werden, entwickeln eine offene, ausladende Form, wobei die Äste oft brechen. Ein radikaler Schnitt kann hier Abhilfe schaffen. Schneiden Sie die Pflanze etwa auf 30 cm über dem Boden zurück.

Schneiden Sie den Strauch im Frühjahr bis auf das Grundgerüst zurück, damit sich neue Triebe entwickeln. Je nach Dicke der Äste und Triebe sollten Sie eine Baumsäge oder eine Astschere benutzen.

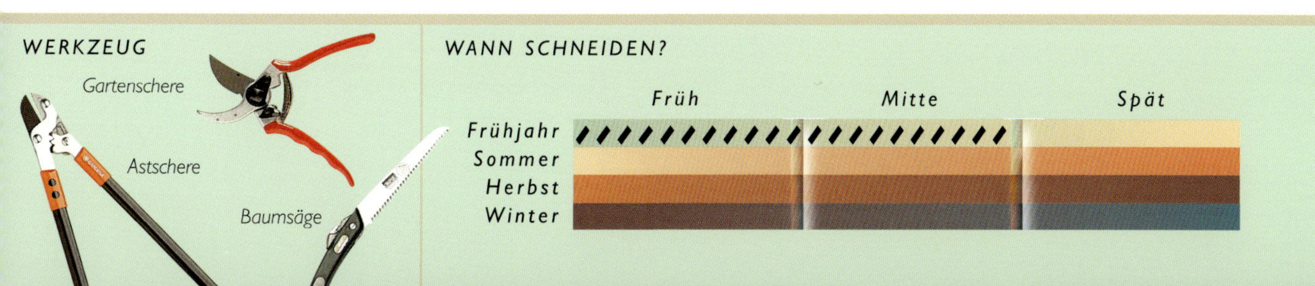

Ceanothus (immergrüne Arten)

Säckelblume

Die immergrünen Säckelblumen sind von besonderem Wert für den Garten, nicht nur wegen des Laubs, denn nur wenige Sträucher tragen blaue Blüten.

Die immergrünen Arten sind wie auch ihre sommergrünen Verwandten (siehe Seite 62-63) recht frosthart. Deshalb können Säckelblumen frei stehend oder an Mauern und Zäunen wachsen. In kälteren Regionen bringt der Schutz einer Mauer Vorteile, da die Pflanzen windempfindlich sind und in exponierten Lagen nicht gedeihen. An geschützten Plätzen können sie zweimal so hoch wie die frei stehenden Exemplare werden. Man muss sie an einer Stütze festbinden, da sie sonst umfallen können. Der Grund hierfür ist ihr brüchiges Wurzelsystem. Die Säckelblume entwickelt sich auf durchlässigem, nährstoffreichem Boden in vollsonniger Lage am besten. Auch wenn sie kalkhaltige Böden bevorzugen, können sich die Blätter bei extrem hohem Kalkgehalt blassgrün oder gelb verfärben.

Immergrüne Arten unterschieden sich in Form und Wuchs stark. Sie variieren von baumähnlichen Sträuchern mit etwa 6 m Höhe und 8 m Breite bis hin zu niederwüchsigen Sorten von *Ceanothus gloriosus* mit nur 30 cm Höhe und 4 m Breite. Die meisten Pflanzen tragen ovale, glänzende, dunkelgrüne Blätter mit tiefer Äderung und gezähntem Rand sowie meist heller Unterseite. Die grünbraunen Äste werden im Alter gräulich braun. Kleine, blaue oder weiße Blüten von 3 mm Durchmesser bilden große Dolden, die im Spätfrühling und Frühsommer an den Enden der Haupt- und Seitenäste erscheinen.

Ceanothus arboreus *'Trewithen Blue'* *ist ein starkwüchsiger immergrüner Strauch oder kleiner Baum mit aufrechten, grünlich braunen Ästen und glänzend grünem Laub. Die ovalen Blätter sind am Rand flach gezähnt und auf der Unterseite filzig behaart. Im Frühling und Frühsommer erscheinen die großen, pyramidenförmigen hellblauen Blütendolden.*

Aufbauschnitt

Schneiden Sie junge Pflanzen, damit sie eine buschige Wuchsform aus kräftigen Trieben entwickeln; sie werden über dem Boden gebildet.

Entfernen Sie im ersten Frühjahr nach der Pflanzung alle schwachen oder geschädigten Triebe. Kürzen Sie die Enden der Haupttriebe um etwa ein Drittel ein.

WARUM SCHNEIDEN?

Die Pflanze soll gleichmäßig wachsen und neue Triebe und Blüten bilden.

TIPPS FÜR DEN SCHNITT

• Schneiden Sie nicht bis ins alte, nackte Holz zurück, da es selten neue Triebe bildet.

PFLANZEN, DIE GENAUSO GESCHNITTEN WERDEN

Ceanothus arboreus *und Sorten:* *im Hochsommer nach der Blüte*
Ceanothus impressus *und Sorten:* *im Hochsommer nach der Blüte*
Ceanothus *'Burkwoodii':* *im Vorfrühling vor Beginn des Neuaustriebs*

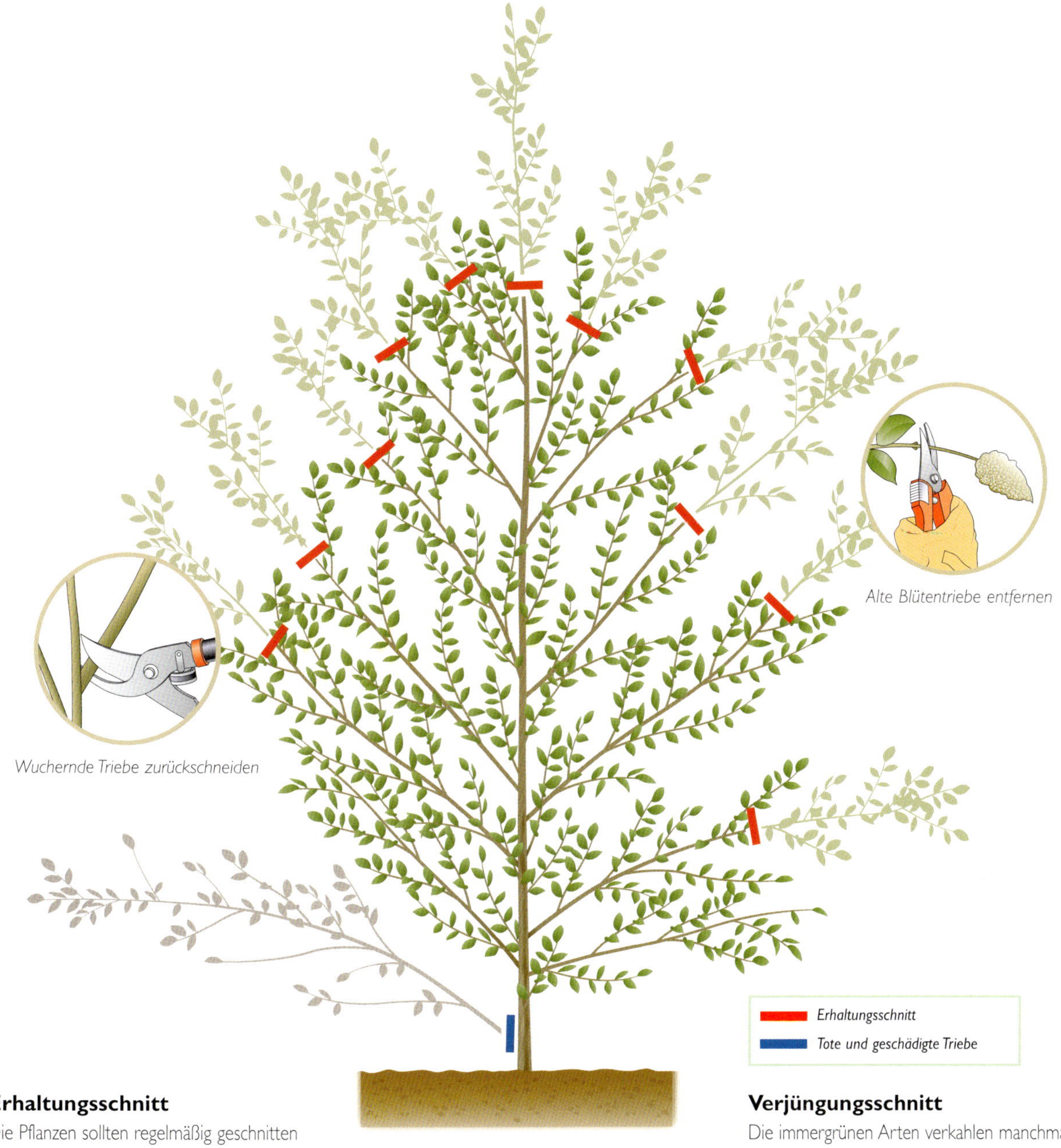

Wuchernde Triebe zurückschneiden

Alte Blütentriebe entfernen

Erhaltungsschnitt

Tote und geschädigte Triebe

Erhaltungsschnitt

Die Pflanzen sollten regelmäßig geschnitten werden, damit sie nicht zu dicht wachsen oder wuchern und um eine kontinuierlich Blüte zu gewährleisten. Wenn sie zu groß werden, fallen sie oft wegen Wurzelschäden um.

Pflanzen, die im Frühjahr oder Frühsommer blühen, sollten im Hochsommer geschnitten werden. Schneiden Sie alle Blütentriebe etwa um ein Drittel zurück.

Schneiden Sie Pflanzen, die im Hochsommer und Herbst blühen, im Frühjahr zurück. Kürzen Sie alle Blütentriebe um ein Drittel ein.

Verjüngungsschnitt

Die immergrünen Arten verkahlen manchmal am Fuß. Einen Radikalschnitt vertragen sie nicht besonders gut, deshalb sollten Sie überalterte Pflanzen durch junge, gesunde Exemplare ersetzen. Graben Sie dazu den Strauch aus und tauschen Sie die Erde im Pflanzloch komplett aus.

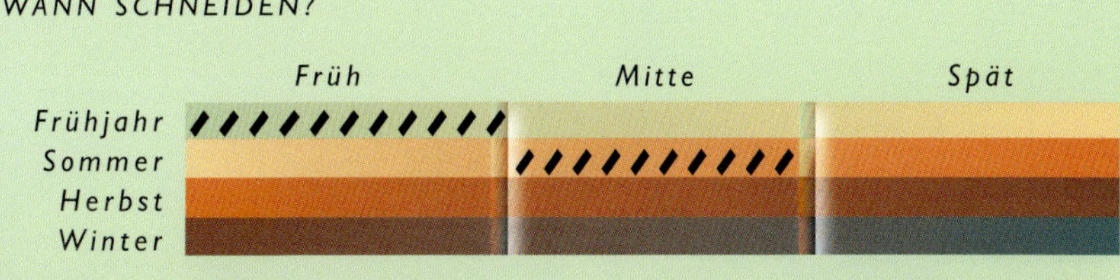

Cercis

Judasbaum

Die ungewöhnlichen Sträucher oder Bäume der Gattung Cercis bringen kleine Schmetterlingsblüten hervor, die noch vor den Laubblättern an den kahlen Zweigen und direkt am Stamm erscheinen. Im Herbst färben sie sich intensiv goldgelb.

Die dünnen Zweige des Judasbaums tragen runde bis herzförmige Blätter, die oft bronzefarben getönt sind, bevor sie sich leuchtend grün entfalten; es gibt auch karminrot belaubte Formen. Die Blüten brechen büschelweise direkt aus dem Stamm und aus dem Holz älterer Zweige hervor und können weiß, dunkelrot und violett sein sowie verschiedene Rosatöne aufweisen. Oft folgen Hülsenfrüchte, die zuerst grün, später rot bis dunkelbraun werden und bis in den Winter haften bleiben. Die Sträucher haben eine natürlich runde Form und werden bis zu 10 m hoch und 6 m breit.

Der Judasbaum ist das ideale Gewächs für einen warmen, sonnigen und trockenen Standort, denn er gedeiht gut auf mageren, leichten Böden. Im Alter entwickelt er aber schwache, verzweigte Äste, die sich leicht spalten.

Schneiden Sie den Kanadischen Judasbaum *(Cercis canadensis)* und Sorten und Hybriden wie *C. canadensis* var. *occidentalis* sowie den Gewöhnlichen Judasbaum *(C. siliquastrum)* und Sorten im Frühsommer nach der Blüte.

Cercis siliquastrum *ist ein kleiner Baum mit dünnen Ästen und einem gekrümmten, verdrehten Stamm mit dunkelgrauer, fast schwarzer Rinde, die im Alter Risse bekommt. Die runden bis herzförmigen Blätter sind oft bronzefarben, bevor sie leuchtend grün werden. Im Herbst färben sie sich gelb. Die kleinen Schmetterlingsblüten sind dunkelrosarot und erscheinen im Frühjahr in dichten Büscheln an den kahlen Ästen, noch bevor die Blätter sich entwickeln.*

Aufbauschnitt

Schneiden Sie junge Pflanzen, damit sie buschig wachsen und kräftige Äste entwickeln. Diese treiben etwa 60-100 cm über dem Boden aus.

Entfernen Sie nach der Pflanzung alle geschädigten Triebe. Kürzen Sie den Haupttrieb auf etwa 1 m über dem Boden ein, um die Entwicklung neuer Triebe anzuregen. Sie wachsen dann zu einem mehrstämmigen Baum heran.

WARUM SCHNEIDEN?

Beschädigte und wuchernde Äste müssen entfernt werden und es soll eine kräftige Struktur entstehen.

TIPPS FÜR DEN SCHNITT

- *Schneiden Sie erst, wenn der Neuaustrieb beginnt.*

PFLANZEN, DIE GENAUSO GESCHNITTEN WERDEN

Cercis canadensis *und Sorten*: *im Frühsommer nach der Blüte*
Cercis siliquastrum *und Sorten*: *im Frühsommer nach der Blüte*

Dünne, schwache Triebe entfernen

Wuchernde und sich überkreuzende Triebe entfernen

Erhaltungsschnitt

Tote und geschädigte Triebe

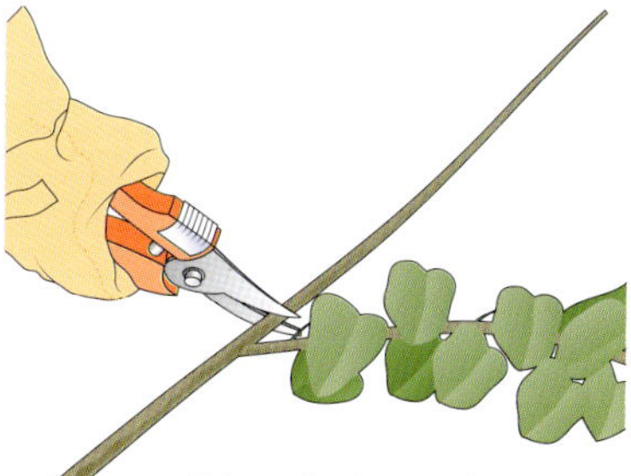

Warten Sie bis zum Beginn des Neuaustriebs und schneiden Sie dann das tote Holz heraus

Erhaltungsschnitt

Diese Pflanzen wachsen meist als kleine, mehrstämmige Bäume und werden nur geschnitten, um wuchernde oder geschädigte Äste zu entfernen oder die Krone in Form zu halten.

Schneiden Sie nach der Blüte alle abgebrochenen, erfrorenen oder aneinander reibenden Äste bis auf eine gesunde Knospe zurück. Entfernen Sie dünne, schwache Triebe.

Verjüngungsschnitt

Diese Gehölze bilden oft Äste und Zweige, die sich winkelig gabeln und bei starkem Wind an diesen Stellen brechen können. Sie vertragen einen Radikalschnitt ganz gut.

Schneiden Sie die Pflanze im Spätfrühling oder Frühsommer auf ein Grundgerüst, etwa 60 cm bis 1 m über dem Boden, zurück. Dadurch wird die Entwicklung neuer Triebe angeregt. Je nach Dicke der Äste und Zweige können Sie eine Baumsäge oder eine Astschere verwenden.

Entfernen Sie 6-8 Wochen nach dem Rückschnitt alle schwachen, dünnen Triebe und belassen Sie sechs der kräftigsten an der Pflanze.

WERKZEUG

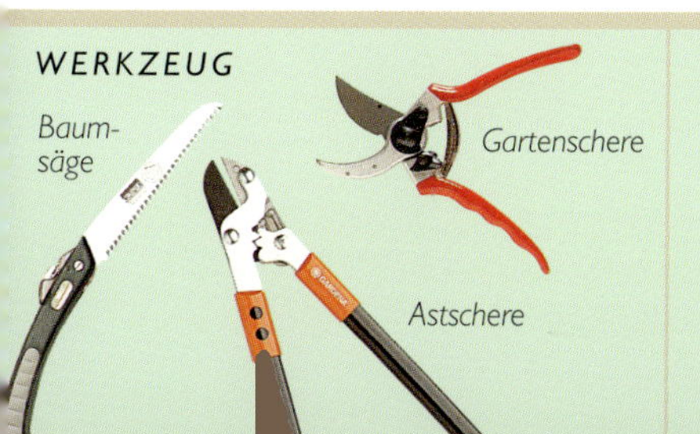

WANN SCHNEIDEN?

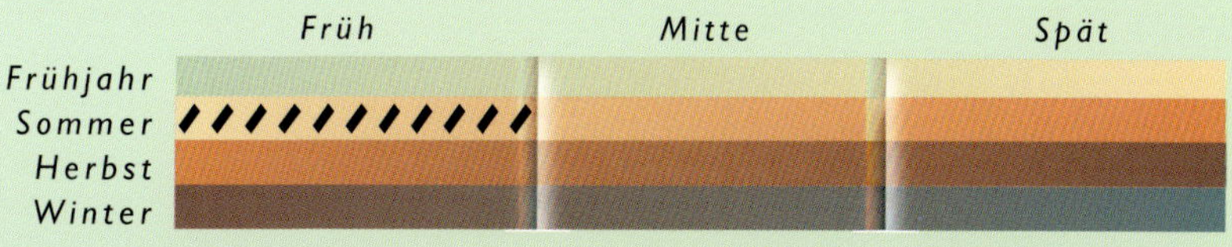

Früh

Mitte

Spät

Frühjahr

Sommer

Herbst

Winter

Chaenomeles

Zierquitte, Scheinquitte

Die Scheinquitte zählt zu den beliebtesten früh blühenden Ziergehölzen und eignet sich hervorragend als Solitär vor Mauern und Zäunen.

Diese sommergrünen, relativ bedornten Sträucher fühlen sich an den unterschiedlichsten Standorten – von vollsonniger Lage bis zu einer halbschattigen oder schattigen Mauer – wohl. Sie gedeihen auf fast jedem durchlässigen Boden, aber auf flachgründigen, kalkhaltigen Böden bekommen sie gelbe Blätter. Die Zierquitte wird nach der Blüte geschnitten. Aber wenn Sie alte Blütentriebe abschneiden, opfern Sie auch den Fruchtansatz, der im Spätsommer und Frühherbst dekorativen und intensiv duftenden Fruchtschmuck hervorbringt.

Die frühen Blüten erscheinen an den kahlen Ästen, die zuerst blassbraun sind, aber im Alter fast schwarz werden. Die Schalenblüten mit fünf oder mehr Blütenblättern stehen einzeln oder in Büscheln. Die Blütenfarbe variiert von einem flammenden Rot über Orange und Rosa bis zu Weiß. Im Herbst und Winter folgen orangegelbe, apfelähnliche Früchte. Die Blätter sind rund bis oval, am Rand gezähnt und schmücken die kräftigen, bedornten Äste. Die Wuchsform der Pflanze kann variieren. Während *Chaenomeles cathayensis* 3 m hoch wird, erreicht die niederwüchsige Sorte *C. speciosa* 'Geisha Girl' nur einen Meter Höhe.

Chaenomeles x superba *'Crimson and Gold'* *ist ein vielseitiger sommergrüner Strauch, der sich gut für Hecken und für Mauern oder Zäune eignet. Die Pflanze hat einen kompakten Wuchs mit bedornten, ausladenden Ästen, die in der Jugend hellbraun sind, sich später aber fast schwarz färben. Die breit ovalen Blätter sind von einem frischen bis dunklen Grün und erscheinen unmittelbar nach der Blüte. Die dunkelroten Blüten sitzen direkt auf den Ästen und öffnen sich Mitte bis Spätfrühling.*

Aufbauschnitt

Frei stehende und an Mauern kultivierte Sträucher wachsen als mehrstämmige Pflanzen mit kräftigen Trieben, die sich direkt über dem Boden entwickeln.

Nehmen Sie im ersten Frühling nach der Pflanzung alle dünnen, schwachen oder geschädigten Äste heraus, sobald der Neuaustrieb beginnt. Schneiden Sie die verbliebenen Äste auf etwa zwei Drittel der ursprünglichen Länge zurück

WARUM SCHNEIDEN?

Das alte Holz soll durch neue Blütentriebe ersetzt werden.

TIPPS FÜR DEN SCHNITT

- *Wenn Sie sich an den Früchten erfreuen wollen, schneiden Sie die Pflanzen jedes zweite Jahr.*

PFLANZEN, DIE GENAUSO GESCHNITTEN WERDEN

Chaenomeles x californica *und Sorten*: *nach der Blüte*
Chaenomeles cathayensis: *nach der Blüte*
Chaenomeles japonica *und Sorten*: *nach der Blüte*
Chaenomeles speciosa *und Sorten*: *nach der Blüte*
Chaenomeles x superba *und Sorten*: *nach der Blüte*

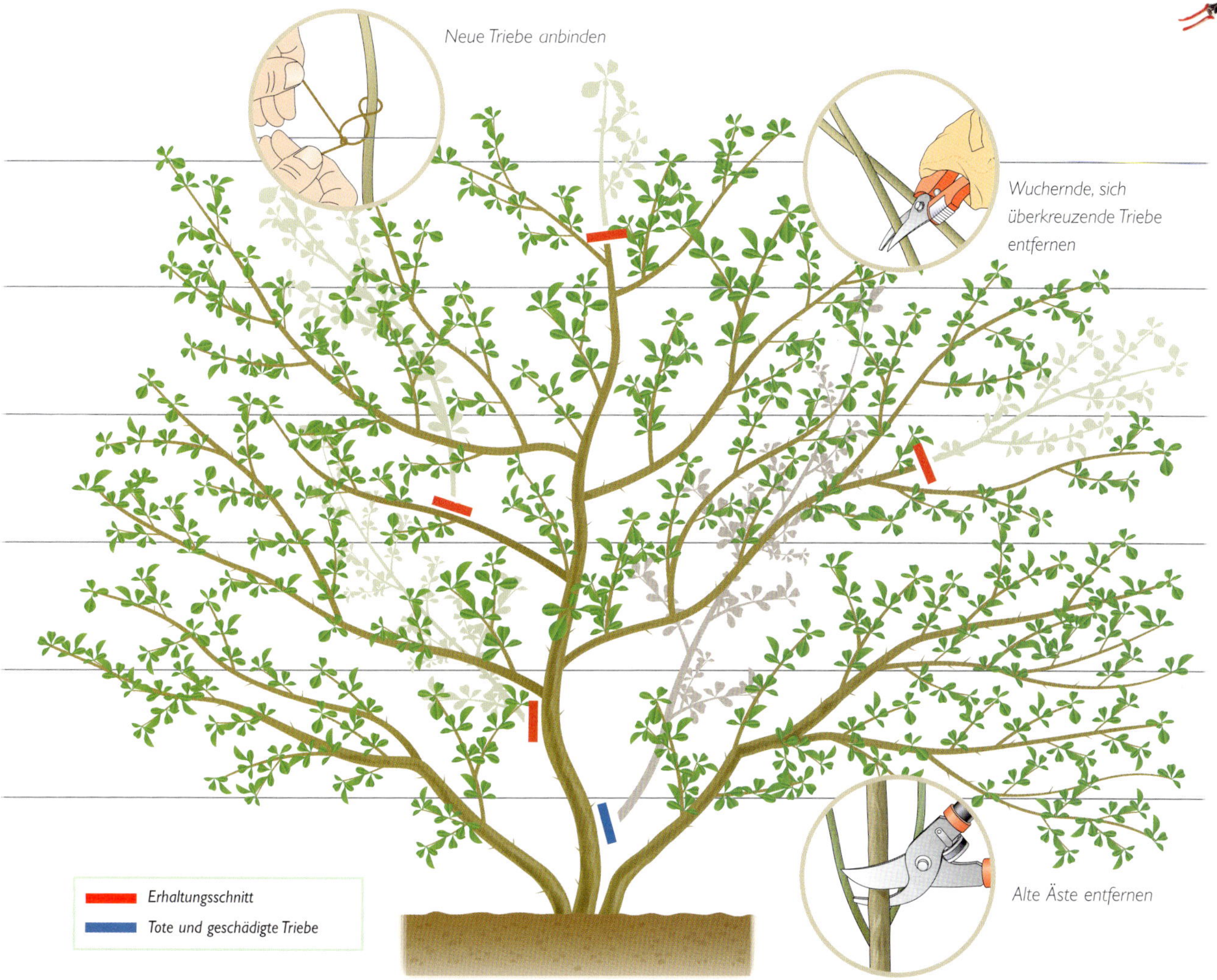

Neue Triebe anbinden

Wuchernde, sich überkreuzende Triebe entfernen

Alte Äste entfernen

Erhaltungsschnitt

Tote und geschädigte Triebe

Erhaltungsschnitt

Zierquitten entwickeln sich sehr gut, wenn sie nur wenig oder gar nicht geschnitten werden. Sie neigen jedoch zum Wuchern, die Folge sind kleinere Blüten in geringerer Zahl sowie Anfälligkeit für Krankheiten. Der regelmäßige Schnitt regt die Pflanze an, Blütentriebe zu bilden und verbessert die Luftzirkulation im Strauch.

Entfernen Sie im Spätfrühling oder Frühsommer nach der Blüte alle sich überkreuzenden und aneinander reibenden Äste und lichten Sie die zu dicht wachsenden Triebe aus. Schneiden Sie jährlich einen oder zwei der ältesten Äste heraus, um für die neuen Platz zu schaffen.

Alle Seitentriebe werden auf 3-4 Blätter zurückgenommen, damit sich Blütentriebe für das folgende Jahr entwickeln können.

Binden Sie bei Sträuchern, die an Mauern gezogen werden, die neuen Triebe an und lassen Sie 15-20 cm Abstand dazwischen, damit nach dem Schnitt eine fächerförmige Pflanze entsteht.

Verjüngungsschnitt

Lässt man die Sträucher wuchern, werden die inneren Äste oft beschattet und sterben ab. Die Pflanzen treiben dann nur noch am äußeren Rand aus. Zierquitten vertragen einen Radikalschnitt gut, der aber in mehreren Schritten über zwei oder drei Jahre durchgeführt werden sollte.

Schneiden Sie dazu ein Drittel der Äste bis auf 15 cm über dem Boden ab. Wiederholen Sie dies die nächsten Jahre, bis das alte Holz durch neues ersetzt worden ist.

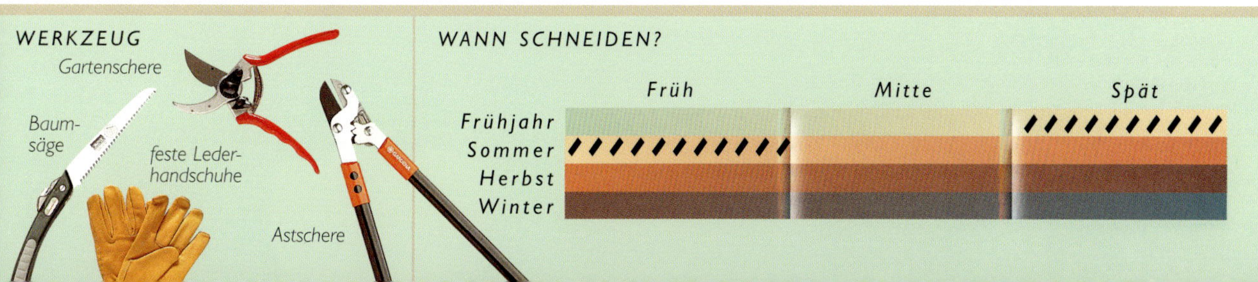

Choisya

Orangenblume

Vom unwiderstehlichen Duft der mit den Zitruspflanzen verwandten Orangenblume ist wohl jeder begeistert. Als immergrüne Kübelpflanze sollte sie möglichst hell überwintert werden.

Choisya ternata *ist ein mittelgroßer, immergrüner Strauch von dichtem, kompaktem Wuchs, der in milden Klimaten im Garten kultiviert werden kann. Seine mattgrünen Äste färben sich im Alter gräulich grün. Die glänzend dunkelgrünen Blätter sind dreizählig gefiedert, bestehend aus schmal ovalen Fiederblättchen. Im Spätfrühling und erneut im Spätsommer und Herbst erscheinen an den Enden der Triebe Rispen weißen, duftenden Sternblüten.*

Die Sträucher können im Freiland bis zu 2,5 m hoch und oft 2-3 m breit werden, sind bei uns aber nur als Kübelpflanze zu halten. Als solche müssen sie hell überwintert werden. Die glänzend dunkelgrünen Blätter sind dreizählig gefiedert; die Fiederblättchen sind schmal oval und bedecken mattgrüne Triebe, die sich im Alter graugrün färben. Die sternförmigen Blüten sind weiß, gelegentlich rosa überhaucht, und erscheinen im Spätfrühling und erneut im Spätsommer und Herbst in Rispen aus bis zu sechs Einzelblüten an den Triebenden. Die goldgelb belaubte Sorte *Choisya ternata* 'Sundance' bringt selten Blüten hervor. *C.* 'Aztec Pearl' mit ihren zierlichen weißen Blüten trägt dekorative, schmale, dunkelgrüne Blätter, ist aber nur bedingt frosthart und kann in ungeschützter Lage Frostschäden erleiden.
Schneiden Sie alle Arten und ihre Sorten, einschließlich *C. arizonica* und *C. ternata*, im Frühjahr nach der Blüte.

WARUM SCHNEIDEN?

Die Pflanze soll gleichmäßig wachsen und neue Blütentriebe bilden.

TIPPS FÜR DEN SCHNITT

- *Schneiden Sie im Spätfrühling, damit die neuen Triebe nicht durch Frost geschädigt werden.*
- *Bei Kübelpflanzen werden gelegentlich die ältesten und längsten Zweige kurz über dem Boden abgeschnitten.*

PFLANZEN, DIE GENAUSO GESCHNITTEN WERDEN

Choisya arizonica *und Sorten*: *im Spätfrühling nach der Blüte*
Choisya ternata *und Sorten*: *im Spätfrühling nach der Blüte*

Wuchernde Triebe entfernen

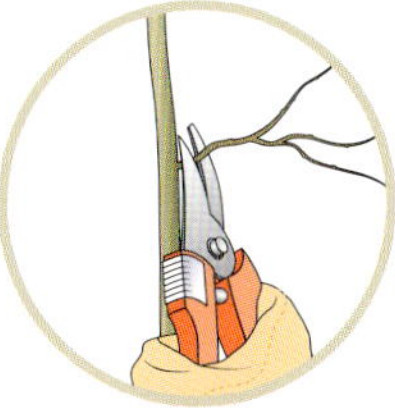

Tote und geschädigte Triebe entfernen

Erhaltungsschnitt

Tote und geschädigte Triebe

Aufbauschnitt

Schneiden Sie junge Pflanzen, damit sie kräftige Äste bilden, die sich 15-20 cm über dem Boden entwickeln.

Entfernen Sie nach der Pflanzung alle schwachen oder geschädigten Triebe und kürzen Sie die verbliebenen etwa um ein Drittel ein, damit neue gebildet werden.

Erhaltungsschnitt

Schneiden Sie im Frühjahr gleich nach der Blüte und nachdem die Frostgefahr vorüber ist. Durch den Schnitt wird die Pflanze zur Bildung neuer Triebe angeregt und behält so ihre gleichmäßige Wuchsform. Außerdem wird durch diese Maßnahme ein zweiter Flor gefördert.

Stark wuchernde Äste werden zurückgeschnitten, damit die natürliche Wuchsform des Strauchs erhalten bleibt. Kürzen Sie die alten Blütentriebe um 20-30 cm ein. Entfernen Sie alle erfrorenen oder toten Triebe.

Verjüngungsschnitt

Die Sträucher verkahlen oft am Fuß, wachsen offen und neigen zum Wuchern. Sie vertragen einen radikalen Verjüngungsschnitt sehr gut.

Schneiden Sie im Frühjahr die Haupttriebe 15-20 cm über dem Boden ab und alle dünnen, schwachen Triebe bis zum Boden zurück. Entfernen Sie dann im zweiten Jahr alle dünnen Triebe, die sich nach dem Rückschnitt im vergangenen Jahr entwickelt haben.

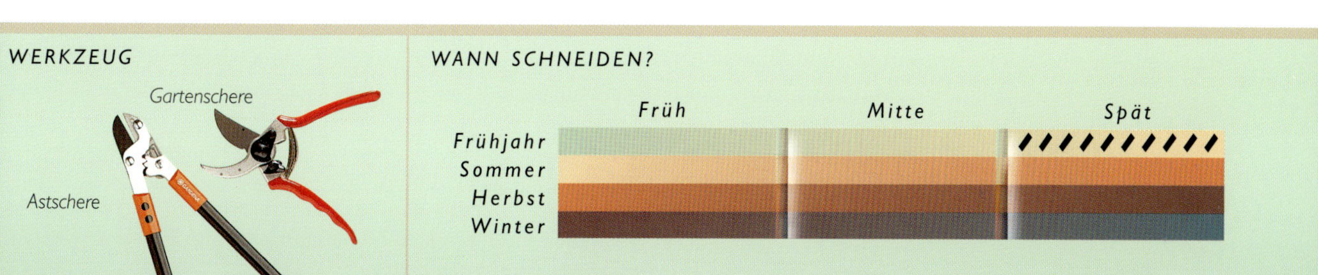

Clematis

Früh blühende Arten und Sorten

Bei sorgfältiger Auswahl der Sorten, können Sie sich zu jeder Jahreszeit, sogar bis in den Winter, an blühender Clematis in Ihrem Garten erfreuen.

Die früh blühende Waldrebe *(Clematis)* umfasst immergrüne Arten und Sorten. Zu dieser Gruppe gehören auch einige sommergrüne Arten wie *Clematis alpina, C. macropetala* und *C. montana* sowie deren Sorten. Diese Pflanzen blühen früh im Jahr – man kann auch sagen spät im Jahr, da die Blüte vom späten Winter bis ins Frühjahr reicht. Viele von ihnen tragen Glocken- oder Tellerblüten, die in Büscheln zu zweien oder zu mehreren am vorjährigen Holz erscheinen. Die frischgrünen Blätter sind gefiedert und an dünnen, festen Trieben angeordnet. Die jungen grünen Triebe werden hellbraun, wenn sie verholzen. Die farbigen Teile der Blüten sind keine Blütenblätter, sondern modifizierte Blätter. Manche Blüten verströmen einen Duft, der besonders im Winter willkommen ist.

Die meisten Clematisarten sind Kletterpflanzen, die mit Hilfe ihrer Ranken an anderen Gewächsen oder an Stützen empor ranken können. Bei den Ranken handelt es sich um umgebildete Blattstiele, die sich um jeden Gegenstand winden, mit dem sie in Berührung kommen.

Die Vertreter dieser Gruppe werden nach der Blüte geschnitten, denn nur dann entwickeln sie neue Triebe, an denen im folgenden Jahr die Blüten erscheinen.

Clematis montana var. rubens *ist eine starkwüchsige, früh blühende Kletterpflanze, deren Triebe zuerst purpurrot sind und beim Verholzen bräunlich grau werden. Die paarweise und wechselständig angeordneten Blätter sind in der Jugend purpurn überhaucht und werden später dunkelgrün. Die duftenden, blassrosafarbenen Blüten erscheinen im Spätfrühling und Frühsommer.*

Aufbauschnitt

Junge Pflanzen sollten geschnitten werden, damit sie eine buschige Wuchsform mit kräftigen Trieben entwickeln, die aus dem Boden heraustreiben. Schneiden Sie im ersten Frühling nach der Pflanzung alle schwachen oder geschädigten Triebe heraus. Dann kürzen Sie alle kräftigen, gesunden Triebe auf 30 cm über dem Boden ein. Schneiden Sie im folgenden Frühjahr alle Triebe einen Meter über dem Boden ab.

Aufbauschnitt: *Erster Frühling*

WARUM SCHNEIDEN?

Die Wuchshöhe der Pflanze soll in Grenzen gehalten werden und es soll eine offene Wuchsform entstehen.

TIPPS FÜR DEN SCHNITT

- *Beginnen Sie mit dem Schneiden möglichst gleich nach der Blüte, um die Blütenbildung für das folgende Jahr zu fördern.*
- *Entfernen Sie ältere Triebe mit einer Säge, da sie mit der Astschere leicht gequetscht werden.*

PFLANZEN, DIE GENAUSO GESCHNITTEN WERDEN

Clematis armandii *und Sorten*: *im Spätfrühling oder Frühsommer nach der Blüte*

C. alpina *und Sorten*: *im Spätfrühling oder Frühsommer nach der Blüte*

C. macropetala *und Sorten*: *im Spätfrühling oder Frühsommer nach der Blüte*

C. terniflore: *im Vorfrühling vor der Blüte*

C. montana: *im Hochsommer nach der Blüte*

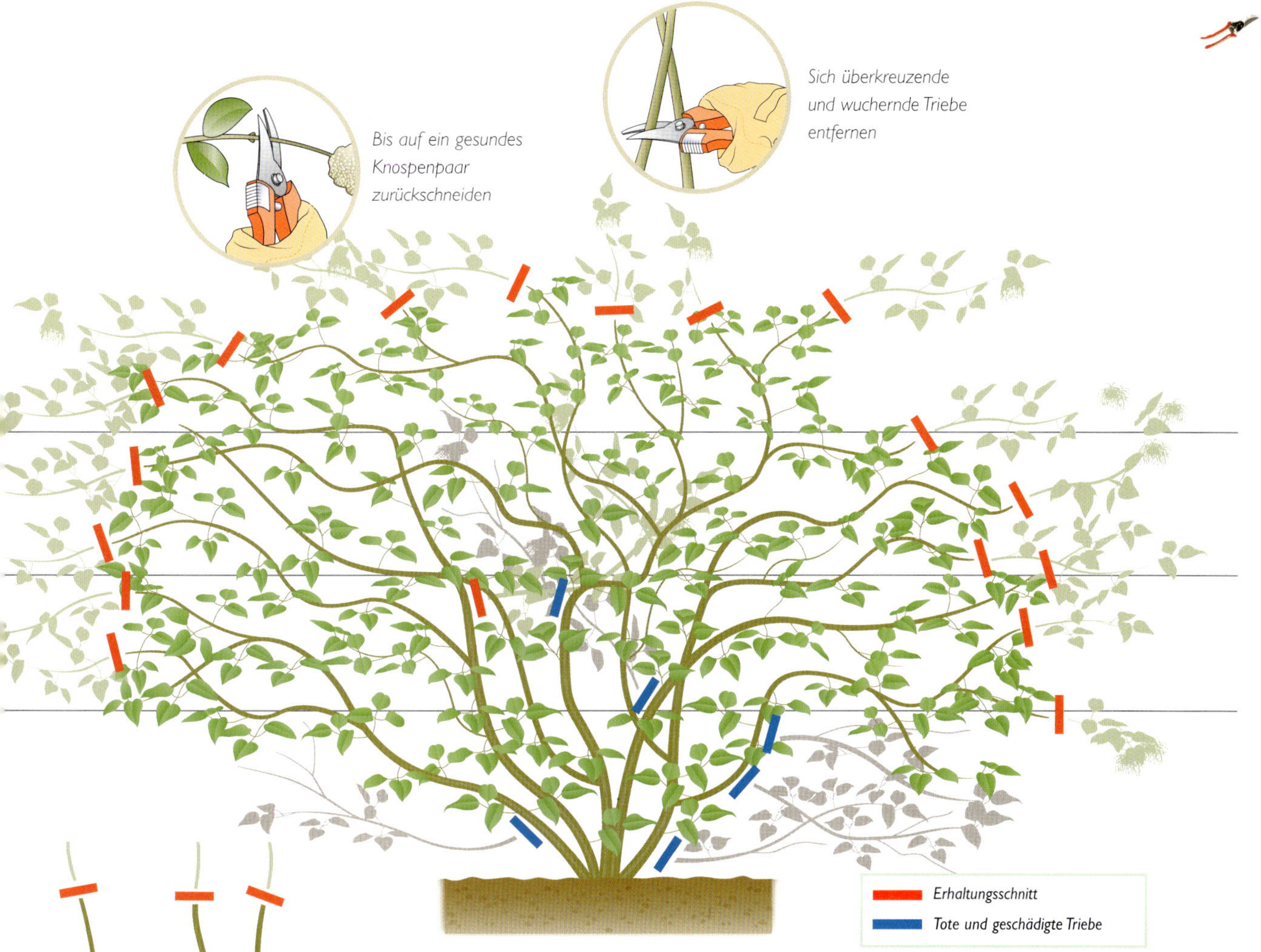

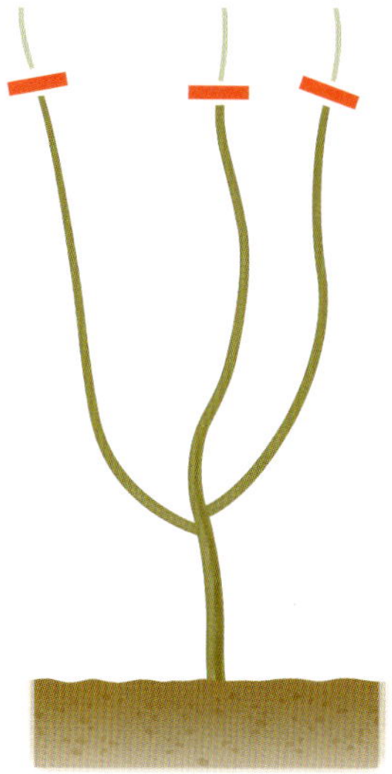

Bis auf ein gesundes Knospenpaar zurückschneiden

Sich überkreuzende und wuchernde Triebe entfernen

Erhaltungsschnitt

Tote und geschädigte Triebe

Zweiter Frühling

Erhaltungsschnitt

Clematis kann sich auch ohne regelmäßigen Schnitt recht gut entwickeln, aber für eine optimale Gesamtwirkung sollte sie jährlich geschnitten werden, damit sie schön wachsen und ein gleichmäßiges Grundgerüst aus alten und neuen Trieben beibehalten.

Schneiden Sie die alten Blütentriebe im Frühsommer unmittelbar nach der Blüte bis zu einem kräftigen Knospenpaar zurück, besonders bei Pflanzen mit zu dichtem oder wucherndem Wuchs.

Verjüngungsschnitt

Die früh blühende Clematis wächst im Alter oft zu dicht und wirr und bildet dann nur wenig Blüten. In diesem Fall hilft ein Radikalschnitt, obwohl dadurch im folgenden Jahr meist keine Blüten erscheinen.

Nehmen Sie tote und geschädigte Triebe im zeitigen Frühjahr heraus. Schneiden Sie alle verbliebenen Triebe 5-7 cm über dem Boden ab, um die Bildung neuer Triebe anzuregen.

Entfernen Sie im folgenden Jahr dünne und schwache Triebe und schneiden Sie die verbliebenen alten Triebe bis zum Boden zurück.

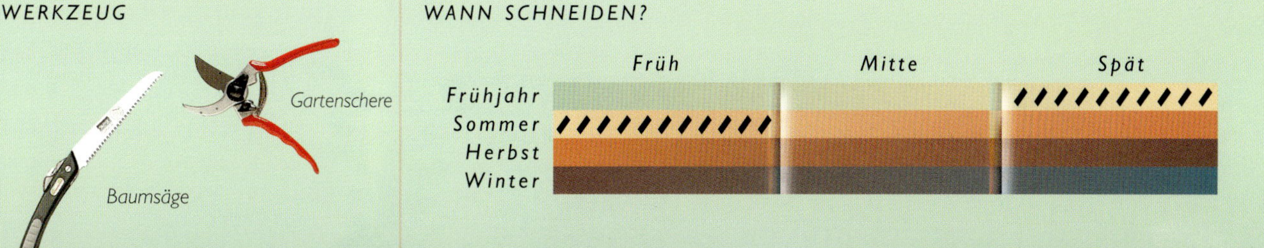

Clematis

Im Sommer blühende Hybriden

Diese Gruppe umfasst großblumige Hybriden, die Zäune, Mauern und andere Unterlagen über und über mit ihren Blüten bedecken. Sie haben der Clematis zu Recht zu dem Namen „Königin der Kletterpflanzen" verholfen.

Clematis 'Nelly Moser' *ist eine kompakte Kletterpflanze mit rankenden Blattstielen und breit ovalen, frischgrünen Blättern, die an schlanken, rötlich braunen Trieben angeordnet sind. Die großen Einzelblüten sind zart lila mit einem dunkellila Streifen auf jedem Blütenblatt und erscheinen im Früh- und Hochsommer. Oft folgt im Spätsommer ein zweiter Flor, die Blüten sind jedoch kleiner und heller.*

Diese Gruppe beinhaltet Sorten, die vom Frühsommer bis zum Spätsommer blühen. Alle Pflanzen dieser Gruppe bilden ihre jeweils einzelnen Blüten auf dem vorjährigen Holz und erneut, später im Jahr, auf dem diesjährigen Holz. Die frischgrünen Blätter sind gefiedert und bedecken dünne, feste Triebe. Die jungen Triebe sind grün, werden aber hellbraun und schließlich grau, wenn sie verholzen. Die farbigen Teile der Blüten sind keine echten Blütenblätter, sondern modifizierte Blätter. Die eigentliche Blüte sitzt in der Mitte. Manche Sorten haben duftende Blüten.

Wie andere kletternde Arten auch, können diese Arten an benachbarten Gewächsen oder stützenden Unterlagen hoch wachsen. Die Ranken, in Wirklichkeit modifizierte Blattstiele, winden sich um alles herum, was ihnen in die Quere kommt.

Werden vorjährige Triebe unterschiedlich lang geschnitten, kann man die Blütenbildung möglicherweise verzögern oder versetzen. Triebe, die stark zurückgeschnitten wurden, bringen mehrere Wochen später mehr Blüten hervor als jene, die nur leicht eingekürzt wurden. Mit Hilfe dieser Schnitttechnik lässt sich die Blühperiode einzelner Pflanzen verlängern.

Aufbauschnitt

Junge Gewächse sollten geschnitten werden, um die Entwicklung einer mehrstämmigen Pflanze mit kräftigen Trieben zu fördern.

Nehmen Sie im ersten Frühling nach der Pflanzung alle schwachen oder geschädigten Triebe heraus, schneiden Sie danach alle kräftigen, gesunden Triebe 30 cm über dem Boden ab. Kürzen Sie im folgenden Frühjahr alle Triebe etwa einen Meter über dem Boden ein.

Aufbauschnitt: *Erster Frühling*

WARUM SCHNEIDEN?

Die Bildung neuer Triebe soll angeregt und die Blühperiode verlängert werden.

TIPPS FÜR DEN SCHNITT

- *Schneiden Sie vor dem Neuaustrieb, damit es im folgenden Jahr Blüten gibt.*
- *Entfernen Sie ältere Triebe mit der Astschere.*

PFLANZEN, DIE GENAUSO GESCHNITTEN WERDEN

Clematis *'Proteus'*: *im Vorfrühling, wenn die Knospen schwellen*
Clematis *'Nelly Moser'*: *im Vorfrühling, wenn die Knospen schwellen*
Clematis *'Vyvyan Pennell'*: *im Vorfrühling, wenn die Knospen schwellen*
Clematis *'H. F. Young'*: *im Vorfrühling, wenn die Knospen schwellen*

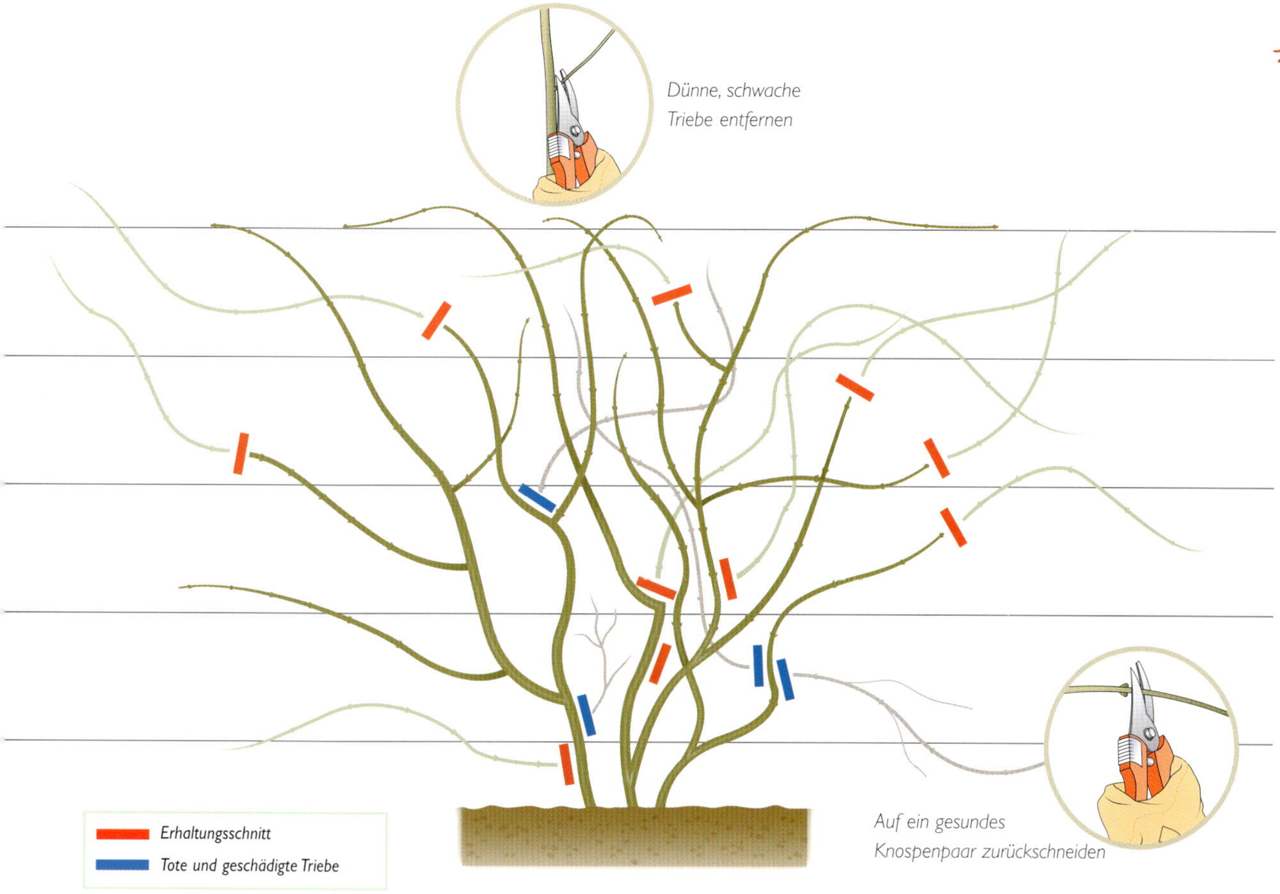

Dünne, schwache Triebe entfernen

Erhaltungsschnitt

Tote und geschädigte Triebe

Auf ein gesundes Knospenpaar zurückschneiden

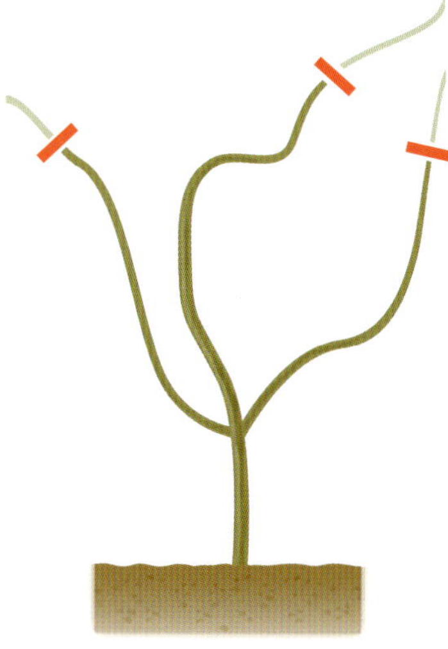

Zweiter Frühling

Erhaltungsschnitt

Diese Pflanzen entwickeln sich auch ohne regelmäßigen Schnitt recht gut, bilden dann aber meist kleinere Blüten. Sie sollten daher jährlich geschnitten werden, auch damit sie ein gleichmäßiges Gerüst aus alten und neuen Trieben beibehalten.

Entfernen Sie im Spätwinter oder Vorfrühling alle toten und schwachen Triebe. Schneiden Sie die verbliebenen Triebe 15-20 cm bis auf ein gesundes Knospenpaar zurück. Wenn Sie einige dieser Triebe um etwa 45 cm kürzen, verzögert sich deren Austrieb, aber sie werden später Blüten bilden, wodurch sich die Blühperiode insgesamt verlängert.

Binden Sie alle verbliebenen Triebe nach dem Schnitt an.

Verjüngungsschnitt

Die Vertreter dieser Clematis-Gruppe werden im Alter dicht und wuchern. Sie bilden dann schwache dünne Triebe und weniger Blüten, besonders wenn der Schnitt vernachlässigt wurde. In diesem Fall hilft ein Radikalschnitt, wonach allerdings die Blüte im folgenden Jahre ausfällt.

Entfernen Sie bei vernachlässigten Pflanzen alle alten, geschädigten oder kranken Triebe. Schneiden Sie die verbliebenen bis auf ein gesundes Knospenpaar etwa 15 cm über dem Boden zurück.

Im folgenden Jahr werden alle dünnen und schwachen Triebe herausgeschnitten. Kürzen Sie die verbliebenen Triebe um 15-20 cm auf ein kräftiges, gesundes Knospenpaar, ein.

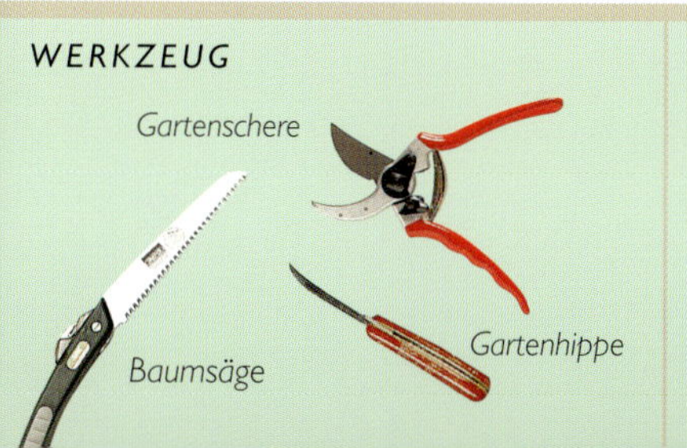

WANN SCHNEIDEN?

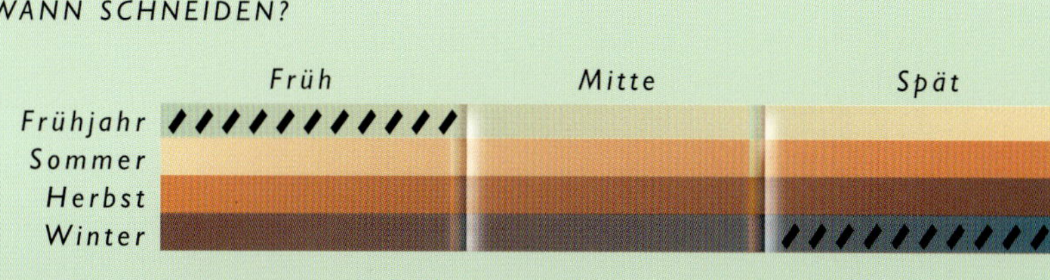

Clematis

Spät blühende Arten und Sorten

Diese Gruppe umfasst einige großblumige Formen sowie spät blühende Arten und deren Sorten.

Clematis *'Jackmanii'* *ist eine starkwüchsige, spät blühende Kletterpflanze mit hellbraunen jungen Trieben, die sich später gräulich braun färben. Die tiefgrünen Blätter sind paarweise und gegenständig angeordnet und haben rankende Stiele. Die großen, tiefvioletten, vierzähligen Blüten tragen grünlich braune Staubbeutel und erscheinen von Hochsommer bis Herbst.*

Zu dieser Gruppe zählen die Arten *Clematis texensis, C. viticella* und *C. terniflora* sowie deren Sorten. Sie blühen spät im Jahr – vom Hochsommer bis zum Spätherbst. Die Blüten dieser spät blühenden Formen weisen eine große Vielfalt auf – von sehr großen Tellerblüten bis hin zu kleinen tulpenförmigen Blüten, die im Wind sanft nicken.

Die Blüten werden auf diesjährigem Holz gebildet und erscheinen einzeln oder in Gruppen. Oft folgen Samenstände, die wie runde, samtig-federige Quasten aussehen. Die frischgrünen Blätter sind gefiedert und an dünnen, festen Trieben angeordnet. Die jungen grünen Triebe werden beim Verholzen aber hellbraun und schließlich grau. Die bunten Kelchblätter variieren in ihrer Größe. Manche Blüten verströmen einen Duft.

Wie alle Kletterpflanzen kann Clematis an anderen Gewächsen oder stützenden Unterlagen hoch wachsen. Die Ranken, die als Kletterhilfe dienen, sind modifizierte Blattstiele, die sich um alles herum winden, das sich ihnen in den Weg stellt.

Bei den Vertretern dieser Gruppe beginnt der Neuaustrieb nur im Frühjahr. Einer der Hauptgründe für einen Schnitt ist zu verhindern, dass der Fuß der Pflanze völlig verholzt und verkahlt.

WARUM SCHNEIDEN?

Die Wuchshöhe der Pflanze soll begrenzt und eine üppigere Blüte im unteren Bereich angeregt werden.

TIPPS FÜR DEN SCHNITT

- *Beginnen Sie mit dem Schneiden vor dem Neuaustrieb, damit es noch im gleichen Jahr Blüten gibt.*
- *Entfernen Sie ältere Triebe mit der Astschere.*

PFLANZEN, DIE GENAUSO GESCHNITTEN WERDEN

Clematis *'Ville de Lyon'*: *im Spätwinter oder Vorfrühling, wenn die Knospen schwellen*

Clematis viticella *und Sorten*: *im Spätwinter oder Vorfrühling, wenn die Knospen schwellen*

Clematis texensis *und Sorten*: *im Spätwinter oder Vorfrühling, wenn die Knospen schwellen*

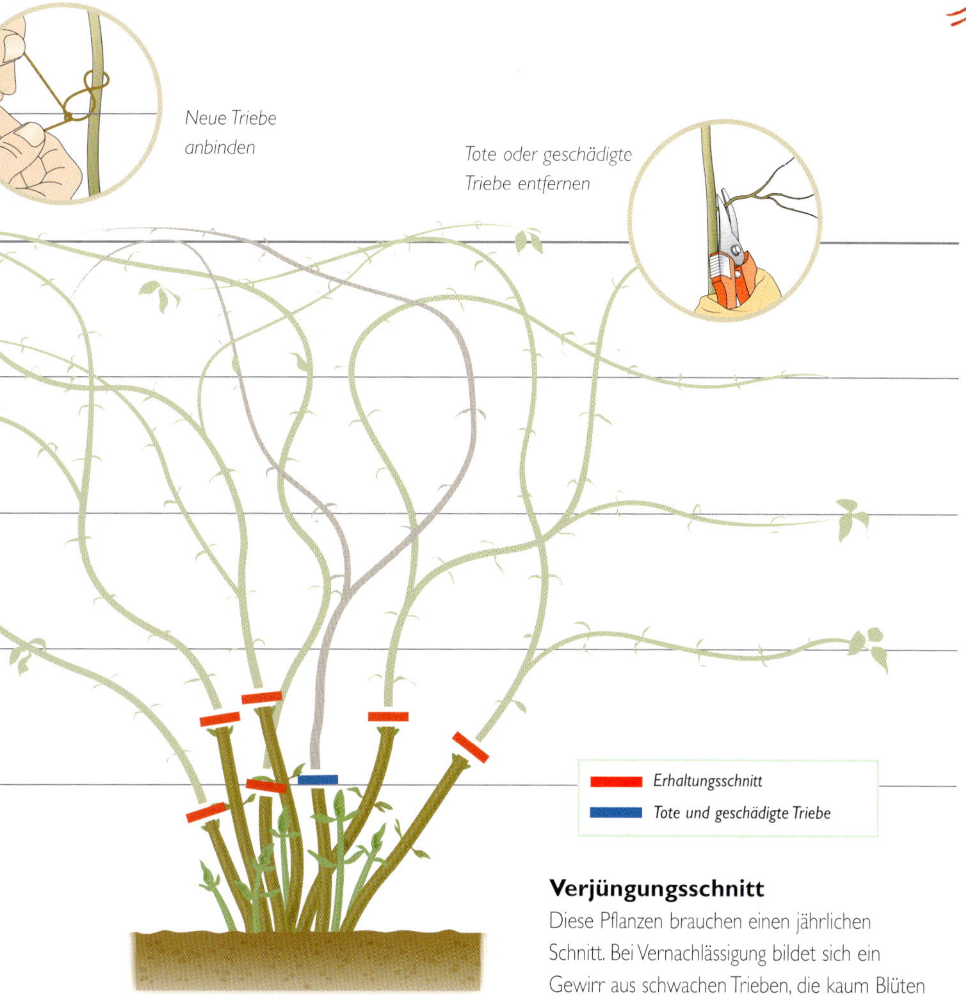

Neue Triebe anbinden

Tote oder geschädigte Triebe entfernen

Erhaltungsschnitt

Tote und geschädigte Triebe

Aufbauschnitt: *Erster Frühling*

Aufbauschnitt

Junge Pflanzen sollte man schneiden, damit sie eine buschige Form mit kräftigen Trieben entwickeln. Entfernen Sie im ersten Frühjahr nach der Pflanzung alle schwachen oder geschädigten Triebe und schneiden Sie alle kräftigen, gesunden 30 cm über dem Boden ab.

Erhaltungsschnitt

Wenn Clematis schön blühen soll, muss sie jährlich geschnitten werden, um das alte Holz zu entfernen und die Bildung neuer Blütentriebe anzuregen.

Nehmen Sie im zeitigen Frühjahr alle toten und geschädigten Triebe heraus. Schneiden Sie alte Blütentriebe bis auf eine gesunde Knospe 15-20 cm über dem Boden ab. Binden Sie die neuen Triebe an, wenn sie etwa 30 cm lang sind – aber vorsichtig, da sie leicht brechen.

Verjüngungsschnitt

Diese Pflanzen brauchen einen jährlichen Schnitt. Bei Vernachlässigung bildet sich ein Gewirr aus schwachen Trieben, die kaum Blüten hervorbringen. Auch steigt die Anfälligkeit für Krankheiten. Wurde die Pflanze lange nicht geschnitten, ist es besser, sie gegen eine neue auszutauschen.

Lohnt sich ein Schnitt doch, können Sie die Pflanze bis auf ein kräftiges Knospenpaar etwa 15 cm über dem Boden zurückschneiden.

Eine vergreiste Pflanze können Sie im Spätwinter oder Vorfrühling entfernen. Tauschen Sie die Erde in unmittelbarer Nähe unbedingt aus, bevor sie eine neue Pflanze einsetzen. Schneiden Sie die Triebe 5-7 cm über dem Boden ab, damit sich neue bilden.

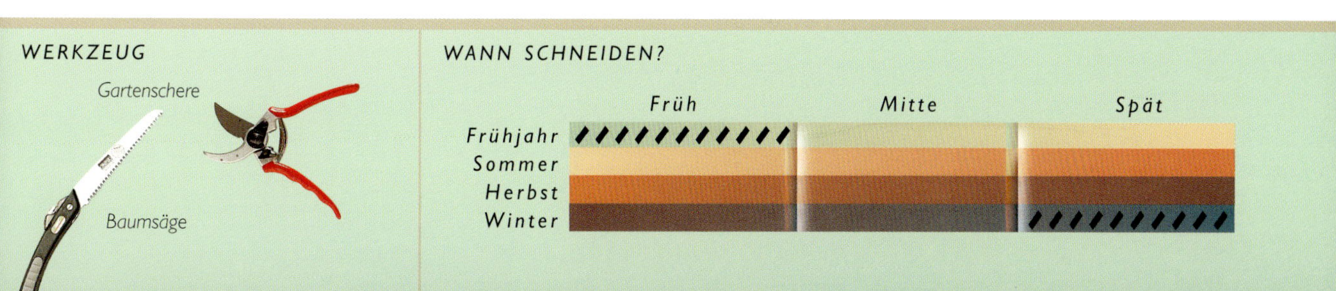

Cornus alba, Cornus sericea

Tatarischer Hartriegel, Weißer Hartriegel

Der Hartriegel zählt zu den pflegeleichtesten Gartensträuchern – und bietet trotzdem das ganze Jahr über einen interessanten Anblick.

Hartriegel stellen keine Ansprüche und gedeihen auf vielen Bodenarten, sogar auf feuchtem Grund, wenn keine Staunässe vorliegt. Sie brauchen einen sonnigen Standort, damit sie ihre schönsten Farben zeigen können.

Die frostharten, unverwüstlichen und anpassungsfähigen Sträucher werden vor allem wegen ihrer dekorativen und leuchtend gefärbten Triebe gepflanzt. Besonders im Winter und Vorfrühling bringen sie Farbe in den Garten. Manche Sorten haben zusätzlich noch buntes, goldenes oder panaschiertes Laub, das sich noch üppiger entwickelt, wenn sie jedes Jahr geschnitten werden. Die Farben der Hartriegelarten kommen am schönsten zur Geltung, wenn man sie in Gruppen pflanzt; manche Formen sind jedoch sehr starkwüchsig und beanspruchen reichlich Platz. Diese Sträucher haben eine ausladende, dicht verzweigte Wuchsform mit neuen Trieben, die aus dem Boden heraustreiben. Die ovalen Laubblätter sind paarweise und gegenständig angeordnet, die Triebe kräftig, oft zunächst hellgrün und später im Jahr rot, orange, gelb, grüngelb oder schwarzblau. Werden sie regelmäßig geschnitten, können die meisten Pflanzen innerhalb einer Saison etwa 2 m hoch und breit werden. Für kleine Gärten eignet sich *C. serica* 'Kelseyi', die eine maximale Höhe von 75 cm erreicht.

Cornus alba *'Sibirica'* *ist ein frostharter Strauch, der wegen seiner dekorativen, aufrechten Jungtriebe gepflanzt wird. Diese werden von frischgrünen Blättern geschmückt, die paarweise und gegenständig angeordnet sind. Im Herbst färbt sich das Laub goldgelb, Wenn es kälter wird, nimmt die Rinde eine scharlachrote Farbe an. Im Spätfrühling erscheinen kleine, grünlich weiße Sternblüten, denen bläuliche Beeren folgen.*

Aufbauschnitt

Schneiden Sie den Strauch, damit eine mehrstämmige Form mit kräftigen Trieben entsteht, die sich in Bodennähe entwickeln.

Die Sträucher können nach der Pflanzung im Winter oder Vorfrühling auf 15 cm zurückgeschnitten werden, damit sich aus der Basis neue Triebe entwickeln können.

WARUM SCHNEIDEN?

Die Entwicklung neuer, leuchtend bunter Triebe soll angeregt werden.

TIPPS FÜR DEN SCHNITT

- *Führen Sie den Schnitt kurz über den Knospen aus.*

PFLANZEN, DIE GENAUSO GESCHNITTEN WERDEN

Cornus alba ***und Sorten:*** *Vorfrühling bis Mitte Frühling*
Cornus sericea ***und Sorten:*** *Vorfrühling bis Mitte Frühling*
Cornus sanguinea ***und Sorten:*** *Vorfrühling bis Mitte Frühling*

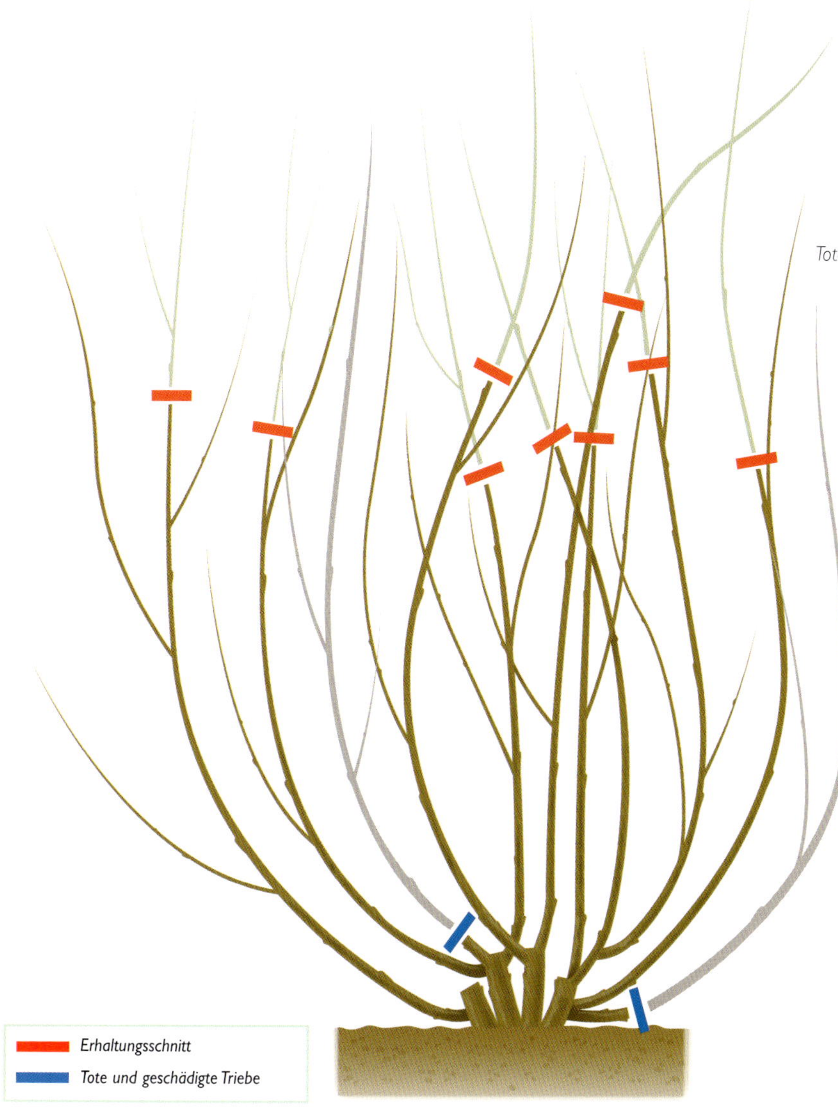

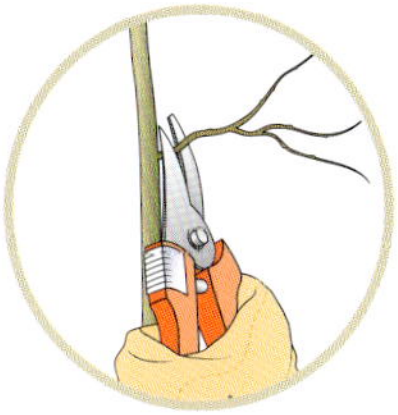

Tote oder geschädigte Triebe entfernen

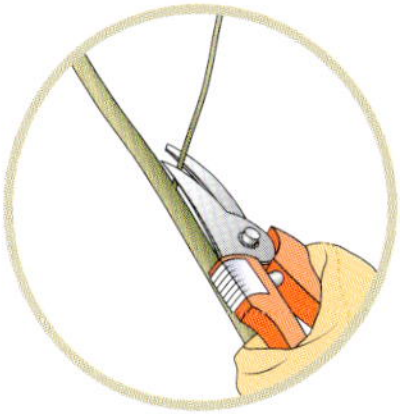

Dünne, schwache Triebe entfernen

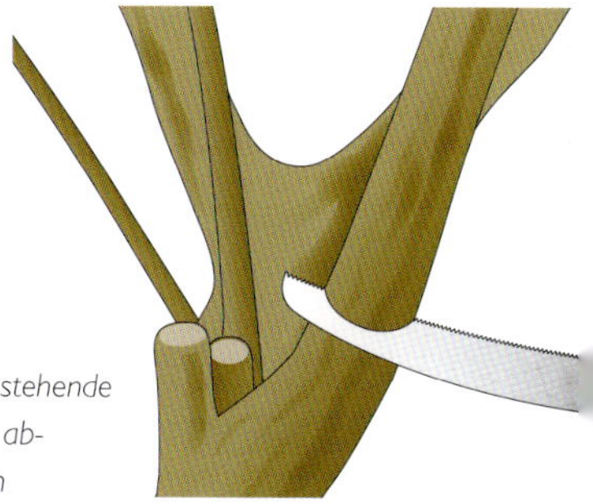

Zu dicht stehende Stummel abschneiden

Erhaltungsschnitt

Tote und geschädigte Triebe

Erhaltungsschnitt

Um eine dekorative Färbung der Rinde zu erreichen, müssen Sie Hartriegel jedes Jahr zurückschneiden. Die Entfernung des alten Holzes fördert die Bildung kräftiger, neuer Triebe. Schwache und kranke Triebe sollten bei dieser Gelegenheit ebenfalls herausgenommen werden.

Schneiden Sie im zeitigen Frühjahr, oder wenn der Neuaustrieb beginnt ein Drittel der Triebe möglichst nah am alten Astgerüst ab, so dass etwa 5 cm lange Stummel zurückbleiben, aus denen sich dann neue Triebe entwickeln.

Wenn die alten Aststummel durcheinander wachsen, sollten Sie sie mit einer kleinen Baumsäge entfernen.

Verjüngungsschnitt

Wenn man Hartriegel nicht schneidet, entwickelt er zahlreiche dünne und schwache Triebe, die kaum Farbe haben und anfällig für Schädlinge und Krankheiten sind. Ein kräftiger Rückschnitt kann dem abhelfen.

Schneiden Sie im Winter mit einer Säge alle alten Triebe so nahe wie möglich am alten Grundgerüst ab. Lassen Sie ca. 5 cm lange Stümpfe stehen, hieraus entwickeln sich im Frühjahr die neuen Triebe.

Im späten Frühjahr entfernen sie alle dünnen und schwachen Triebe.

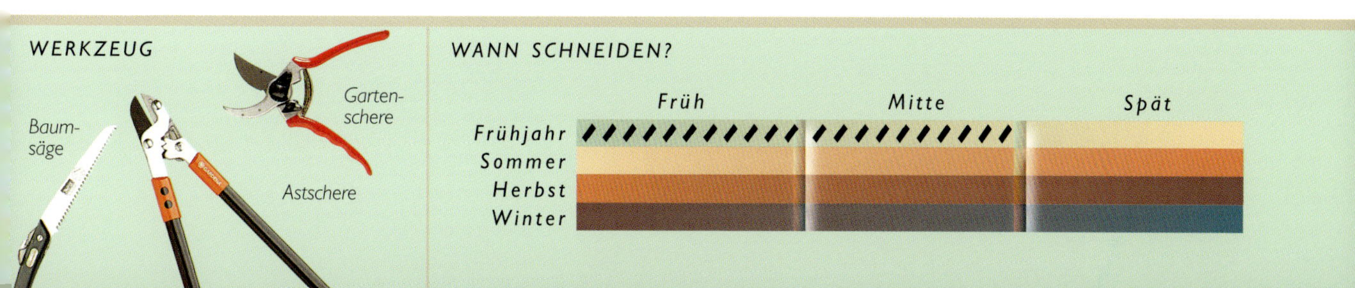

Cotinus

Perückenstrauch

Dieser Strauch verdankt seinen Namen den eigenartigen Fruchtständen, die wuscheligen Perücken ähneln. Sie entwickeln sich aus Blütenrispen, die wie duftige Federbüsche wirken und schon von weitem auffallen.

Diese großen, attraktiven Sträucher haben eine offene, ausladende Wuchsform. Manche von ihnen können bis zu 8 m hoch und 8-10 m breit werden, aber es gibt auch kompaktere Sorten. Die frischgrünen oder purpurroten Blätter sind rund oder oval. Das Laub der grünblättrigen Pflanzen nimmt im Herbst Gelb-, Orange- oder Rottöne an, bevor es abgeworfen wird. Die Blätter der purpurn belaubten Formen färben sich hingegen leuchtend karminrot. Im Sommer erscheinen an den Triebenden Rispen mit rosa oder purpurrosa Blüten, aus denen sich später federartige Fruchtstände entwickeln.

Der Perückenstrauch gedeiht auf feuchten, nährstoffreichen, durchlässigen Böden in vollsonniger oder halbschattiger Lage sehr gut; die Blätter der purpurn belaubten Formen färben sich jedoch grün, wenn sie einen zu schattigen Standort haben.

Die beliebtesten Arten wie *Cotinus coggygria* und *C. obovatus* sowie ihre Sorten benötigen keinen regelmäßigen Schnitt, aber sie können jedes Frühjahr radikal zurückgeschnitten werden, um die Wirkung der Blätter in den Vordergrund zu rücken.

Cotinus coggygria *ist ein großer, dekorativer Strauch von offener, ausladender Wuchsform. Seine blassgrünen Äste färben sich im Alter gräulich braun. Die rundlich ovalen Blätter sind anfangs hellgrün und werden später frischgrün. Im Herbst färbt sich das Laub leuchtend gelb und orange. Im Sommer erscheinen an den Triebenden grünlich gelbe, federartige Blütenrispen.*

Aufbauschnitt

Schneiden Sie junge Pflanzen, damit sie eine buschige Form mit kräftigen Trieben bilden, die sich direkt über dem Boden entwickeln.

Nehmen Sie im Frühjahr, bevor der Neuaustrieb beginnt, alle schwachen, dünnen Äste oder geschädigte Triebe heraus. Schneiden Sie die verbliebenen Triebe auf 3-4 Knospen über dem Boden zurück.

WARUM SCHNEIDEN?

Regelmäßiges Schneiden ist nicht erforderlich, aber durch einen Radikalschnitt kann die Wirkung des Laubs hervorgehoben werden.

TIPPS FÜR DEN SCHNITT

- *Ein regelmäßiger Radikalschnitt regt die Bildung besonders großer Blätter an. Pflanzen, die stark geschnitten wurden, bringen keine Blüten hervor.*

PFLANZEN, DIE GENAUSO GESCHNITTEN WERDEN

Cotinus coggygria: *im Vorfrühling, aber nur wenn nötig*
Cotinus obovatus: *im Vorfrühling, aber nur wenn nötig*

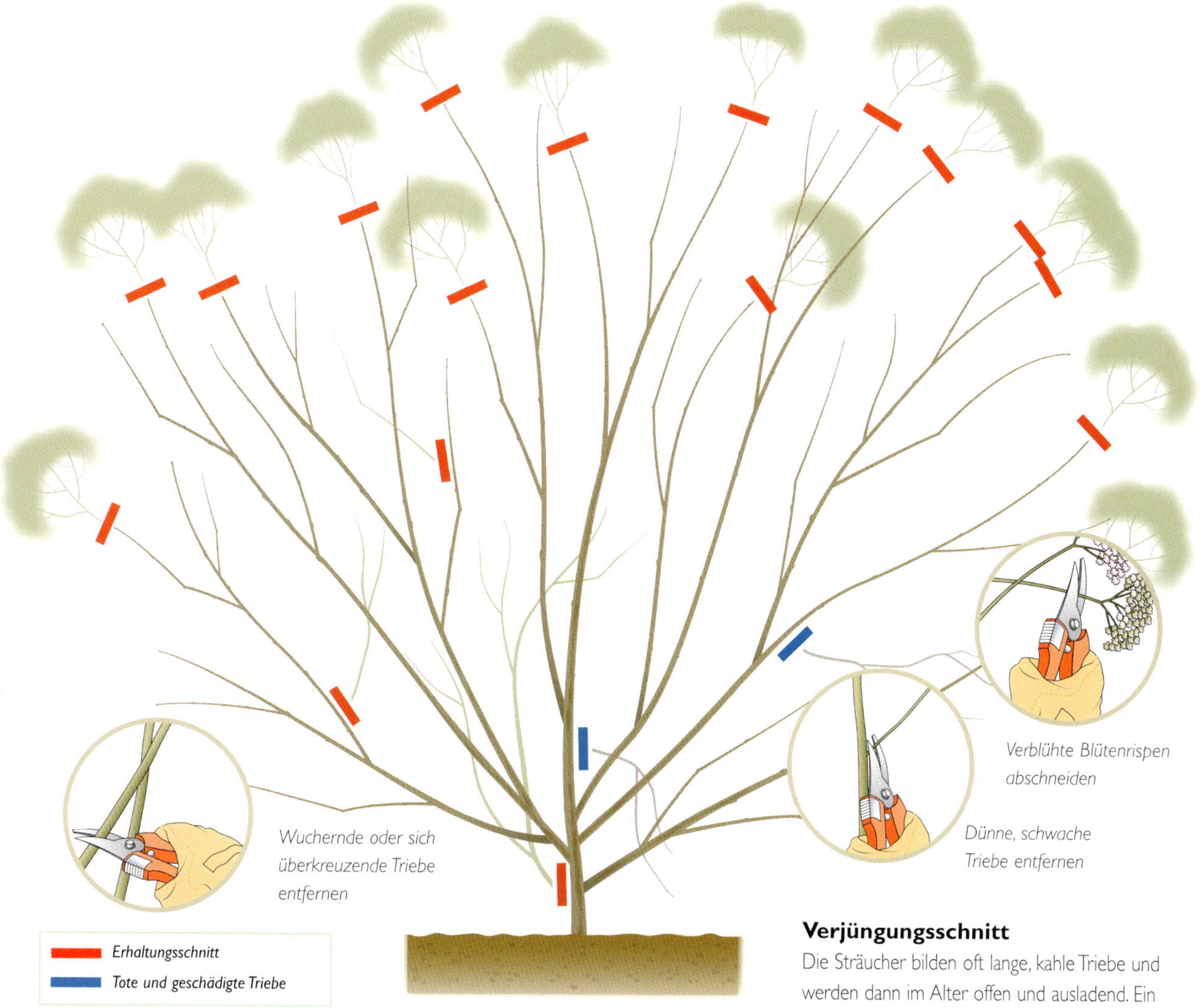

Wuchernde oder sich überkreuzende Triebe entfernen

Verblühte Blütenrispen abschneiden

Dünne, schwache Triebe entfernen

Erhaltungsschnitt

Tote und geschädigte Triebe

Erhaltungsschnitt

Wenn diese Sträucher schön blühen sollen, darf man sie nicht schneiden und sollte nur wuchernde, geschädigte oder aneinander reibende Triebe entfernen. Sonst entwickelt sich ein mehrstämmiger Strauch, der nicht übermäßig wächst und unansehnlich wird. Entfernen Sie die verblühten Blütenrispen im Frühjahr, bevor der Neuaustrieb beginnt.

Schneiden Sie alle dünnen, wuchernden Äste heraus, weil sie keine schönen Blüten bilden und oft ein Herd für Schädlinge und Krankheiten sind.

Um die Entwicklung von purpurnem Laub zu fördern, können Sie auch die ganze Pflanze etwa 30 cm über dem Boden abschneiden. Dadurch werden die Blätter größer und das Laub setzt einen farbigen Akzent.

Verjüngungsschnitt

Die Sträucher bilden oft lange, kahle Triebe und werden dann im Alter offen und ausladend. Ein Radikalschnitt kann helfen, sollte aber im Laufe von zwei Jahren durchgeführt werden.

Schneiden Sie im ersten Jahr die Hälfte der Haupttriebe 15-20 cm über dem Boden ab und schwache, dünne Triebe bis zum Boden zurück.

Die verbliebenen alten Äste werden im zweiten Jahr 15-20 cm über dem Boden abgeschnitten. Nehmen Sie alle dünnen Triebe, die sich nach dem vorjährigen Schnitt entwickelt haben, heraus.

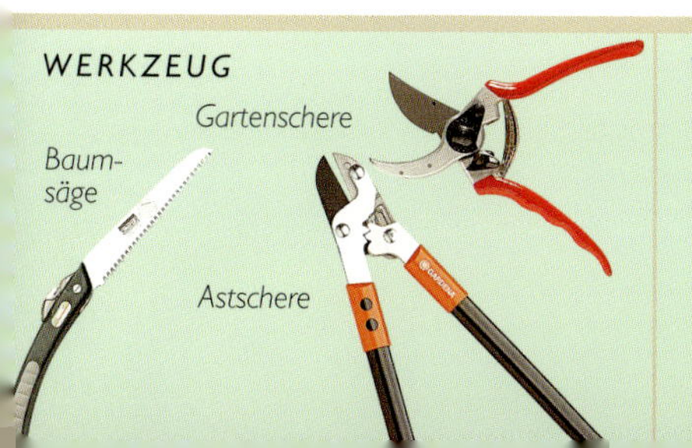

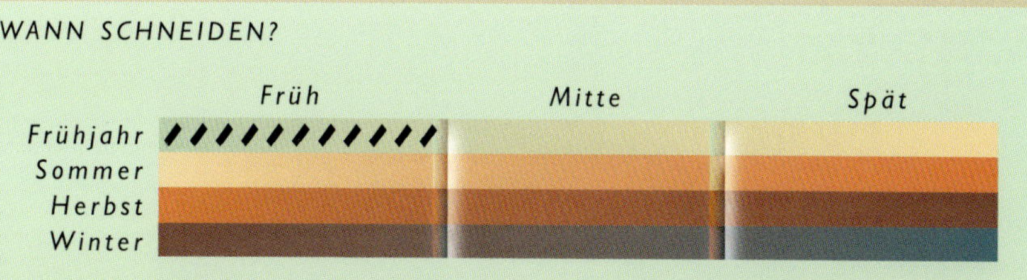

Cotoneaster (sommergrüne Arten)

Zwergmispel, Strauchmispel

Zwergmispeln sind winterharte, anpassungsfähige Pflanzen, die Struktur und Form in den Garten bringen. Außerdem bieten sie vom Frühjahr bis in den Winter einen schönen Anblick.

Diese große Gattung umfasst sommergrüne und immergrüne (siehe Seite 82-83) Arten. Die sommergrünen Formen variieren stark in der Wuchsform – von niederwüchsigen Bodendeckern bis zu großen, baumähnlichen Sträuchern. Sie tragen breit ovale, frisch- bis dunkelgrüne Blätter, die die zuerst hellbraunen, später dann fast schwarz gefärbten Äste bedecken. Es gibt auch einige Sorten wie *Cotoneaster atropurpureus* 'Variegatus', deren Blätter silbern umsäumt sind. Das Laub der großblättrigen Sorten ist oft tief geädert. Die kleinen, fünfzähligen Tellerblüten sind entweder reinweiß oder mit einem Hauch von Rosa. Sie erscheinen im Früh- bis Hochsommer, gefolgt von Beerenfrüchten, deren Farbe von Blassorange bis zu einem tiefen Orangerot variieren kann. Die Beeren bleiben lange nach dem Laubfall an der Pflanze haften. Die Zwergmispeln scheinen auf jedem Boden zu gedeihen, bevorzugen aber vollsonnige, oft auch recht trockene Lagen.

Cotoneaster horizontalis *ist ein niederwüchsiger, sommergrüner Strauch, der als Bodendecker gepflanzt wird. Die jungen Triebe sind hellbraun und werden später schwarz. Die Äste verzweigen sich in einer Art Fischgrätmuster und erinnern an einen Fächer. Die kleinen, rundlichen, glänzend grünen Blätter färben sich im Herbst rot und gelb. Die weißen, rosa überhauchten Blüten erscheinen im späten Frühjahr. Ihnen folgen leuchtend rote Beeren.*

Aufbauschnitt

Schneiden Sie junge Pflanzen, damit sie sich mehrstämmig entwickeln und ein Grundgerüst aus etwa sechs kräftigen, gleichmäßig gewachsenen Ästen bilden. Entfernen Sie im ersten Frühjahr nach der Pflanzung alle toten oder geschädigten Äste. Schneiden Sie die verbliebenen Triebe 15-20 cm über dem Boden ab. Während diese austreiben, nehmen Sie alle Äste heraus, die sich in der Mitte der Pflanze überkreuzen.

WARUM SCHNEIDEN?

Ein gleichmäßiger Wuchs soll erhalten bleiben und die Bildung von Blüten und Früchten gefördert werden.

TIPPS FÜR DEN SCHNITT

- *Schneiden Sie diese Pflanze nur dann, wenn es unbedingt nötig ist.*

PFLANZEN, DIE GENAUSO GESCHNITTEN WERDEN

Cotoneaster adpressus ***und Sorten:*** *im Spätwinter, vor dem Neuaustrieb*
C. apiculatus ***und Sorten:*** *im Spätwinter, vor dem Neuaustrieb*
C. divaricatus ***und Sorten:*** *im Spätwinter, vor dem Neuaustrieb*
C. horizontalis ***und Sorten:*** *im Spätwinter, vor dem Neuaustrieb*
C. multiflorus ***und Sorten:*** *im Spätwinter, vor dem Neuaustrieb*
C. simaonsii ***und Sorten:*** *im Spätwinter, vor dem Neuaustrieb*

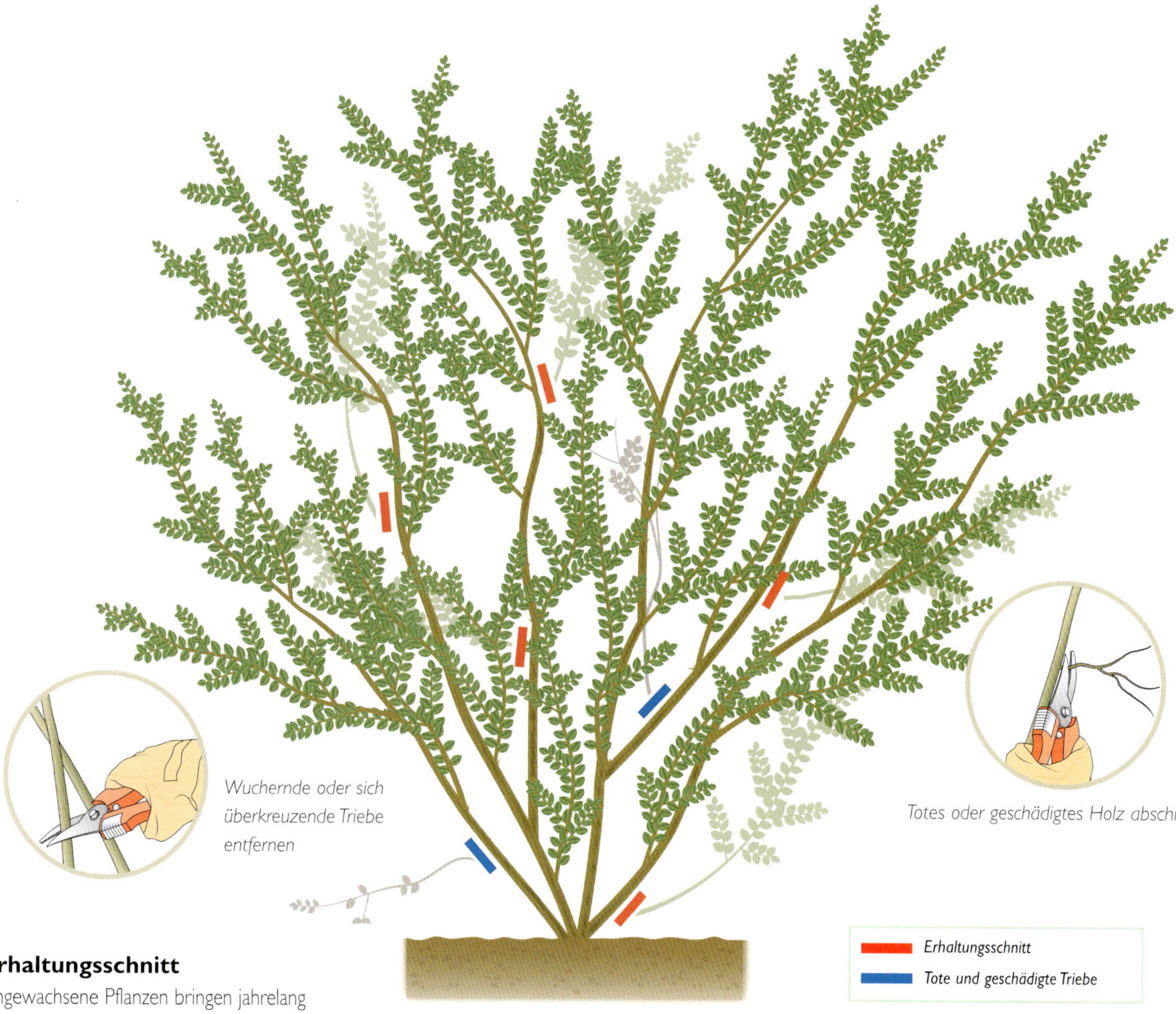

Wuchernde oder sich überkreuzende Triebe entfernen

Totes oder geschädigtes Holz abschneiden

Erhaltungsschnitt

Tote und geschädigte Triebe

Erhaltungsschnitt

Angewachsene Pflanzen bringen jahrelang Blüten und Früchte hervor, ohne geschnitten zu werden. Es kann jedoch erforderlich sein, totes oder geschädigtes Holz herauszuschneiden oder das wuchernde Durcheinander in der Mitte der Pflanze auszulichten.

Entfernen Sie tote oder verletzte Triebe, indem Sie sie bis zum gesunden Holz zurückschneiden. Nehmen Sie alle Äste, die sich in der Mitte der Pflanze überkreuzen, heraus.

Alte oder sterile Äste können 5-7 cm über dem Boden abgeschnitten werden, damit sich neue Triebe entwickeln können.

Verjüngungsschnitt

Zwergmispeln verkahlen und wuchern oft an der Basis. Sie vertragen einen Verjüngungsschnitt sehr gut, wenn er über zwei Jahre durchgeführt wird.

Geschnitten wird im Winter, bevor der Neuaustrieb beginnt. Die dicksten Äste werden etwa 60 cm über dem Boden abgeschnitten, im folgenden Jahr die verbliebenen alten Äste etwa in gleicher Höhe eingekürzt. Eventuell müssen Sie neue Triebe etwas auslichten, um ein Zweiggewirr zu verhindern.

Ein eingerissener Trieb wird mit einem Baummesser möglichst dicht am Ansatz abgeschnitten.

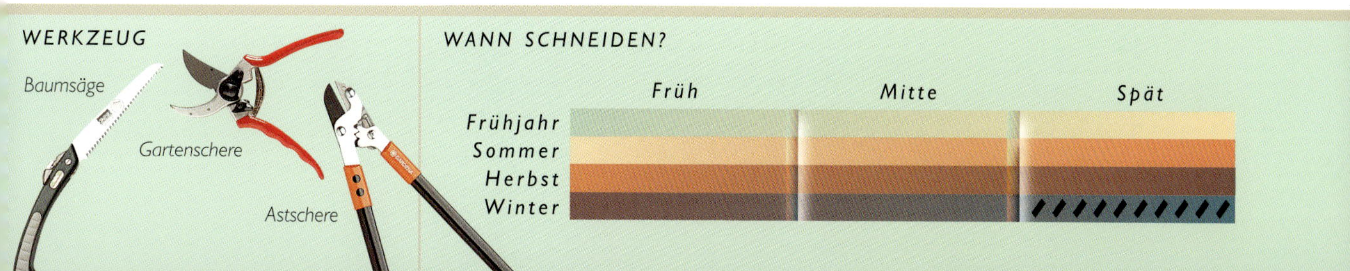

Cotoneaster (immergrüne Arten)

Zwergmispel, Strauchmispel

Diese winterharten, anpassungsfähigen Pflanzen gedeihen nahezu überall und fühlen sich bei Sonne und im Halbschatten wohl. Sie bringen nicht nur Struktur und Form in den Garten, sondern bieten mit ihren Blüten und Beeren vom Frühjahr bis in den Winter einen attraktiven Anblick.

Die Gattung umfasst immergrüne und sommergrüne (siehe Seite 80-81) Arten. Auch die immergrünen Formen variieren stark in der Wuchsform – von niederwüchsigen Bodendeckern bis zu großen, baumähnlichen Sträuchern. Die breit ovalen bis lanzettlichen, glänzend dunkelgrünen Blätter sind oft tief geädert und bedecken hellbraune Triebe, die sich fast schwarz färben, wenn sie altern. Die kleinen, fünfzähligen Tellerblüten sind reinweiß oder mit einem rosa Hauch und erscheinen im Hochsommer. Im Herbst folgen beerenähnliche Früchte, deren Farbe von Blassorange bis zu einem tiefen Orangerot variiert, und die noch lange nach dem Laubfall die Pflanze schmücken. Einige Sorten wie *Cotoneaster salicifolius* 'Exburyensis' und *C. salicifolius* 'Rothschildianus' bilden goldgelbe Früchte, die länger an der Pflanze haften bleiben als die orangefarbenen oder roten Früchte.

Cotoneaster salicifolius *ist ein großer, starkwüchsiger, immergrüner Strauch mit hellbraunen Trieben, die sich später fast schwarz färben. Die glänzend dunkelgrünen Blätter sind breit oval bis lanzettlich, oft tief geädert und unterseits heller. Die kleinen, tellerförmigen, weißen Blüten erscheinen im Sommer. Im Winter folgen tief orangerote Beeren.*

WARUM SCHNEIDEN?

Es soll eine offene Wuchsform und ein Gerüst aus kräftigen Ästen entstehen.

TIPPS FÜR DEN SCHNITT

• Achten Sie auf Feuerbrand, eine ernste Bakterienkrankheit, und schneiden Sie betroffene Pflanzenteile ab. Diese werden vernichtet. Symptome sind absterbende Triebe sowie verbrannte Blüten und Blätter.

PFLANZEN, DIE GENAUSO GESCHNITTEN WERDEN

Cotoneaster ***'Cornubia'***: *im Winter oder Mitte Frühling*
Cotoneaster dammeri ***und Sorten***: *im Winter oder Mitte Frühling*
Cotoneaster lacteus ***und Sorten***: *im Winter oder Mitte Frühling*
Cotoneaster salicifolius ***und Sorten***: *im Winter oder Mitte Frühling*

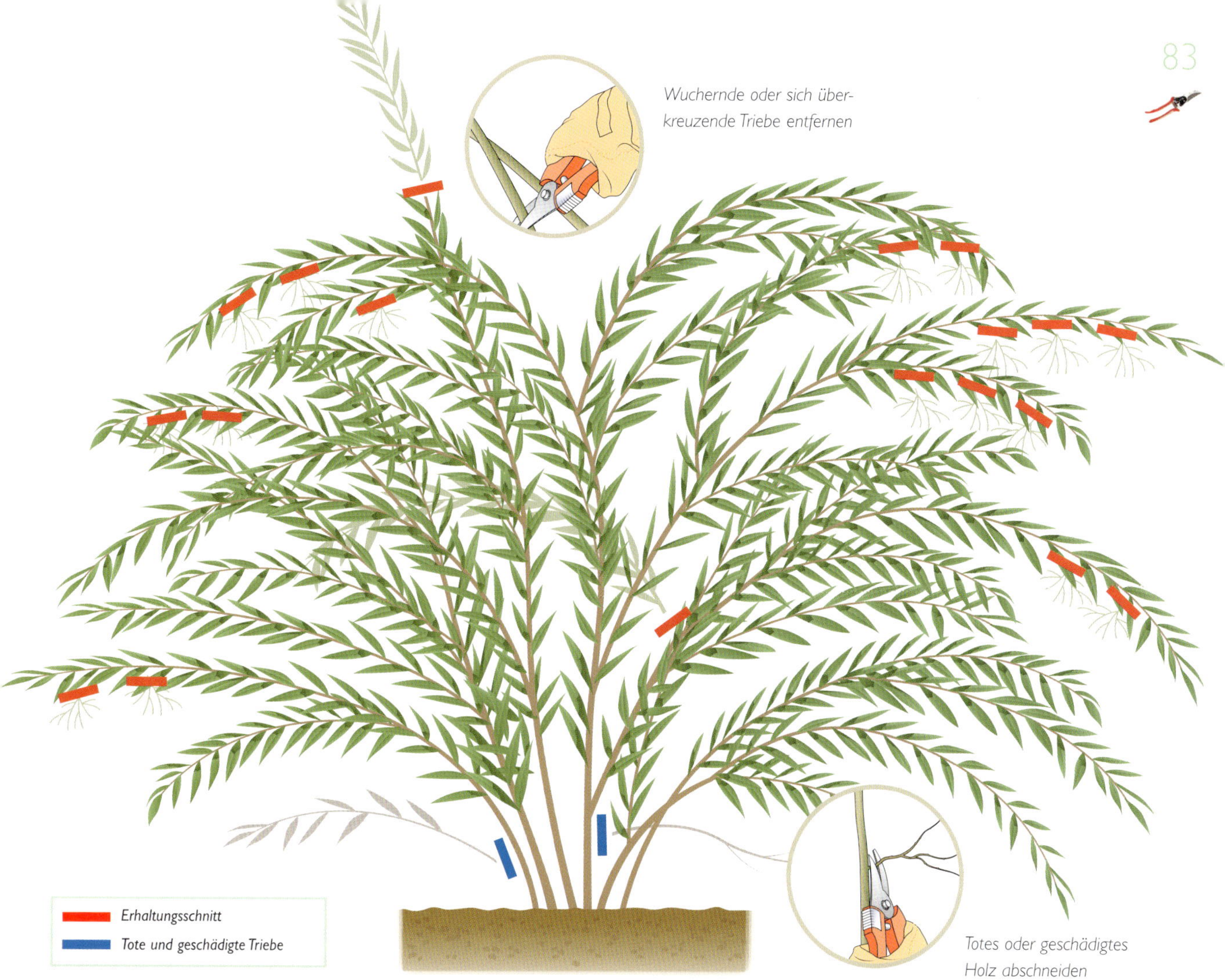

Wuchernde oder sich überkreuzende Triebe entfernen

Erhaltungsschnitt

Tote und geschädigte Triebe

Totes oder geschädigtes Holz abschneiden

Aufbauschnitt

Schneiden Sie junge Pflanzen, um einen mehrstämmigen Wuchs mit einem Gerüst aus etwa sechs kräftigen Trieben zu fördern. Diese treiben dicht über dem Boden aus.

Entfernen Sie im ersten Frühjahr nach der Pflanzung alle toten oder geschädigten Äste. Schneiden Sie die verbliebenen Äste 15-20 cm über dem Boden ab. Wenn diese austreiben, nehmen Sie alle sich kreuzenden Zweige in der Mitte des Strauchs heraus.

Erhaltungsschnitt

Nach dem Anwachsen brauchen diese Pflanzen nur wenig Pflegeschnitt und bilden jahrelang Blüten und Früchte, ohne je gestutzt zu werden. Gelegentlich ist aber doch ein Schnitt erforderlich, um ein Ästegewirr in der Mitte zu verhindern.

Schneiden Sie alle toten oder geschädigten Triebe bis ins gesunde Holz zurück. Entfernen Sie Zweige, die sich in der Mitte überkreuzen.

Arten und Sorten, die sich stark ausbreiten, müssen jährlich geschnitten werden, um den Wuchs in Grenzen zu halten.

Verjüngungsschnitt

Diese Sträucher können im Alter vergreisen und verkahlen am Fuß, besonders wenn sie jahrelang vernachlässigt worden sind. Einen starken Rückschnitt vertragen sie aber gut.

Schneiden Sie die Pflanze im Winter bis auf ein Gerüst aus kräftigen Trieben 30 cm über dem Boden ab.

Wenn der Neuaustrieb beginnt, schneiden Sie alle dünnen und schwachen Triebe bis zu kräftigeren Ästen oder bis zum Boden zurück.

WERKZEUG

WANN SCHNEIDEN?

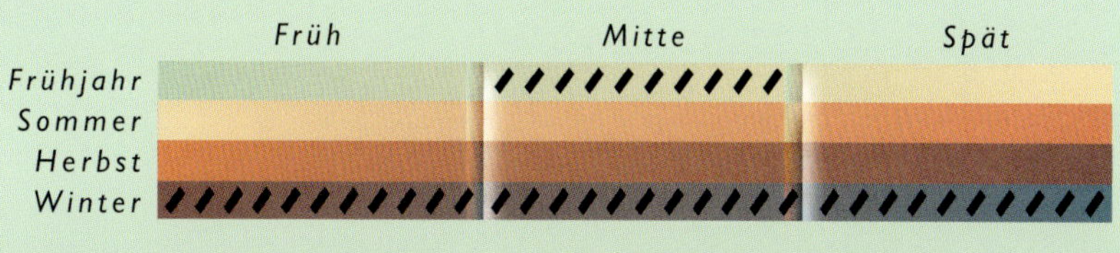

	Früh	Mitte	Spät
Frühjahr		//////////	
Sommer			
Herbst			
Winter	//////////	//////////	//////////

Cytisus
Geißklee, Ginster

Diese prächtigen Pflanzen bringen im Spätfrühling und Frühsommer Massen von duftenden Blüten hervor, deren verschwenderische Fülle und herrliche Farbe leuchtende Akzente im Garten bilden.

Cytisus scoparius *f.* andreanus *ist ein Strauch aus der Familie der Schmetterlingsblütler mit dünnen, biegsamen Ästen und grünen, bogig überhängenden Ruten, die kleine, ovale, grüne Blätter tragen. Im Spätfrühling und Frühsommer reihen sich Massen von orangegelben Blüten an den überhängenden Rutentrieben auf, denen oft kleine, behaarte, graugrüne Hülsen folgen, die vier oder fünf Samen umschließen.*

Geißklee gedeiht auf vielen Böden und verträgt etwas Kalk, auch wenn sich das Laub dadurch gelb verfärben kann. Sie bevorzugen aber saure, mäßig nährstoffreiche, durchlässige Bodenarten in einer sonnigen Lage. In der Natur neigen sie oft zu übermäßigem Wuchs. Die Farbe der kleinen Schmetterlingsblüten variiert von Weiß über Creme und Gelb bis Orange, Rosa und Rot. Sie erscheinen einzeln oder in kleinen Büscheln an den Enden der schlanken, überhängenden, grünen Triebe. Im Spätsommer und Herbst folgen meist grünbraune bis schwarze Hülsen. Die kleinen, filzig behaarten Blätter sind von einem matten Grün und einzeln oder in Gruppen angeordnet.

Geißklee mag das Umpflanzen nicht und verträgt keinen starken Schnitt, besonders wenn man bis ins ältere Holz schneidet. Nach der Blüte verbringt er den Rest des Jahres ganz unauffällig, so dass Sie ihn in die Nähe einer anderen interessante Pflanze setzen sollten.

Es gibt verschiedene Arten und Sorten, die ihre Blüten am vorjährigen Holz bilden. Dazu gehören *Cytisus* x *praecox* und *C. scoparius*, die im Sommer nach der Blüte geschnitten werden sollten. Eine Ausnahme stellt *C. nigricans* dar, der etwas später als andere Arten am diesjährigen Holz blüht. Er sollte daher erst im Frühjahr nach den letzten Frösten geschnitten werden.

WARUM SCHNEIDEN?

Eine regelmäßige Blüte soll angeregt und ein struppiger Wuchs verhindert werden.

TIPPS FÜR DEN SCHNITT

- *Schneiden Sie nicht bis ins alte Holz.*

PFLANZEN, DIE GENAUSO GESCHNITTEN WERDEN

Cytisus nigricans: *im Frühjahr*
Cytisus *x* praecox: *im Sommer nach der Blüte*
Cytisus scoparius: *im Sommer nach der Blüte*

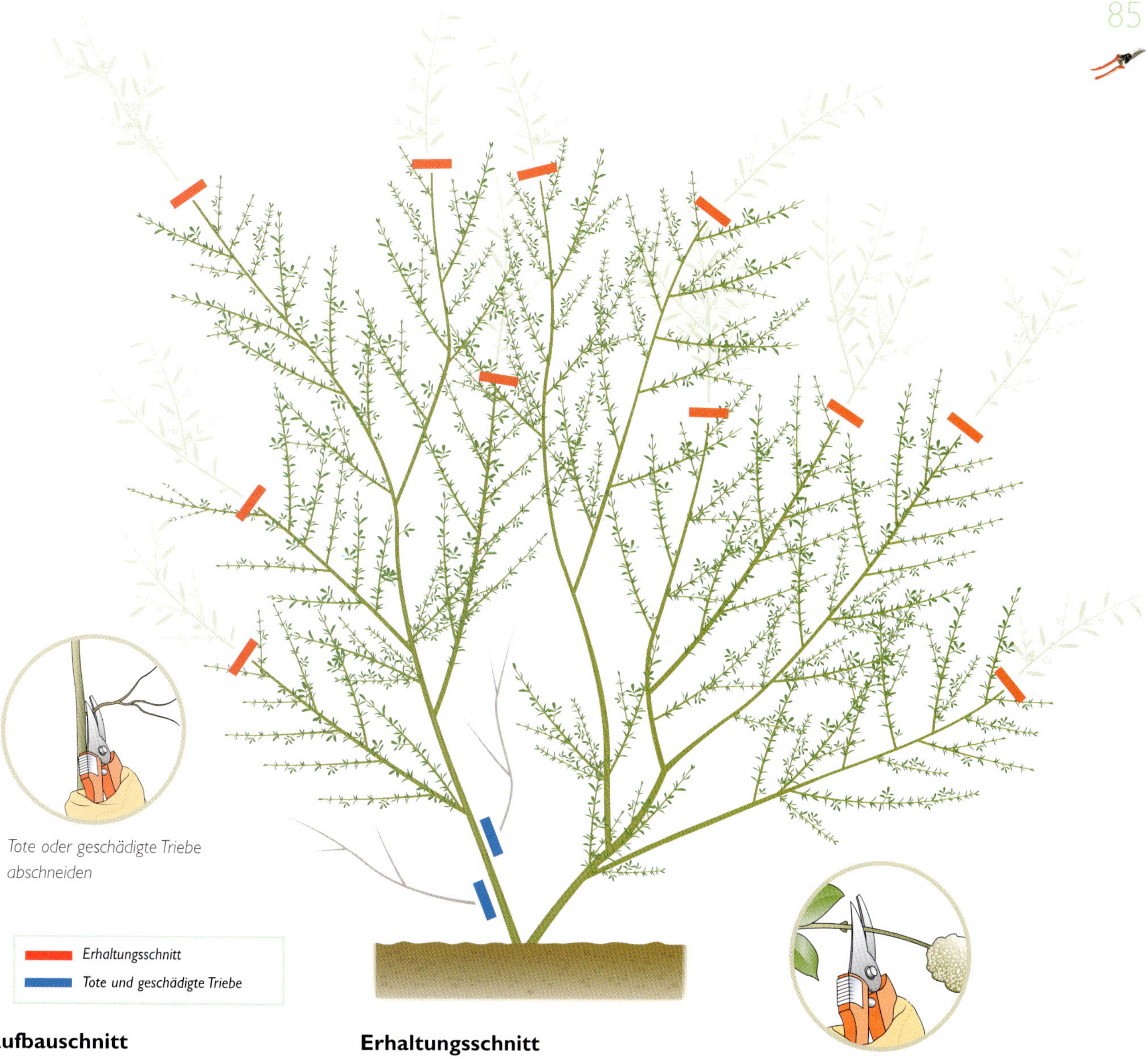

Tote oder geschädigte Triebe abschneiden

Erhaltungsschnitt

Tote und geschädigte Triebe

Alte Blütentriebe entfernen

Aufbauschnitt

Schneiden Sie junge Pflanzen, damit sie sich buschig entwickeln und kräftige Triebe direkt über dem Boden bilden.

Nehmen Sie im ersten Frühjahr nach der Pflanzung alle schwachen und dünnen Triebe heraus. Schneiden Sie die Enden der Haupttriebe um etwa ein Drittel zurück, damit Seitentriebe gebildet werden.

Erhaltungsschnitt

Ein Erhaltungsschnitt ist erforderlich, damit die Pflanze regelmäßig blüht und keine zu offene Wuchsform bildet. Wird der Geißklee nicht geschnitten und deshalb zu groß, kann das Wurzelsystem faulen und die Pflanze umfallen.

Kürzen Sie unmittelbar nach der Blüte alle Ruten mindestens um ein Drittel ein. Achten Sie darauf, dass Sie dabei nicht ins alte Holz schneiden.

Verjüngungsschnitt

Diese Sträucher können am Fuß verkahlen, aber da sie einen Radikalschnitt nicht gut vertragen, ist es besser die alte Pflanze durch eine neue zu ersetzen als es mit einem Verjüngungsschnitt zu versuchen.

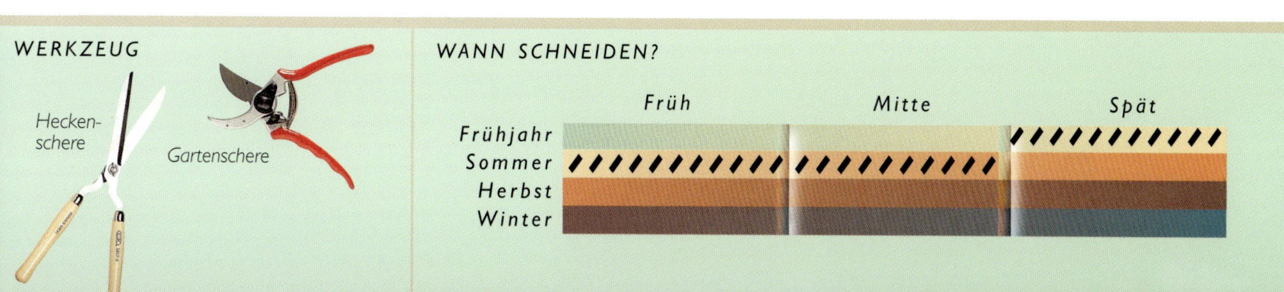

Euonymus fortunei

Kriechspindel

Diese sehr beliebte Pflanze ist anspruchslos, einfach zu kultivieren und schmückt mit ihrem leuchtenden Laub und den Früchten jeden Garten.

Euonymus fortunei *ist ein buschiger, niederwüchsiger immergrüner Strauch mit schlanken, graugrünen, kantigen Trieben, die in regelmäßigen Abständen Haftwurzeln ausbilden. Die rauen, ledrigen Blätter sind oval und gezähnt. Das dunkelgrüne Laub kann auch goldgelb oder weiß panaschiert sein. Unscheinbare, gelbgrüne Blüten erscheinen im Frühling, denen kleine, weiße Früchte mit orangefarbenen Samenständen folgen.*

Die frostharte immergrüne Art, von der es zahlreiche Sorten gibt, zählt zu den am meisten gepflanzten Pflanzen der großen Gattung *Euonymus*. Die Sträucher sind sehr vielseitig einsetzbar und können als Bodendecker, niedrige Hecken, an Mauern und sogar als Kletterpflanzen kultiviert werden. Die Kriechspindeln gedeihen auf vielen Bodenarten und an verschiedenen Standorten. Sie bevorzugen sonnige Lagen oder Halbschatten, aber sie wachsen auch im Schatten. Im tiefen Schatten verlieren die panaschierten Formen aber ihre attraktive Färbung und bilden wieder einfarbig grüne Blätter.

Wegen ihrer geringen Ansprüche an den Standort eignen sie sich besonders für Stadtgärten, da sie Schmutz und Ruß gut vertragen. Die Kriechspindel gedeiht am besten auf gut durchlässigem Boden, braucht aber Schutz vor kaltem Wind.

Die Sträucher sind niederliegend und haben eine hügelförmige Wuchsform. Sie können aber auch an einer Mauer oder an einem Zaun stehen und sogar unter einem Baum gedeihen, obwohl der Boden hier recht karg ist. Die Blätter sind breit oval mit kräuselndem, gezähntem Rand und von rauer, lederiger Struktur. Die Arten tragen glänzende, dunkelgrüne Blätter mit heller Unterseite. Beliebter sind aber die Formen mit silbrig, weiß und goldgelb panaschiertem Laub. Am häufigsten gepflanzt werden die Sorten *E. fortunei* 'Emerald 'n' Gold' mit leuchtend gelb umsäumten Blättern; *E. fortunei* 'Silver Queen' hat dunkelgrüne, zuerst weiß, später rosa umsäumte Blätter. Die kleinen, unscheinbaren, weißen oder grünlichen Blüten erscheinen im Spätfrühling oder Sommer. Ihnen folgen weiße Früchte, die in der Vollreife aufspringen und die orangefarbenen Samenstände freigeben.

Aufbauschnitt

Schneiden Sie junge Pflanzen, damit sich eine buschige Form aus zahlreichen, aus dem Boden austreibenden Trieben entwickeln kann.

Entfernen Sie nach der Pflanzung alle schwachen oder geschädigten Triebe. Stutzen Sie die verbliebenen Triebe auf ein Drittel ihrer eigentlichen Länge zurück.

WARUM SCHNEIDEN?

Die ordentliche, adrette Wuchsform der Pflanze und die Panaschierung sollen erhalten bleiben.

TIPPS FÜR DEN SCHNITT

- *Verwenden Sie eine Gartenchere; für bodendeckende Arten nehmen Sie die Heckenschere.*
- *Schneiden Sie nicht durch die Blätter hindurch, sie werden sonst braun und sterben ab.*

PFLANZEN, DIE GENAUSO GESCHNITTEN WERDEN

Euonymus fortunei: *im Hochsommer nach der Blüte*
Syringa x prestoniae: *im Hochsommer nach der Blüte*
Viburnum tinus: *im Frühsommer nach der Blüte*

Totes oder geschädigtes Holz abschneiden

Zu lange Triebe einkürzen

Erhaltungsschnitt

Tote und geschädigte Triebe

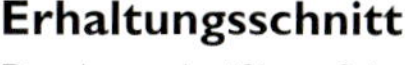

Erhaltungsschnitt

Durch regelmäßigen Schnitt wird ein struppiges Aussehen nach der Blüte verhindert. Alle einfarbig grünen Triebe an der sonst buntblättrigen Pflanzen werden am Ansatz abgeschnitten.

Schneiden Sie nach der Blüte alle langen, wuchernden Triebe zurück und knipsen Sie die Triebspitzen ab, damit die Pflanze sich verzweigt.

Verjüngungsschnitt

Diese Sträucher werden manchmal zu breit und fallen auseinander, wobei eine kahle Mitte sichtbar wird.

Schneiden Sie im Frühjahr die Pflanzen 15-30 cm über dem Boden ab und nehmen Sie alle abgebrochenen und geschädigten Triebe heraus.

Wenn sie an einer Mauer wächst, bildet die Kriechspindel Haftwurzeln. Lösen Sie die Triebe vorsichtig von der Unterlage

WERKZEUG

Gartenschere

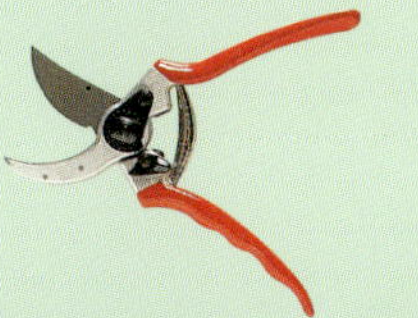

WANN SCHNEIDEN?

	Früh	Mitte	Spät
Frühjahr			
Sommer		//////////	
Herbst			
Winter			

Ficus

Gummibaum

Der immergrüne Gummibaum mit seinen großen, glänzenden Blättern ist eine beliebte Kübel- oder Zimmerpflanze. In der kalten Jahreszeit bringt sie Farbe und Struktur in den Wintergarten oder die Wohnung.

Die Größe des Gummibaums *(Ficus elastica)* kann stark variieren – von stattlichen Bäumen, die in ihren tropischen Heimatländern bis zu 45 m hoch werden, bis hin zu 3 m hohen Sträuchern und den kleineren Topfpflanzen. Gewöhnlich haben sie eine ausladende Wuchsform. Gummibäume werden vor allem wegen ihres attraktiven Laubs kultiviert. Die großen Blätter haben eine feste, ledrige Struktur und sind wechselständig angeordnet. Es gibt Sorten mit panaschierten Blättern, die oft silbrig weiß umsäumt sind. Andere Sorten besitzen graugrünes Laub, das cremeweiß gezeichnet ist. Die Blüten erscheinen in den Blattachseln, gefolgt von kleinen, ovalen Früchten in Orange, Gelb, Grün oder Purpurrot.

Der Gummibaum gedeiht am besten in feuchtem, durchlässigem Substrat.

Ficus elastica *'Variegata'* *kann zu einem großen Baum von offener, ausladender Wuchsform wachsen. Die grünen Triebe färben sich graugrün und werden schließlich rotbraun und bekommen eine korkartige Struktur. Die großen, glänzenden Blätter sind fest und ledrig und haben eine deutliche Mittelrippe; die graugrüne Farbe zeigt cremeweiße Zeichnungen. In den Blattachseln sitzen Blüten ohne Blütenblätter, gefolgt von länglichen gelben Früchten.*

WARUM SCHNEIDEN?

Die Form soll erhalten bleiben und das Wachstum begrenzt werden.

TIPPS FÜR DEN SCHNITT

- *Achten Sie darauf, dass kein Pflanzensaft auf die Haut gelangt. Manche Menschen reagieren empfindlich darauf; oft entstehen Bläschen.*
- *Im Kübel erhält der Gummibaum einen Rückschnitt nach Bedarf.*

PFLANZEN, DIE GENAUSO GESCHNITTEN WERDEN

Ficus benjamina: *im Spätwinter oder Vorfrühling*
Ficus elastica: *im Spätwinter oder Vorfrühling*
Ficus lyrata: *im Spätwinter oder Vorfrühling*
Ficus macrophylla: *im Spätwinter oder Vorfrühling*

Wuchernde Triebe einkürzen

Tote oder geschädigte Triebe entfernen

Erhaltungsschnitt
Tote und geschädigte Triebe

Aufbauschnitt

Junge Pflanzen werden geschnitten, damit sich ein mittlerer Haupttrieb entwickeln kann, an dem zahlreiche Seitentriebe sitzen. Resultat ist ein buschiger Wuchs und eine wohlgeformte Pflanze.

Kürzen Sie den Haupttrieb um 10-15 cm ein, damit die Pflanze sich verzweigt.

Schneiden Sie im Frühjahr schwache, dünne Triebe auf ca. zwei Drittel und die Enden zu langer, wuchernder Triebe um ein Drittel zurück.

Erhaltungsschnitt

Gummibäume brauchen kaum Pflegeschnitt. Werden aber die vorjährigen Triebe im Spätwinter oder zeitigen Frühjahr um ein Viertel eingekürzt, kann man ein buschiges Wachstum und eine gleichmäßige Form mit einem kräftigen Astgerüst fördern.

Kürzen Sie im Frühjahr die zu stark wachsenden Triebe um ein Drittel ein, damit die Pflanze nicht unförmig und einseitig wächst.

Verjüngungsschnitt

Diese Pflanzen vertragen einen Radikalschnitt – oft bis zum Grundgerüst – ganz gut. Dadurch wird der Neuaustrieb angeregt. Bei großen Pflanzen werden geschädigte Triebe entfernt.

Nehmen Sie alle kleineren Seitentriebe heraus und schneiden Sie das Grundgerüst auf etwa 45 cm zurück.

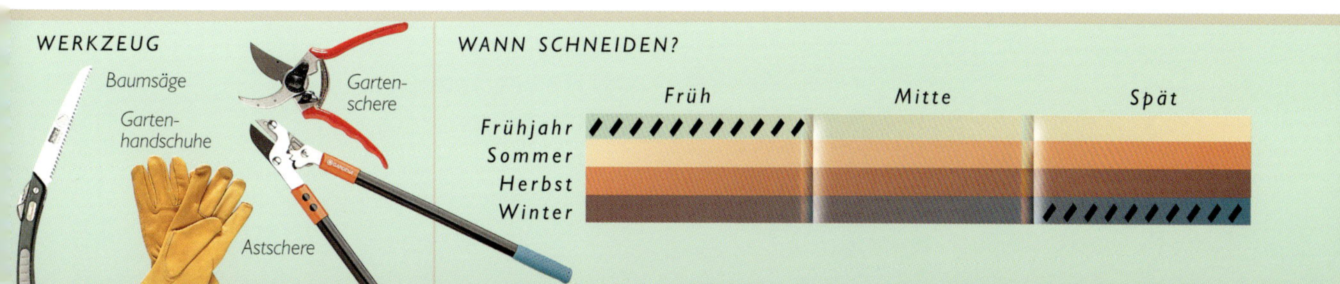

Forsythia

Forsythie

Blühende Forsythien künden den Frühlings an, denn die goldgelben Blüten an den kahlen Trieben öffnen sich noch vor dem Laubaustrieb.

Den Namen dieser Pflanze kennen sogar Menschen, die sich sonst nicht für Pflanzen interessieren, da sie in fast jedem Garten anzutreffen ist. Im zeitigen Frühjahr bis zur Frühlingsmitte sind die bogig überhängenden Äste des Strauchs über und über mit spektakulären, gold- oder zitronengelben Blüten bedeckt, die an den jüngeren Trieben gebildet werden.

Dieser unverwüstliche und frostharte Strauch ist sommergrün. Die dunkelgrünen, ovalen Blätter sind gegenständig an hellbraunen Ästen angeordnet, die im Alter von drei Jahren oder später eine raue Struktur bekommen und mattgrau werden. Der Strauch bildet eine sehr dichte Krone aus langen, herabhängenden Trieben und verkahlt oft am Fuß, besonders wenn er nicht geschnitten wird.

Diese anpassungsfähige Pflanze gedeiht auf vielen Bodenarten und kann 3 m hoch und breit werden. Sie entwickelt sich zu einem aufrechten oder breit kuppelförmigen Strauch. Die Blüten erscheinen einzeln oder in Büscheln an den kahlen Trieben, bevor der Laubaustrieb beginnt. Für eine natürliche Wuchsform und eine üppige Blüte ist ein jährlicher Schnitt erforderlich.

Aufbauschnitt

Junge Pflanzen sollten geschnitten werden, um eine buschige Wuchsform aus kräftigen Trieben zu fördern.

Schneiden Sie nach der Pflanzung alle schwachen und geschädigten Triebe heraus. Kürzen Sie die verbliebenen Triebe etwa auf zwei Drittel ihrer Gesamtlänge ein, damit neue aus der Basis gebildet werden, während die Pflanze Zeit hat einzuwachsen.

Erhaltungsschnitt

Sollen Forsythien schön und üppig blühen, müssen sie jährlich geschnitten werden. Das alte Holz wird entfernt, um die Bildung neuer Blütentriebe anzuregen.

Schneiden Sie unmittelbar nach der Blüte alle Blütentriebe mindestens um die Hälfte bis zu einer gesunden Knospe oder einem gleichmäßig gewachsenen Seitentrieb zurück. Die alten Blütentriebe von *Forsythia suspensa*

WARUM SCHNEIDEN?

Die Wuchshöhe der Pflanze soll in Grenzen gehalten und die Entwicklung einer offenen Wuchsform gefördert werden.

TIPPS FÜR DEN SCHNITT

- *Beginnen Sie mit dem Schnitt möglichst bald nach der Blüte, damit sie auch im Folgejahr üppig ausfällt.*
- *Schneiden Sie älteren Triebe mit einer Säge durch, da sie mit der Astschere leicht gequetscht werden.*

PFLANZEN, DIE GENAUSO GESCHNITTEN WERDEN

Forsythia *x* intermedia: *im Spätfrühling oder Frühsommer*
Forsythia ovata: *im Spätfrühling oder Frühsommer*
Forsythia suspensa: *im Spätfrühling oder Frühsommer*
Deutzia gracilis *und Sorten*: *im Spätfrühling oder Frühsommer*
Deutzia scabra *und Sorten*: *im Spätfrühling oder Frühsommer*

Forsythia *'Beatrix Farrand'* *ist ein Strauch von aufrechtem, buschigem Wuchs. Wenn sie ihre volle Länge erreichen, hängen die Triebe bogig über. Sie sind zunächst hellbraun, nehmen dann aber ein mattes Grünbraun an. Bedeckt werden sie von hellgrünen, ovalen Blättern, die sich im Herbst goldgelb färben. Ab Frühlingsbeginn erscheinen noch vor dem Laubaustrieb goldgelbe, sternförmige Blüten.*

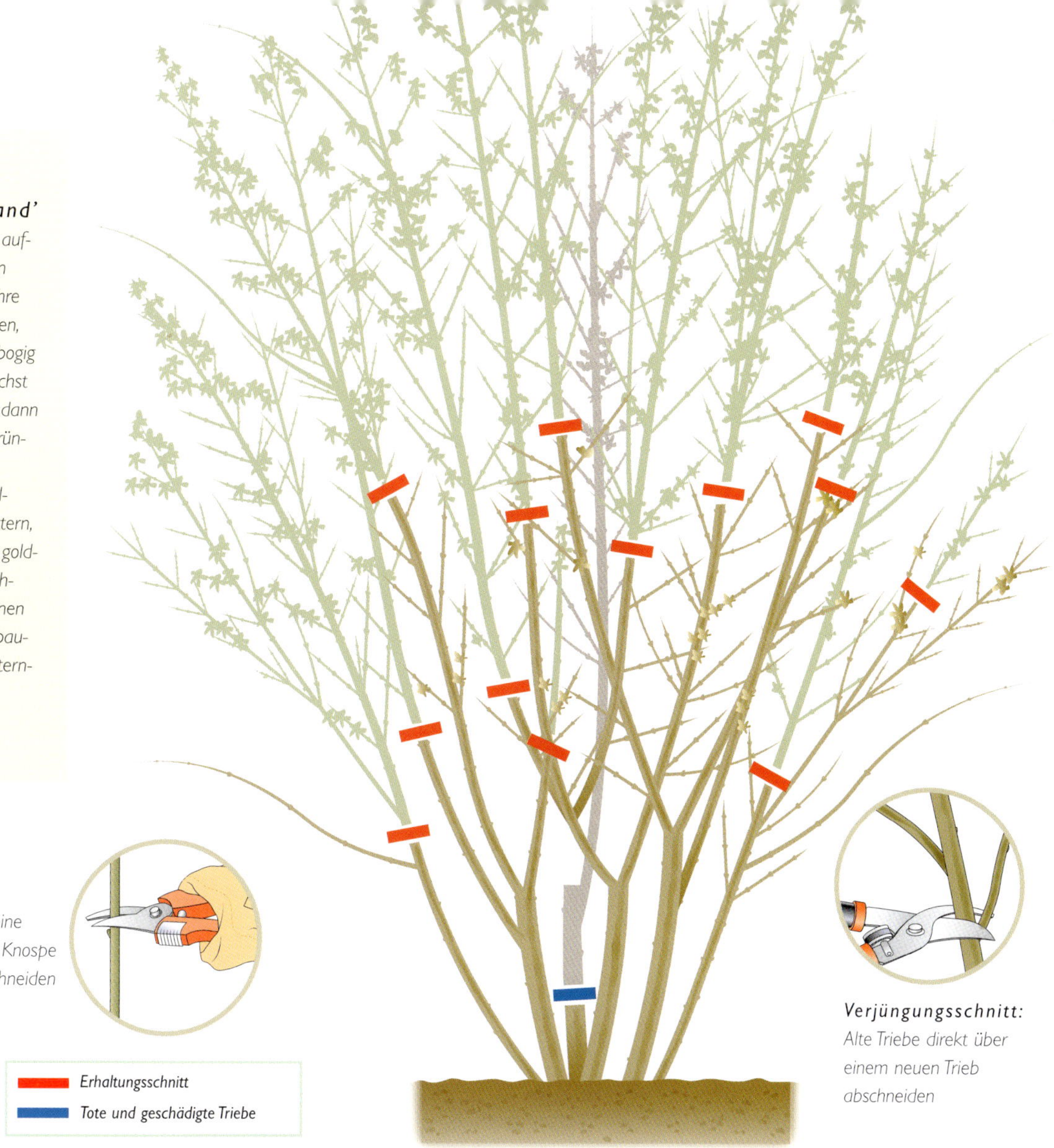

Bis auf eine gesunde Knospe zurückschneiden

Erhaltungsschnitt

Tote und geschädigte Triebe

Verjüngungsschnitt: *Alte Triebe direkt über einem neuen Trieb abschneiden*

sollten bis auf zwei Knospen über dem Boden zurückgeschnitten werden. Führen Sie diesen Schnitt im Spätfrühling durch, damit sich während der gesamten Vegetationsperiode neue Triebe entwickelt können, die im folgenden Jahr eine üppige Blüte hervorbringen.

Nehmen Sie bei ausgewachsenen Sträuchern jedes Jahr etwa ein Viertel der alten Äste zurück, um den Lichteinfall zu erhöhen und für neue Triebe Platz zu schaffen.

Verjüngungsschnitt

Forsythien entwickeln sich im Alter zu einem dichten, wuchernden Strauch. Ein solches Dickicht aus dünnen, schwachen und wuchernden Trieben bringt nur wenige Blüten hervor, außerdem steigt die Anfälligkeit für Schädlingsbefall und Krankheiten, besonders wenn der Erhaltungsschnitt nicht regelmäßig durchgeführt wurde. Dagegen hilft ein starker Rückschnitt, der in mehreren Schritten über zwei oder drei Jahre durchgeführt werden sollte. Schneiden Sie die Pflanze auf keinen Fall auf einmal zurück.

Kürzen Sie alle Triebe bis auf 3-4 der kräftigsten etwa 5-7 cm über dem Boden ein. Dadurch wird die Entwicklung neuer Triebe angeregt.

Entfernen Sie im folgenden Jahr alle dünnen, schwachen Triebe vollständig. Schneiden Sie die drei oder vier verbliebenen alten Äste bis zum Boden zurück.

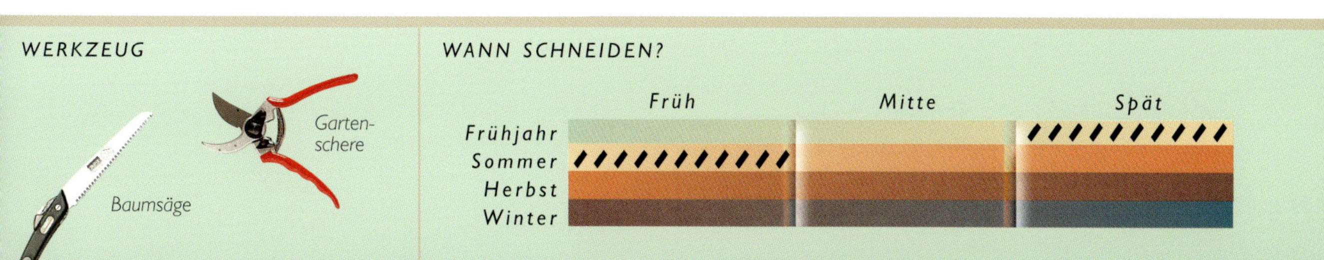

Fremontodendron

Flanellstrauch

Fremontodendron ist ein Kübelpflanze für einen warmen, sonnigen Standort, der vom von Spätfrühling bis Mitte Herbst große, leuchtend gelbe, schalenförmige Blüten hervorbringt.

Fremontodendron *'California Glory'* *ist ein Strauch von offener, lockerer Wuchsform. Die Triebe sind goldbraun gefärbt und verblassen später zu einem matten Graubraun. Junge Triebe und die tief gelappten Blätter sind mit flaumigen Haaren besetzt, die allmählich verschwinden, wenn die Pflanze älter wird. Die großen, schalenförmig und leuchtend gelben Blüten erscheinen von Spätfrühling bis Mitte Herbst. Jede Blüte trägt in der Mitte Büschel goldfarbener Staubblätter und Staubbeutel.*

Flanellsträucher können in ihrer Heimat 5 m hoch und 4 m breit werden. Sie schmücken sich mit tief gelappten, dunkelgrünen Blättern, deren Unterseiten wie auch die jungen Triebe dicht mit flaumigen Haaren besetzt sind, die starken Juckreiz auf der Haut auslösen können. Wenn das Laub und die Triebe älter werden, verlieren sie allmählich diesen Flaum. Die schalenförmigen, goldgelben Blüten von bis zu 10 cm Durchmesser tragen in der Mitte Büschel goldfarbener Staubblätter und Staubbeutel. Die jungen Triebe sind von einem satten Goldbraun, nehmen aber im Alter ein mattes Graubraun an. Oft reißt die Rinde und spaltet sich an der Basis der Pflanze.

Diese Pflanzen gedeihen in milden Klimaten auf mageren, trockenen, neutralen bis kalkhaltigen Böden. Sie brauchen Windschutz und werden oft durch Spätfröste im Frühjahr geschädig. Sie haben ein relativ brüchiges Wurzelsystem und benötigen stets eine Stütze.

Aufbauschnitt

Schneiden Sie junge Pflanzen, damit sie buschig und gut geformt wachsen und einen kräftigen Haupttrieb mit Seitentrieben entwickeln.

Kürzen Sie den Haupttrieb um 10-15 cm ein, damit sich die Pflanze verzweigen kann. Schneiden Sie im Frühjahr schwache Triebe bis auf zwei oder drei Knospen zurück. Nehmen Sie ein Drittel aller wuchernden Triebe heraus.

WARUM SCHNEIDEN?

Eine buschige Form und ein Gerüst aus kräftigen Trieben soll erhalten bleiben.

TIPPS FÜR DEN SCHNITT

- *Tragen Sie Handschuhe und einen Mundschutz, da junge Triebe und Blätter Hautreizungen verursachen können.*
- *Kübelpflanzen werden nur gelegentlich eingekürzt.*

PFLANZEN, DIE GENAUSO GESCHNITTEN WERDEN

Fremontodendron californicum *und Sorten*: *im Hochsommer nach der ersten Blüte*

Fremontodendron mexicanum *und Sorten*: *im Hochsommer nach der ersten Blüte*

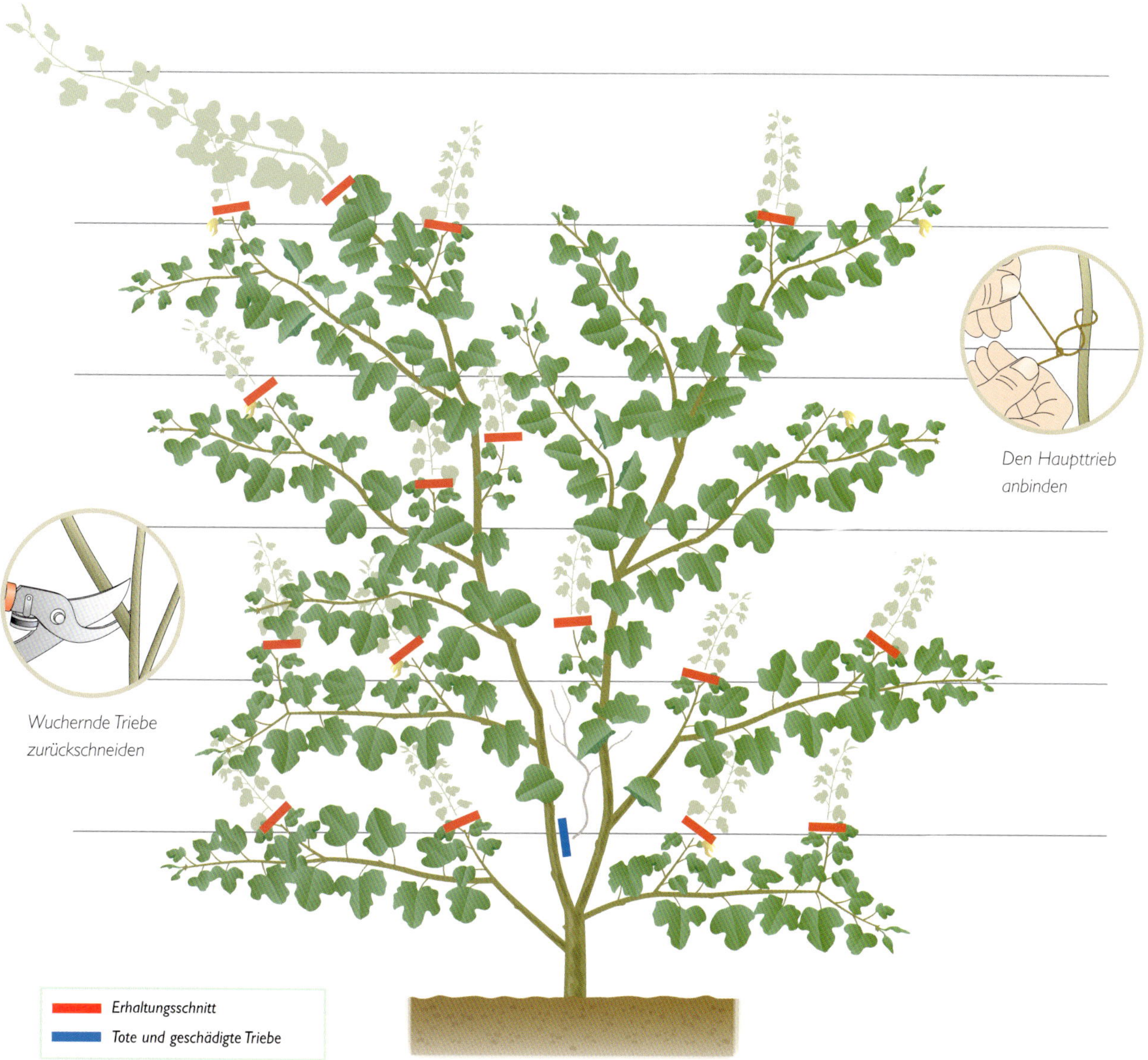

Den Haupttrieb anbinden

Wuchernde Triebe zurückschneiden

Erhaltungsschnitt
Tote und geschädigte Triebe

Erhaltungsschnitt

Diese Sträucher wachsen mit wenig oder sogar ohne Schnittmaßnahmen jahrelang ganz gut. Wird aber das vorjährige Holz im Sommer gleich nach der ersten Blüte um etwa ein Viertel eingekürzt, entwickelt sich die Pflanze buschiger und blüht üppiger. So verkahlt sie auch nicht.

Schneiden Sie im Sommer die Blütentriebe ins alte Holz bis auf vier oder fünf Knospen zurück, damit die Pflanze viele kurze Blütentriebe bildet.

Kürzen Sie im Sommer alle übermäßig wachsenden Triebe etwa um ein Drittel ein, damit die Pflanze nicht unförmig und einseitig wächst.

Verjüngungsschnitt

Diese Sträucher können am Fuß verkahlen, vertragen aber keinen Radikalschnitt. Deshalb sollte man vergreiste Pflanzen durch neue ersetzen und nicht versuchen, die Pflanze zu verjüngen.

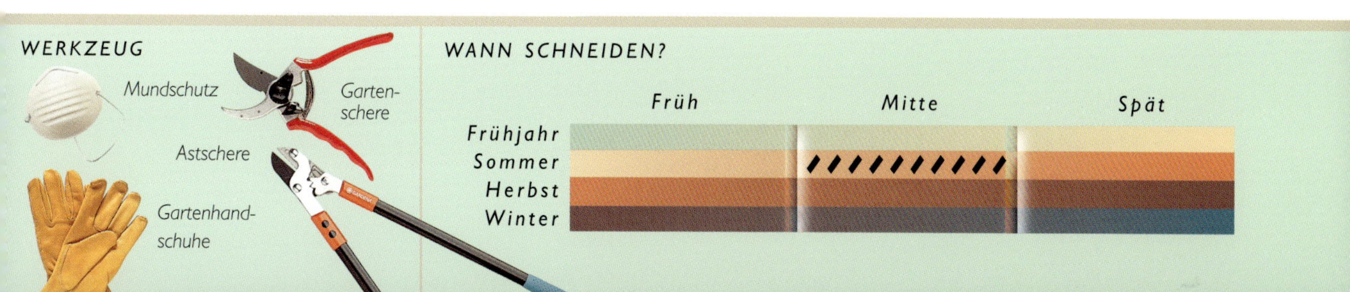

Fuchsia

Fuchsie

Fuchsien sind zuverlässige Blütensträucher, die man den Sommer über in den Garten pflanzen kann. Sie blühen vom Frühsommer bis zu den ersten Frösten. Solange man sie regelmäßig gießt, wachsen sie unter fast allen Bedingungen. Bei uns sind Fuchsien beliebte Balkonpflanzen.

Fuchsia magellanica *ist ein winterharter Strauch mit schlanken, Trieben und dünnen Zweigen, die in der Jugend hellbraun sind, später graubraun werden und eine sich schuppende Rinde bilden. Die lanzettlichen Blätter sind hell- bis frischgrün, unterseits heller gefärbt und haben einen leicht gezähnten Rand. Kleine, hängende Blüten mit roten Kelchblättern und einer purpurfarbenen Krone erscheinen im Sommer, gefolgt von kleinen violetten Früchten. Die Fuchsie friert im Winter zurück, treibt aber im Frühjahr wieder aus. Eine schützende Laubdecke ist erforderlich.*

Fuchsien können sich in milden Klimaten zu großen Sträuchern entwickeln, die bis zu 2 m hoch und 3 m breit werden. Sie bilden dichte Büsche aus dünnen Ästen und Seitentrieben. Die Blätter sind breit oval, am Rand fein gezähnt und gegenständig an den schlanken Trieben angeordnet. Diese sind zuerst rot, färben sich aber im Alter graubraun. Die kleinen, glockenförmigen Blüten setzen sich aus vier leuchtend gefärbten Kelchblättern und aus ebenfalls vier Kronblättern zusammen, die meist eine andere Farbe aufweisen als der Kelch. Im Angebot sind zahlreiche interessante Farbkombinationen. Im Herbst folgen oft schwarzpurpurne, ovale Früchte von bis zu 2,5 cm Länge.

Fuchsien bevorzugen feuchte, durchlässige Böden in einer vollsonnigen oder halbschattigen Lage. Besonders gut gedeihen sie in küstennahen Gärten.

Fuchsien, die aus der *Fuchsia triphylla* gezüchtet wurden, sind nicht winterhart, während *F. magellanica* und Sorten wie 'Ricartonii' und Formen wie 'Mrs. Popple' leichten Frost vertragen und im zeitigen Frühjahr, sobald der Neuaustrieb begonnen hat, geschnitten werden.

WARUM SCHNEIDEN?

Die Entwicklung gesunder neuer Triebe und eine regelmäßige Blüte sollen gefördert werden.

TIPPS FÜR DEN SCHNITT

- *Schneiden Sie nach dem letzten Frühjahrsfrost.*

PFLANZEN, DIE GENAUSO GESCHNITTEN WERDEN

Fuchsia magellanica: *im Vorfrühling, sobald der Neuaustrieb beginnt*
Fuchsia *'Mrs. Popple'*: *im Vorfrühling, sobald der Neuaustrieb beginnt*
Fuchsia *'Ricartonii'*: *im Vorfrühling, sobald der Neuaustrieb beginnt*

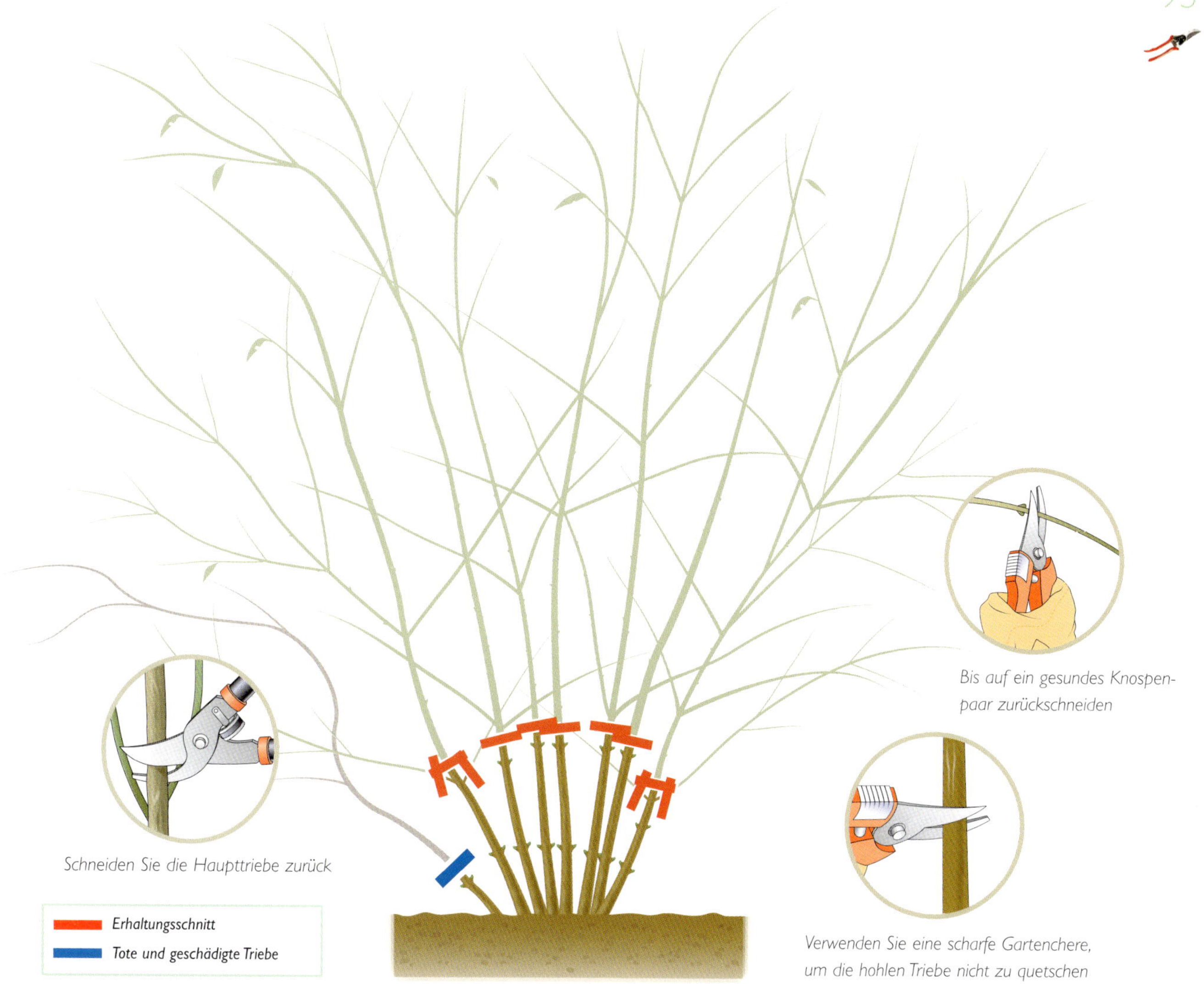

Bis auf ein gesundes Knospenpaar zurückschneiden

Schneiden Sie die Haupttriebe zurück

Verwenden Sie eine scharfe Gartenchere, um die hohlen Triebe nicht zu quetschen

Erhaltungsschnitt

Tote und geschädigte Triebe

Aufbauschnitt

Schneiden Sie junge Pflanzen, damit sie eine buschige Form aus vielen kräftigen, starkwüchsigen Trieben bilden.

Entfernen Sie nach der Pflanzung alle schwachen oder geschädigten Triebe. Stutzen Sie die verbliebenen Triebe auf etwa ein Drittel ihrer Länge zurück, um die Entwicklung neuer Triebe aus der Basis der Pflanze anzuregen.

Erhaltungsschnitt

Regelmäßiges Schneiden fördert die Entwicklung kräftiger junger Blütentriebe oder der Seitenäste. Warten Sie aber damit bis zum Beginn des Neuaustriebs, so dass Sie alle geschädigten Triebe erkennen können.

Schneiden Sie alle verbliebenen Triebe etwa 30 cm über dem Boden ab. Kürzen Sie die Seitentriebe bis auf ein kräftiges Knospenpaar nahe am Ansatz ein.

Verjüngungsschnitt

Werden Fuchsien jahrelang nicht geschnitten, bilden sie viele schwache, dünne Triebe und deutlich kleinere Blüten. Auch verkahlen sie am Fuß.

Schneiden Sie daher im Frühjahr alle Triebe 5-7 cm über dem Boden ab. Entfernen Sie im Sommer etwa ein Drittel der schwächsten und dünnsten Triebe, damit die Pflanze nicht zu dicht wächst.

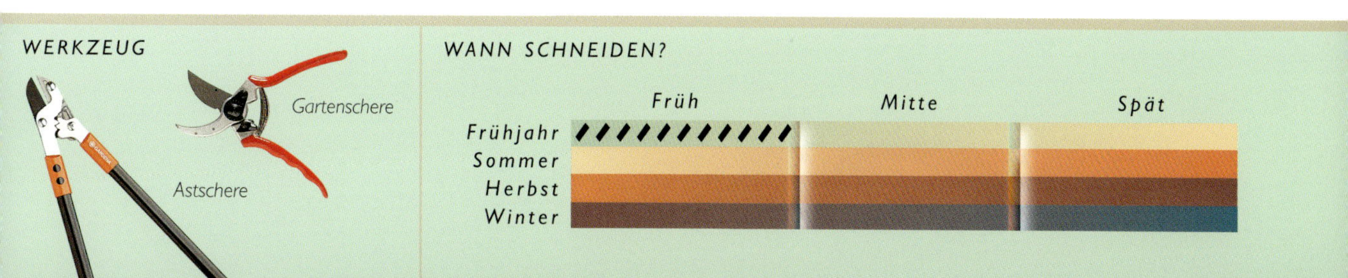

Hedera

Efeu

Efeu zählt zu den nützlichsten Kletterpflanzen und eignet sich zur Begrünung vertikaler als auch horizontaler Flächen.

H. colchica ***'Dentata Variegata'*** *ist ein starkwüchsiges immergrünes Klettergehölz, das wegen seines schönen Laubs gepflanzt wird. Es kann dauern, bis es richtig eingewachsen ist. Die Jungtriebe sind rötlich braun und färben sich später graugrün. Dieser Efeu trägt große, tief graugrüne, glänzende Blätter, die cremeweiß umsäumt sind und in der Breite variieren können. Im Herbst werden kleine Dolden grünlich gelber Blüten gebildet, denen schwarze Beeren folgen.*

Efeu ist ein robustes, immergrünes Klettergehölz, das sich mit Hilfe seiner Haftwurzeln an jeder geeigneten Unterlage festhält und sich so hervorragend dazu eignet, unansehnliche Elemente zu bedecken. Er kann auch auf dem Boden oder an einer Mauer bzw. an einem Zaun wachsen, wo er zusätzlich Farbe einbringt und Schutz für wild lebende Tiere bietet.

Im Garten gedeihen diese anpassungsfähigen und anspruchslosen Pflanzen am besten auf einem leicht kalkhaltigen, feuchten, aber durchlässigem Boden. Gut eingewachsene Pflanzen wachsen auch unter trockenen Bedingungen. Das Laub der meisten Efeuarten kann sehr variabel sein: Die jungen Triebe tragen die typischen drei- bis fünffach gelappten Blätter, während die älteren Blätter an den Blütentrieben breit oval und nicht gelappt sind. Die ausgereiften Triebe bilden keine Haftwurzeln mehr. Daher werden Efeupflanzen im Alter oft kopflastig und fallen von ihrer Stütze herunter.

Efeu ist auch ein ausgezeichneter Bodendecker, der das Wachstum von Unkraut unterdrückt. Außerdem ist er die ideale Pflanze für besonders schattige Plätze, an denen nur wenige andere Gewächse überleben würden. Im Schatten können die Blätter breiter und dünner werden, panaschierte Formen bilden hier aber nur noch dunkelgrüne Blätter. Das derbe, glänzend grüne Laub ist unterseits meist heller und bedeckt rosagrüne Triebe, die sich später grün oder purpurbraun färben.

Die zahlreichen panaschierten Sorten gehören zu den beliebtesten Gartenpflanzen. Inzwischen sind sogar goldgelb und purpur belaubte Formen erhältlich. Auch wurden verschiedene Laubformen gezüchtet, darunter schmal gelappte, fein eingeschnittene und sogar gekräuselte Blätter. Dolden grünlich gelber Blüten erscheinen im Herbst, gefolgt von schwarzen oder gelborange gefärbten Früchten.

WARUM SCHNEIDEN?

Der Wuchs der Pflanze wird in Grenzen gehalten und ein gleichmäßiges Bewachsen des vorgesehenen Bereichs gefördert.

TIPPS FÜR DEN SCHNITT

- *Spritzen Sie vor dem Schnitt den Staub mit dem Gartenschlauch von den Blättern ab.*

PFLANZEN, DIE GENAUSO GESCHNITTEN WERDEN

Hedera canariensis ***und Sorten:*** *im Vorfrühling, bei Bedarf auch das ganze Jahr*
Hedera colchica ***und Sorten:*** *im Vorfrühling, bei Bedarf auch das ganze Jahr*
Hedera helix ***und Sorten:*** *im Vorfrühling, bei Bedarf auch das ganze Jahr*
Parthenocissus quinquefolia ***und Sorten:*** *im Herbst oder Frühwinter*
Parthenocissus tricuspidata ***und Sorten:*** *im Herbst oder Frühwinter*

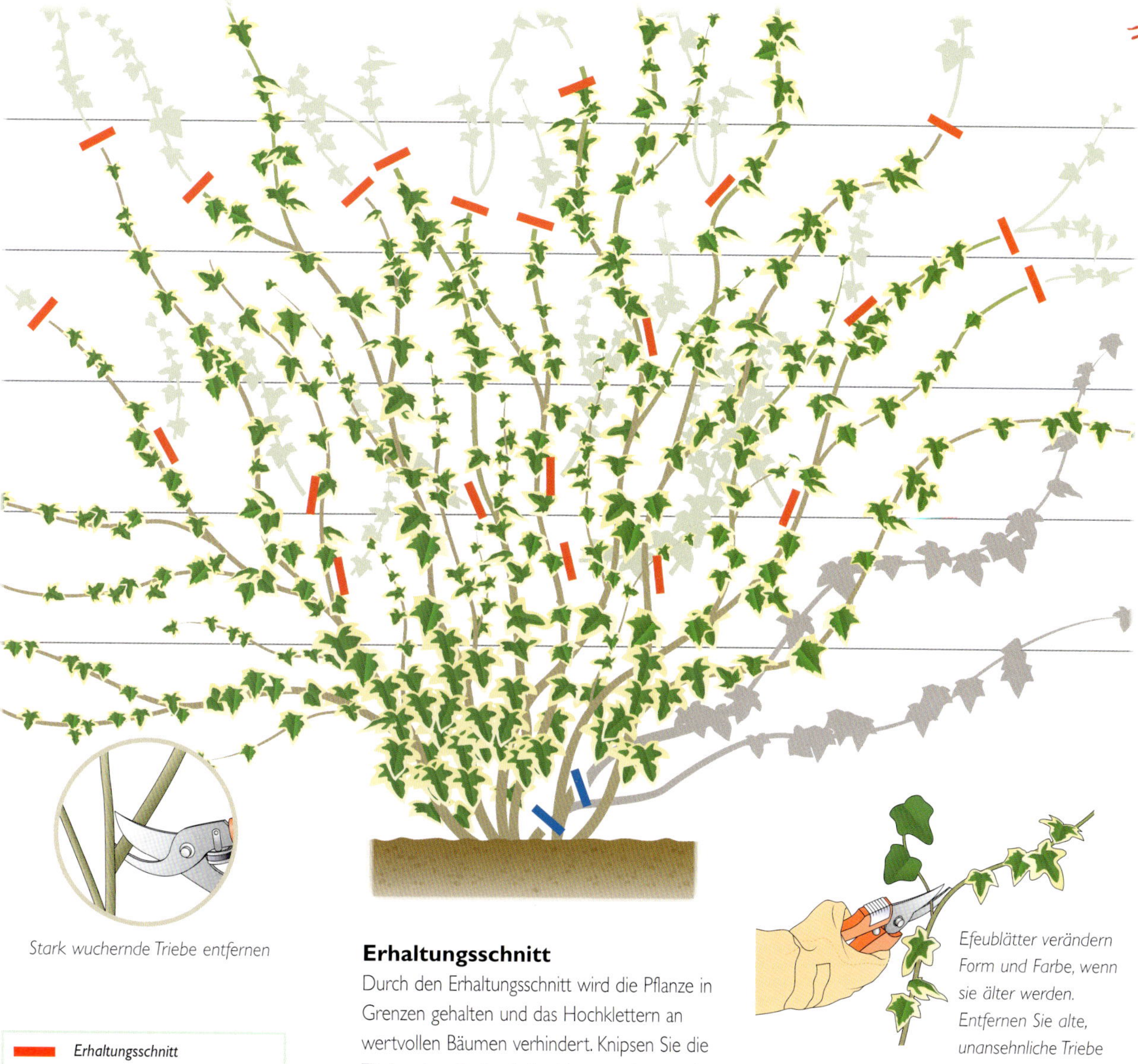

Stark wuchernde Triebe entfernen

Erhaltungsschnitt

Tote und geschädigte Triebe

Aufbauschnitt

Die Pflanze soll sich mehrstämmig entwickeln und kräftige Triebe bilden, die aus dem Boden heraustreiben.

Schneiden Sie im ersten Frühjahr nach der Pflanzung die Triebe etwa um ein Drittel zurück.

Erhaltungsschnitt

Durch den Erhaltungsschnitt wird die Pflanze in Grenzen gehalten und das Hochklettern an wertvollen Bäumen verhindert. Knipsen Sie die Triebenden ab, damit sie sich verzweigen und die Flächen besser bedecken. Auch Triebe, die über die Kletterhilfe hinaus wachsen, müssen abgeschnitten werden.

Schneiden Sie vor dem Neuaustrieb im Frühjahr alle überlangen Triebe auf 60 cm zurück, damit sie sich verzweigen können.

Alle wuchernden, nach außen wachsenden Triebe, werden am Ansatz abgeschnitten.

Efeublätter verändern Form und Farbe, wenn sie älter werden. Entfernen Sie alte, unansehnliche Triebe

Verjüngungsschnitt

Führen Sie bei stark wuchernden Pflanzen einen Radikalschnitt durch, besonders wenn sie am Fuß verkahlt sind.

Schneiden Sie im Frühjahr alle Triebe 60 cm über dem Boden ab. Leiten Sie die neuen Triebe in die gewünschte Richtung.

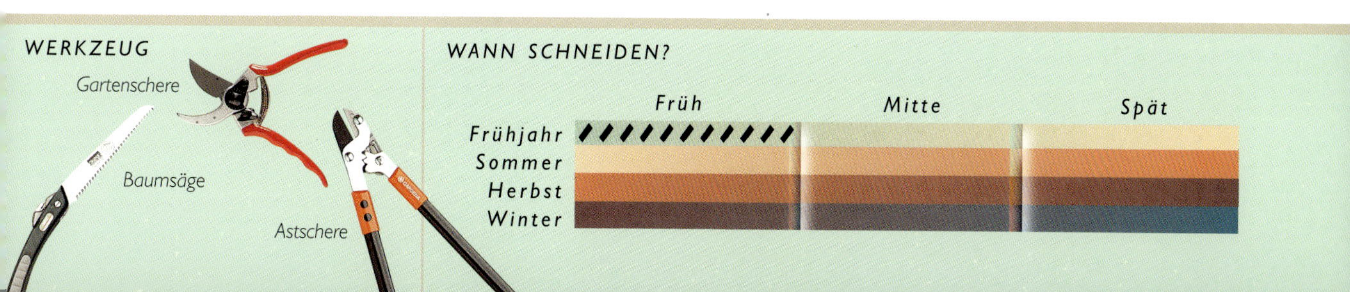

Hibiscus

Garteneibisch

Der Garteneibisch wird wegen seiner großen, dekorativen Blüten kultiviert, die im Spätsommer und Frühherbst an den diesjährigen Trieben erscheinen.

Eibischarten benötigen in Regionen mit kalten Wintern Schutz, da keine von ihnen als voll frosthart bezeichnet werden kann. Deshalb brauchen auch frostharten Arten dieser Gattung wie *Hibiscus syriacus* einen geschützten Standort. *H. rosa-sinensis* – auch als Hibiskus oder Chinesischer Roseneibisch bekannt – gedeiht nur in milden, frostfreien Klimaten gut, sollte bei uns aber als Zimmer- oder Kübelpflanze kultiviert werden. Im Freien müssen sie an der geschützten Südseite stehen.
Alle *Hibiscus*-Arten benötigen leichte, durchlässige, leicht kalkhaltige Böden in vollsonniger Lage, wenn sie sich von ihrer besten Seite zeigen sollen. Die neueren Sorten haben eine längere Blühperiode und setzen wenig Samen an und eignen sich daher für Landschaftsgärten besser.

Die Pflanzen haben eine buschige, aufrechte Wuchsform mit leicht behaarten Trieben, die mit ovalen bis rautenförmigen, dreilappigen, am Rand tief gezähnten Blättern bedeckt sind. Das Laub ist dunkelgrün, kann sich aber hellgrün oder sogar gelb verfärben, wenn der Boden zu viel Kalk enthält. Die Farbe der leuchtend gefärbten, trichterförmigen Blüten variiert von Karminrot über Rosa-, Gelb- und Blautöne bis zu Weiß. Manche Blütenblätter sind an der Basis dunkler gefärbt, wodurch jede Einzelblüte eine dunkle Mitte aufweist. In mildem Klima können die Sträucher 3-5 m hoch und 2-3 m breit werden, während sie in kälteren Regionen nur langsam wachsen.

Hibiscus syriacus *'Woodbridge'* *ist ein winterharter Strauch mit aufrechten Ästen, die im Alter hellgrau werden und bogig überhängen. Die dunkelgrünen Blätter sind dreilappig und am Rand tief gezähnt und sie färben sich blassgelb, bevor sie abgeworfen werden. Ab dem Hochsommer erscheinen große, purpurfarbene trichterförmigen Blüten mit dunkler Mitte, aus der die von Staubgefäßen dichtumdrängte Narbe hervorragt. Er kann in strengen Wintern zurückfrieren, treibt aber wieder aus.*

WARUM SCHNEIDEN?

Die Pflanze soll gesund bleiben und regelmäßig blühen.

TIPPS FÜR DEN SCHNITT

- *Schneiden Sie, wenn im Frühjahr der Austrieb beginnt, so dass man tote oder schwache Triebe gut erkennt.*

PFLANZEN, DIE GENAUSO GESCHNITTEN WERDEN

Hibiscus rosa-sinensis *und Sorten*: *im Spätwinter oder Vorfrühling, wenn der Neuaustrieb beginnt*
Hibiscus syriacus *und Sorten*: *im Spätwinter oder Vorfrühling, wenn der Neuaustrieb beginnt*

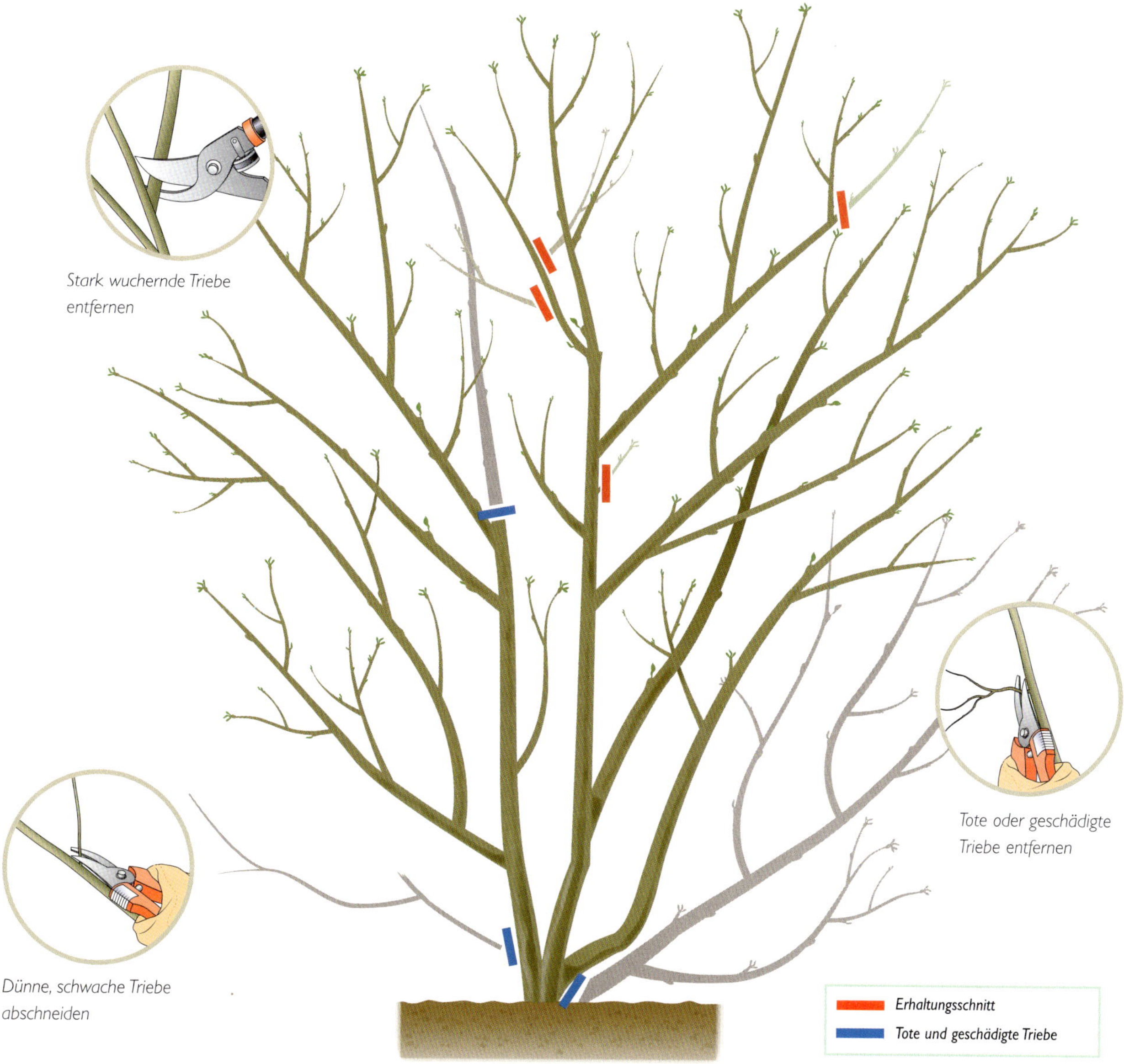

Stark wuchernde Triebe entfernen

Tote oder geschädigte Triebe entfernen

Dünne, schwache Triebe abschneiden

Erhaltungsschnitt

Tote und geschädigte Triebe

Aufbauschnitt

Junge Pflanzen werden geschnitten, damit sie einen buschigen Wuchs mit kräftigen Trieben bilden.

Nehmen Sie nach der Pflanzung alle schwachen und geschädigten Triebe heraus. Schneiden Sie die verbliebenen Triebe um die Hälfte zurück, um die Entwicklung neuer aus der Basis der Pflanze zu fördern.

Erhaltungsschnitt

Sie brauchen den Eibisch kaum zu schneiden, sollten aber schwache und abgestorbene Triebe entfernen. Auch werden alle übermäßig langen Triebe zurückgeschnitten, damit die Pflanze nicht einseitig wächst.

Schneiden Sie alle dünnen, schwachen Triebe um die Hälfte und die toten oder geschädigten bis ins gesunde Holz zurück.

Verjüngungsschnitt

Gelegentlich muss eine einseitige wachsende Pflanze gleichmäßig gestutzt oder der Umfang des Strauchs reduziert werden, damit das brüchige Wurzelsystem nicht geschädigt wird. Alle abgestorbenen Triebe sollten entfernt werden, um Pilzkrankheiten vorzubeugen. Nehmen Sie ältere Äste vollständig heraus. Schneiden Sie die verbliebenen Äste um etwa zwei Drittel ihrer Gesamtlänge zurück.

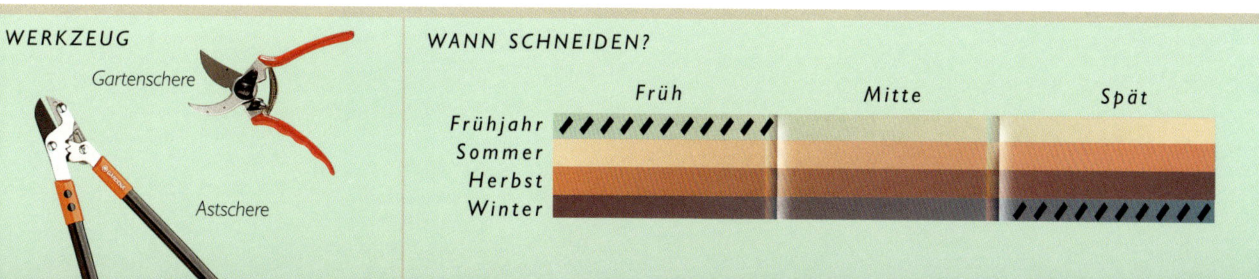

Hydrangea

Hortensie

Mit ihren üppigen Blütenständen gehören Hortensien zu den auffälligsten Ziergehölzen und zaubern vom Sommer bis zum Frühwinter die schönsten Farben in den Garten.

Hydrangea macrophylla *'Teller Rosa'* *ist ein großer, ausladender Strauch mit hellbraunen Trieben, die sich später grau färben. Große, tiefgrüne, ovale Blätter, die spitz zulaufen und am Rand tief gezähnt sind, bedecken die Pflanze. Die Doldenrispen aus winzigen, creme- oder rosafarbenen Innen- und aus größeren Außenblüten mit tiefroten Hochblättern erscheinen im Hochsommer. Die verblühten Blütenstände bleiben noch mehrere Monate an der Pflanze haften.*

Hortensien sind gute Zeigerpflanzen für den Gartenboden: Herrschen rosafarbene Blüten vor, ist das ein Hinweis auf einen kalkhaltigen Boden, während blaue Blüten auf einen sauren Boden hindeuten. Auf weiße Blüten hat der Säuregrad des Bodens keine Auswirkungen. Der Versuch, die Bodenverhältnisse so zu ändern, dass rosa Blüten sich blau färben und umgekehrt, lohnt sich aber nicht. Es ist sehr schwierig, den pH-Wert des Gartenbodens langfristig stabil umzustellen.

Hortensien brauchen einen feuchten, aber durchlässigen Grund, in den man reichlich verrottetes organisches Material einarbeiten sollte. Bringen Sie jährlich eine Mulchschicht aus reifem Kompost aus, damit der Wurzelbereich kühl und feucht bleibt. Hortensien brauchen den Schutz eines lichten Schattens. Ausgewachsene Pflanzen können je nach Art 1-3 m hoch oder höher werden. Manche bilden ein Dickicht aus grünen Trieben, die später verholzen und braun werden. Die ältesten Triebe haben eine fransige Rinde, die sich abblättert. Die breit ovalen, spitz zulaufenden Blätter sind leuchtend grün, auf der Unterseite etwas heller und am Rand grob gezähnt.

Die Blüten sind winzig, die eigentliche Farbe kommt durch die leuchtend gefärbten Hochblätter zustande, die alle oder manche der Blüten umgeben. Die Strauchhortensie *(H. arborescens)* und die Rispenhortensie *(H. paniculata)* blühen auf diesjährigem Holz. Die Blüten der Japanhortensie *(H. macrophylla)* erscheinen hauptsächlich auf vorjährigen Holz.

Schneiden Sie *H. arborescens* und *H. paniculata* sowie Sorten im Frühjahr, wenn der Austrieb gerade beginnt. *H. quercifolia* wird vor allem wegen ihrer eichenlaubähnlichen Blätter und der Herbstfärbung kultiviert. Sie gedeiht am besten an geschützten Plätzen. Nehmen Sie im zeitigen Frühjahr das tote Holz heraus. Schneiden Sie dazu bis unterhalb der geschädigten Stelle zurück und das alte Holz direkt am Boden ab.

H. macrophylla und *H. serrata* können im Spätsommer nach der Blüte geschnitten werden. Falls Sie im Frühjahr schneiden, sollten Sie nur das tote Holz entfernen, da sich die Mehrzahl der Blütenknospen auf den Trieben entwickeln, die nach der Blüte gebildet wurden. Wird im Herbst oder Frühjahr geschnitten, kann die nächste Blüte ausfallen.

WARUM SCHNEIDEN?

Größe und Qualität der Blüten sollen verbessert und die Entwicklung einer offenen, gleichmäßigen Wuchsform gefördert werden.

TIPPS FÜR DEN SCHNITT

- *Verwenden Sie scharfe Werkzeuge, um die Triebe nicht versehentlich zu spalten.*

PFLANZEN, DIE GENAUSO GESCHNITTEN WERDEN

Hydrangea arborescens *und Sorten*: *im Frühjahr bei Neuaustrieb*
Hydrangea paniculata *und Sorten*: *im Frühjahr bei Neuaustrieb*
Hydrangea quercifolia *und Sorten*: *im Frühjahr bei Neuaustrieb*
Hydrangea macrophylla *und Sorten*: *im Spätsommer nach der Blüte*
Hydrangea serrata *und Sorten*: *im Spätsommer nach der Blüte*

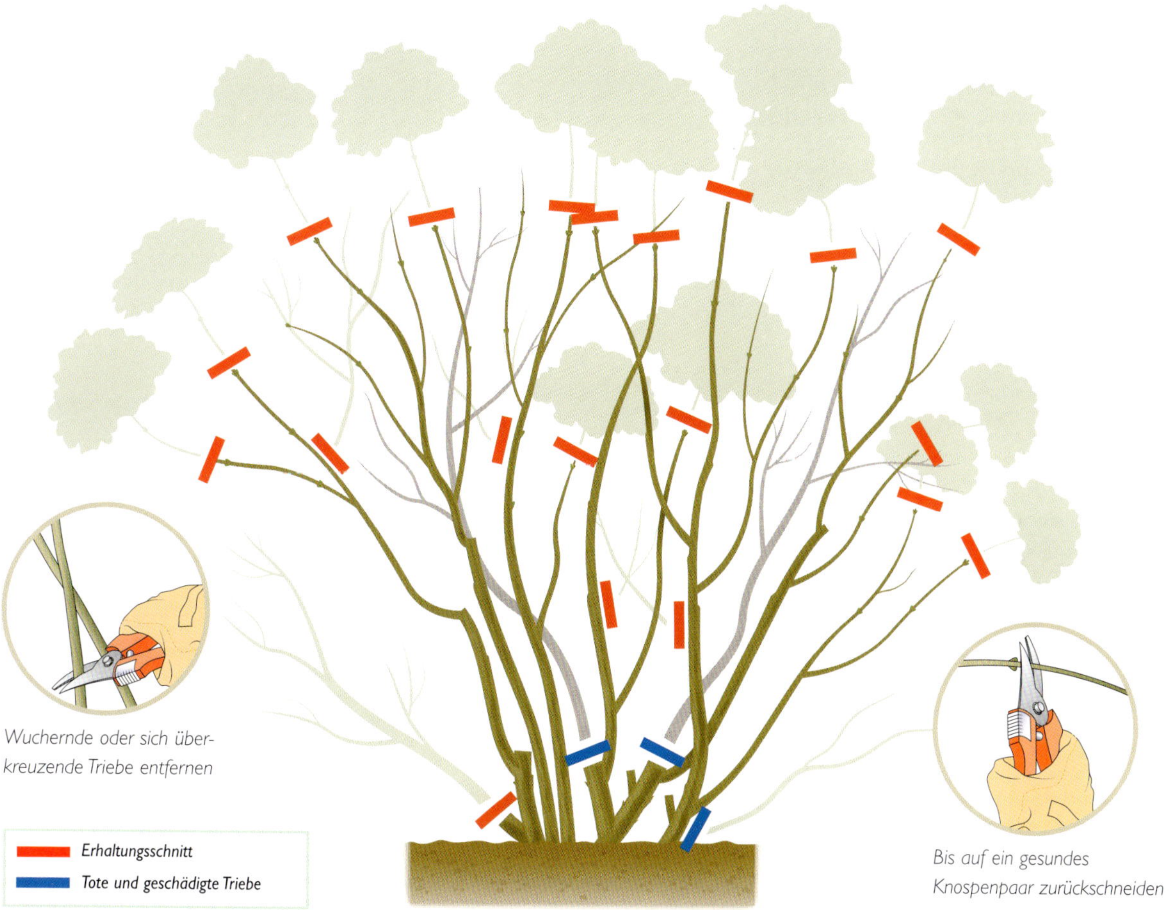

Wuchernde oder sich überkreuzende Triebe entfernen

Bis auf ein gesundes Knospenpaar zurückschneiden

Erhaltungsschnitt

Tote und geschädigte Triebe

Aufbauschnitt

Schneiden Sie junge Pflanzen, damit sie eine buschige Wuchsform bekommen und kräftige Triebe bilden, die sich direkt am oder über dem Boden entwickeln.

Entfernen Sie nach der Pflanzung alle schwachen oder geschädigten Trieb. Kürzen Sie die verbliebenen auf etwa zwei Drittel ihrer Gesamtlänge ein, damit aus der Basis der Pflanze neue Triebe heraustreiben können.

Erhaltungsschnitt

Hortensien müssen regelmäßig geschnitten werden, wenn sie schön blühen sollen. Es ist wichtig, das alte Holz zu entfernen, da es sich sonst allmählich verdichten würde.

Schneiden Sie im Frühjahr alle Triebe der Arten, die am diesjährigen Holz blühen, um ein Drittel bis auf ein kräftiges Knospenpaar zurück, damit die Pflanzen später im Jahr üppig blühen.

Stutzen Sie alle dünnen, schwachen Triebe bis zum Boden zurück und nehmen Sie alle sich überkreuzenden Triebe heraus.

Verjüngungsschnitt

Hortensien verholzen leicht und wuchern stark, wenn sie älter werden. Sie bilden dann viele dünne, schwache Triebe, die immer weniger Blüten bilden, besonders wenn der Schnitt vernachlässigt wurde. Hier hilft ein Radikalschnitt, auch wenn dann in der folgenden Saison die Blüte ausfällt.

Schneiden Sie im Spätwinter oder Vorfrühling alte, kräftige Triebe 10-15 cm über dem Boden ab. Nehmen Sie alle schwachen Triebe heraus, um den Austrieb neuer zu fördern.

WERKZEUG

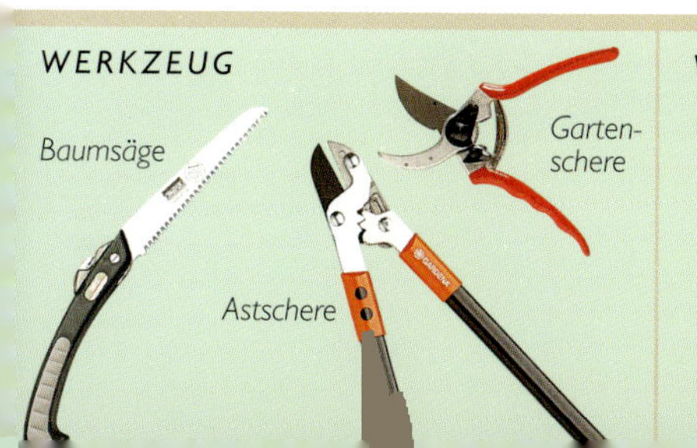

WANN SCHNEIDEN?

Hydrangea

Kletterhortensie

Die Kletterhortensie ist ideal zur Aufhellung schattiger Bereiche. Ihre weißen Blütenstände erscheinen von Sommer bis Spätherbst.

Hydrangea anomala *subsp.* petiolaris *ist ein starkwüchsiges sommergrünes Klettergehölz mit grünen Trieben, die sich mit der Zeit hellbraun und schließlich dunkelgraubraun färben und deren Rinde sich abschuppt. Die ovalen bis herzförmigen Blätter sind am Rand gesägt und laufen spitz zu. Sie sind glänzend, unterseits etwas heller und färben sich im Herbst oft gelb. Im Sommer erscheinen die Rispen aus weißen Blüten, die den ganzen Winter an der Pflanze haften bleiben.*

Die meisten Gartenbesitzer kennen Strauchhortensien (siehe Seite 100-101), aber die Gattung *Hydrangea* umfasst auch einige auffallende, kletternde Arten: die sommergrüne *Hydrangea anomala* ssp. *petiolaris* sowie die immergrünen *H. serratifolia* und *H. seemannii.*
Diese starkwüchsigen Kletterpflanzen eignen sich gut für schattige oder halbschattige Bereiche und können auch an Bäumen hochwachsen. Sie bilden Haftwurzeln, mit deren Hilfe sie sich an jeder geeigneten Unterlage verankern. Kletterhortensien bevorzugen nicht zu nährstoffreiche, durchlässige Böden, in die man reichlich organisches Material einarbeiten sollte. Sind die Pflanzen einmal eingewachsen, fühlen sie sich auch unter trockenen Bedingungen wohl. Späte Fröste im Frühling können die Jungtriebe schädigen und kalter Winterwind den immergrünen Arten schaden. Sie brauchen meistens lange, bis sie eingewachsen sind. Dann klettern sie aber rasch an jeder Stütze hoch. Die Blüten erscheinen am oberen Drittel der Triebe.

Die Haftwurzeln werden an den Trieben ausgebildet, die in der Jugend grün sind, sich hellbraun färben und schließlich dunkelbraun werden. Wenn sie verholzen, blättert die Rinde ab. Die glänzend grünen Blätter sind oval bis herzförmig und spitz zulaufend, auf der Unterseite etwas heller und am Rand gesägt. Das Laub mancher Sorten nimmt im Herbst einen goldgelben Ton an. Im Sommer erscheinen die weißen, schirmartigen Blütenstände von bis zu 25 cm Durchmesser. Bei Pflanzen, die im Schatten wachsen, sind sie grünlich weiß. Die abgeblühten Blütenrispen sind oft bis in den Winter schön anzusehen. Wenn sie sich eingewöhnt haben, können diese Pflanzen bis zu 14 m hoch werden.

Aufbauschnitt

Junge Pflanzen müssen nur wenig geschnitten werden, da sie natürlicherweise eine buschige Wuchsform entwickeln und kräftige Triebe bilden, die knapp über dem Boden austreiben.

Schneiden Sie im ersten Frühjahr nach der Pflanzung alle schwachen oder geschädigten Triebe heraus. Leiten Sie die neuen an der Kletterhilfe in die gewünschte Richtung.

WARUM SCHNEIDEN?

Der Wuchs der Pflanze soll begrenzt und die Blütenbildung angeregt werden.

TIPPS FÜR DEN SCHNITT

- *Nach dem Verjüngungsschnitt kann es zwei oder drei Jahre dauern, bis die Pflanze wieder blüht.*

PFLANZEN, DIE GENAUSO GESCHNITTEN WERDEN

Akebia quinata: *im Spätfrühling nach der Blüte*
Hydrangea seemannii: *im Spätsommer nach der Blüte*
Hydrangea serratifolia: *im Spätsommer nach der Blüte*
Stautonia hexaphylla: *im Spätfrühling nach der Blüte*

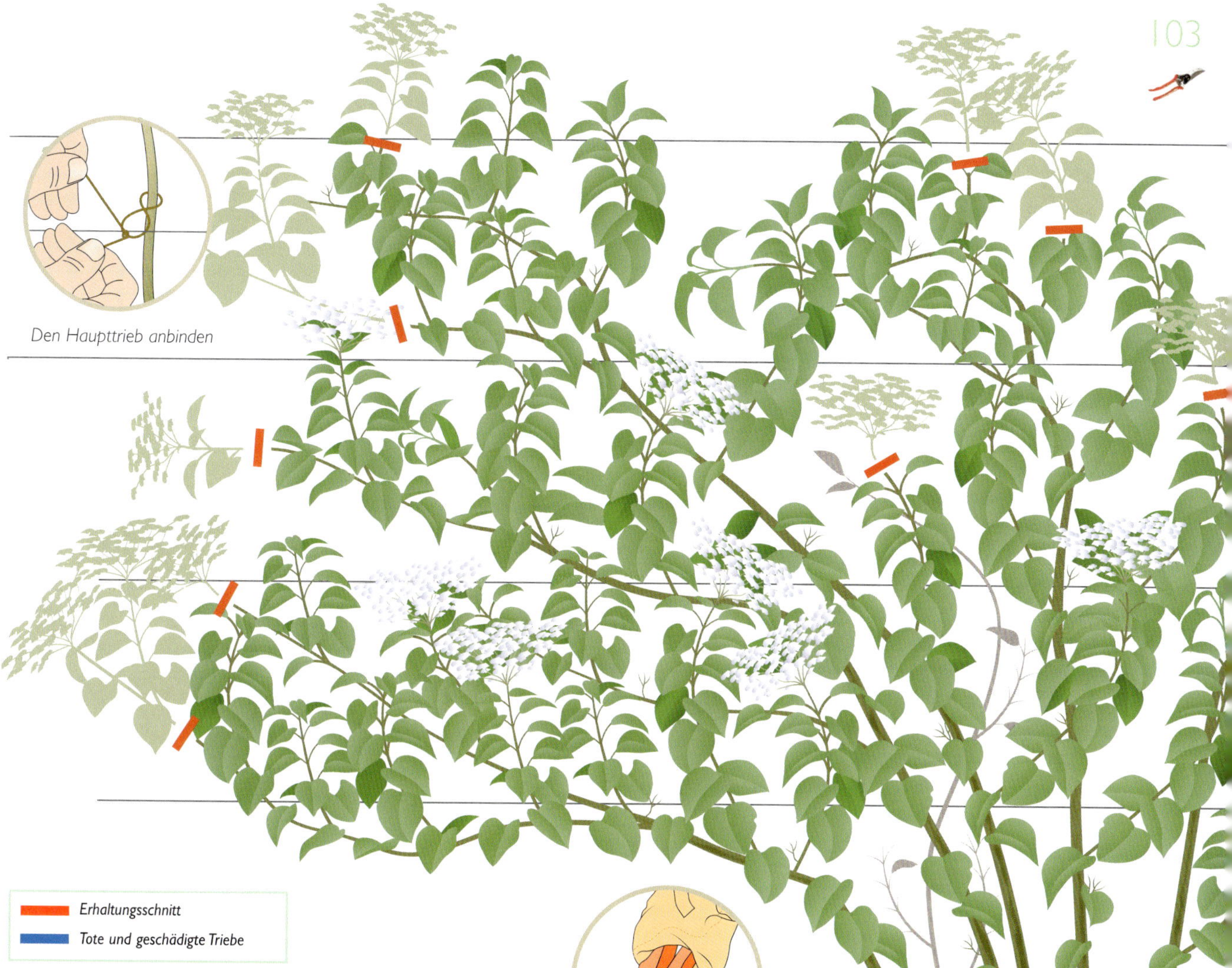

Den Haupttrieb anbinden

Erhaltungsschnitt

Tote und geschädigte Triebe

Alle nach außen stehenden Triebe zurückschneiden

Erhaltungsschnitt

Durch Schnittmaßnahmen wird das Wachstum der Pflanze in Grenzen gehalten, während das Einkürzen der Triebenden deren Verzweigung fördert und eine gleichmäßige Laubbedeckung zur Folge hat. Triebe, die ihre Kletterhilfe überragen, sollten zurückgeschnitten werden.

Schneiden Sie im Spätsommer nach der Blüte alle überlangen Triebe bis auf 60 cm zurück, damit sie sich verzweigen können.

Schneiden Sie alle wuchernden, nach außen stehenden Triebe auf zwei oder drei Knospen über dem Ansatz zurück.

Verjüngungsschnitt

Diese Sträucher verkahlen oft am Fuß und werden kopflastig. Sie bilden die meisten Blüten an den Triebenden. Ein Radikalschnitt schafft hier Abhilfe.

Schneiden Sie im Frühjahr alle Triebe bis zu einem Grundgerüst aus Haupttrieben und Ästen zurück. Die Verjüngung sollte über zwei oder drei Jahre durchgeführt werden.

WERKZEUG

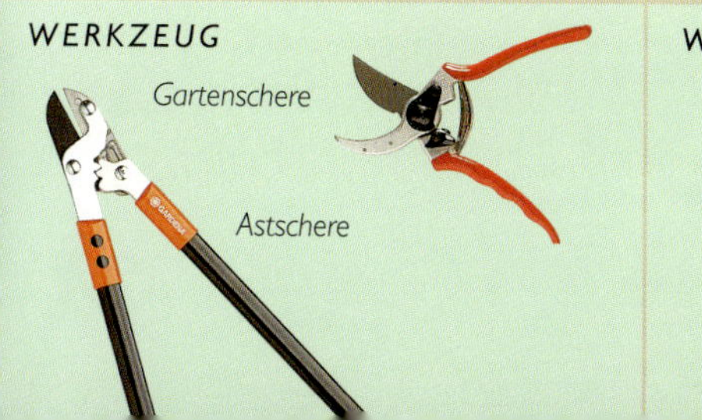

WANN SCHNEIDEN?

Ilex

Stechpalme

Ilex ist mit seinen markanten Blättern und den roten Beeren einer der populärsten Sträucher.

Diese robusten, unverwüstlichen Pflanzen sind immergrüne Sträucher und Bäume, die wegen ihrer dekorativen, glänzenden Blätter und der leuchtend gefärbten Beeren kultiviert werden. Die grünblättrigen Formen eignen sich hervorragend für Stadtgärten, da sie sowohl Schatten als auch die Luftverschmutzung gut vertragen. Formen mit panaschiertem Laub gedeihen hier zwar auch, verlieren aber in schattigen Lagen ihre leuchtende Blattfarbe. Stechpalmen wachsen unter fast allen Bedingungen, zeigen sich jedoch von ihrer besten Seite, wenn sie auf einem nährstoffreichen, humosen, feuchten, aber durchlässigen Boden wachsen dürfen. Dort ist die Stechpalme dann auch sehr langlebig. Manche Hybriden wie *Ilex* x *meserveae* sind gute Heckenpflanzen.

Die Stechpalme ist als ein Strauch mit stacheligem Laub bekannt, aber die Blätter mancher Formen haben nur einen Stachel an der Spitze. Andere wiederum besitzen so viele Stacheln an den Blättern, dass man sie als stachelig gezähnt bezeichnet. Die Sorte *I. aquifolium* ‚Ferox' trägt sogar Blätter mit Stacheln auf der gesamten Oberfläche.

Das ledrige, immergrüne Laub ist glänzend und kann grün oder grünblau sein oder eine goldgelbe und grüne, silbrige und grüne oder purpurne Panaschierung zeigen. Die kleinen, gewöhnlich cremeweißen Blüten erscheinen im Frühling oder Frühsommer. Im Herbst folgen schwarze, rote, orangefarbene, gelbe oder weiße Beeren. Stechpalmen sind zweihäusig, d. h. männliche und weibliche Blüten sitzen getrennt an verschiedenen Pflanzen. Um den Fruchtschmuck zu garantieren, müssen daher weibliche und männliche Pflanzen beieinander stehen. Nur weibliche Pflanzen bringen Früchte hervor.

Aufbauschnitt

Stechpalmen haben gewöhnlich einen Haupttrieb mit einer Reihe von Seitentrieben. Der Schnitt sorgt dafür, dass er sich kräftig entwickelt und die Seitentriebe buschig werden.

Schneiden Sie nach der Pflanzung alle abgebrochenen oder geschädigten Triebe zurück und kürzen Sie die Seitentriebe am Ende um 5 cm, damit sie sich verzweigen.

Wenn Sie die Pflanze zur Pyramidenform erziehen wollen, entfernen Sie alle kräftigen Triebe, die mit dem Haupttrieb konkurrieren.

WARUM SCHNEIDEN?

Die Pflanze soll eine offene und gleichmäßige Wuchsform bekommen.

TIPPS FÜR DEN SCHNITT

- *Schneiden Sie nicht im Herbst, da der Neuaustrieb durch Frost geschädigt werden kann.*

PFLANZEN, DIE GENAUSO GESCHNITTEN WERDEN

Ilex aquifolium *und Sorten*: *Mitte bis Spätsommer*
Ilex crenata *und Sorten*: *im Spätwinter oder Vorfrühling*
Ilex glabra *und Sorten*: *im Spätwinter oder Vorfrühling*
Ilex opaca *und Sorten*: *Mitte bis Spätsommer*
Ilex x altaclarensis *und Sorten*: *Mitte bis Spätsommer*

Astschere

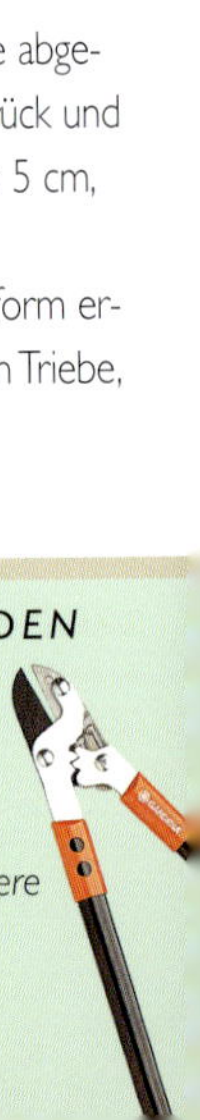

Ilex aquifolium 'Golden Milkboy'
ist ein Strauch von aufrechter Wuchsform und mit zahlreichen grünlich violetten Jungtrieben, die oft etwas herabhängen, wenn sie älter werden. Die ledrigen immergrünen Blätter haben eine glänzende Oberfläche und einen stachelig gezähnten Rand. Sie sind in der Mitte leuchtend goldgelb gefärbt. Im Frühling und Frühsommer erscheinen kleine, cremeweiße Blüten, aber es werden keine Beeren gebildet, da es sich um eine männliche Pflanze handelt, die keine Früchte hervorbringt.

Dünne, schwache Triebe herausschneiden

Wuchernde Triebe entfernen

Erhaltungsschnitt

Tote und geschädigte Triebe

Erhaltungsschnitt

Stechpalmen, die eine Baumform haben, benötigen keinen regelmäßigen Schnitt. Sie können aber die Spitzen abschneiden, solange die Pflanz jung ist. So kann sie in der gewünschten Form wachsen. Starkwüchsige Triebe sollten zurückgeschnitten werden, um die gleichmäßige Wuchsform der Pflanze zu erhalten.

Schneiden Sie im Spätsommer die Triebspitzen um 5-10 cm zurück, damit sie sich verzweigen. Nehmen Sie konkurrierende Leittriebe heraus.

Kürzen Sie wuchernde Triebe um die Hälfte, direkt über einer gesunden Knospe oder an einem schön gewachsenen Seitentrieb. Entfernen Sie dünne und schwache Triebe.

Verjüngungsschnitt

Wenn Stechpalmen älter werden, treiben sie an den Triebenden weniger aus und wachsen insgesamt sehr langsam. Gleichzeitig verkahlen sie oft am Fuß.

Arten wie *I. aquifolium* und *I. opaca* wachsen sehr langsam und benötigen im Allgemeinen keinen Schnitt.

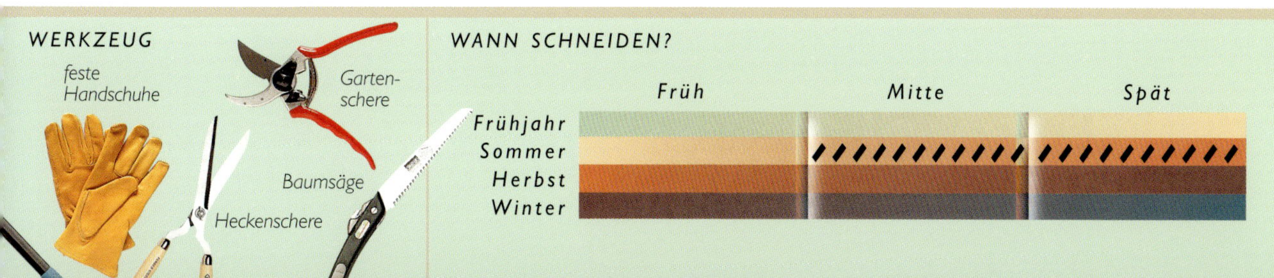

Jasminum

Jasmin

Diese Spreizklimmer werden vor allem wegen ihrer schönen, oft duftenden Blüten kultiviert. Sie bieten einen ausgezeichneten Sichtschutz, wenn man bestimmte Bereiche des Gartens kaschieren oder verstecken möchte.

Jasminum nudiflorum *der Winterjasmin, ist ein frostharter Strauch mit schlaffen, grünen Trieben, die sich mit der Zeit braun färben. Er wird oft an Mauern oder Spalieren kultiviert. Die kleinen, dunkelgrünen Blätter sind dreizählig gelappt und gegenständig angeordnet. Die tiefgoldgelben Blüten mit fünf Kronblättern sind röhrenförmig und nach oben sternförmig geöffnet. Sie erscheinen von Dezember bis April.*

Die Gattung umfasst immergrüne und sommergrüne Sträucher und Klettergewächse. Die meisten kletternden Arten haben frisch- bis dunkelgrünes Laub, aber es gibt auch goldgelb oder silbrig panaschierte Formen von *Jasminum officinale*, dem Echten Jasmin. Die gegenständigen Blätter sind drei- bis siebenzählig gefiedert und setzen sich aus ovalen Teilblättchen zusammen, die entlang der Mittelrippe angeordnet sind. Die fünf oder sechs Kronblätter der Blüten bilden am Grund eine lange Röhre, die sich nach oben jedoch sternförmig öffnet. Die Blüten sind goldgelb oder weiß, wobei die weißen Formen als Knospen oft rosa überhaucht sind. Sie erscheinen meist in kleinen Trauben in den Blattachseln; der Winterjasmin *(J. nudiflorum)* trägt oft einzelne Blüten. Diese Pflanzen gedeihen am besten auf nährstoffreichen, durchlässigen Böden in vollsonniger oder halbschattiger Lage, benötigen aber Schutz vor kaltem Wind. Formen mit panaschiertem Laub verlieren ihre Buntblättrigkeit und werden einfarbig grün, wenn sie einen zu schattigen Standort haben.

Kletternde Jasminarten sollten nach der Blütezeit geschnitten werden, die aber je nach Art variiert.

WARUM SCHNEIDEN?

Eine gleichmäßige Wuchsform soll erhalten bleiben und die Blütenbildung angeregt werden.

TIPPS FÜR DEN SCHNITT

- *Schneiden Sie Jasmin nach der Blüte, damit nicht versehentlich Blütentriebe entfernt werden.*

PFLANZEN, DIE GENAUSO GESCHNITTEN WERDEN

Jasminum nudiflorum: *im Frühjahr nach der Blüte*
Jasminum officinale: *im Winter nach der Blüte*
Jasminum polyanthum: *im Sommer nach der Blüte*

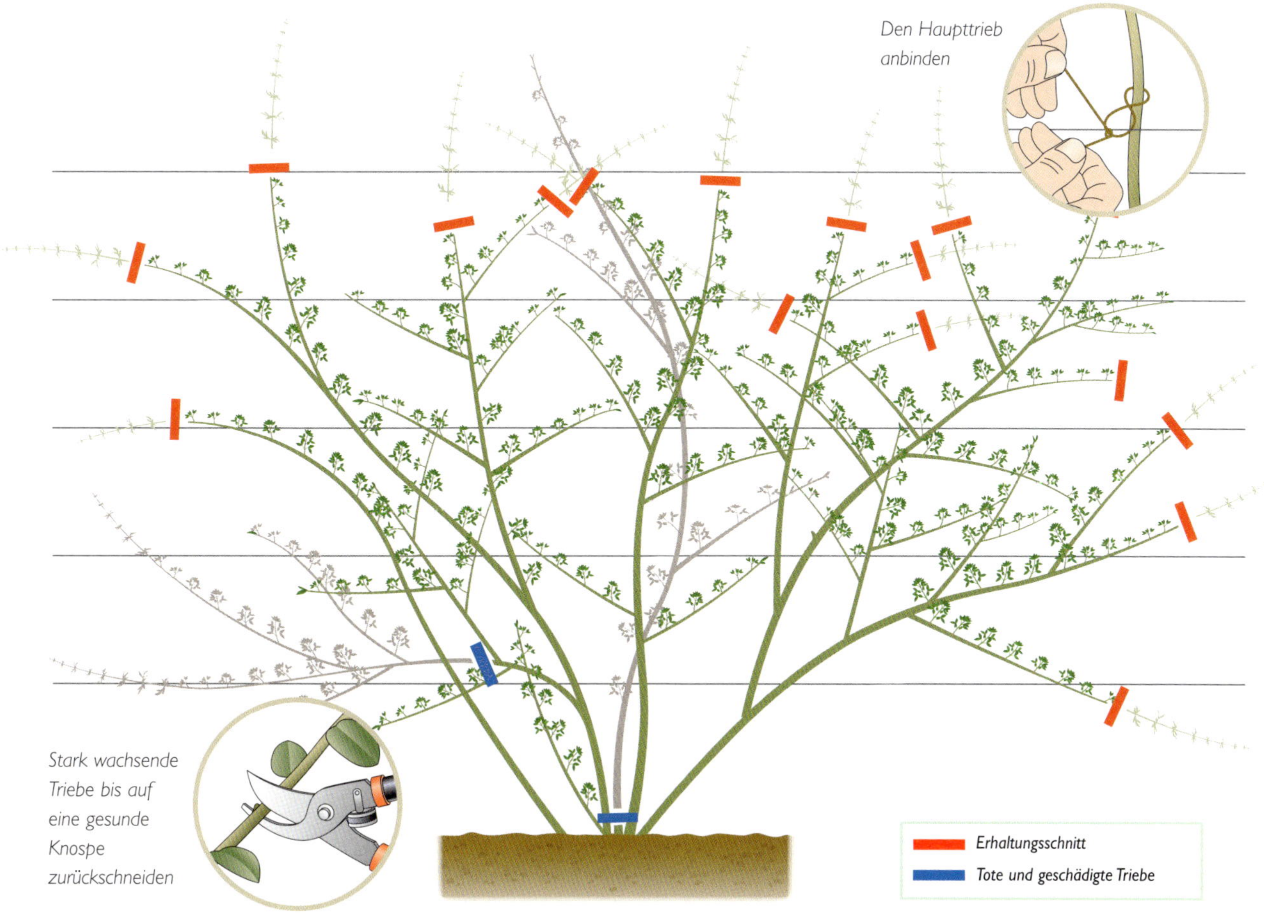

Den Haupttrieb anbinden

Stark wachsende Triebe bis auf eine gesunde Knospe zurückschneiden

Erhaltungsschnitt

Tote und geschädigte Triebe

Aufbauschnitt

Junge Pflanzen werden geschnitten, damit sie buschig wachsen und nahe dem Boden viele kräftige Triebe bilden.

Schneiden Sie im ersten Frühjahr nach der Pflanzung alle schwachen oder geschädigten Triebe heraus und alle gesunden, kräftigen Triebe auf zwei Drittel der Gesamtlänge zurück. Leiten Sie die sich entwickelnden neuen Triebe am Spalier in die gewünschte Richtung.

Erhaltungsschnitt

Der Erhaltungsschnitt hilft, ein Grundgerüst aus kräftigen, gesunden Trieben aufzubauen und regt die Bildung von Blütentrieben an. Auch dient er dazu, das Wachstum in Grenzen zu halten.

Schneiden Sie die seitlichen Blütentriebe bis auf zwei oder drei kräftige Knospenpaare zurück; aus diesen entwickeln sich die diesjährigen Blütentriebe. Entfernen Sie schwache oder wuchernde Triebe.

Nehmen Sie stark wachsende, zu lange Triebe bis auf eine kräftige Knospe zurück.

Verjüngungsschnitt

Die Sträucher werden oft struppig und verkahlen am Fuß, vertragen aber einen starken Rückschnitt sehr gut.

Schneiden Sie im Spätwinter oder im Vorfrühling alle Triebe 60 cm über dem Boden ab; verwenden Sie dazu eine Garten- oder eine Astschere. Nach diesem Radikalschnitt entwickeln sich neue Triebe.

6-8 Wochen nach dem Rückschnitt können Sie alle schwachen, dünnen Triebe entfernen und damit beginnen, die neuen Triebe in gewünschter Position anzubinden.

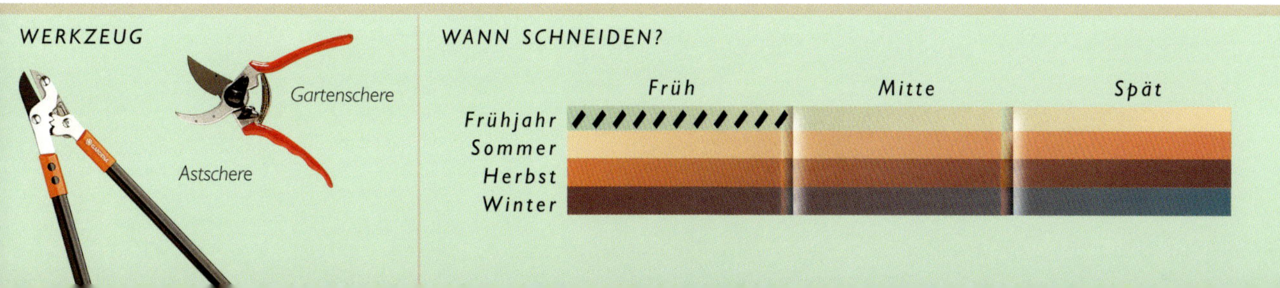

Lagerstroemia

Lagerströmie

Diese Sträucher und Bäume lassen sich bei uns nur im Kübel kultivieren und bringen am richtigen Standort prächtige Blüten hervor. Bestechend sind ihr attraktives Laub und die dekorative Rinde.

Lagerstroemia indica *ist ein kleiner Baum von aufrechter Wuchsform, der ohne Probleme im Kübel kultiviert werden kann. Seine attraktive, graubraune Rinde wird an älteren Exemplaren rotbraun und schält sich dann ab. Die gegenständigen Blätter sind breit länglich und zuerst bronzegrün, färben sich später aber dunkelgrün. Die Farbe der Blüten, die von Juli bis Oktober erscheinen, variiert stark und kann Weiß oder Rosa sein, aber auch Rot- und Violetttöne zeigen.*

Diese Gattung umfasst Arten, die große Sträucher oder kleine Bäume bilden. Ihre Größe variiert von 8 m Höhe und Breite bis zu 2 m Höhe und Breite. Sie tragen frisch- bis dunkelgrüne Blätter, die gegenständig entlang junger grüner Triebe angeordnet sind. Diese färben sich später graubraun und beim Verholzen rotbraun. Danach schält sich die Rinde des Stammes und der Äste ab. Die Blüten erscheinen hauptsächlich im Sommer und Herbst, während sie bei *Lagerstroemia speciosa* im Frühjahr gebildet werden. Die Blütenfarbe variiert von Weiß bis zu Rosa-, Rot- und Violetttönen. Die breitovalen bis länglichen Blätter der sommergrünen Arten färben sich im Herbst oft leuchtend orangerot.

Die Pflanzen bevorzugen mäßig nährstoffreiche, durchlässige Böden in vollsonniger Lage und müssen vor kaltem Wind und späten Frösten im Frühjahr geschützt werden.

Trotz der mehr als 50 bekannten Arten werden hauptsächlich *L. fauriei,* die Kreppmyrte *(L. indica)* und deren Sorten sowie *L. speciosa* kultiviert.

Bei uns werden *L. speciosa* und *L. indica* im Kübel kultiviert, wo man sie durch Schnittmaßnahmen strauchförmig halten oder als Hochstamm ziehen kann.

WARUM SCHNEIDEN?

Ein gleichmäßiger Wuchs und die Blütenbildung sollen angeregt werden.

TIPPS FÜR DEN SCHNITT

- *Schneiden Sie so, dass viel Licht in die Mitte der Pflanze einfallen kann.*
- *Bei Kübelpflanzen werden im Frühjahr die abgeblühten Triebe des Vorjahrs kräftig zurückgeschnitten.*

PFLANZEN, DIE GENAUSO GESCHNITTEN WERDEN

Lagerstroemia fauriei: *im Vorfrühling*
Lagerstroemia indica: *im Vorfrühling*
Lagerstroemia speciosa: *im Vorfrühling*

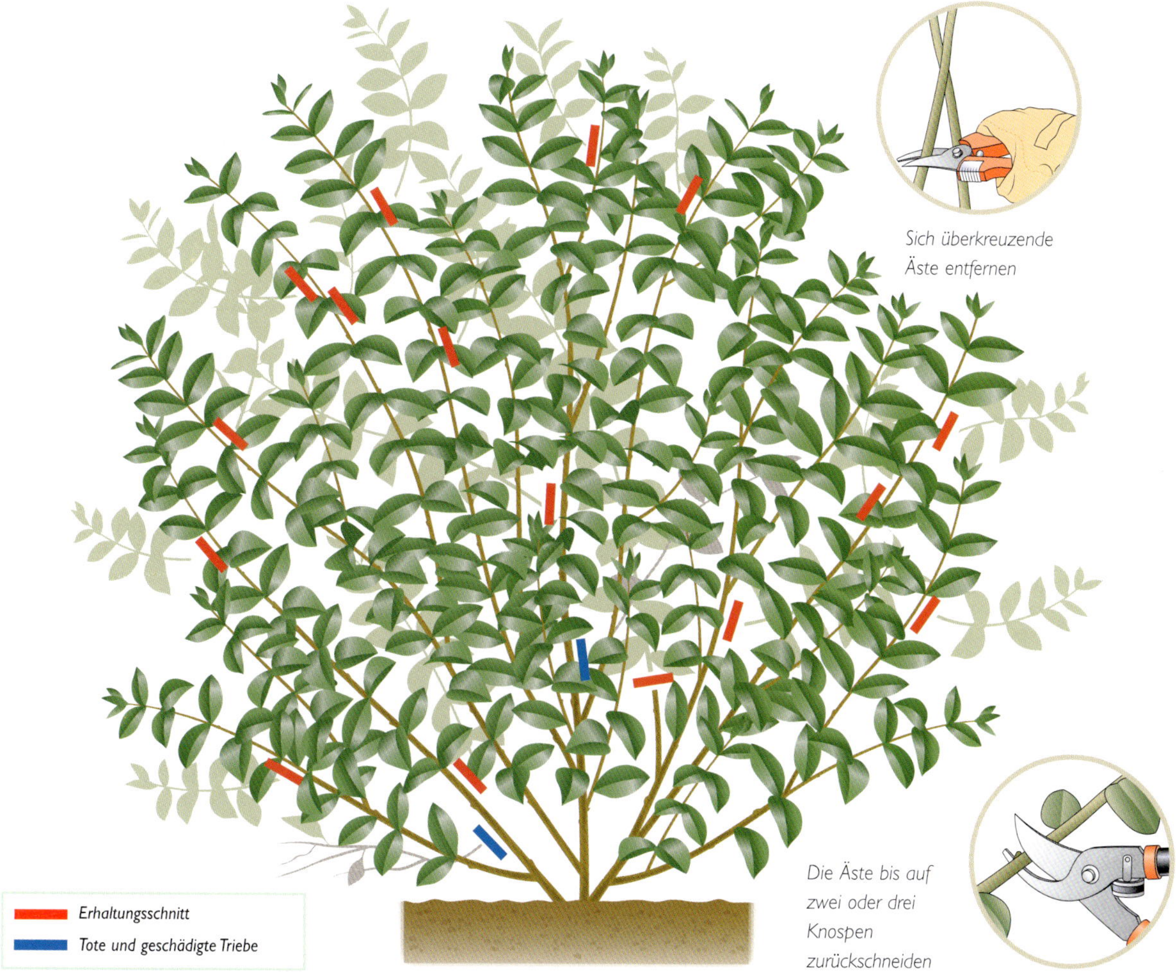

Sich überkreuzende Äste entfernen

Erhaltungsschnitt

Tote und geschädigte Triebe

Die Äste bis auf zwei oder drei Knospen zurückschneiden

Aufbauschnitt

Als Sträucher kultiviert, müssen die Jungpflanzen geschnitten werden, damit sie buschig und gleichmäßig wachsen und einen Haupttrieb sowie zahlreiche Äste bilden. Sie können die Pflanze auch als Hochstämmchen ziehen.

Schneiden Sie den Haupttrieb oben 10-15 cm zurück, damit er sich verzweigen kann. Kürzen Sie im zeitigen Frühjahr alle schwachen, dünnen Triebe bis auf zwei oder drei Knospen ein. Schneiden Sie alle langen, wuchernden Triebe um ein Drittel zurück.

Erhaltungsschnitt

Sobald sich ein Grundgerüst aus kräftigen Ästen gebildet hat, kann etwa die Hälfte der Seitenäste herausgenommen werden, um die Bildung neuer Blütentriebe anzuregen.

Schneiden Sie im zeitigen Frühjahr die Triebe auf zwei oder drei Knospen der Seitentriebe zurück; diese bilden das Astgerüst der Pflanze. Entfernen Sie alle Äste, die sich in der Mitte des Strauchs überkreuzen.

Verjüngungsschnitt

Diese Pflanze kann ganz radikal, sogar bis zum Grundgerüst, zurückgeschnitten werden um den Neuaustrieb zu fördern oder um Frostschäden zu beseitigen.

Schneiden Sie alle kleineren Äste heraus und das Astgerüst bis auf vier oder fünf Knospen des Haupttriebs zurück.

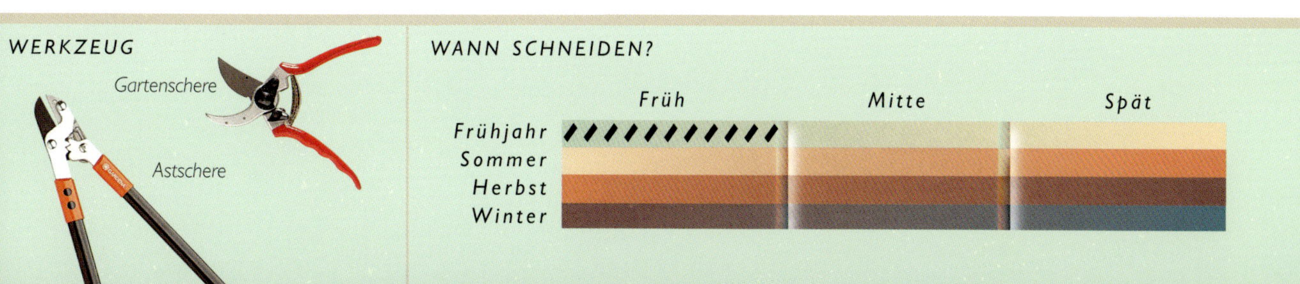

Lavandula

Lavendel

Der herrliche Duft sowie die dekorativen Blüten und Blätter sind der Grund, dass Lavendel eine der beliebtesten Gartenpflanzen ist.

Lavandula angustifolia 'Hidcote' *ist ein kompakter immergrüner Halbstrauch mit aufrechten graugrünen Trieben, die sich im Alter graubraun färben. Die aromatischen, silbergrauen Blätter sind schmal und riemenförmig sowie grau behaart. Im Hochsommer erheben sich kurze, dichte Ähren duftender, tief blauvioletter Blüten über die Blätter.*

Lavendel ist eine frostharte bis bedingt frostharte, immergrüne Pflanze. Wegen ihrer stark aromatischen Blätter und der charakteristischen Blüten bleibt sie unverwechselbar, sogar für Menschen, die sich kaum für das Gärtnern interessieren.

Diese Halbsträucher bevorzugen nährstoffreiche, durchlässige, kalkhaltige Böden in vollsonniger, geschützter Lage und können lange Perioden der Hitze und Trockenheit vertragen. Im Winter sind sie sehr anfällig für Wurzelfäule, besonders auf schweren Böden mit Staunässe oder auf nicht durchlässigen Böden. Verglichen mit den meisten anderen Sträuchern ist Lavendel nicht sehr langlebig. Nach sieben oder acht Jahren können sie so stark vergreisen, dass man sie nicht mehr retten kann. Wenn sie älter werden, bilden die Pflanzen eine offene und ziemlich ausladende Wuchsform und verkahlen stark.

Lavendel ist eine buschige Pflanze mit kleinen, schmalen, grauen bis graugrünen Blättern, die entlang der dünnen, kantigen, graugrünen Triebe angeordnet sind. Das junge Laub ist grau behaart und wird dadurch vor Hitze und Trockenheit geschützt. Die aufrechten Blütenähren an den Enden der langen, schlanken Trieben kommen in vielen Blau-, Weiß- und Rosatönen vor. *Lavandula dentata* und der Schopflavendel *(L. stoechas)* haben als Besonderheit häutige Deckblätter am Ende jeder Blütenähre, die gewöhnlich ähnlich gefärbt sind wie die Blüten.

WARUM SCHNEIDEN?

Die Blütenbildung soll angeregt werden und eine kompakte, buschige Wuchsform entstehen.

TIPPS FÜR DEN SCHNITT

- *Schneiden Sie die verblühten Ähren von L. stoechas nach der Blüte ab, aber führen Sie den eigentlichen Schnitt erst im Frühjahr durch*

PFLANZEN, DIE GENAUSO GESCHNITTEN WERDEN

Lavandula angustifolia *und Sorten:* *nach der Blüte*
Lavandula x intermedia *und Sorten:* *nach der Blüte*
Lavandula stoechas *und Sorten:* *im Frühjahr*
Hebe pinguifolia *und Sorten:* *nach der Blüte*
Hebe speciosa *und Sorten:* *im Frühjahr*

Erhaltungsschnitt

Tote und geschädigte Triebe

Verblühte Ähren abschneiden

Tote und geschädigte Triebe entfernen

Aufbauschnitt

Schneiden Sie junge Pflanzen, damit sie sich buschig entwickeln und kräftige Triebe aus der Basis bilden.

Entfernen Sie nach der Pflanzung alle schwachen und geschädigten Triebe und nehmen Sie die verbliebenen auf die Hälfte zurück, damit sich neue entwickeln können.

Erhaltungsschnitt

Der regelmäßige Schnitt ist nicht nur zur Entfernung verblühter Blütenähren und für eine kompakte, buschige Wuchsform notwendig, sondern soll auch die Bildung neuer Triebe anregen, damit die Pflanze am Fuß nicht verkahlt. Entfernen Sie alle abgebrochenen, geschädigten oder im Winter abgestorbenen Zweige und schneiden Sie alle Triebe im Frühjahr zurück.

Schneiden Sie nach der Blüte die verblühten Ähren und etwa 5-7 cm der Triebe ab.

Verjüngungsschnitt

Die kurzlebigen Halbsträucher verkahlen oft am Fuß und vergreisen. Sie vertragen keinen starken Schnitt und das alte Holz treibt keine neuen Triebe aus.

Tauschen Sie die alte, verkahlte Pflanze gegen eine neue aus.

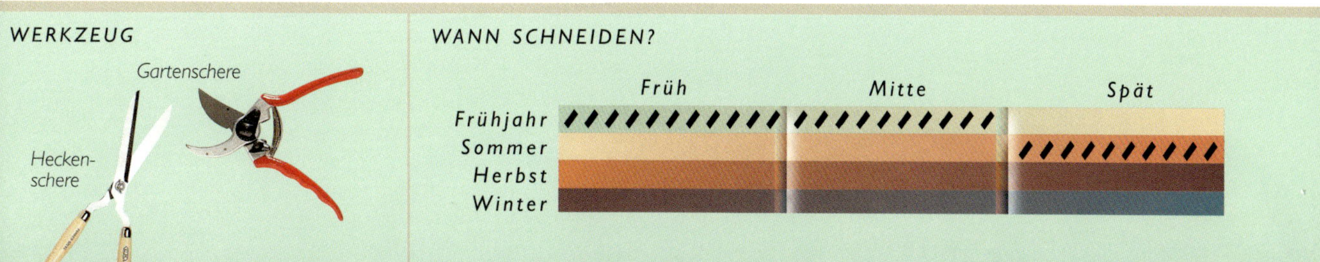

Lonicera

Geißblatt (kletternde Arten)

Der Duft, den ein Geißblatt an einem warmen Sommerabend verströmt, lässt sich mit nichts vergleichen. Eine Lonicera sollte daher unbedingt in Fensternähe stehen.

Lonicera periclymenum 'Serotina' *ist ein starkwüchsiges Klettergewächs mit windenden Trieben, die sich von Rosagrün zu einem blassen Braun und schließlich zu Grau verfärben. Die jüngeren Triebe tragen breit ovale, frischgrüne Blätter, die in unregelmäßigen Abständen gegenständig angeordnet sind. Röhrenförmige Blüten in Büscheln, die als Knospen rosa sind und sich weiß entfalten, verströmen abends ihren intensiven Duft.*

Diese Klettergehölze verankern sich an der Unterlage, indem sie sich um Klettergerüste oder andere Pflanzen winden. Sie bilden oft zahlreiche Triebe, eine üppige Laubdecke und eine Fülle von Blüten. Die kletternden Arten bevorzugen feuchte, durchlässige Böden, gedeihen aber auch auf fast jedem anderen Boden. Bei Wassermangel können sie leicht von Pilzkrankheiten befallen werden. Nach Möglichkeit sollte der Wurzelbereich beschattet sein. Da diese Sträucher hauptsächlich von Schmetterlingen und Nachtfaltern bestäubt werden, duften sie am Nachmittag und am Abend am intensivsten.

Die starkwüchsigen Klettergewächse können bis zu 5 m hoch und mehr als 6 m breit werden. Planen Sie daher reichlich Platz ein, da sie sonst andere Pflanzen überwuchern. Die frischgrünen Blätter sind oval, riemenförmig oder fast rund, auf der Unterseite etwas behaart und an grünrosa Trieben gegenständig angeordnet. Diese verholzen später und werden dann graubraun. An den Enden der Seitentriebe sitzen Büschel langer, röhrenförmiger, duftender Blüten, deren Farbe von Weiß, Creme und Gelb bis zu Rosa-, Dunkelrot- und Orangetönen variieren kann. Im Herbst erscheinen die roten Beeren.

Aufbauschnitt

Jungpflanzen werden geschnitten, damit sie buschig wachsen und kräftige Triebe bekommen, die sich aus der Basis entwickeln.

Schneiden Sie nach der Pflanzung alle schwachen oder geschädigten Triebe heraus und die verbliebenen etwa auf ein Drittel ihrer ursprünglichen Länge zurück. Dadurch wird der Austrieb neuer Triebe angeregt, während die Pflanze Zeit hat einzuwachsen.

Erhaltungsschnitt

Durch den Erhaltungsschnitt kann ein Gerüst aus kräftigen, gesunden Trieben aufgebaut und die Entwicklung von Blütentrieben gefördert werden. Ausgewachsene Pflanzen müssen geschnitten werden, damit sie ihren Rahmen nicht sprengen.

Schneiden Sie im Spätsommer nach der Blüte alle übermäßig wachsenden Triebe auf 60 cm zurück, um die Verzweigung anzuregen. Lichten Sie das Gewirr aus. Nehmen Sie alle Seitentriebe bis auf zwei oder drei Knospen über den Haupttrieben zurück.

WARUM SCHNEIDEN?

Das Wachstum der Pflanze soll in Grenzen gehalten und die Entwicklung von Blütentrieben angeregt werden.

TIPPS FÜR DEN SCHNITT

- *Verwenden Sie scharfe Werkzeuge, da die Triebe leicht gequetscht werden.*

PFLANZEN, DIE GENAUSO GESCHNITTEN WERDEN

Lonicera caprifolium *und Sorten: im Spätsommer nach der Blüte*
Lonicera etrusca *und Sorten: im Spätsommer nach der Blüte*
Lonicera henryi *und Sorten: im Spätsommer nach der Blüte*
Lonicera japonica *und Sorten: im Frühjahr nach der Blüte*
Lonicera periclymenum *und Sorten: im Spätsommer nach der Blüte*
Lonicera sempervirens: *im Spätsommer nach der Blüte*

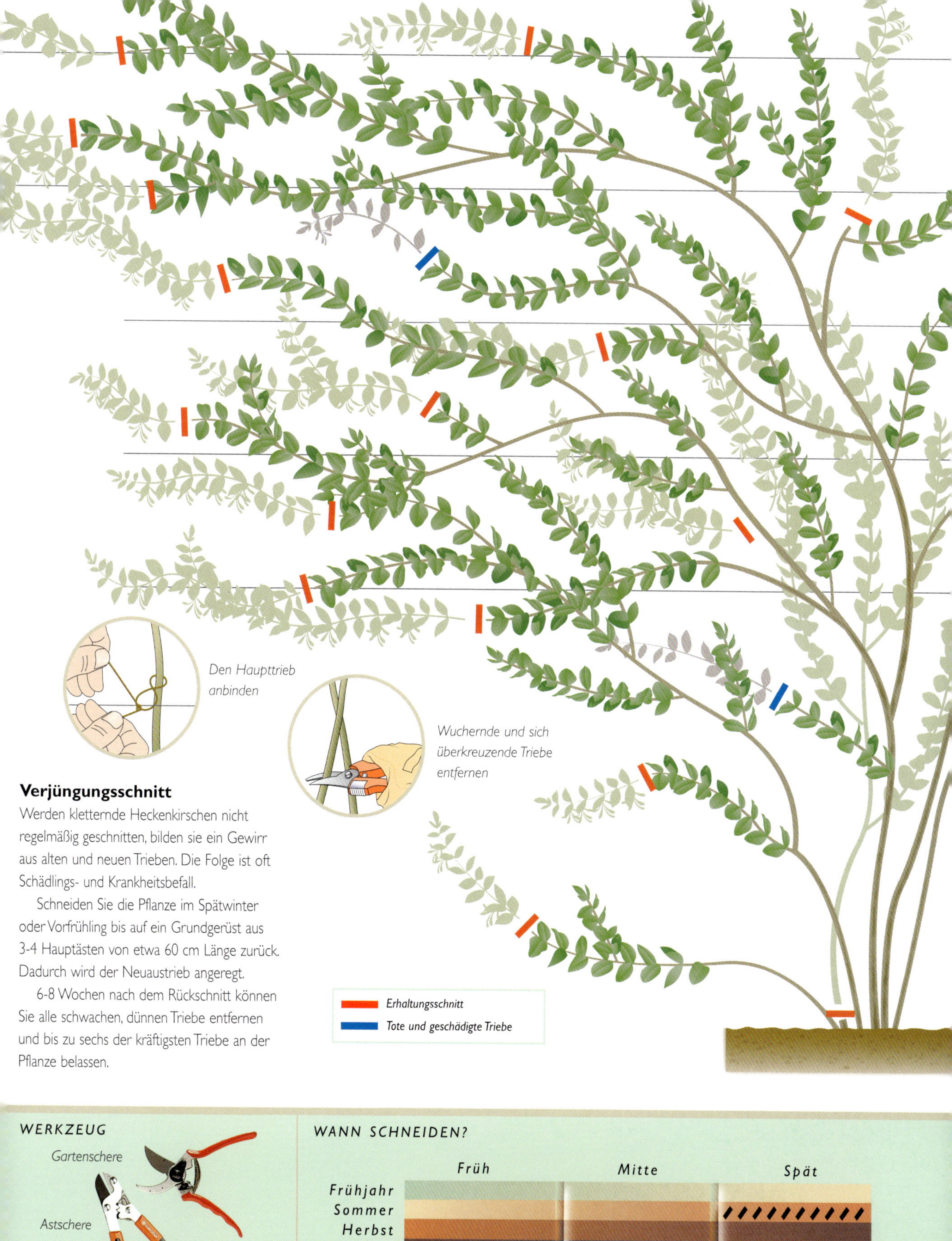

Verjüngungsschnitt

Werden kletternde Heckenkirschen nicht regelmäßig geschnitten, bilden sie ein Gewirr aus alten und neuen Trieben. Die Folge ist oft Schädlings- und Krankheitsbefall.

Schneiden Sie die Pflanze im Spätwinter oder Vorfrühling bis auf ein Grundgerüst aus 3-4 Hauptästen von etwa 60 cm Länge zurück. Dadurch wird der Neuaustrieb angeregt.

6-8 Wochen nach dem Rückschnitt können Sie alle schwachen, dünnen Triebe entfernen und bis zu sechs der kräftigsten Triebe an der Pflanze belassen.

WERKZEUG

WANN SCHNEIDEN?

Lonicera

Geißblatt (strauchförmige Arten)

Strauchförmig wachsende Geißblätter sind unschätzbare Heckenpflanzen, während sie als frei stehende Exemplare zum Blickfang werden – besonders wenn sie in Form geschnitten wurden.

Lonicera nitida *'Baggesen's Gold'* *ist ein immergrüner Strauch von überhängender Wuchsform. Unzählige dünne Ästen tragen goldgelbes Laub. Die Blätter sind rund bis oval und gegenständig angeordnet. Im grellen Sonnenlicht können sie ausgebleicht werden. Im Frühjahr erscheinen kleine, cremeweiße Blüten, denen später bläulich violette Früchte folgen.*

Die Gattung *Lonicera* umfasst eine große Zahl von einfach zu kultivierenden, sommergrünen und immergrünen Sträuchern, die oft stark duftende Blüten am vorjährigen Holz bilden. Immergrüne Arten wie *Lonicera nitida* und Sorten eignen sich sehr gut für niedrige Hecken, während die ausladende Kriechheckenkirsche *(L. pileata)* meist als Bodendecker gepflanzt wird.

Diese Pflanzen bevorzugen einen feuchten, durchlässigen Boden, gedeihen aber auf fast allen Bodenarten. Nach Möglichkeit sollte ein vollsonniger halbschattiger Standort gewählt werden. Einmal angewachse bilden sie zahlreiche Schösslinge, die man im Winter ausgraben und an anderen Stellen wieder einpflanzen kann.

Geißblätter entwickeln sich zu großen Sträuchern, die ausgewachsen bis zu 3 m hoch und 4 m breit werden können. Die meisten von ihnen haben eine dichte, buschige Wuchsform aus unzähligen dünnen Trieben. Die länglichen bis ovalen gegenständigen Blätter sind glänzend frisch- bis dunkelgrün und färben sich im Herbst oft gelb, bevor sie abgeworfen werden. Die duftenden Blüten sind röhrenförmig und erscheinen paarweise oder in Büscheln an den Trieben. Ihre Farbe variiert von Cremeweiß über Rosa bis hin zu Rot. Im Herbst folgen die leuchtend roten oder schwarzen Beeren.

Die Schnittzeit richtet sich nach der Blütezeit. Sie sollten die Pflanze unmittelbar nach der Blüte schneiden, es sei denn, Sie wollen auf den leuchtend gefärbten Fruchtschmuck nicht verzichten. Schneiden Sie die sommergrüne Tatarische Heckenkirsche *(L. tatarica)* und Sorten im Hochsommer.

Aufbauschnitt

Schneiden Sie junge Pflanzen, damit sie eine buschige Form entwickeln und kräftige, nah am Boden austreibende Triebe bilden.

Nehmen Sie nach der Pflanzung schwache oder geschädigte Triebe heraus. Kürzen Sie die verbliebenen auf etwa zwei Drittel ihrer ursprünglichen Länge ein, so dass sich neue Triebe aus der Basis der Pflanze entwickeln können.

WARUM SCHNEIDEN?

Die Wuchshöhe soll in Grenzen gehalten werden und die Pflanze soll sich offener und gleichmäßiger entwickeln.

TIPPS FÜR DEN SCHNITT

• Verwenden Sie zum Entfernen älterer Triebe eine Gartensäge, da diese mit der Astschere gequetscht werden können.

PFLANZEN, DIE GENAUSO GESCHNITTEN WERDEN

Deutzia gracilis *und Sorten*: *im Spätfrühling oder Frühsommer*
Forsythia *x* intermedia *und Sorten*: *im Spätfrühling oder Frühsommer*
Lonicera tatarica *und Sorten*: *im Hochsommer*
Lonicera fragrantissima: *im Spätfrühling oder Frühsommer*
Lonicera *x* purpusii *und Sorten*: *im Spätfrühling oder Frühsommer*
Lonicera standishii: *im Spätfrühling oder Frühsommer*

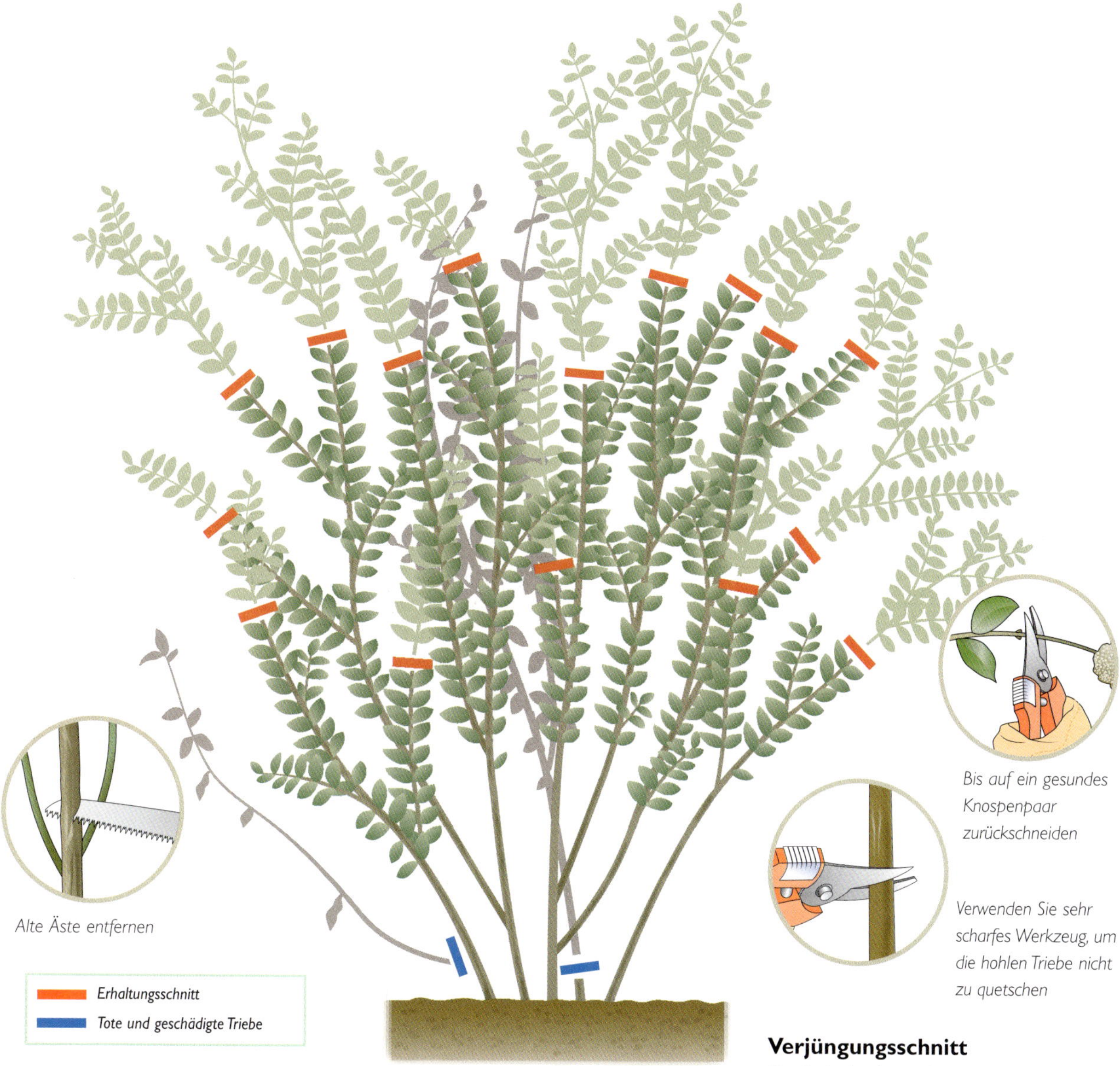

Alte Äste entfernen

Erhaltungsschnitt

Tote und geschädigte Triebe

Bis auf ein gesundes Knospenpaar zurückschneiden

Verwenden Sie sehr scharfes Werkzeug, um die hohlen Triebe nicht zu quetschen

Erhaltungsschnitt

Heckenkirschen sollten regelmäßig geschnitten werden, damit sie schön blühen. Das alte Holz muss entfernt werden, da es sich sonst allmählich verdichten würde. Außerdem wird dadurch der Austrieb neuer Blütentriebe angeregt.

Schneiden Sie alte Blütentriebe nach der Blüte bis auf ein kräftiges Knospenpaar oder bis zu den jüngeren Trieben zurück. Wird die Pflanze im Frühsommer geschnitten, folgt im nächsten Jahr eine prächtige Blüte.

Kürzen Sie alte Blütentriebe mindestens um die Hälfte, der Schnitt erfolgt direkt über einer gesunden Knospe oder einem gleichmäßig gewachsenen neuen Seitentrieb. Entfernen Sie jedes Jahr etwa ein Viertel der alten Äste, damit sich neue Triebe bilden können.

Verjüngungsschnitt

Alte Sträucher, besonders wenn sie nicht regelmäßig geschnitten wurden, wuchern natürlicherweise und bilden ein Dickicht aus dünnen, schwachen Trieben, die weniger Blüten hervorbringen. In diesem Fall kann ein radikaler Rückschnitt helfen.

Schneiden Sie die Pflanze im Spätwinter oder Vorfrühling bis auf ein Grundgerüst aus vier oder fünf Trieben etwa 45-60 cm über dem Boden ab, um den Neuaustrieb zu fördern.

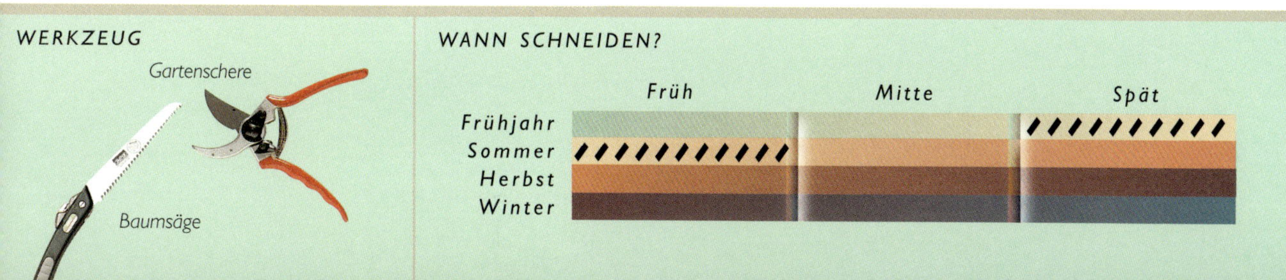

Magnolia

Magnolie

Magnolienblüten zählen zu den schönsten überhaupt. Ein in voller Blüte stehender Magnolienbaum ist ein unvergesslicher Anblick.

Magnolia x soulangeana *ist ein großer, starkwüchsiger, sommergrüner Strauch oder ein kleiner Baum von ausladender Wuchsform. Von Mitte bis Spätfrühling erscheinen an den kahlen Ästen kelchförmige, blassrosafarbene Blüten mit dunkler rosafarbener Zeichnung. Erst nach der Blüte entfalten sich die ovalen, glänzend grünen Blätter aus grauen, mit Flaum bedeckten Knospen.*

Viele Hobbygärtner sind der Meinung, dass die Kultur von Magnolien schwierig sei. Doch wenn Sie die richtige Art für Ihren Garten auswählen, werden Sie mit Sicherheit Erfolg haben. Es gibt sowohl sommergrüne als auch immergrüne Arten. Die meisten von ihnen bevorzugen durchlässige, saure bis neutrale Böden, in die reichlich organisches Material eingearbeitet wurde. Aber manche Arten wie die Baummagnolie *(Magnolia kobus)* und die Sternmagnolie *(M. stellata)* können auf feuchten, kalkhaltigen Böden gedeihen. Die immergrüne *M. grandiflora* wächst auf trockenem, kalkhaltigen Grund.

Die Größe der Magnolien kann von 3 m hohen und 4 m breiten Sträuchern bis zu 10 m hohen und 6 m breiten Bäumen variieren. Die Blätter entwickeln sich erst nach der Blüte an den kräftigen Trieben, sind meist oval bis länglich, frischgrün gefärbt, manche auch auf der Unterseite filzig behaart. Die Blüten können sechs oder mehr als 30 Blütenblätter haben und weisen eine große Farbenvielfalt auf – Weiß, Gelb, Grün, Rosa, Purpur und Rot, viele mit einer Kombination aus Weiß und einer dunkleren Farbe. Magnolien brauchen einen vollsonnigen oder halbschattigen Standort.

WARUM SCHNEIDEN?

Eine gleichmäßige Wuchsform soll erhalten bleiben und die Bildung von Blüten angeregt werden.

TIPPS FÜR DEN SCHNITT

- *Führen Sie den Schnitt nur dann aus, wenn die Pflanze voll belaubt ist, so dass die Schnittflächen nicht zu stark bluten.*

PFLANZEN, DIE GENAUSO GESCHNITTEN WERDEN

Magnolia grandiflora ***und andere immergrüne Arten:*** *im Frühjahr*
Magnolia liliiflora: *im Hochsommer in belaubtem Zustand*
Magnolia x soulangeana ***und Sorten:*** *im Hochsommer in belaubtem Zustand*
Magnolia stellata ***und Sorten:*** *im Hochsommer in belaubtem Zustand*

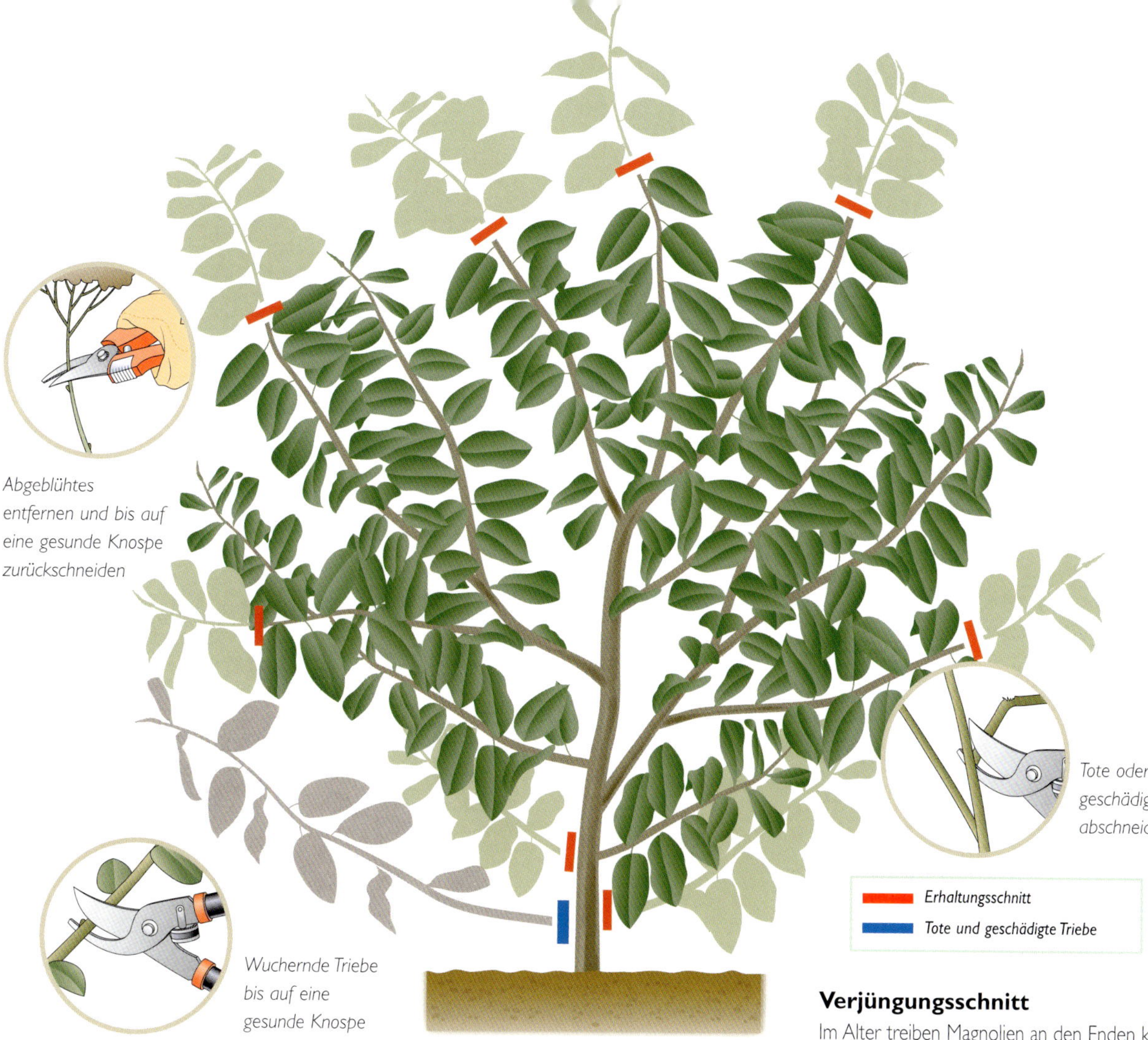

Abgeblühtes entfernen und bis auf eine gesunde Knospe zurückschneiden

Tote oder geschädigte Triebe abschneiden

Erhaltungsschnitt

Tote und geschädigte Triebe

Wuchernde Triebe bis auf eine gesunde Knospe zurückschneiden

Aufbauschnitt

Junge Pflanzen werden nur wenig geschnitten, um die Entwicklung mehrstämmiger Sträucher zu fördern, die gleichmäßig wachsen und kräftige Äste bilden.

Entfernen Sie im Frühjahr alle schwachen, geschädigten oder abgebrochenen Triebe und alle, die sich zur Pflanzenmitte hin entwickeln.

Schneiden Sie zu lange, wuchernde Triebe um ein Drittel zurück.

Erhaltungsschnitt

Magnolien müssen nicht regelmäßig geschnitten werden. Zu stark wachsende Äste können Sie jedoch zurücknehmen, damit die gleichmäßige Form der Pflanze erhalten bleibt.

Schneiden Sie wuchernde Triebe mindestens um die Hälfte bis auf eine gesunde Knospe oder auf einen schön gewachsenen Seitentrieb zurück. Kürzen Sie alle durch Wind geschädigten Äste und Zweige ein.

Schneiden Sie alte Blütenstände unmittelbar nach dem Verblühen auf eine kräftige Knospe oder bis auf einen kräftigen Trieb zurück.

Verjüngungsschnitt

Im Alter treiben Magnolien an den Enden kaum noch aus. Da ihr Holz brüchig ist, werden sie leicht durch Windböen geschädigt. In diesem Fall kann ein Verjüngungsschnitt helfen, der über 3-4 Jahre verteilt erfolgt.

Mehrstämmige Pflanzen können verjüngt werden, indem alte Äste um ein Viertel bis ein Drittel auf etwa 60 cm bis 1 m über den Boden zurückgeschnitten werden.

Dieser Vorgang wird im folgenden Jahr wiederholt, außerdem werden wuchernde Jungtriebe ausgelichtet, damit die kräftigeren Triebe Platz haben. Wiederholen Sie dies über mehrere Jahre, bis das alte Holz durch komplett neues ersetzt worden ist.

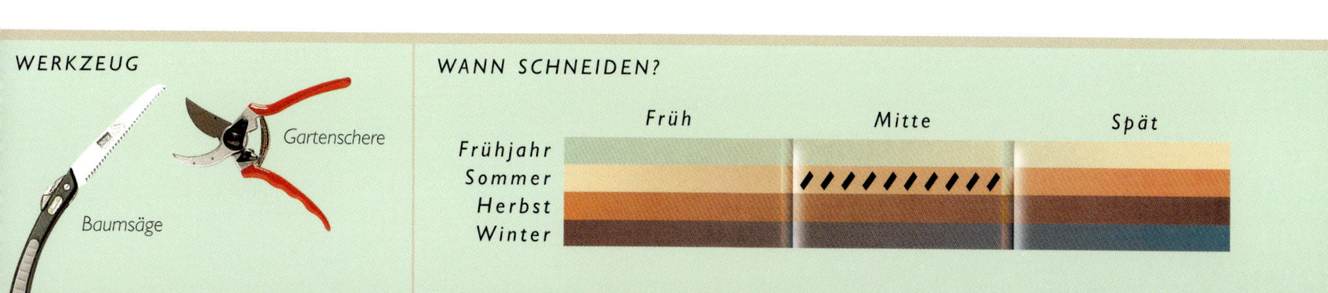

Mahonia

Mahonie

Kaum ein Anblick, der in der kalten Jahreszeit mehr aufheitern kann, als die goldgelben Blüten der Mahonie. Obendrein verströmen sie an Wintertagen ihren schweren Maiglöckchenduft.

Mahonia x media 'Charity' *entwickelt sich zu einem aufrechten Strauch mit frischgrünen Trieben, die gräulich braun verholzen und eine tief rissige Rinde bekommen. Die derben, ledrigen, tiefgrünen Blätter sind unpaarig gefiedert und setzen sich aus unzähligen, am Rand dornig gezähnten Teilblättchen zusammen. Im Winter erscheinen an den Enden der Jungtriebe dichte Trauben aus kleinen, duftenden, goldgelben Blüten. Später reifen aus ihnen traubenähnliche Beerenfrüchte heran.*

Wenn Sie verschiedene Sorten der Mahonie auswählen, können Sie sich vom Spätwinter bis zum Spätfrühling an deren Blüten erfreuen.

Der robuste frostharte Strauch trägt ledrige, grüne, quirlständige Blätter, die am Rand mit Dornen bewehrt sind. Daher ähneln sie den Laubblättern der Stechpalme und können auch genauso schmerzhaft sein. Die hübsche Pflanze wird oft bis zu 4 m hoch. Sie bildet wenig Seitentriebe und bringt ihre Blüten immer am Ansatz der vorjährigen Triebe hervor. Ihre natürliche Wuchsform erschwert es, diese Pflanze richtig zu würdigen, da ihre Blüten oft außerhalb der Reichweite gebildet werden. Lässt man Mahonien zu hoch wachsen, breiten sich die Äste nach außen aus und beeinträchtigen das allgemeine Erscheinungsbild.

Bei allen häufig gepflanzten und beliebten Arten und Sorten wie der Gewöhnlichen Mahonie *(M. aquifolium)*, *M. fortunei* sowie oder der Hybride M. x *media* erfolgt der Schnitt wie unten beschrieben.

Aufbauschnitt

Die Pflanze soll sich zu einem mehrstämmigen Strauch entwickeln und kräftige Triebe bilden, die dicht über dem Boden austreiben.

Schneiden Sie im ersten Frühjahr nach der Pflanzung die verholzten Triebe bis auf den untersten Blattquirl zurück, am besten 15-20 cm über dem Boden.

Erhaltungsschnitt

Mahonien müssen nicht regelmäßig geschnitten werden. Sollen sie sich aber zu mehrstämmigen Sträuchern entwickeln, nicht zu hoch wachsen und nicht unansehnlich werden, ist ein Pflegeschnitt anzuraten.

Schneiden Sie dazu die Äste im Frühling nach dem Abblühen bis zur gewünschten Höhe zurück. So hat die Pflanze ausreichend Zeit,

WARUM SCHNEIDEN?

Die Höhe der Pflanze soll in Grenzen gehalten und die Entwicklung einer buschigen Wuchsform gefördert werden.

TIPPS FÜR DEN SCHNITT

- *Schneiden Sie vor dem Neuaustrieb, damit die Blüte im Folgejahr nicht ausfällt.*
- *Verwenden Sie eine Bypass-Gartenschere, da die Triebe leicht zerquetschen.*
- *Tragen Sie Lederhandschuhe, die Sie vor dem bedornten Laub schützen.*

PFLANZEN, DIE GENAUSO GESCHNITTEN WERDEN

Mahonia aquifolium ***und Sorten:*** *im Frühjahr nach der Blüte*
Mahonia fortunei ***und Sorten:*** *im Frühjahr nach der Blüte*
Mahonia ropens ***und Sorten:*** *im Frühjahr nach der Blüte*
Mahonia x media ***und Sorten:*** *im Frühjahr nach der Blüte*
Nandina domestica ***und Sorten:*** *im Hochsommer nach der Blüte*

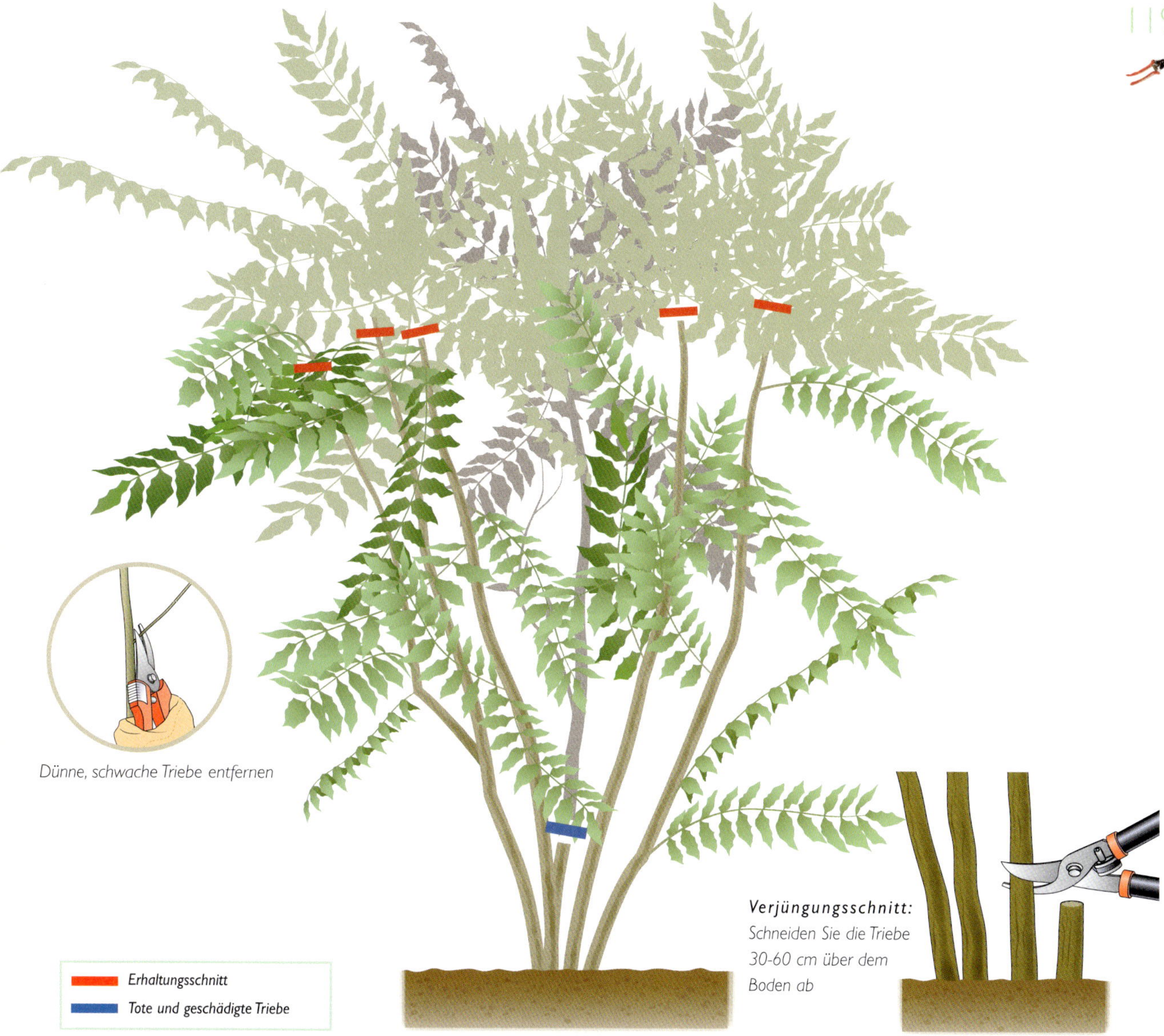

Dünne, schwache Triebe entfernen

Erhaltungsschnitt

Tote und geschädigte Triebe

Verjüngungsschnitt: *Schneiden Sie die Triebe 30-60 cm über dem Boden ab*

zahlreiche neue Blütentriebe zu bilden, die im folgenden Jahr die Blütenpracht garantieren. Allerdings wird durch den Rückschnitt der diesjährige Beerenschmuck geopfert.

Schneiden Sie die Äste direkt über einem Blattquirl ab, um ruhende Knospen anzuregen, an dieser Stelle 3-5 neue Triebe zu bilden. Entfernen Sie dünne, wuchernde Triebe, da sie oft ein Herd für Krankheiten sind.

Verjüngungsschnitt

Ältere Mahonien beschatten im unteren Bereich oft ihr eigenes Laub, besonders wenn sie jahrelang nicht regelmäßig geschnitten wurden. Das hat zur Konsequenz, dass sie am Fuß verkahlen und die alte rissige und gespaltene Rinde zur Schau stellen. Diese Sträucher vertragen jedoch einen Radikalschnitt ausgesprochen gut.

Schneiden Sie die Pflanze im Spätfrühling bis auf ein Grundgerüst aus kräftigen Ästen 30-60 cm über dem Boden ab. Wird zu früh geschnitten, kann der Neuaustrieb unter den Frühjahrsfrösten leiden.

Nehmen Sie alle dünnen oder schwachen Triebe bis auf die kräftigeren Äste oder bis zum Boden zurück.

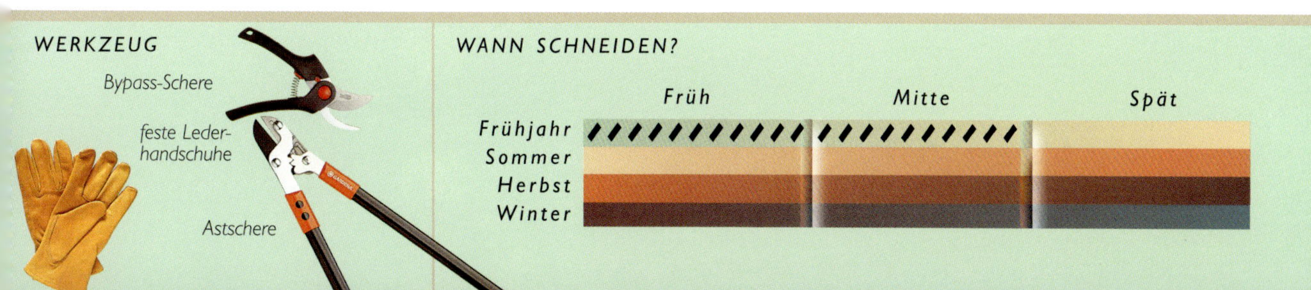

Malus

Apfel, Zierapfel, Kirschapfel

Die Zierform unseres Apfelbaums (Malus domestica) *zählt zu den am häufigsten gepflanzten Bäumen. Die herrliche Blütenpracht im Frühjahr wird oft von dekorativem Junglaub in Gelbgrün, Bronze oder Purpurrot unterstrichen.*

Malus *'Profusion'* *entwickelt sich zu einem mittelgroßen Baum mit einer ausladenden Wuchsform. Die dichten, etwas durcheinander wachsenden Äste färben sich im Alter tiefbraun. Die anfangs purpurn überhauchten, später bronzegrünen Blätter sind breit oval und am Rand gesägt; im Herbst werden sie orange und karminrot. Im Frühjahr erscheinen Büschel rosapurpurner Blüten, denen rötlich violette Frücht folgen.*

Der Zierapfel gilt oft als zu groß und ausladend für Hausgärten, aber dank der Methode der Veredelung auf zwergwüchsigen Unterlagen sind inzwischen Formen in beinahe jeder Größe erhältlich. Es gibt kleine, strauchförmige Sorten, die nicht höher als 4 m werden, und stattliche Bäume, die eine Höhe von bis zu 12 m erreichen. Manche Formen haben eine etwas schlaffe Trauerform. Die frisch- bis dunkelgrünen Blätter sind breit oval, am Rand gesägt und anfangs oft bronzefarben überhaucht; im Herbst färben sie sich orange und karminrot, bevor sie abgeworfen werden. Hauptblühperiode ist der Spätfrühling. Die einfachen Blüten sind nur fünfzählig, aber es wurden auch gefüllte und halbgefüllte Formen mit zahlreichen Blütenblättern eingekreuzt. Die Blüten sind weiß, cremeweiß oder weisen Rosa-, Karminrot- und Rottöne auf. Viele Zieräpfel bringen auch eine Fülle von kleinen Früchten hervor, deren Form fast so stark variieren kann wie die der Blüten. Sie können gelb, orangegelb, rot und purpurrot sein. Diese Gehölze gedeihen unter vielen Bedingungen, bevorzugen jedoch feuchte, nährstoffreiche, durchlässige Böden und eine vollsonnige Lage.

Aufbauschnitt

Der Zierapfel wächst gewöhnlich je nach Erziehung als Baum oder Strauch; die Krone wird nach der Pflanzung aufgebaut. Schneiden Sie junge Pflanzen, damit sich eine wohl geformte Krone mit einem Haupttrieb und zahlreichen kräftigenSeitenästen entwickeln kann.

Nach der Pflanzung entfernen Sie alle geschädigten Äste. Die verbliebenen Äste werden um etwa die Hälfte zurückgenommen, so dass der Haupttast in der Krone etwas länger ist als die ihn umgebenden Nebenäste.

Schneiden Sie alle kleinen Seitentriebe auf 7-10 cm zurück, um den Neuaustrieb zu fördern.

WARUM SCHNEIDEN?

Die Entwicklung neuer gesunder Triebe soll angeregt und die Qualität der Blüte verbessert werden.

TIPPS FÜR DEN SCHNITT

- *Schneiden Sie die Pflanze nicht zu stark zurück, sonst bildet sie Wasserschosse und Wurzelausläufer.*

PFLANZEN, DIE GENAUSO GESCHNITTEN WERDEN

Malus baccata *und Sorten*: *Hoch- bis Spätsommer oder nach der Blüte*
Malus floribunda *und Sorten*: *Hoch- bis Spätsommer oder nach der Blüte*
Pyrus calleryana *und Sorten*: *Hoch- bis Spätsommer oder nach der Blüte*

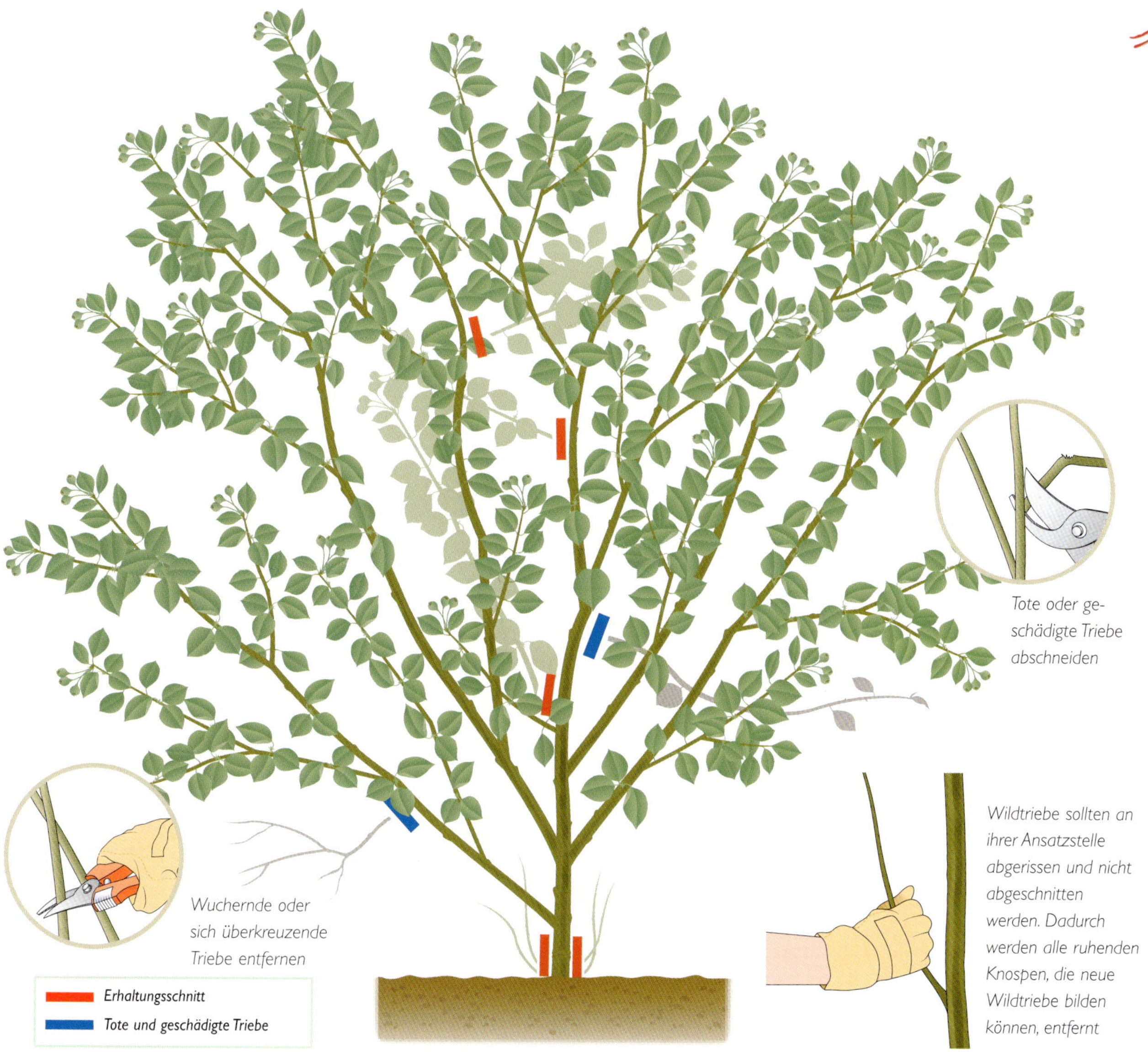

Tote oder geschädigte Triebe abschneiden

Wildtriebe sollten an ihrer Ansatzstelle abgerissen und nicht abgeschnitten werden. Dadurch werden alle ruhenden Knospen, die neue Wildtriebe bilden können, entfernt

Wuchernde oder sich überkreuzende Triebe entfernen

Erhaltungsschnitt
Tote und geschädigte Triebe

Erhaltungsschnitt

Wenn sich eine schöne Aststruktur entwickelt hat – was etwa fünf Jahre dauert –, ist ein Schnitt kaum noch erforderlich. Allerdings sollte man alle geschädigten Äste herausnehmen. Jeder Schnittvorgang muss im Sommer unmittelbar nach der Blüte durchgeführt werden, damit kein übermäßiger Neuaustrieb angeregt wird und die Gefahr von Pilzbefall so gering wie möglich ist.

Schneiden Sie alle Triebe heraus, die aneinander reiben oder sich spalten. Entfernen Sie alle konkurrierenden oder starkwüchsigen Äste sowie den Wurzelausschlag, also Triebe aus der Stammbasis bzw. den Wurzeln der Unterlage.

Verjüngungsschnitt

Zieräpfel werden im Alter dicht und entwickeln ein Gewirr aus schwachen, wuchernden Ästen. Diese bringen dann weniger Blüten hervor, besonders wenn der Schnitt vernachlässigt wurde. In diesem Fall hilft es, alle schwachen oder geschädigten Triebe zu entfernen. Dadurch wird die Krone ausgelichtet.

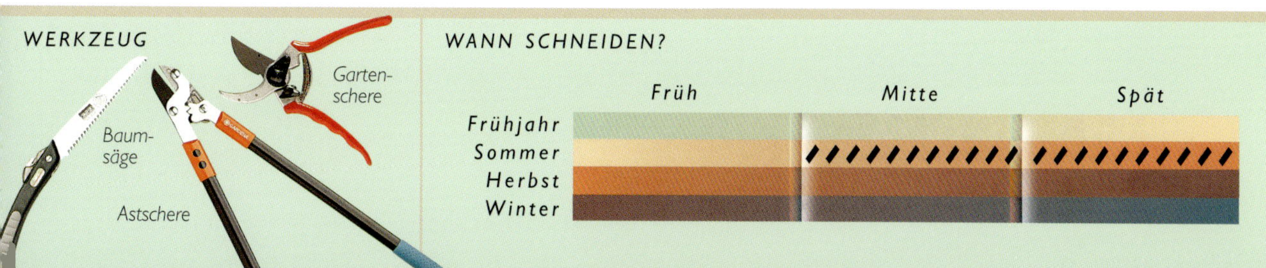

Osmanthus

Duftblüte

Diese kompakten Sträucher oder kleinen Bäume sind einfach zu kultivieren. Sie bringen kleine, aber herrlich duftende Blüten hervor, denen dekorative Beeren folgen.

Osmanthus fragrans *ist ein dichter, aufrechter Strauch mit einem Gerüst aus hellbraunen, schlanken Ästen, die sich im Alter graugrün färben. Die dunkelgrünen, ovalen bis länglichen Blätter haben eine feste und ledrige Struktur. Im Herbst und mit Unterbrechungen im Frühling und Sommer erscheinen weiße, intensiv duftende Blüten. Oft folgen blauschwarze Früchte, die bis zur folgenden Saison an der Pflanze haften bleiben. O. fragans kann mit Winterschutz die kalte Jahreszeit im Garten verbringen.*

Die Duftblüte ist die ideale Pflanze für Terrassen, da ihre immergrünen Blätter Halbschatten und Schatten vertragen und gegen Luftverschmutzung unempfindlich sind. Die bedingt winterharte Pflanze bevorzugt durchlässige, nährstoffreiche Böden und muss im Winter und Frühjahr vor kaltem Wind geschützt werden. In unseren Breiten brauchen alle Arten einen warmen und windgeschützten Platz. *Osmanthus delavayi* eignet sich auch für Bereiche vor Mauern und Zäunen. Andere Arten wie *O.* x *burkwoodii* und *O. heterophyllus* sind ausgezeichnete Heckenpflanzen und können auch in Form geschnitten gezogen werden. Ersterer ist frosthärter. Alle Arten tragen duftende Blüten.

Die meisten Pflanzen entwickeln sich zu großen, dichten Sträuchern oder zu Bäumen, die bis zu 5 m hoch und oft 4 m breit werden. Sie haben glänzend, dunkelgrüne, ovale bis längliche Blätter, die dünne, verholzte, hellbraune Äste bedecken. Die Blätter von *O. heterophyllus* sind am Rand tief gekerbt; die Sorte 'Aureomarginatus' trägt goldgelb umsäumte grüne Blätter und 'Purpureus' schwarzpurpurnes Laub, das sich später grün färbt. Büschel weißer, duftender, röhrenförmiger Blüten erscheinen im Frühjahr oder Herbst, meist gefolgt von blauschwarzen, olivenähnlichen Früchten.

WARUM SCHNEIDEN?

Die Blüte und die Entwicklung einer buschigen, verzweigten Wuchsform sollen gefördert werden.

TIPPS FÜR DEN SCHNITT

- *Osmanthus-Arten können im Sommer geschnitten werden, wenn sie als Hecke oder als Topiari gepflanzt wurden. Damit werden aber viele Blütenknospen des folgenden Jahres entfernt.*

PFLANZEN, DIE GENAUSO GESCHNITTEN WERDEN

Osmanthus armatus ***und Sorten (Blüte im Spätsommer/Herbst):*** *im Vorfrühling*
O. delavayi ***und Sorten:*** *im Spätfrühling nach der Blüte*
O. fragrans: *im Vorfrühling*
O. heterophyllus ***und Sorten (Blüte im Spätsommer/Herbst):*** *im Vorfrühling*
O. x burkwoodii ***und Sorten: im Spätfrühling nach der Blüte***

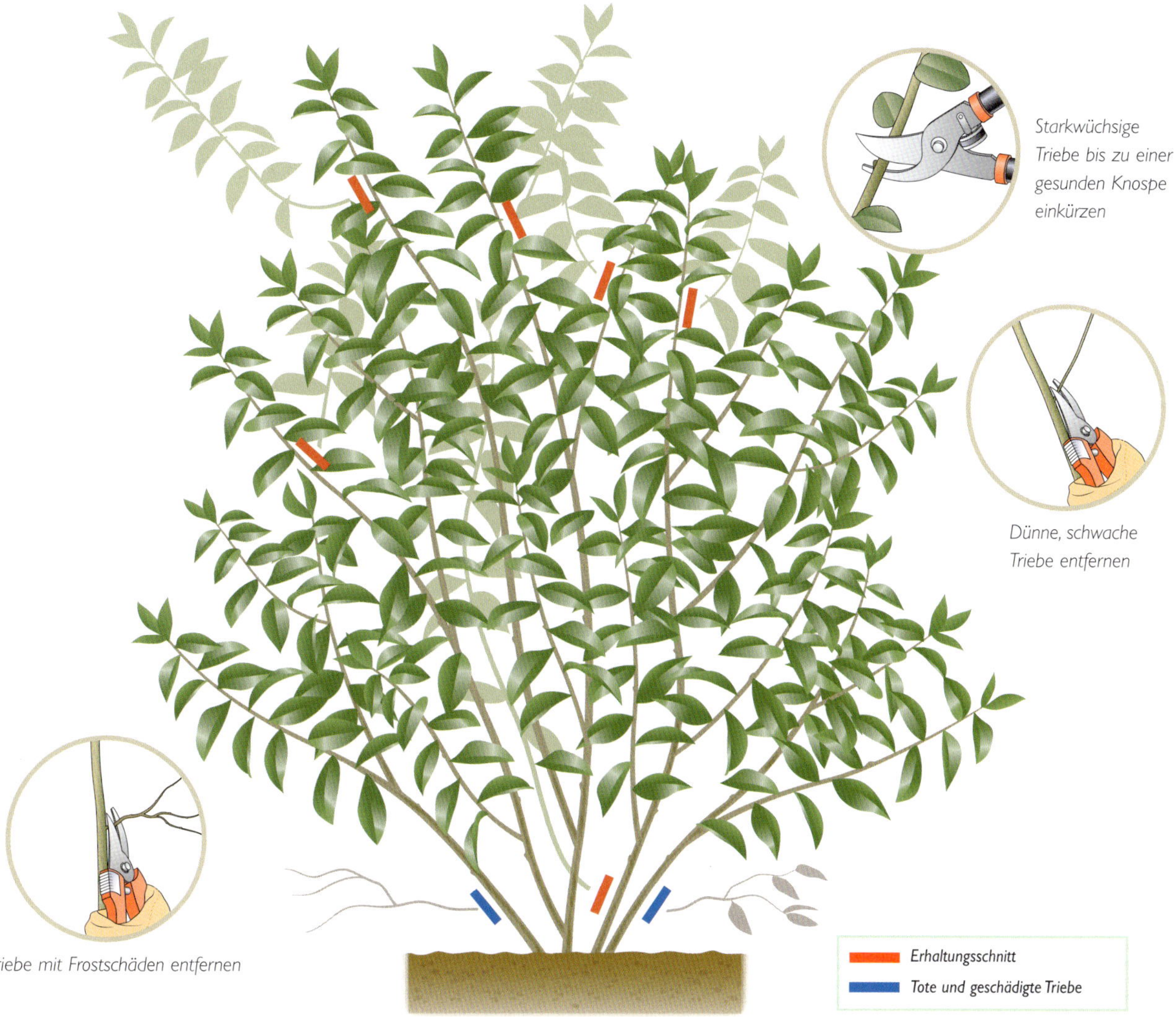

Starkwüchsige Triebe bis zu einer gesunden Knospe einkürzen

Dünne, schwache Triebe entfernen

Triebe mit Frostschäden entfernen

Erhaltungsschnitt

Tote und geschädigte Triebe

Aufbauschnitt

Ein leichter Schnitt regt die Entwicklung eines mehrstämmigen, wohl geformten Strauchs an, der kräftige Triebe bildet. Entfernen Sie im Frühjahr alle geschädigten oder abgebrochenen Triebe und schneiden Sie alle zur Mitte hin wachsenden zurück. Kürzen Sie die restlichen Triebe um etwa ein Drittel ein.

Schneiden Sie starkwüchsige Triebe um die Hälfte zurück, damit eine gleichmäßige Wuchsform erhalten bleibt.

Erhaltungsschnitt

Diese Pflanzen benötigen keinen regelmäßigen Schnitt. Starkwüchsige Triebe sollten jedoch eingekürzt werden, um die gleichmäßige Wuchsform der Pflanze zu erhalten.

Schneiden Sie wuchernde Triebe mindestens um die Hälfte, direkt über einer gesunden Knospe oder einem gleichmäßig gewachsenen Seitentrieb, zurück. Nehmen Sie alle dünnen und schwachen Äste heraus. Entfernen Sie alle Triebe, die durch Spätfröste geschädigt wurden.

Verjüngungsschnitt

Diese Sträucher bilden mit dem Älterwerden an den Astenden weniger Triebe aus und wachsen langsamer. Manchmal fallen die Äste auseinander und lassen die Mitte der Pflanze sichtbar werden. Auch verkahlen sie oft am Fuß.

Schneiden Sie im Spätfrühling alle Äste 45-60 cm über dem Boden ab. Nehmen Sie im Sommer zu dünne und zu dicht gewachsene Triebe heraus, damit die kräftigeren sich besser entwickeln können.

WERKZEUG

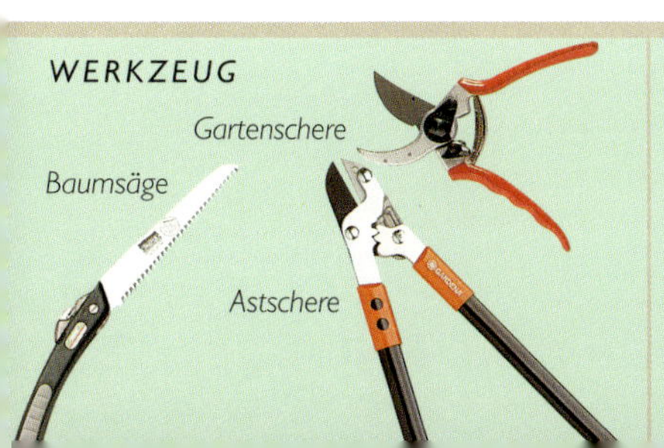

WANN SCHNEIDEN?

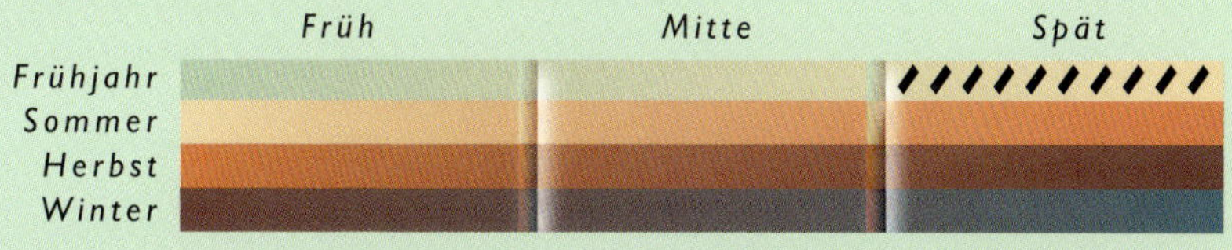

	Früh	Mitte	Spät
Frühjahr			
Sommer			
Herbst			
Winter			

Passiflora

Passionsblume

Allein wegen der Aufsehen erregenden Blüten lohnt es sich, diese Kletterpflanze zu kultivieren. Aber sie bilden auch essbare Früchte, die im Sommer und Herbst heranreifen.

Passiflora caerulea *ist eine kältetolerante immergrüne oder halbimmergrüne Kletterpflanze mit dünnen, kantigen Trieben, die oft sehr lang werden und sich mit Hilfe ihrer festen, spiraligen Ranken an jeder Unterlage festhalten. Die frischgrünen Blätter sind handförmig geteilt und haben eine palmenartige Struktur. Sie stehen in gleichmäßigen Abständen an den Trieben. Große, dekorative Blüten entwickeln sich im Laufe des Hoch- und Spätsommers an den Seitentrieben, oft gefolgt von eiförmigen Früchten.*

Diese sommergrünen bis halbimmergrünen Pflanzen bringen Blüten hervor, die jeden in Erstaunen versetzen. Kaum jemand kann an einer Pflanze vorbeigehen, ohne die komplizierten Details der Blüten zu bewundern.

Die Pflanzen klettern mit Hilfe ihrer spiraligen Ranken, indem sie diese um jede Unterlage winden, die sie finden können. Die Ranken straffen sich dann und ziehen die Triebe der Pflanze so nah wie möglich an die Kletterhilfe heran. Die Passionsblume bevorzugt durchlässige, nährstoffreiche Böden in vollsonniger oder halbschattiger Lage. Die Blaue Passionsblume *(P. caerulea)* kann in Regionen mit nicht zu strengen Wintern im Freien stehen, während alle andere Arten und Sorten nur im Wintergarten oder Gewächshaus gedeihen. Schützen Sie die Pflanzen vor kaltem Wind, da sie sehr anfällig für Frostschäden sind.

Passionsblumen sind sehr schnellwüchsige Gewächse und erreichen Höhen von 10 m oder mehr, wenn sie einmal eingewachsen sind. Die dünnen, hellgrünen, kantigen Triebe wirken viel zu zart, um das Gewicht der Pflanze tragen zu können. Die sattgrünen Blätter sind handförmig geteilt und setzen sich jeweils aus 3-6 länglichen Teilblättchen zusammen. Vom Sommer bis zum Herbst erscheinen große, schalenförmige Blüten, die sich flach öffnen. Bei den äußeren farbigen „Blütenblättern" handelt es sich in Wirklichkeit um modifizierte Laubblätter. Die Blütenfarbe variiert von Weiß über Rot- und Blautönen bis zu einem tiefen Violett. Oft werden im Herbst eiförmige, grüne Früchte gebildet, die sich beim Heranreifen gelb bis orange färben.
Schneiden Sie *P. caerulea* und Sorten im Frühjahr nach den letzten Frösten zurück. Andere Formen werden nach der Blüte geschnitten.

Aufbauschnitt

Junge Pflanzen werden geschnitten, damit sie eine buschige Form entwickeln oder an der Kletterhilfe hochranken.

Nehmen Sie nach der Pflanzung alle schwachen oder geschädigten Triebe heraus. Schneiden Sie die verbliebenen Triebe auf etwa ein Drittel ihrer Gesamtlänge zurück, um den Neuaustrieb an der Basis anzuregen.

Binden Sie vier oder fünf der kräftigsten Triebe am Spalier oder an Drähten fest, bis sie Ranken ausbilden und sich festhalten können.

WARUM SCHNEIDEN?

Der Wuchs der Pflanze soll begrenzt und die Blütenbildung angeregt werden.

TIPPS FÜR DEN SCHNITT

- *Schneiden Sie die Pflanze nicht zu stark zurück, denn dadurch werden in den folgenden 1-2 Jahren weniger Blüten gebildet.*

PFLANZEN, DIE GENAUSO GESCHNITTEN WERDEN

Lonicera etrusca: *im Frühjahr*
Lonicera japonica: *im Frühjahr*
Lonicera pericymenum: *im Spätsommer nach der Blüte*
Passiflora caerulea: *im Frühjahr*

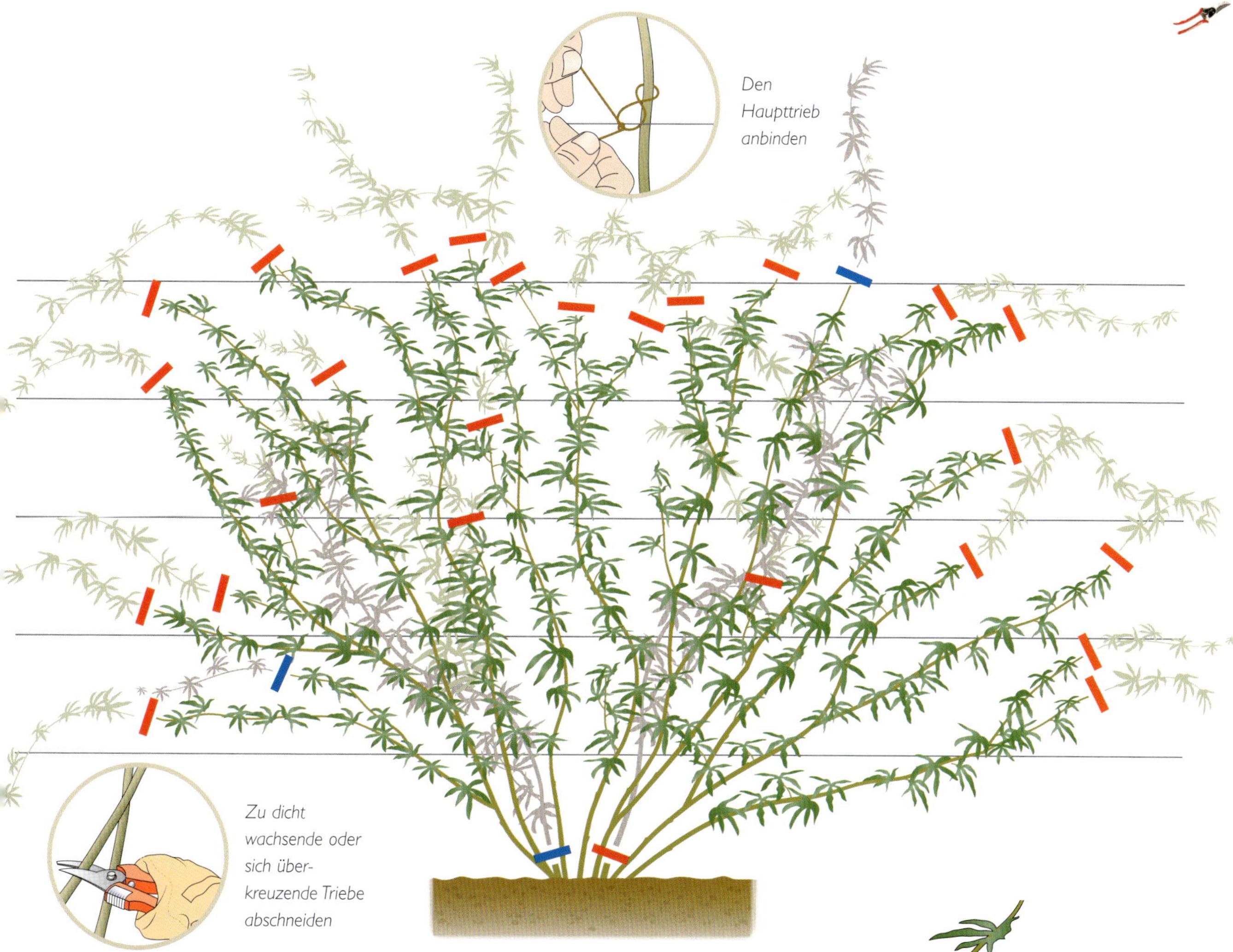

Den Haupttrieb anbinden

Zu dicht wachsende oder sich überkreuzende Triebe abschneiden

Erhaltungsschnitt

Tote und geschädigte Triebe

Erhaltungsschnitt

Passionsblumen sollen ein Grundgerüst aus kräftigen, gesunden Trieben bilden und Blütentriebe entwickeln. Ausgewachsene Pflanzen werden geschnitten, damit sie nicht über ihre Grenzen hinaus wachsen.

Schneiden Sie im Frühjahr schwache, dünne oder frostgeschädigten Triebe heraus. Lichten Sie das Dickicht aus unzähligen Trieben aus und schneiden Sie die Seitentriebe bis auf zwei oder drei Knospen der Haupttriebe zurück. Diese bringen im nächsten Jahr die Blüten hervor.

Verjüngungsschnitt

Auch bei regelmäßigem Schnitt entwickelt sich die Passionsblume zu einem Gewirr aus unzähligen alten und neuen Trieben. Dieses Wuchern hat oft Schädlingsbefall und Krankheiten zur Folge, weshalb vergreiste Pflanzen durch neue Exemplare ersetzt werden sollten.

Schneiden Sie die Ranken vor dem Schnitt ab, damit sich die Triebe besser von der Kletterhilfe entfernen lassen

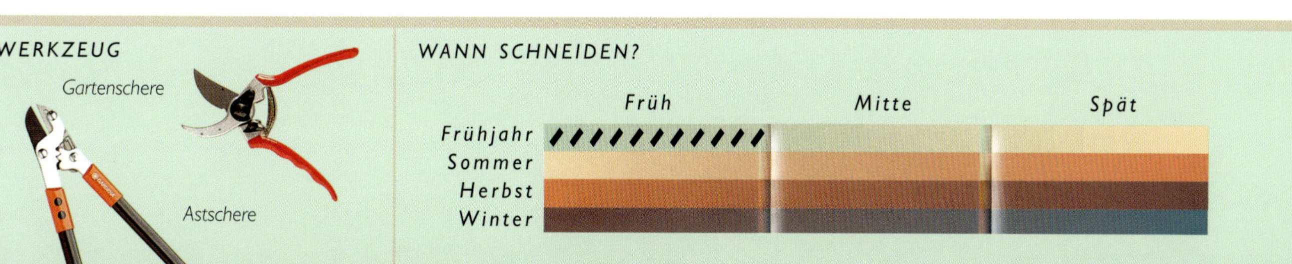

Philadelphus

Pfeifenstrauch, Falscher Jasmin

Wenn es einen Strauch gibt, den Sie unbedingt pflanzen sollten, dann ist es der Pfeifenstrauch. Im Früh- und Hochsommer schmücken sich seine Triebe über und über mit kleinen, intensiv duftenden Blüten.

Philadelphus *'Lemoinei'* *ist ein aufrechter, sommergrüner Strauch mit überhängenden Trieben, die in der Jugend hellbraun sind und sich mit der Zeit graubraun färben. Die frischgrünen Blätter sind breit oval, am Rand gezähnt und nehmen im Herbst einen leuchtend gelben Ton an. Die sehr intensiv duftenden, weißen, leicht glockigen Blüten sind einfach und erscheinen von Früh- bis Hochsommer in Büscheln.*

Dieser unverwüstliche, frostharte Strauch trägt breit ovale, frischgrüne, gegenständige Blätter, die im Herbst abgeworfen werden. Die hellbraunen Triebe werden mit der Zeit mattgrau und bekommen eine raue Struktur. Die Höhe der Sträucher kann stark variieren, daher gibt es für jeden Garten die passende Pflanze. Manche Sorten entwickeln sich zu großen Sträuchern von 3 m Höhe und 4 m Breite, während *Philadelphus* 'Manteau d'Hermine' nur 1-1,2 m hoch wird. Manche Formen haben ausgesprochen dekoratives Laub: *P. coronarius* 'Aureus' trägt goldgelbe Blätter, die in der Sonne heller werden; die Blätter von *P. coronarius* 'Variegatus' sind breit weiß umsäumt. Die Blüten, die einfach, halbgefüllt oder gefüllt sein können, erscheinen einzeln oder in Büscheln. Diese Sträucher bevorzugen einen mäßig nährstoffreichen, durchlässigen Boden in vollsonniger oder halbschattiger Lage.

Aufbauschnitt

Schneiden Sie junge Pflanzen, damit sie sich zu buschigen Sträuchern mit kräftigen Trieben entwickeln.

Entfernen Sie nach der Pflanzung alle geschädigten Triebe und nehmen Sie die verbliebenen etwa um die Hälfte zurück, damit sie an der Basis neue Triebe bilden.

WARUM SCHNEIDEN?

Die Entwicklung neuer Blütentriebe soll angeregt werden.

TIPPS FÜR DEN SCHNITT

- *Verwenden Sie eine Bypass-Gartenschere, da die Triebe mit der Ambossschere leicht gequetscht werden.*

PFLANZEN, DIE GENAUSO GESCHNITTEN WERDEN

Philadelphus coronarius *und Sorten*: *im Spätsommer nach der Blüte*
Philadelphus *'Manteau d'Hermine' und alle genannten Sorten*: *im Spätsommer nach der Blüte*
Kerria japonica *und Sorten*: *im Spätfrühling nach der Blüte*

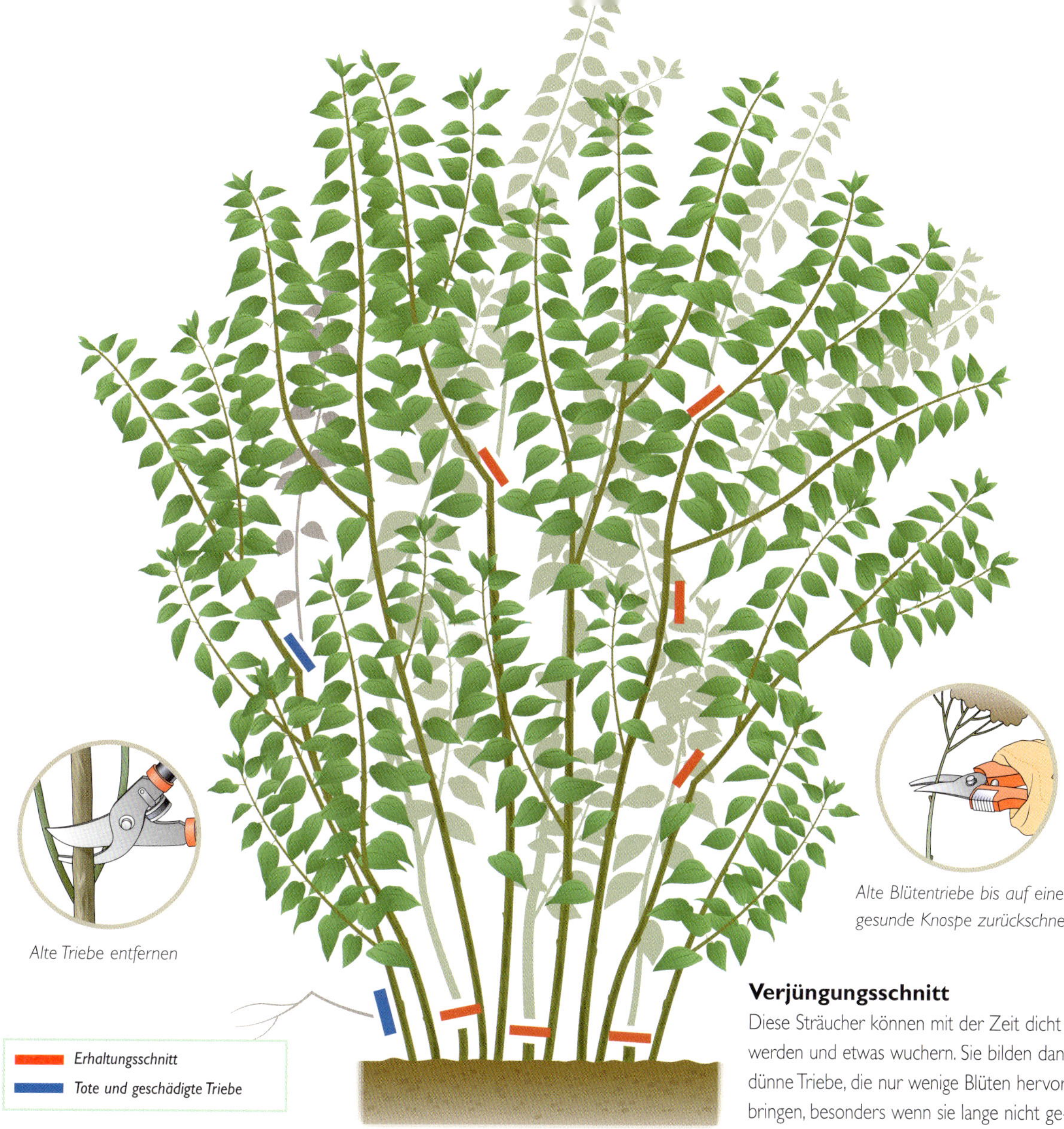

Alte Triebe entfernen

Alte Blütentriebe bis auf eine gesunde Knospe zurückschneiden

Erhaltungsschnitt

Tote und geschädigte Triebe

Erhaltungsschnitt

Ein jährlicher Schnitt ist notwendig, damit der Pfeifenstrauch üppig blüht. Dabei muss das alte Holz entfernt werden, da es sich sonst allmählich verdichten würde.

Entfernen Sie jedes Jahr etwa ein Viertel der alten Äste, damit mehr Licht einfallen kann und neuen Triebe genügend Raum zur Verfügung steht.

Schneiden Sie das alte Holz im Spätsommer möglichst nah über dem Boden ab. So hat die Pflanze ausreichend Zeit, viele Blütentriebe zu bilden, die im folgenden Jahr prächtige Blüten hervorbringen.

Die Pflanze können Sie in Form halten, wenn Sie alte Blütentriebe bis auf eine gesunde Knospe oder bis zu einem schön gewachsenen neuen Seitentrieb zurückschneiden.

Verjüngungsschnitt

Diese Sträucher können mit der Zeit dicht werden und etwas wuchern. Sie bilden dann dünne Triebe, die nur wenige Blüten hervorbringen, besonders wenn sie lange nicht geschnitten wurden. In diesem Fall hilft ein Radikalschnitt über einige Jahre hinweg.

Schneiden Sie vier oder fünf kräftige Triebe etwa um die Hälfte zurück und die restlichen Triebe 5-7 cm über dem Boden ab; dadurch wird der Neuaustrieb angeregt.

Entfernen Sie im folgenden Jahr alle dünnen oder schwachen Triebe vollständig. Schneiden Sie die verbliebenen alten Triebe dicht über dem Boden ab.

Photinia

Glanzmispel

Mit ihrem gefärbten Laub und den dekorativen Blüten und Beerenfrüchten ist die Glanzmispel ein Highlight im Garten.

Photinia x fraseri *'Red Robin'* *hat steife, aufrechte Äste, die oft etwas auseinander gehen und das Aussehen der Pflanze beeinträchtigen. Die großen, ovalen, immergrünen Blätter sind anfangs leuchtend rot. Später sind sie glänzend dunkelgrün. Das Laub hat eine ledrige Struktur und ist am Rand leicht gewellt. Im Spätfrühling werden kleine, weiße Blüten in flachen Büscheln gebildet. Diese Sorte wird hauptsächlich wegen des roten Neuaustriebs kultiviert. Sie ist nur bedingt winterhart.*

Viele dieser Sträucher haben ihren Ursprung in China und Japan. Heute sind zahlreiche Sorten erhältlich, die intensiver gefärbte oder größere Blätter tragen. Es gibt sommergrüne und immergrüne Arten, die sich alle als solitäre Sträucher hervorragend eignen, besonders in größeren Gärten. Manche Arten, zum Beispiel *Photinia* x *fraseri* oder *P.* 'Birmingham', werden auch als Hecken gepflanzt. Diese Pflanzen bevorzugen durchlässige, nährstoffreiche Böden in vollsonnigen oder halbschattigen Lagen. Im Winter und Frühjahr brauchen sie Windschutz, da der leuchtend gefärbte Neuaustrieb frostempfindlich ist. Sommergrüne Arten benötigen einen sauren oder neutralen Boden und Halbschatten.

Glanzmispeln entwickeln sich zu großen Sträuchern, die 3-10 m hoch werden können. Die stattlichen Exemplare erreichen oft eine Breite von 6 m und wirken dadurch mehr wie eine große Anpflanzung als ein Einzelstrauch. Das junge Laub der immergrünen Arten ist oft leuchtend rot oder purpurn gefärbt und wird mit der Zeit glänzend dunkelgrün. Die ausgereiften Blätter haben eine ledrige Struktur und sind am Rand leicht gewellt. *P. davidiana* 'Palette' trägt grünes, cremefarbenes und weiß panaschiertes Laub, die jungen Triebe sind rot. Die Blätter von sommergrünen Pflanzen wie *P. beauverdiana* färben sich bronzerot, bevor sie im Herbst abgeworfen werden.

Im Frühjahr oder Sommer erscheinen kleine, weiße Blüten in großen flachen Büscheln, gefolgt von orangefarbenen oder roten Früchten.

Schneiden Sie die aufrechte, sommergrüne *P. davidiana* im Vorfrühling und die ausladende immergrüne *P. serratifolia* nach der Blüte und im Vorfrühling zurück.

Aufbauschnitt

Durch den Schnitt wird die Entwicklung einer mehrstämmigen Pflanze mit kräftigen Trieben, die nahe dem Boden austreiben, gefördert. Schneiden Sie im Frühjahr nach der Pflanzung die Triebe um etwa ein Drittel zurück, damit sich ein buschiger Strauch entwickeln kann. Kürzen Sie starkwüchsige Triebe um die Hälfte.

WARUM SCHNEIDEN?

Für den Erhalt einer gleichmäßigen Wuchsform und die Entwicklung neuer Triebe.

TIPPS FÜR DEN SCHNITT

• Schneiden Sie die verwelkten Blüten ab, damit sich an den Triebenden dekorative Verzweigungen entwickeln.

PFLANZEN, DIE GENAUSO GESCHNITTEN WERDEN

Photonia davidiana: *im Vorfrühling*
Photonia x fraseri: *nach der Blüte und im Vorfrühling*
Photonia serratifolia: *nach der Blüte und im Vorfrühling*
Pleris floribunda: *im Frühling nach der Blüte*
Pleris formosa *und Sorten*: *im Frühling nach der Blüte*
Pleris japonica *und Sorten*: *im Frühling nach der Blüte*

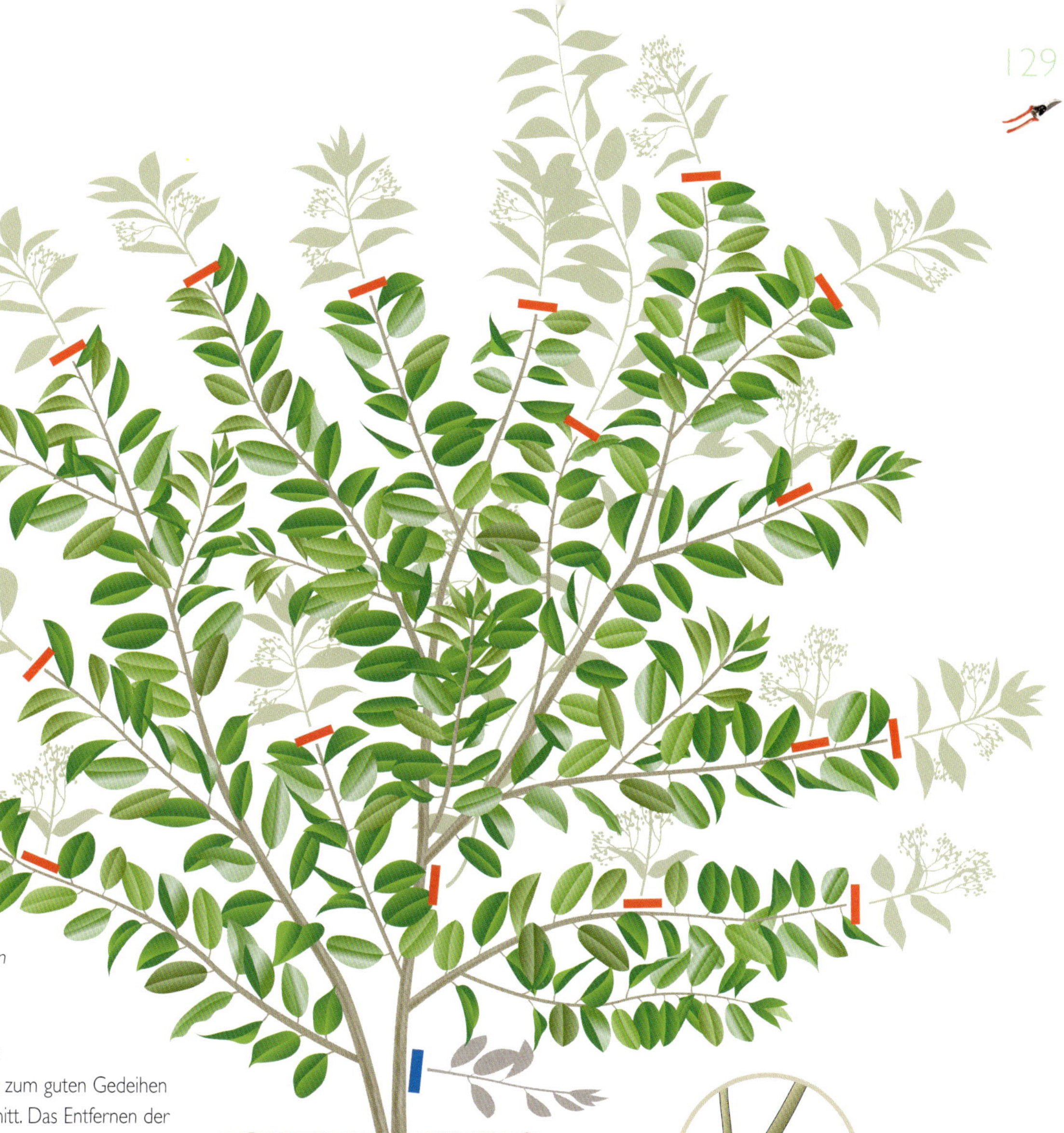

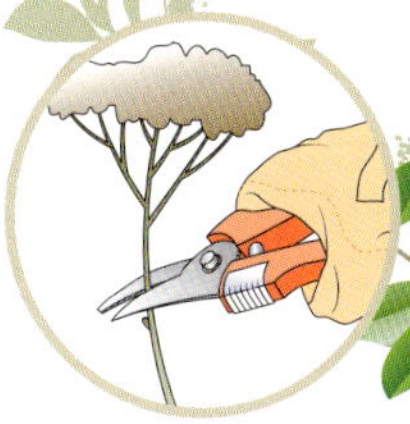

Verwelkte Blüten entfernen

Erhaltungsschnitt

Diese Pflanzen benötigen zum guten Gedeihen keinen regelmäßigen Schnitt. Das Entfernen der verwelkten Blüten fördert die Entwicklung leuchtend roter neuer Triebe, der Rückschnitt. starkwüchsiger Triebe eine gleichmäßige Wuchsform.

Schneiden Sie nach dem Abblühen alte Blütentriebe bis auf eine kräftigen Knospe oder untere, kräftigere Triebe zurück.

Kürzen Sie wuchernde Triebe im zeitigen Frühjahr mindestens um die Hälfte bis auf eine gesunde Knospe oder bis auf einen Seitentrieb. Entfernen Sie dünne, schwache Triebe.

Verjüngungsschnitt

Wenn diese Pflanzen vergreisen, wird die Bildung leuchtend roter Triebspitzen reduziert, oft verkahlen die Sträucher am Fuß.

Schneiden Sie deshalb im Frühjahr alle Äste 30-45 cm über dem Boden ab. Entfernen Sie im Spätsommer alle dünnen, wuchernden Triebe, damit sich kräftigere neue entwickeln können.

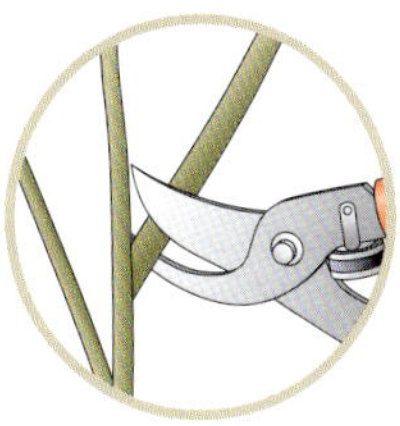

Starkwüchsige Triebe abschneiden

Erhaltungsschnitt
Tote und geschädigte Triebe

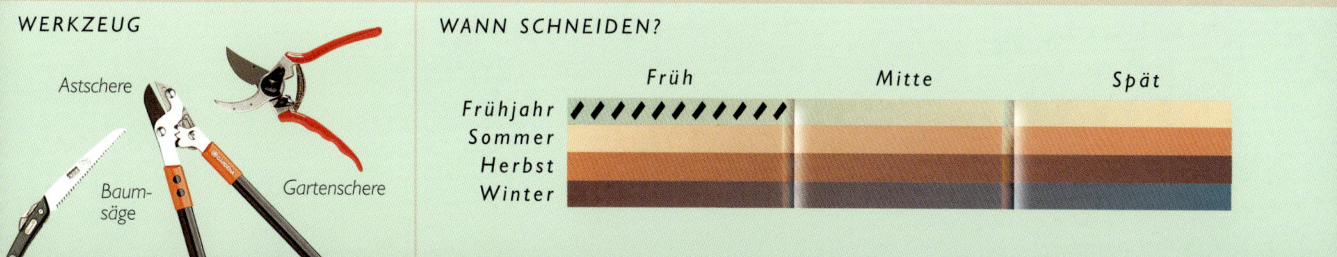

Potentilla fruticosa

Fingerstrauch

Der anspruchslose, einfach zu kultivierende Strauch schmückt sich über und über mit bunten Blüten. Bei richtiger Wahl der Sorten können Sie sich vom Sommer bis zum Spätherbst an dieser Pracht erfreuen.

Potentilla fruticosa *bildet einen kompakten, buschigen Strauch mit einer niedrigen, hügelartigen Wuchsform. Die silbriggrauen Triebe werden hellbraun, verholzen schließlich grau und bekommen eine schuppige Rinde. Die dunkelgrünen, leicht behaarten Blätter sind fünf- bis siebenzählig handförmig gefiedert. Kleine, gelbe, schalenförmige Blüten erscheinen von Spätfrühling bis Herbst in Büscheln von je 3-5 Blüten.*

Potentilla fruticosa und die zahlreichen Sorten sind die idealen Sträucher für Gartenanfänger, da sie lange blühen und eine große Farbenvielfalt in den Garten bringen. Sie gedeihen auf allen Böden, sogar auf sandigen oder mageren bis mäßig nährstoffreichen, solange diese nur durchlässig sind. In der Tat blühen sie auf mageren Böden noch besser, benötigen aber einen hellen, sonnigen Standort. Der Fingerstrauch ist nicht anfällig für Schädlinge und Krankheiten, nur die Wurzeln können auf schweren Tonböden oder bei Staunässe faulen.

Die kompakten, buschigen Sträucher haben eine niedrige, ausladende Wuchsform und können bis zu 1 m hoch und bis zu etwa 1,5 m breit werden. Sie entwickeln sich hügelförmig. Die meisten Formen tragen dunkelgrüne bis bläulich grüne Laubblätter, die handförmig gefiedert sind und sich jeweils aus 5-7 schmalen Teilblättchen zusammensetzen. Die Blätter bedecken dünne, silbriggrüne Triebe, die mit der Zeit hellbraun werden, später verholzen und dann eine schuppige Rinde bekommen. Kleine Blüten, die Wildrosenblüten ähneln, erscheinen unermüdlich von Spätfrühling bis Mitte Herbst in Büscheln von je 3-5 Blüten. Die Blütenfarbe variiert von Weiß und Gelb über Rosa- und Orangetönen bis hin zu Rot.

WARUM SCHNEIDEN?

Die Blütenbildung soll angeregt werden und die Pflanze soll sich kompakt und buschig entwickeln.

TIPPS FÜR DEN SCHNITT

- *Schneiden Sie die Pflanzen nach der Blüte mit einer Garten- oder Baumschere zurück.*

PFLANZEN, DIE GENAUSO GESCHNITTEN WERDEN

Cistus ***ssp. und Sorten:*** *Mitte Frühling*
Hebe albicans: *im Frühjahr und nach der Blüte*
Hebe rakaiensis: *im Frühjahr und nach der Blüte*
Potentilla fruticosa ***und Sorten:*** *Mitte Frühling*

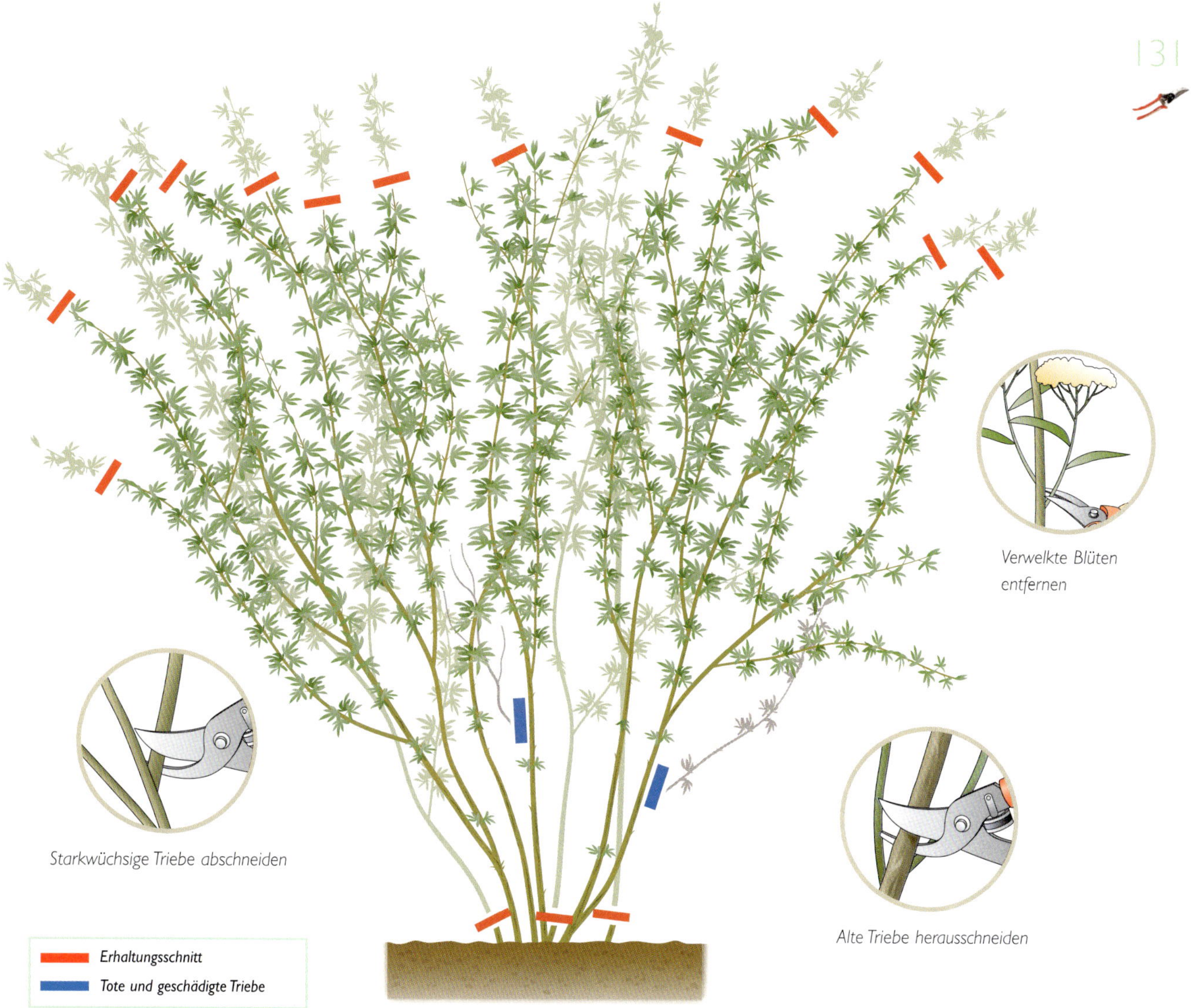

Starkwüchsige Triebe abschneiden

Verwelkte Blüten entfernen

Alte Triebe herausschneiden

Erhaltungsschnitt

Tote und geschädigte Triebe

Aufbauschnitt

Junge Pflanzen werden geschnitten, damit sie eine buschige Wuchsform entwickeln und kräftige Triebe bilden, die an der Basis der Pflanze austreiben.

Nehmen Sie nach der Pflanzung alle schwachen oder geschädigten Triebe heraus. Schneiden Sie die verbliebenen Triebe etwa um die Hälfte zurück, um die Entwicklung neuer Triebe zu fördern.

Erhaltungsschnitt

Schneiden Sie verwelkte Blüten 5-7 cm über der belaubten Stellen ab, damit die Pflanze kompakt und buschig bleibt. Der Schnitt sollte die Bildung zahlreicher neuer Triebe anregen, damit die Pflanzen am Fuß nicht verkahlen.

Nehmen Sie Mitte Frühling alle langen, starkwüchsigen Triebe zurück. Kürzen Sie etwa ein Drittel der ältesten Triebe bis zum Boden ein und schneiden Sie durcheinander wachsende Triebe heraus.

Verjüngungsschnitt

Der Fingerstrauch verholzt im Alter und wächst sehr dicht. Er bildet unzählige dünne, schwache Triebe, die weniger und kleinere Blüten hervorbringen. In diesem Fall hilft ein radikaler Rückschnitt, die nächste Blüte fällt dann jedoch aus.

Schneiden Sie die alten, kräftigen Triebe im Spätwinter oder Vorfrühling 10-15 cm über dem Boden ab und nehmen Sie alle dünnen, schwachen heraus, damit sich neue Triebe entwickeln können.

Prunus (sommergrüne Arten)

Zierkirsche, Blütenkirsche

Zierkirschen bringen zahllose Blüten hervor, die im zeitigen Frühjahr an den oft noch kahlen Ästen erscheinen. Nach dem Verblühen bilden sie auf dem Boden einen dichten Teppich aus Blütenblättern.

Zierkirschen bringt man zwar meist mit Japan und japanischen Gärten in Verbindung, sie werden jedoch weltweit gepflanzt. Größe und Form können stark variieren, sie reichen von kleinen, strauchartigen Pflanzen, die nicht höher als 1,5 m werden bis hin zu stattlichen Bäumen, die bis zu 40 m Höhe erreichen können. Manche Formen werden wegen ihrer dekorativen, sich schuppenden Rinde kultiviert. Die frisch- bis dunkelgrünen Blätter sind breit oval, am Rand gesägt und anfangs bronzefarben überhaucht, färben sich jedoch im Herbst orange und karminrot. Die meisten Zierkirschen blühen im Frühling nur für kurze Zeit. Die einfachen Blüten sind fünfzählig, während es auch halbgefüllte und gefüllte Formen mit zahlreichen Kronblättern gibt. Die Blütenfarbe variiert von Weiß und Cremeweiß bis hin zu fast alle Rosatönen, die man sich nur vorstellen kann. Die Sorten von *Prunus subhirtella* blühen mit Unterbrechungen den ganzen Herbst und wieder im Frühjahr. Zierkirschen gedeihen auf vielen Böden, bevorzugen aber feuchten, nährstoffreichen und durchlässigen Untergrund in vollsonniger Lage.

Prunus incisa *'Praecox'* *ist ein großer Strauch oder ein kleiner Baum von aufrechter Wuchsform in der Jugend, breitet sich aber zu einer offenen Form aus, wenn er ausgewachsen ist. Die breit ovalen Blätter sind sehr fein gezähnt und anfangs rötlich orange überhaucht, färben sich aber später zu einem mittleren Grün. Die kleinen Blüten sind weiß mit einem Hauch von Rosa und erscheinen im zeitigen Frühjahr noch vor dem Laubaustrieb.*

Aufbauschnitt

Schneiden Sie junge Pflanzen, um einen buschigen und gleichmäßigen Wuchs mit einem Haupttrieb und zahlreichen schön gewachsenen Ästen anzuregen.

Entfernen Sie die oberen 10-15 cm des Haupttriebs, damit er sich verzweigen kann. Entfernen Sie im Sommer alle schwachen, dürren Triebe und nehmen Sie alle wuchernden Triebe um ein Drittel zurück.

WARUM SCHNEIDEN?

Ein gleichmäßig gewachsenes Astgerüst soll erhalten bleiben.

TIPPS FÜR DEN SCHNITT

- *Schneiden Sie nach der Blüte, um die Gefahr von Pilzkrankheiten zu mindern.*

PFLANZEN, DIE GENAUSO GESCHNITTEN WERDEN

Prunus subhirtella *und Sorten*: *im Spätfrühling nach der Blüte (falls erforderlich)*

Dicht wachsende oder sich überkreuzende Triebe abschneiden

Tote oder geschädigte Triebe entfernen

Erhaltungsschnitt

Viele Zierkirschen gedeihen auch mit wenig oder ohne Schnitt jahrelang sehr gut. Sie sollten nur geschnitten werden, wenn sie zu dicht wachsende, kranke oder geschädigte Triebe aufweisen.

Schneiden Sie den Triebausschlag unterhalb der Veredelungsstelle und alle sich überkreuzenden oder geschädigten Äste bis zur Ansatzstelle zurück.

Verjüngungsschnitt

Diese Gehölze vertragen keinen Radikalschnitt. Aus diesem Grund sollte ein altes, spärlich blühendes Exemplar gegen eine neue Pflanze ausgetauscht werden. Graben Sie solche Pflanzen aus und vernichten Sie sie.

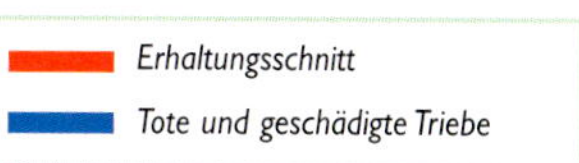

WERKZEUG

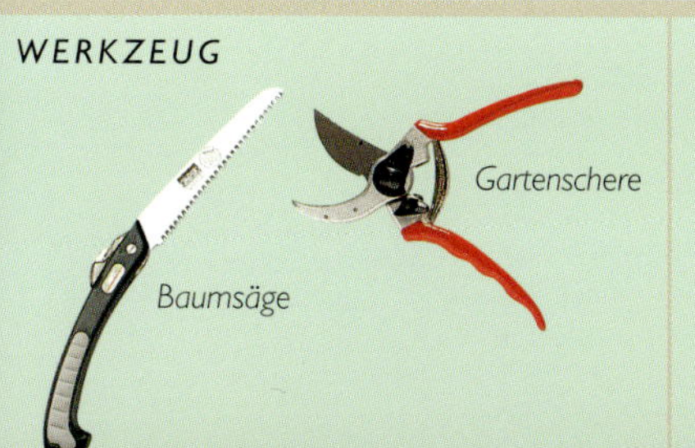

WANN SCHNEIDEN?

Prunus (immergrüne Arten)

Lorbeerkirsche

Die immergrünen Prunus-Arten werden normalerweise nicht wegen ihrer Blüten kultiviert. Sie verleihen dem Gartens vielmehr einen Rahmen und zählen mit zu den besten Heckenpflanzen.

Die Pflanzen bilden dichte, buschige Sträucher; manche Arten wachsen im Alter baumähnlich. Die Portugiesische Lorbeerkirsche *(Prunus lusitanica)* kann in ihrer Heimat eine Höhe von 15 m oder mehr erreichen. *P. laurocerasus* 'Otto Luyken', eine Zwergsorte, wird nur 1 m hoch. Alle Formen haben glänzende, dunkelgrüne, ledrige Blätter, die unterseits oft heller und am Rand gewöhnlich leicht gezähnt sind; *P. ilicifolia* trägt scharf gezähntes Laub. Es gibt Sorten von *P. laurocerasus* und *P. lusitanica*, die silbrig-weiß panaschierte Blätter tragen. Aufrechte Kerzen duftender, weißer Blüten erscheinen von Frühling bis Sommer an den Triebenden. Im Herbst folgen giftige, rötlich schwarze Steinfrüchte. Diese Sträucher gedeihen unter vielen Bedingungen, bevorzugen aber feuchte, durchlässige Böden in vollsonnigen oder halbschattigen Lagen. Das Laub kann sich gelb verfärben, wenn der Boden zu kalkhaltig ist. Jungpflanzen müssen vor kaltem, austrocknenden Wind geschützt werden.

Prunus lusitanica ssp. azorica *wächst zu einem kleinen Baum mit kompakter, rundlicher Wuchsform heran. Die Triebe haben eine gräulich braune Rinde, die sich im Alter schwarz färbt. Die glänzenden Blätter sind anfangs bronzefarben überhaucht, werden später aber dunkelgrün. Duftende, weiße Blüten bilden aufrechte Kerzen, die ab Frühlingsbeginn erscheinen. Ihnen folgen im Herbst giftige, rötliche schwarze Früchte.*

WARUM SCHNEIDEN?

Eine gleichmäßige und rundliche Wuchsform soll erhalten werden und ein Verkahlen am Fuß wird verhindert.

TIPPS FÜR DEN SCHNITT

- *Wählen Sie eine Sorte, die nur die gewünschte Höhe erreicht, um möglichst wenig schneiden zu müssen.*

PFLANZEN, DIE GENAUSO GESCHNITTEN WERDEN

Prunus ilicifolia *und Sorten*: *im Spätwinter nach dem Abfallen der Früchte*
Prunus laurocerasus *und Sorten*: *im Spätwinter nach dem Abfallen der Früchte*
Prunus lusitanica *und Sorten*: *im Spätfrühling oder Frühsommer*

Erhaltungsschnitt

Tote und geschädigte Triebe

Bis auf eine gesunde Knospe zurückschneiden

Zu starkwüchsige Triebe entfernen

Aufbauschnitt

Schneiden Sie junge Pflanzen, um einen buschigen Wuchs und die Entwicklung kräftiger Triebe zu fördern. Nehmen Sie nach der Pflanzung alle schwachen oder geschädigten Triebe heraus. Kürzen Sie die verbliebenen Triebe um etwa ein Drittel, damit an der Basis neue austreiben können.

Erhaltungsschnitt

Der Pflegeschnitt erfolgt im Spätwinter, wenn der Fruchtschmuck abgefallen und die Gefahr von Frösten vorüber ist. Der Rückschnitt hilft, eine gleichmäßige Wuchsform zu erhalten und den Austrieb von gesundem Laub zu fördern.

Schneiden Sie alle zu stark wachsenden Triebe zurück, damit die Pflanze ihre natürlich Form behält. Entfernen Sie bei panaschierten Formen alle einfarbig grünen Triebe. Schneiden Sie alle Blüten- und Fruchtstände vom Vorjahr bis auf jeweils eine kräftige Knospe zurück.

Verjüngungsschnitt

Die Sträucher bilden oft lange, kahle Triebe, die nur an den Enden einige Blätter tragen. Auch verkahlen Sie oft am Fuß und lassen die mattgrünen Triebe sichtbar werden.

Schneiden Sie die ältesten Triebe 15-20 cm über dem Boden ab und alle schwachen, dünnen bis zum Boden zurück.

WERKZEUG

WANN SCHNEIDEN?

	Früh	Mitte	Spät
Frühjahr			
Sommer			
Herbst			
Winter			//////////

Pyracantha

Feuerdorn

Der Feuerdorn zählt zu den Sträuchern, die man an einer Mauer oder auf einer anderen Fläche ziehen kann. Einmal eingewachsen, bringt er regelmäßig üppigen, leuchtend bunten Fruchtschmuck hervor.

Feuerdorn eignet sich hervorragend als frei wachsender Strauch sowie für Hecken. Besonders an Mauern und Zäunen macht er sich gut. Kleine, länglich ovale Blätter bedecken grüne, mit Dornen bewehrte Triebe, die sich beim Ausreifen rotbraun färben und schließlich fast schwarz werden. Der Feuerdorn bringt im Frühling dichte, flache Dolden weißer, etwas streng riechender Blüten hervor, denen im Herbst und Winter gelbe, orangefarbene oder rote beerenähnliche Früchte folgen. An einer Mauer können die Sträucher 5 m hoch und 8 m breit werden, während frei stehende Pflanzen und Hecken etwa nur zwei Drittel dieser Größe erreichen. Alle Arten bevorzugen gut durchlässige, aber die Feuchtigkeit haltende Böden und vollsonnige oder halbschattige Standorte.

Frei stehende Sträucher benötigen keinen regelmäßigen Schnitt, außer das Entfernen überlanger Triebe, die für einen üppigen Fruchtschmuck vor der Blüte zurückgeschnitten werden können.

Pyracantha '*Orange Charmer*' *ist ein starkwüchsiger, buschiger Strauch mit bedornten Ästen. Die ovalen, glänzenden, tiefgrünen Blätter sind in Büscheln dicht an den Dornen angeordnet. Im Frühsommer erscheinen cremeweiße Blüten, denen unzählige Früchte folgen, die im Herbst leuchtend orange heranreifen.*

WARUM SCHNEIDEN?

Die Pflanze soll gesunde Triebe bilden und der Wuchs in Grenzen gehalten werden.

TIPPS FÜR DEN SCHNITT

- *Meiden Sie zu starken Rückschnitt, da Feuerbrand die Folge sein könnte. Die Symptome sind das Absterben neuer Triebe sowie verbrannte Blüten und Blätter.*
- *Tragen Sie Gartenhandschuhe.*

PFLANZEN, DIE GENAUSO GESCHNITTEN WERDEN

Pyracantha coccinea: *im Spätfrühling nach der Blüte und im Spätsommer*
Pyracantha gibbisii: *im Spätfrühling nach der Blüte und im Spätsommer*
Pyracantha koidzumii: *im Spätfrühling nach der Blüte und im Spätsommer*
Colletia hystrix: *Mitte Frühling*
Colletia paradoxa: *Mitte Frühling*

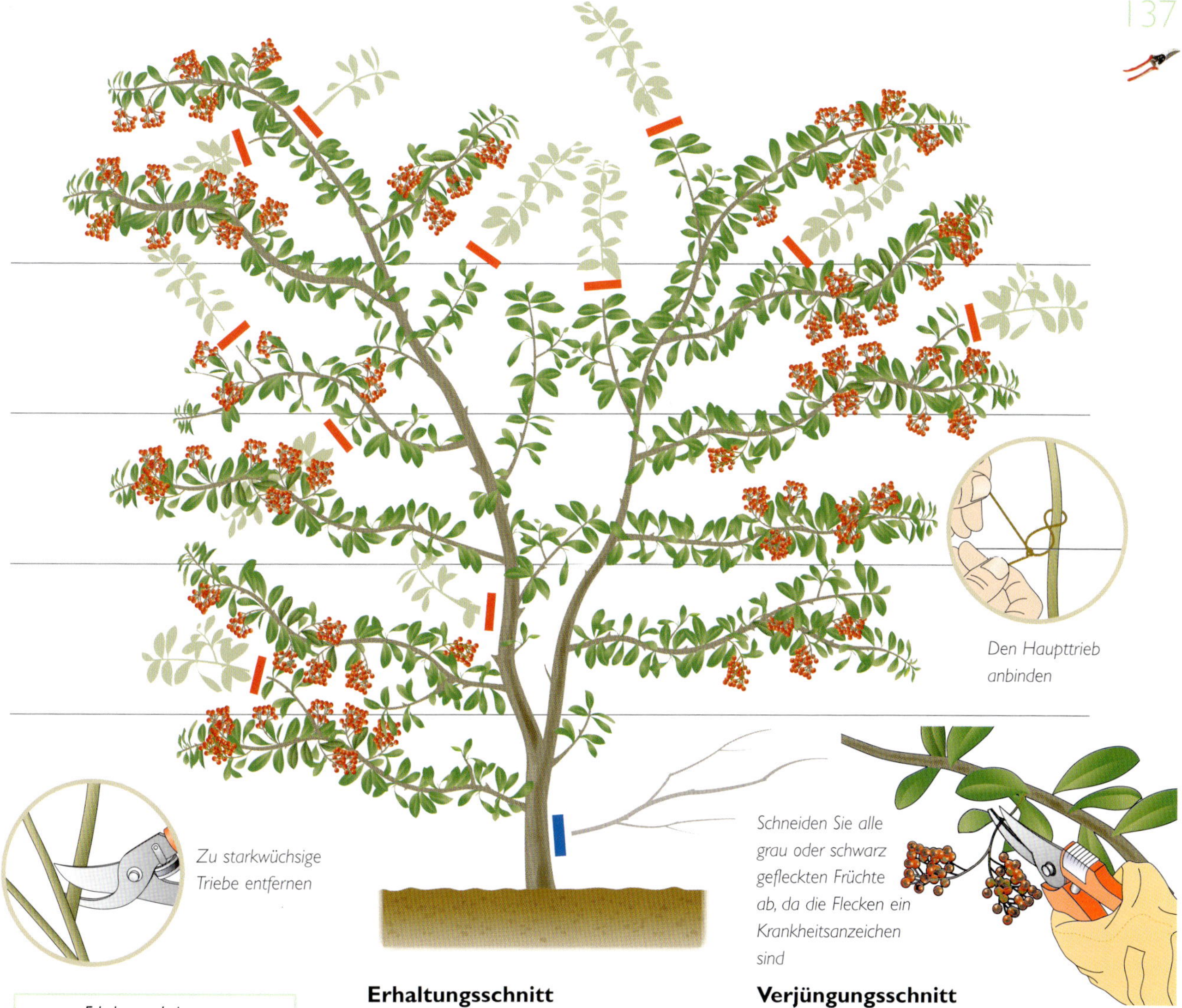

Den Haupttrieb anbinden

Schneiden Sie alle grau oder schwarz gefleckten Früchte ab, da die Flecken ein Krankheitsanzeichen sind

Zu starkwüchsige Triebe entfernen

Erhaltungsschnitt

Tote und geschädigte Triebe

Aufbauschnitt

Jungpflanzen werden geschnitten, damit sie buschig wachsen und kräftige Triebe entwickeln und an einer Stütze erzogen werden können. Die Triebe treiben direkt über dem Boden aus.

Schneiden Sie im ersten Frühjahr nach der Pflanzung alle dünnen oder geschädigten Triebe heraus. Kürzen Sie die Haupttriebe jeweils um ein Drittel ein.

Erhaltungsschnitt

Durch den Schnitt soll ein Grundgerüst aus kräftigen Trieben aufgebaut und die Entwicklung neuer gefördert werden. Schneiden Sie ausgewachsene Pflanzen, um sie im Zaum zu halten.

Damit die Pflanzen an einer Mauer eine schöne Form behalten, schneiden Sie alle nach außen wachsenden Triebe auf etwa 10 cm zurück. Entfernen Sie alle alten Blütendolden. Schneiden Sie zu starkwüchsige Triebe, die nicht als ein Teil des Grundgerüsts zum Anbinden benötigt werden, im Spätsommer bis auf zwei oder drei Knospen zurück.

Verjüngungsschnitt

Der Feuerdorn verkahlt oft am Fuß, verträgt aber einen radikalen Rückschnitt ganz gut. Schneiden Sie dazu im Spätwinter oder Vorfrühling alle Triebe mit Hilfe einer Astschere oder einer Baumsäge etwa 30 cm über dem Boden ab. Dadurch wird der Neuaustrieb angeregt.

6-8 Wochen später können Sie alle schwachen, dünnen Triebe entfernen und allmählich beginnen, die neuen in gewünschter Position an der Stützhilfe anzubinden.

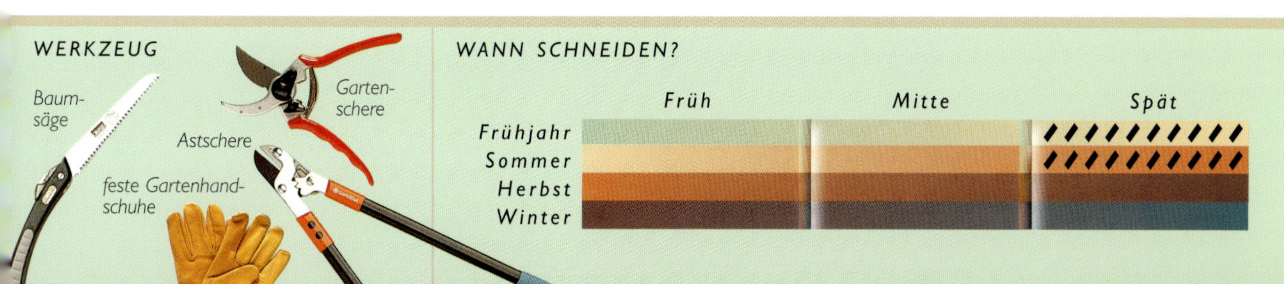

Rhododendron

Alpenrose

Die Gattung Rhododendron *umfasst etwa 800 Arten, zu denen noch zahlreiche, im Lauf der Zeit gezüchtete Sorten hinzukommen.*

Rhododendron *'Cilpinense'* *ist ein halbimmergrüner Strauch mit einer ausladenden, Hügel bildenden Wuchsform. Er trägt glänzend dunkelgrüne Blätter von ovaler Form, die an hellbraunen Trieben angeordnet sind. Im Vorfrühling erscheinen rosafarbene Knospen, die sich zu hellrosa gefärbten, auf der Innen- und Außenseite dunkler gezeichneten Glockenblüten öffnen.*

Rhododendren sind robuste, meist frostharte Pflanzen, deren grünes, ledriges Laub auf der Unterseite bisweilen filzig behaart ist. Die quirlständigen, breit länglichen Blätter können von 2,5 cm bis zu 30 cm lang sein. Manche Formen sind sommergrün, die meisten jedoch immergrün. Alle benötigen zum guten Gedeihen und zum Erhalt der Laubfarbe einen sauren Boden.

Die Blütengröße variiert ebenfalls stark und Einzelblüten können röhrenförmig, trichterförmig oder becherförmig sein. Die Blütenfarbe bietet sogar eine noch größere Vielfalt von Weiß und Gelbtönen über Rosa und Rotviolett bis zu Tiefrot. Die Blüten erscheinen oft in Büscheln an den Enden der Haupt- und Seitentriebe. Anschließend können kleine, braune Samenkapseln gebildet werden, die noch lange nach der Blüte an der Pflanze haften bleiben.

Die natürliche Wuchsform von Rhododendren reicht von niedrigen Hügeln, die sich stark ausbreiten, bis zu kleinen Bäumen von fast 12 m Höhe und 4-5 m Breite. Viele Sorten sind veredelt, an der Unterlage können kräftige Wildtriebe gebildet werden, die sich zu aufrechten neuen Trieben entwickeln.

Aufbauschnitt

Versuchen Sie die Pflanze dazu anzuregen, sich zu einem mehrstämmigen Strauch mit kräftigen Trieben zu entwickeln.

Schneiden Sie dazu im ersten Frühjahr nach der Pflanzung alle Triebe um ein Drittel zurück. Dadurch entwickelt sich eine gedrungene, buschige Pflanze. Kürzen Sie starkwüchsige Triebe etwa um die Hälfte ein, damit sie gleichmäßig wächst.

Erhaltungsschnitt

Rhododendren brauchen für einen schönen Wuchs keinen regelmäßigen Schnitt. Sie entwickeln sich jedoch besser, wenn man Verblühtes entfernt und so die Bildung von Samenständen verhindert. Diese können die Blütenbildung in den folgenden Jahren unterdrücken. Stark wuchernde Triebe werden zurückgeschnitten, damit die Pflanze gleichmäßig und formschön wächst.

Schneiden Sie im Hochsommer gleich nach der Blüte die welken Blütenstände bis auf eine

WARUM SCHNEIDEN?

Die Blütenbildung soll gefördert und die Pflanze zu einem buschigen Wuchs angeregt werden.

TIPPS FÜR DEN SCHNITT

- *Beginnen Sie mit dem Schnittvorgang gleich nach der Blüte, damit diese im folgenden Jahr nicht ausfällt.*

PFLANZEN, DIE GENAUSO GESCHNITTEN WERDEN

Azalea (Rhododendron *ssp. und Sorten*) *sommergrüne und immergrüne Arten*: *im Hochsommer nach der Blüte*
Rhododendron carolinianum *und Sorten*: *im Hochsommer nach der Blüte*
Rhododendron catawbiense *und Sorten*: *im Hochsommer nach der Blüte*
Rhododendron maximum *und Sorten*: *im Hochsommer nach der Blüte*

Verwelkte Blütenstände bis auf eine gesunde Knospe zurückschneiden

Wuchernde Triebe entfernen

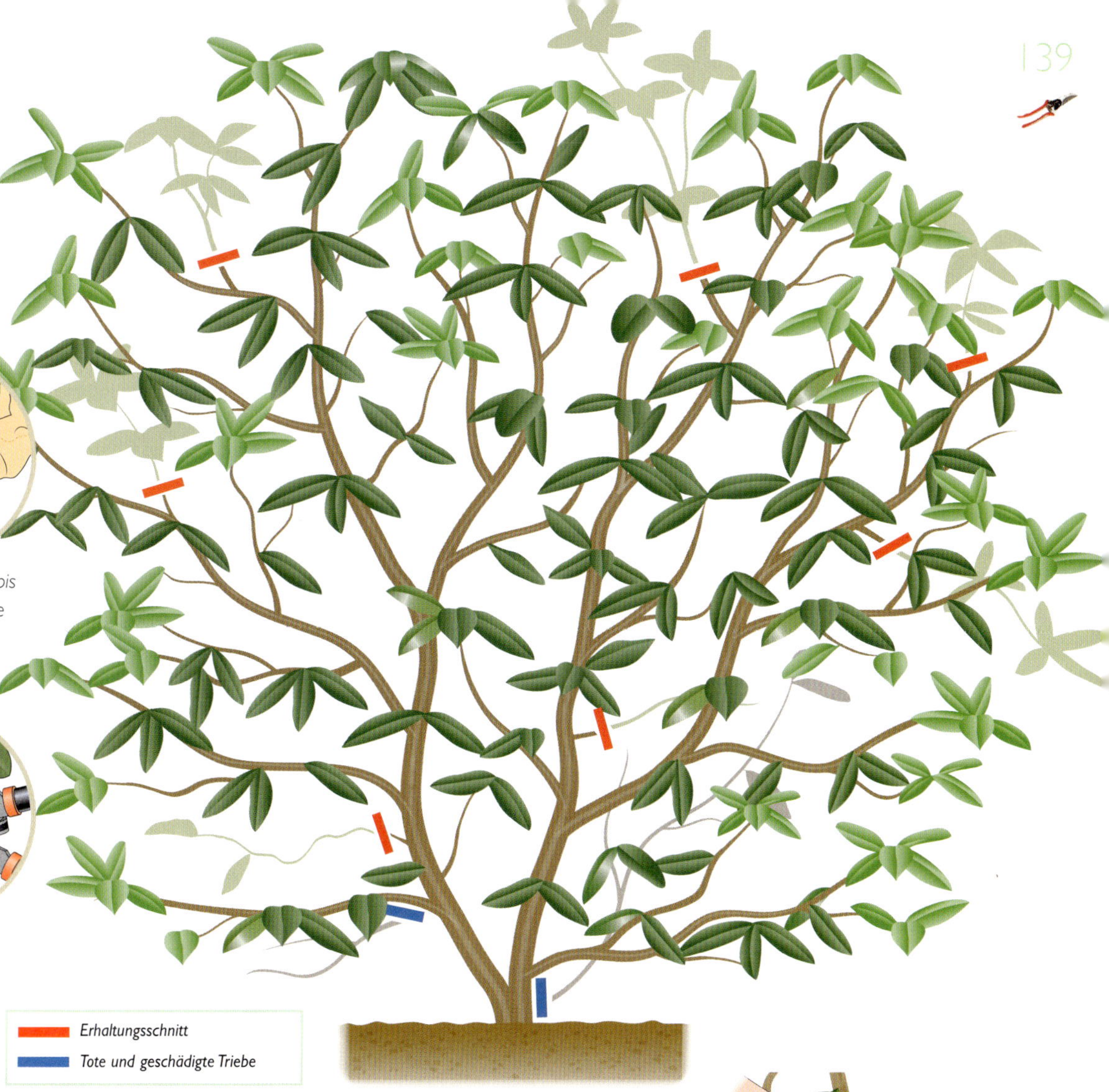

Erhaltungsschnitt

Tote und geschädigte Triebe

kräftige Knospe oder bis zu einem unteren, kräftigeren Trieb ab.

Entfernen Sie alle nicht geöffneten, verschimmelten Blütenknospen. Kürzen Sie starkwüchsige Triebe mindestens um die Hälfte. Nehmen Sie alle dünnen, schwachen Triebe sowie totes Holz aus der Mitte der Pflanze heraus.

Reißen Sie sofort alle Wildtriebe, die sich aus der Basis der Pflanze entwickeln, an der Ansatzstelle ab.

Verjüngungsschnitt

Ältere Pflanzen treiben an den Triebenden immer weniger aus und wachsen insgesamt langsamer. Sie vergreisen und verkahlen oft am Fuß.

Schneiden Sie ältere Triebe im Frühjahr 30-45 cm über dem Boden ab. Entfernen Sie im Sommer alle dünnen oder zu dicht wachsenden Triebe, damit sich neue, kräftigere entwickeln können.

Verjüngungsschnitt: *Schneiden Sie alte Triebe zurück*

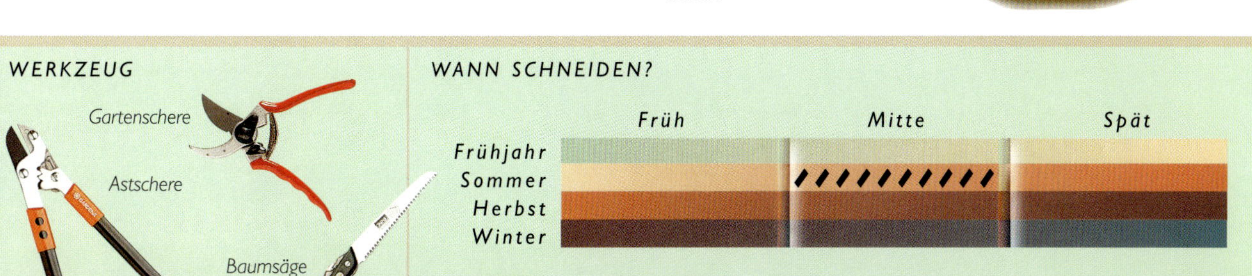

Rosa

Teehybriden (Edelrosen)

Diese wegen ihrer schönen, oft duftenden Blüten beliebten und bekannten Pflanzen zählen zu den am häufigsten gepflanzten Gewächsen überhaupt. Es gibt kaum einen Garten ohne wenigstens eine Rose.

Rosa *'Peace'* *ist wahrscheinlich die bekannteste und beliebteste Rose aller Zeiten. Die großen, hochgebauten Blüten sind von einem cremefarbenen Goldgelb. Jedes Blütenblatt ist dunkelrosa, später rot umsäumt. Die Blüten verströmen einen leichten Duft. Das glänzende, dunkelgrüne Laub ist ziemlich resistent gegen Krankheiten und bedeckt kräftige, rötlich grüne Triebe, die mit großen, roten Stacheln versehen sind.*

Die Teehybriden oder Edelrosen wurden ursprünglich durch Kreuzung von Remontant-Hybriden mit Teehybriden aus China gezüchtet. Sie bringen Büschel aus je drei oder mehr Blüten hervor, gewöhnlich an diesjährigen Trieben, die aber bereits früh im Jahr gebildet wurden. Viele dieser Rosen blühen öfter im Jahr, die neueren Sorten sind besonders blühfreudig.

Die gefiederten Blätter setzen sich aus mehreren kleinen, breit ovalen, am Rand gezähnten Teilblättchen zusammen, die entlang einer Mittelrippe angeordnet sind, deren Unterseite oft kleine Stacheln trägt. Die Farbe des Junglaubs und der Jungtriebe variiert von einem rötlichen Bronzeton bis zu Hellgrün und wird später dunkelgrün. Die meisten Teehybriden werden als mehrtriebige Beetrosen kultiviert, damit die Blüten besonders gut zur Geltung kommen. Diese Sorten können aber auch als Hochstämmchen erzogen werden, die etwa 1 m über dem Boden eine breite Krone entwickeln. Fast alle Rosen sind auf einer Unterlage veredelt oder okuliert. Wildtriebe, die unterhalb der Veredelungsstelle austreiben, sollten entfernt werden, sobald sie sich entwickeln.

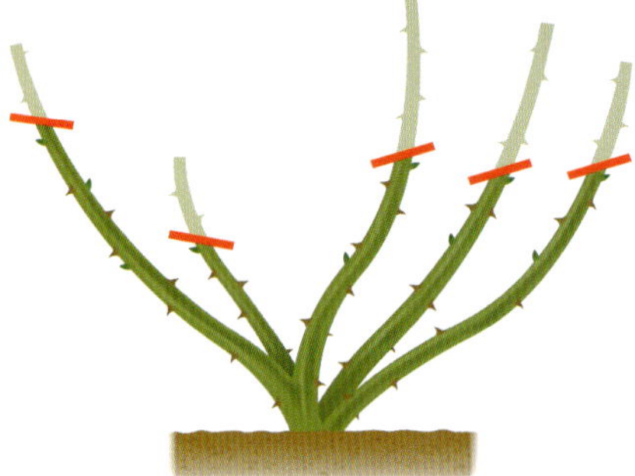

Aufbauschnitt: *Erster Frühling*

Aufbauschnitt

Die Pflanze soll sich mehrtriebig entwickeln und kräftige Triebe in Bodennähe bilden, damit ein gleichmäßiges Astwerk entsteht.

Entfernen Sie alle geschädigten oder abgebrochenen Triebe und schneiden Sie die zur Mitte der Pflanze hin wachsenden Triebe zurück.

Kappen Sie kräftige, gesunde Triebe 7-15 cm über dem Boden oberhalb einer nach außen zeigenden Knospe.

Erhaltungsschnitt

Ziel ist eine in der Mitte offen wachsende Pflanze mit guter Luftzirkulation. Diese Rosen benötigen regelmäßigen jährlichen Schnitt, wobei das alte und kranke Holz sowie die dünnen, schwachen Triebe entfernt werden. Dadurch wird der Austrieb neuer Triebe angeregt.

Schneiden Sie im Spätwinter oder im zeitigen Frühjahr alle toten, kranken oder geschädigten Triebe bis ins gesunde Holz zurück. Führen Sie den Rückschnitt immer oberhalb einer nach außen zeigenden Knospe aus.

WARUM SCHNEIDEN?

Die Entwicklung kräftiger Neutriebe soll gefördert werden und die Rose soll öfter blühen.

TIPPS FÜR DEN SCHNITT

• Schneiden Sie die Pflanzen nicht, wenn Frost angesagt ist, denn die geschnittenen Triebe können einreißen, besonders wenn Pflanzensaft austritt.

PFLANZEN, DIE GENAUSO GESCHNITTEN WERDEN

Rosa *'Fragrant Cloud'*: *im Spätwinter oder Vorfrühling*
Rosa *'Piccadilly'*: *im Spätwinter oder Vorfrühling*
Rosa *'Rubby Wedding'*: *im Spätwinter oder Vorfrühling*
Rosa *'Silver Jubilee'*: *im Spätwinter oder Vorfrühling*

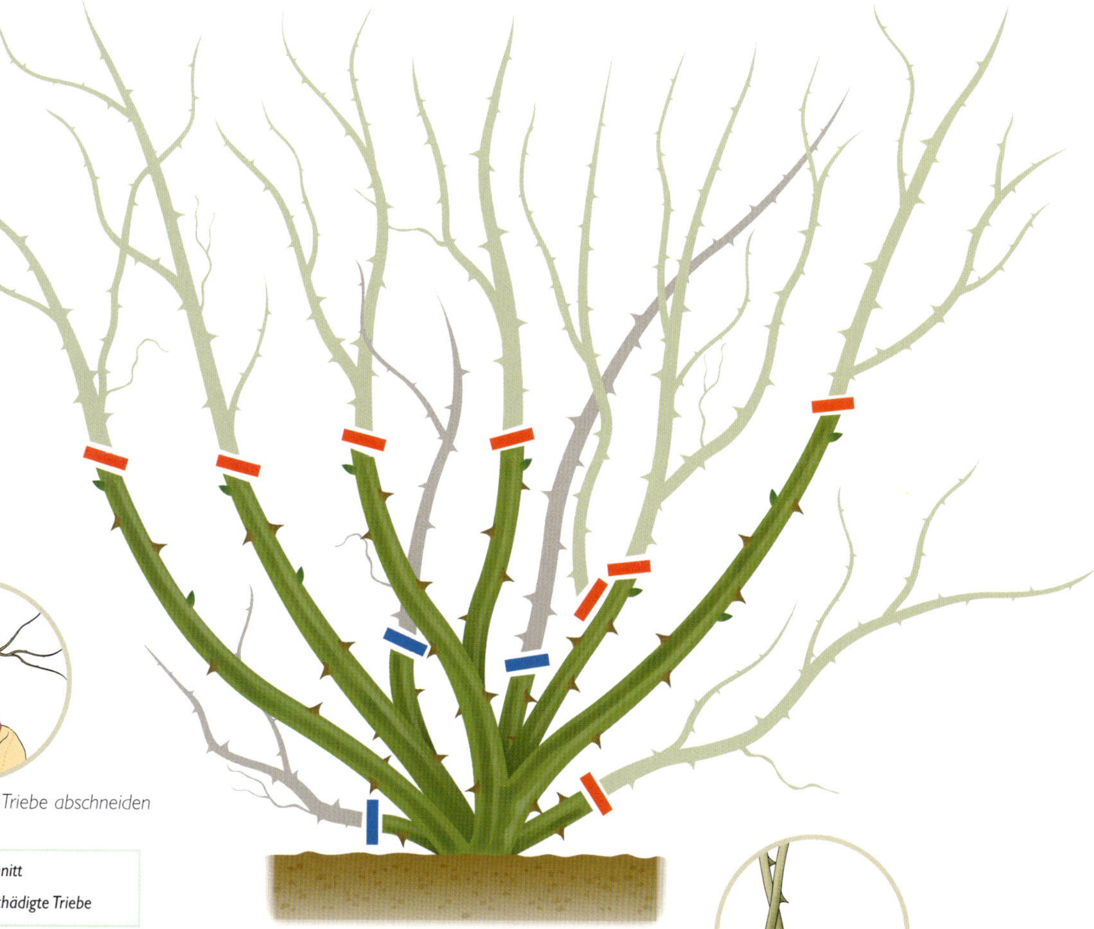

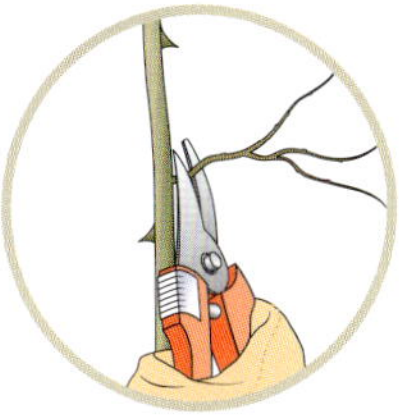

Tote oder geschädigte Triebe abschneiden

Erhaltungsschnitt

Tote und geschädigte Triebe

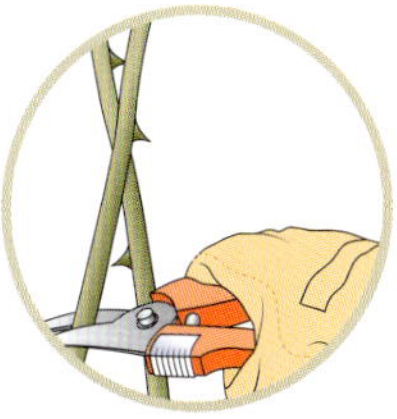

Wuchernde oder sich überkreuzende Triebe entfernen

Entfernen Sie alle dünnen, schwachen Triebe, die in der Mitte der Pflanze austreiben. Wenn die alten Stummel zu dicht stehen, sollten Sie sie mit einer kleinen Baumsäge absägen.

Schneiden Sie alle sich stark überkreuzenden Triebe heraus. Wenn diese gegeneinander reiben, wird die Rinde verletzt und die Pflanze wird anfällig für Krankheiten. Schneiden Sie zum Schluss die verbliebenen Triebe etwa 25 cm über dem Boden, direkt über einer nach außen zeigenden Knospe, ab. Dünnere Triebe können auf 15 cm eingekürzt werden.

Verjüngungsschnitt

Rosen, die nicht geschnitten werden, bilden oft ein dichtes Gewirr aus dünnen, schwachen Trieben, die kaum Blüten hervorbringen. Die Pflanzen werden in der Folge anfällig für Schädlingsbefall und Krankheiten. Hier hilft ein Radikalschnitt, der in mehreren Schritten durchgeführt werden sollte, um die mögliche Bildung von Wildtrieben an der Unterlage zu verhindern.

Schneiden Sie im Winter die Hälfte der alten Triebe möglichst nah am alten Astgerüst ab; falls nötig, verwenden Sie eine Baumsäge. Lassen Sie 2,5-5 cm lange Stummel zurück, aus denen sich die neuen Triebe entwickeln.

Entfernen Sie im zweiten Jahr alle dünnen oder schwachen Triebe vollständig und nehmen Sie die alten noch verbliebenen Triebe heraus.

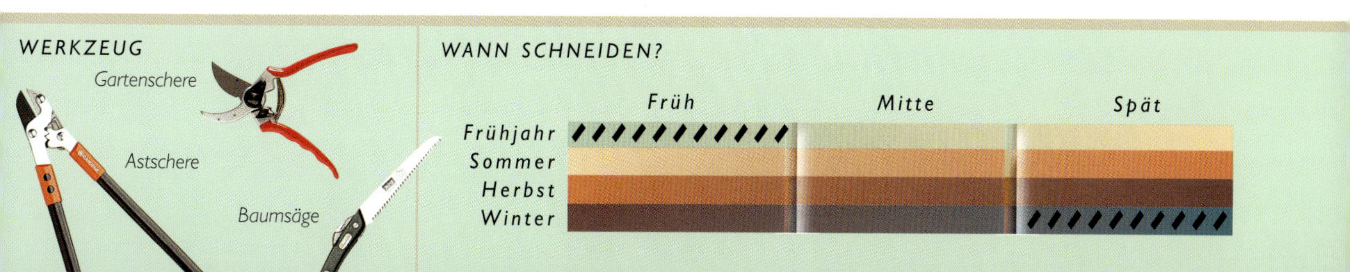

Rosa

Floribundarosen

Diese beliebten Rosen tragen bunte, oft duftende Blüten. Sie werden eher wegen der üppigen Farbenpracht kultiviert als wegen der Einzelblüten.

Floribundarosen gehören zu den Beetrosen und wurden durch intensive Züchtungsarbeiten an Polyantharosen entwickelt. Ziel war es, die Fähigkeit öfter als einmal im Jahr zu blühen (remontieren) in die neueren Generationen der Beetrosen einzukreuzen.

Floribundarosen tragen Büschel von je 3-25 Einzelblüten, der übliche Durchschnitt liegt bei 12-15 Blüten. Die Blütenbüschel erscheinen an den diesjährigen Triebenden. Die meisten Sorten blühen nahezu unaufhörlich, und die neueren Züchtungen bringen ihre Blüten noch bis zu den ersten Herbstfrösten hervor. Jede Blüte öffnet sich vollständig und lässt die Mitte sichtbar werden.

Die gefiederten Blätter setzen sich aus zahlreichen kleinen, breit ovalen, am Rand gezähnten Teilblättchen zusammen, deren Mittelrippe auf der Unterseite oft kleine Stachel trägt. Das junge Laub und die Jungtriebe können rötlich bronzefarben bis hellgrün sein und färben sich beim Heranreifen oft dunkelgrün. Obwohl Floribundarosen oft als Sträucher oder manchmal sogar als Hecken gepflanzt werden, kann man diese Sorten auch als Hochstämmchen kultivieren. Die meisten Rosen sind veredelt oder okuliert, also mit einer Unterlage verbunden. Wildtriebe, die unterhalb der Veredelungsstelle austreiben, müssen entfernt werden.

Aufbauschnitt: *Nach der Pflanzung*

Aufbauschnitt

Durch Rückschnitt soll der Aufbau einer mehrtriebigen Pflanze mit kräftigen Ästen angeregt werden. Triebe, die direkt am Boden austreiben, formen ein gleichmäßiges Astwerk.

Entfernen Sie alle geschädigten oder abgebrochenen Triebe sowie zur Pflanzenmitte hin wachsenden Triebe.

Schneiden Sie alle kräftigen Triebe 7-15 cm über dem Boden bis auf eine nach außen zeigende Knospe zurück.

Rosa *'Schneewittchen'* *ist eine beliebte Floribundarose mit aufrechter Wuchsform. Sie hat kräftige, hellgrüne Triebe, die sich aus ruhenden Knospen nahe dem Boden entwickeln. Die Triebe färben sich im Alter graugrün. Die hellgrünen, gefiederten Blätter setzen sich aus sieben bis neun Teilblättchen zusammen, die entlang der Mittelrippe angeordnet sind. Bei kühler Witterung kann das Laub am Rand purpurrot angehaucht sein. Von Frühsommer bis Spätherbst erscheinen an den Triebenden Büschel gefüllter weißer Blüten.*

WARUM SCHNEIDEN?

Die Entwicklung kräftiger neuer Triebe und mehrere Flore hintereinander sollen angeregt werden.

TIPPS FÜR DEN SCHNITT

- *Führen Sie keinen Schnitt durch, wenn Frost droht. Wenn Pflanzensaft austritt, können die geschnittenen Triebe rissig werden.*

PFLANZEN, DIE GENAUSO GESCHNITTEN WERDEN

Rosa *'Anne Harkness'*: *im Spätwinter oder Vorfrühling vor dem Neuaustrieb*
Rosa *'Schneewittchen'*: *im Spätwinter oder Vorfrühling vor dem Neuaustrieb*
Rosa *'Margaret Merril'*: *im Spätwinter oder Vorfrühling vor dem Neuaustrieb*
Rosa *'Queen Elizabeth'*: *im Spätwinter oder Vorfrühling vor dem Neuaustrieb*

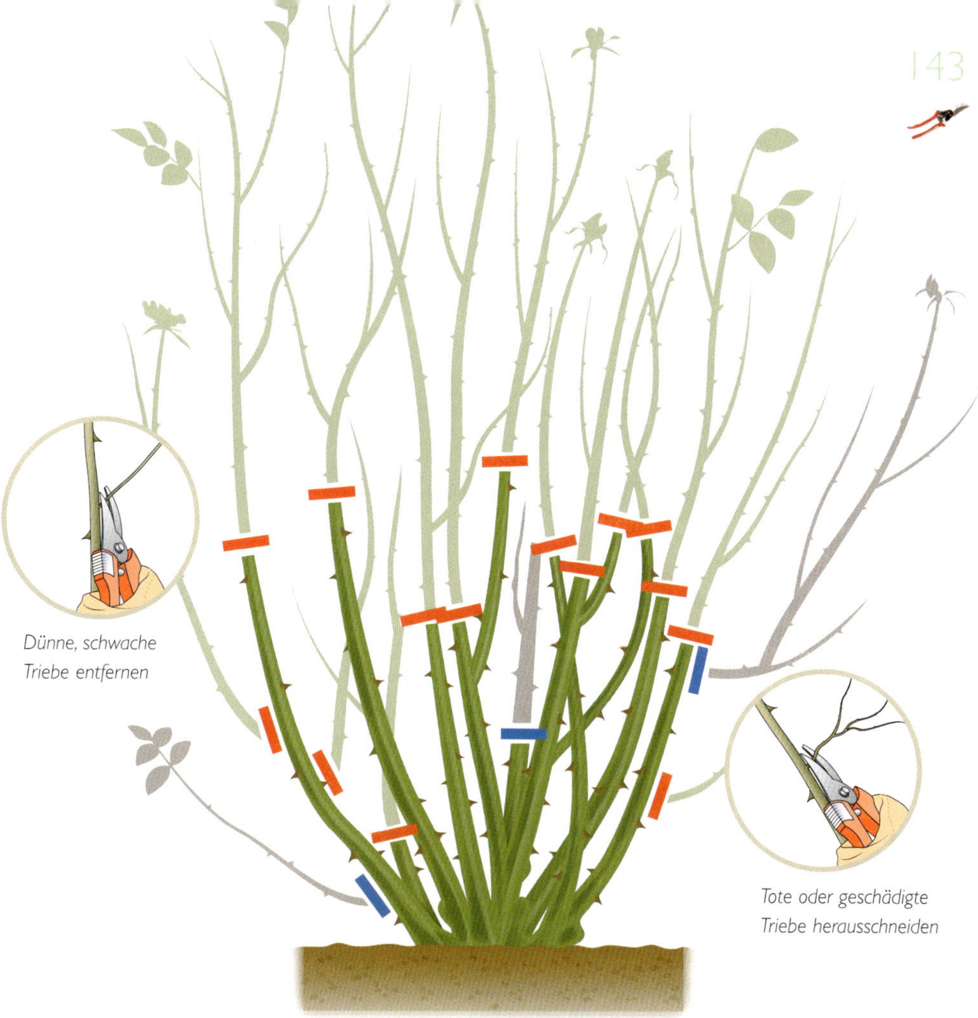

Dünne, schwache Triebe entfernen

Tote oder geschädigte Triebe herausschneiden

Erhaltungsschnitt

Tote und geschädigte Triebe

Erhaltungsschnitt

Diese Rosen müssen jährlich geschnitten werden. Altes und krankes Holz sowie dünne, schwache Triebe sollen dicht über einem gesunden Ast entfernt und der Austrieb kräftiger neuer Triebe angeregt werden.

Führen Sie den Rückschnitt nach Möglichkeit immer oberhalb einer nach außen zeigenden Knospe aus. Nehmen Sie alle dünnen, schwachen oder zur Pflanzenmitte hin wachsenden Triebe vollständig heraus. Zu dicht stehende alte Aststummel können Sie mit einer Baumsäge abschneiden. Nehmen Sie alle sich überkreuzenden und aneinander reibenden Triebe zurück, da diese Schäden verursachen.

Schneiden Sie zum Schluss alle verbliebenen Triebe bis etwa 10 cm über der Ansatzstelle des vorjährigen Holzes zurück. Nach etwa vier Jahren mit dieser Schnittfolge schneiden Sie diese etwa 25 cm über dem Boden ab und entfernen alle dünneren Triebe.

Verjüngungsschnitt

Rosen, die nicht geschnitten wurden, bilden meist ein Gewirr aus schwachen Trieben, die kaum noch Blüten hervorbringen. Auch wird die Pflanze anfällig für Schädlinge und Krankheiten. Ein Radikalschnitt kann hier helfen, sollte aber in mehreren Schritten durchgeführt werden.

Schneiden Sie im Winter die Hälfte der alten Triebe, falls nötig mit einer Säge, am Astgerüst ab. Lassen sie 2,5-5 cm lange Stummel stehen, aus diesen entwickelt sich der Neuaustrieb.

Nehmen Sie im zweiten Jahr alle schwachen Triebe und die verbliebenen alten Äste heraus. Schneiden Sie die kräftigen Triebe 25 cm über dem Boden ab.

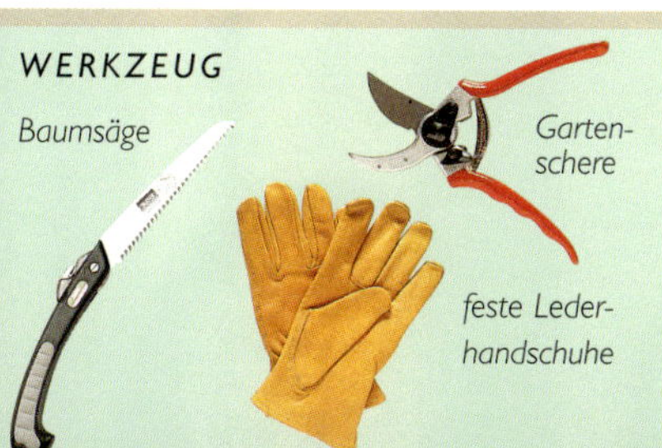

Rosa

Strauch- und Wildrosen

Viele dieser Rosen werden wegen ihrer farbenprächtigen, manchmal auch duftenden Blüten kultiviert. Sie können sie in Gruppen pflanzen, aber auch als Solitäre kommen sie gut zur Geltung. Einige schmücken sich mit dekorativen Früchten.

Der Begriff Strauchrosen umfasst Wildrosen, die in der Natur vorkommen sowie moderne Hybriden, die nur entfernt verwandt mit den Wildarten sind, aber ähnliche Eigenschaften aufweisen können. Die Blüten bestehen aus Büscheln von mehreren Blumen, aber auch Einzelblüten kommen vor. Einige sind nur einfach und öffnen sich vollständig, wobei die Mitte sichtbar wird. Sie stehen auf kurzen Seitenästen oder an den Enden der Haupttriebe. Wildrosen blühen gewöhnlich nur einmal im Jahr, aber die Hybriden können öfterblühend (remontierend) sein.

Was ihre Wuchskraft und Wuchsform betrifft, variieren diese Rosen stark. Manche haben eine überhängende, recht lockere Form, während andere steife, aufrechte Triebe bilden. Die gefiederten Blätter setzen sich aus mehreren kleinen, breit ovalen, am Rand gezähnten Teilblättchen zusammen, die entlang einer Mittelrippe, deren Unterseite oft kleine Stacheln aufweist, angeordnet sind. Das junge Laub und die Jungtriebe sind rötlich bronzefarben bis hellgrün und färben sich später meist dunkelgrün. Manche, darunter auch *Rosa glauca*, werden wegen ihres dekorativen Laubs kultiviert. Die meisten Rosen sind veredelt oder okuliert. Manche von ihnen können durch Stecklinge vermehrt werden.

Rosa gallica 'Versicolor' *ist eine ungewöhnliche Strauchrose mit einer offenen, ausladenden Wuchsform. Ihre dünnen, hellgrünen Triebe treiben dicht an der Basis der Pflanze aus und färben sich beim Heranreifen gräulich grün. Die hellgrünen, gefiederten Blätter setzen sich aus 7-9 Teilblättchen mit gezähntem Rand zusammen. Im Sommer erscheinen an den Enden der Äste und Zweige Büschel aus rot, hellrosa und weiß gestreiften oder gesprenkelten Blüten.*

Aufbauschnitt: *Nach der Pflanzung*

Aufbauschnitt

Die Pflanze soll sich mit mehreren kräftigen Trieben entwickeln, die in Bodennähe austreiben, um ein gleichmäßiges Astwerk zu bilden.

Entfernen Sie alle geschädigten oder abgebrochenen Triebe und schneiden Sie sämtliche zur Pflanzenmitte hin wachsenden Triebe zurück.

Schneiden Sie kräftige, gesunde Triebe etwa 7-15 cm über dem Boden zurück. Der Schnitt erfolgt oberhalb einer nach außen zeigenden Knospe.

WARUM SCHNEIDEN?

Die Entwicklung kräftiger neuer Triebe sowie die Blüten- und Fruchtbildung sollen gefördert werden.

TIPPS FÜR DEN SCHNITT

- *Halten Sie regelmäßig Ausschau nach Wildtrieben, die denen der veredelten Rosen ähneln, aber unterhalb der Veredelungsstelle erscheinen. Entfernen Sie sie sofort.*

PFLANZEN, DIE GENAUSO GESCHNITTEN WERDEN

Rosa xanthina *'Canary Bird'*: *Spätwinter bis Vorfrühling vor dem Neuaustrieb*
Rosa glauca: *Spätwinter bis Vorfrühling vor dem Neuaustrieb*
Rosa moyesii: *Spätwinter bis Vorfrühling vor dem Neuaustrieb*
Rosa gallica *'Versicolor'*: *Spätwinter bis Vorfrühling vor dem Neuaustrieb*
Rosa chinensis *'Viridiflora'*: *Spätwinter bis Vorfrühling vor dem Neuaustrieb*

Alte Äste herausschneiden

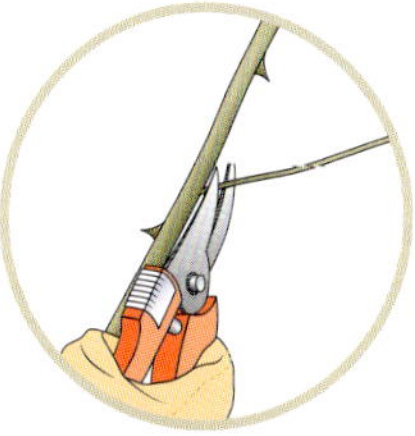

Dünne, schwache Triebe entfernen

Erhaltungsschnitt

Tote und geschädigte Triebe

Erhaltungsschnitt

Diese Rosen benötigen regelmäßigen Schnitt, damit sie eine offene Form entwickeln und die Luft besser zirkulieren kann. Durch den Rückschnitt im Winter oder Vorfrühling wird auch altes und krankes Holz bis ins gesunde Holz geschnitten und die Entwicklung neuer Triebe angeregt. Die Triebe moderner Strauchrosen können Sie etwa um die Hälfte einkürzen. Nach Möglichkeit führen Sie den Schnitt immer oberhalb einer nach außen zeigenden Knospe aus, damit in der Mitte der Pflanze kein Astgewirr entsteht.

Schneiden Sie 1-2 der ältesten, verholzten Triebe bis zum Boden zurück. Nehmen Sie alle dünnen, schwachen Triebe oder solche, die zur Pflanzenmitte hin wachsen, heraus. Zu dicht stehende alte Aststummel können sie mit einer Baumsäge entfernen.

Kürzen Sie die Blütentriebe nach der Blüte um ein Drittel ein, außer Sie wollen die Früchte behalten.

Verjüngungsschnitt

Strauch- und Wildrosen entwickeln sich von Natur aus zu dichtwüchsigen Pflanzen, da sie Massen von dünnen, schwachen Trieben bilden, die oft anfällig für Schädlinge und Krankheiten sind. Ein radikaler Rückschnitt in mehreren Schritten kann Abhilfe schaffen.

Schneiden Sie im Spätwinter die Hälfte der alten Äste möglichst nah über dem Boden ab. Kürzen Sie die verbliebenen Triebe etwa um die Hälfte ein.

Nehmen Sie im folgenden Sommer alle dünnen oder schwachen Triebe und alten Äste heraus, so dass nur kräftige, gesunde übrig blieben.

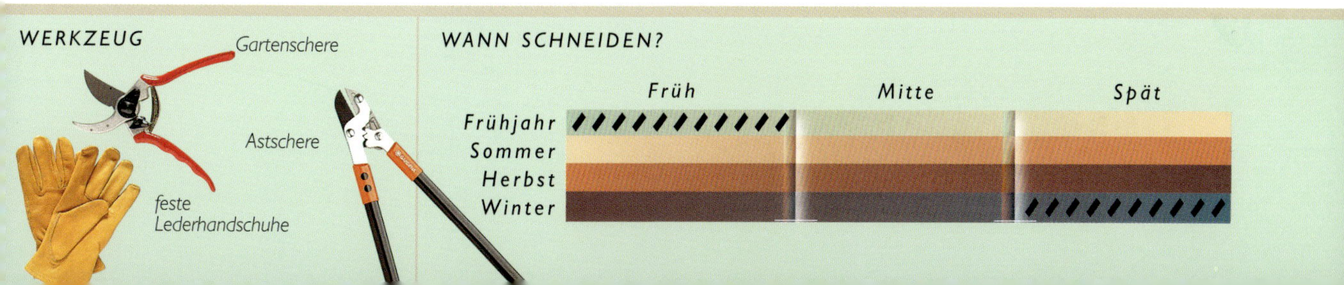

Rosa

Kletterrosen

Eine über und über mit den Blüten einer Kletterrose bedeckte Mauer oder Pergola, bietet im Hochsommer einen unvergesslichen Anblick.

Rosa gentiliana *ist eine sehr starkwüchsige Kletterrose mit bronzegrünen Trieben, die sowohl mit breiten, gebogenen als auch mit unzähligen borstenähnlichen Stacheln bewehrt ist. Die großen, glänzenden Blätter setzen sich aus kleinen Teilblättchen zusammen, die anfangs kupferfarben sind, sich aber später hellgrün färben. Den halbgefüllten, cremeweißen Blütenbüscheln folgen im Herbst orangefarbene kleine Früchte.*

Kletterrosen sind starkwüchsige Rosen, die lange, steife und stachelige Triebe bilden. Es handelt sich entweder um Hybriden oder kletternde Spielarten, also durch Mutation entstandene Kletterformen von Teehybriden oder Floribundarosen. Alle Formen brauchen einen Halt und müssen angebunden werden, da sie keine echten Kletterpflanzen sind.

Diese Rosen bringen ihre Blüten in Büscheln oder einzeln hervor. Manche öffnen sich vollständig und stellen die Mitte zur Schau, während andere sich nie ganz entfalten. Die Blüten stehen auf kurzen Seitenästen oder an den Enden von Trieben, die früher im Jahr gebildet wurden. Diese Kletterrosen blühen nahezu ununterbrochen, die neuen Sorten sogar bis zu den ersten Frösten. Kletterrosen werden nur halb so hoch wie Rambler (siehe Seite 148-149) und haben steifere Triebe als diese. Sie sind besonders beliebt wegen der Farbenpracht ihrer Blüten, die gelegentlich einen angenehmen Duft verströmen.

Die gefiederten Blätter setzen sich aus mehreren breit oval geformten Teilblättchen mit gezähntem Rand zusammen und sind entlang einer unterseits bedornten Mittelrippe angeordnet. Das junge Laub und die Jungtriebe können rötlich bronzefarben bis hellgrün sein und werden im reifen Zustand oft tiefgrün. Die meisten Kletterrosen sind veredelt oder okuliert, wurden also auf eine Wildunterlage aufgebracht. Alle Wildtriebe, die unterhalb der Veredelungsstelle gebildet werden, sollten rasch entfernt werden.

Aufbauschnitt

Die Pflanze soll sich zu einer Form mit mehreren kräftigen Trieben entwickeln, die nahe dem Boden austreiben und ein gleichmäßiges Astgerüst bilden.

Entfernen Sie alle geschädigten oder abgebrochenen Triebe und schneiden Sie die zur Pflanzenmitte hin wachsenden, zurück. Wenn die neuen kräftigen Triebe eine Länge von 75-90 cm erreicht haben, kürzen Sie diese auf 10 cm ein, um eine Verzweigung anzuregen.

Aufbauschnitt: *Nach der Pflanzung*

WARUM SCHNEIDEN?

Die Entwicklung kräftiger neuer Triebe und die Blütenbildung sollen gefördert werden.

TIPPS FÜR DEN SCHNITT

- *Binden Sie möglichst viele Triebe in einer waagerechten Position an.*

PFLANZEN, DIE GENAUSO GESCHNITTEN WERDEN

Rosa *'Altissimo'*: im Herbst
Rosa *'Händel'*: im Herbst
Rosa *'New Dawn'*: im Herbst
Rosa *'Zepherine Drouhin'*: im Herbst

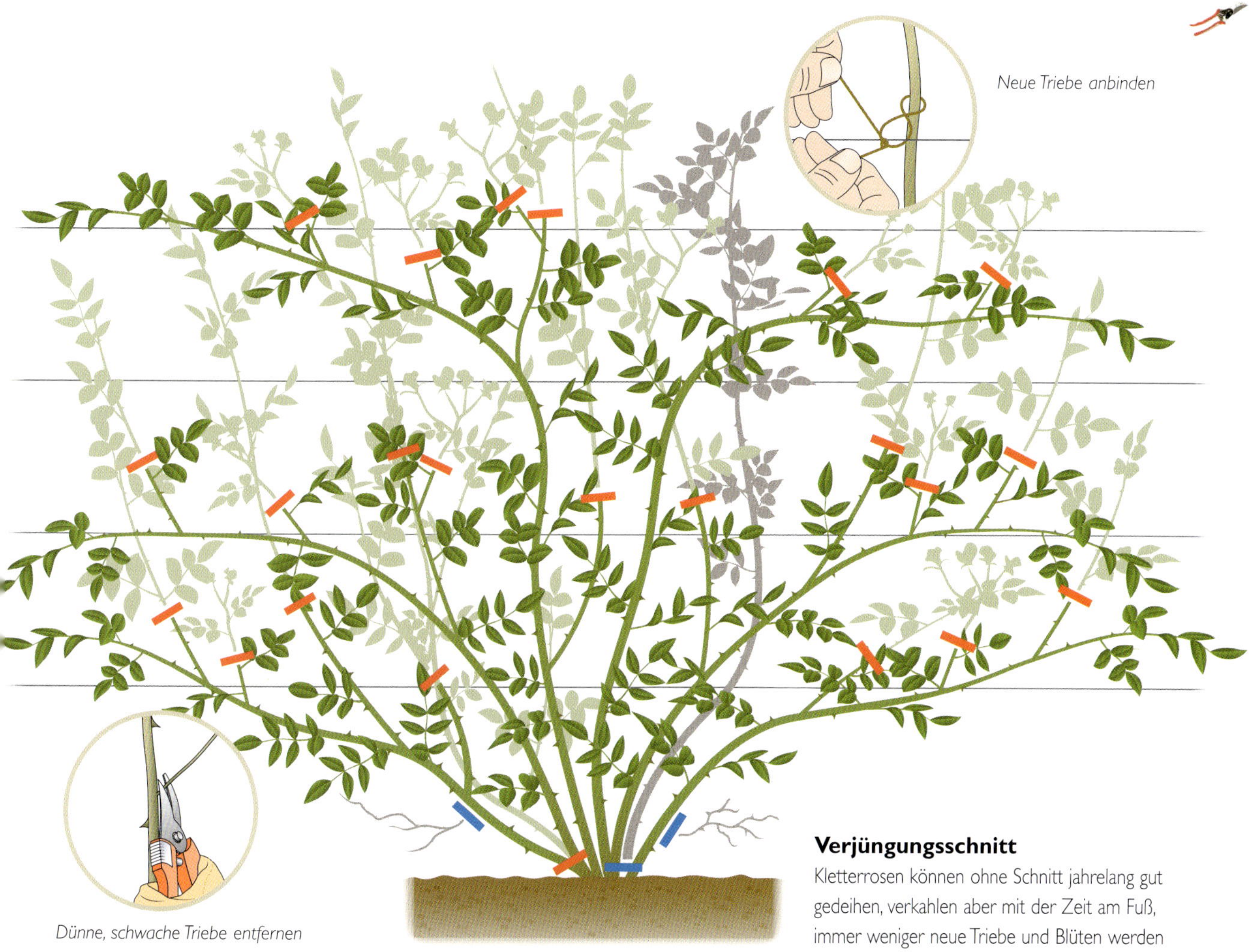

Neue Triebe anbinden

Dünne, schwache Triebe entfernen

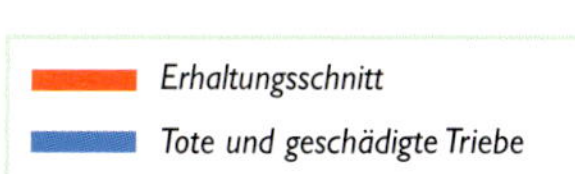

Erhaltungsschnitt

Bei den regelmäßigen Schnittmaßnahmen werden totes und krankes Holz sowie schwache, dünne Triebe entfernt um einen kräftigen Neuaustrieb zu fördern. Das führt zur Bildung kurzer Blütentriebe, was durch Anbinden in waagerechter Position zusätzliche begünstigt werden kann.

Schneiden Sie im Herbst tote, kranke oder geschädigten Triebe möglichst nah über dem Boden ab.

Jedes Jahr sollte etwa ein Drittel der ältesten Blütentriebe entfernt werden, um Platz für den Neuaustrieb zu schaffen.

Nach Beendigung der Blüte werden alle Blüten bildenden Seitentriebe um etwa zwei Drittel eingekürzt.

Schneiden Sie alle zu dicht wachsenden Triebe zurück und binden sie die verbliebenen, besonders alle Jungtriebe, an der Stützhilfe fest.

Verjüngungsschnitt

Kletterrosen können ohne Schnitt jahrelang gut gedeihen, verkahlen aber mit der Zeit am Fuß, immer weniger neue Triebe und Blüten werden gebildet, während der Zustand der Pflanze sich langsam verschlechtert. Ein radikaler Rückschnitt hilft in diesem Fall, sollte aber in mehreren Schritten durchgeführt werden, damit sich möglichst wenig Wildtriebe entwickeln.

Schneiden Sie im Winter alle alten Äste um etwa zwei Drittel bis auf eine gesunde Knospe oder bis zur nächsten Verzweigung zurück. Kürzen Sie die Seitentriebe auf etwa ein Drittel ein, um den Neuaustrieb anzuregen.

Nehmen Sie im zweiten Jahr alle dünnen oder schwachen Triebe heraus und entfernen Sie gleichzeitig alte, tote Äste.

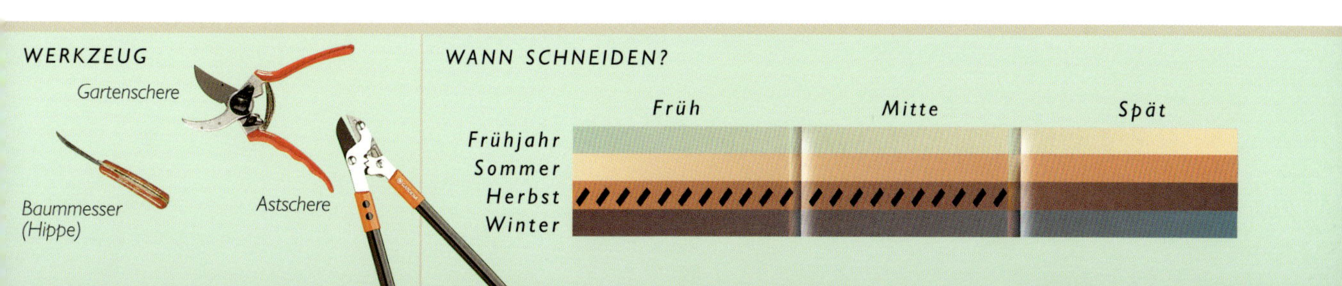

Rosa

Rambler-Rosen

Eine blühende Rambler-Rose, die einen Baum emporklettert oder entlang einer Pergola wächst, ist mit das Spektakulärste, was ein sommerlicher Garten zu bieten hat.

Als Rambler-Rosen bezeichnet man wüchsige, kletternde Rosen mit sehr langen, dünnen, kriechenden oder hängenden Trieben. Es handelt sich entweder um Rosenarten oder um Hybriden, die mit *Rosa wichuraiana* nah verwandt sind. Sie werden meist an Pergolen erzogen, können aber auch an Bäumen emporklettern. Sie tragen ihre Blüten in Büscheln, die aus je drei bis über 20 Einzelblüten bestehen können. Die Blüten stehen auf kurzen Seitenästen oder an den Enden von Trieben, die im vorigen Jahr gebildet wurden. Rambler-Rosen bringen im Sommer oft nur einen üppigen Flor hervor, wenn auch später ein zweiter kleinerer folgen kann.

Diese Rosen neigen zu übermäßigem Wuchs und bilden oft lasche, sehr lange Triebe. Sie werden wegen ihrer farbenprächtigen Blüten kultiviert.

Die Blätter sind gefiedert und setzen sich aus kleinen, ovalen, am Rand gezähnten Teilblättchen zusammen, die entlang einer Mittelrippe angeordnet sind. Das Junglaub und die jungen Triebe sind oft hellgrün, dunkeln später aber etwas nach.

Manche Rambler-Rosen kann man als Hochstämmchen kultivieren. Rambler-Rosen werden entweder auf einer Unterlage veredelt oder wachsen eigenständig.

Rosa *'Albertine'* *ist eine starkwüchsige Kletterrose mit langen, herabhängenden Trieben, die mit unzähligen Stacheln bewehrt sind. Die glänzenden, frischgrünen Blätter setzen sich aus 7-9 Teilblättchen zusammen und stehen entlang einer Mittelrippe mit Stacheln auf der Unterseite. Im Sommer erscheinen an den Enden der Seitentriebe Büschel gefüllter, hellrosa bis lachsrosa gefärbter Blüten.*

Aufbauschnitt

Die Pflanze soll sich zu einer Form mit mehreren kräftigen Trieben entwickeln, die nahe dem Boden austreiben und ein gleichmäßiges Astgerüst bilden.

Entfernen Sie alle geschädigten oder abgebrochenen Triebe und schneiden Sie die zur Pflanzenmitte hin wachsenden zurück.

Schneiden Sie kräftige Triebe 30-40 cm über dem Boden auf eine nach außen zeigende Knospe zurück.

Aufbauschnitt: *Nach der Pflanzung*

WARUM SCHNEIDEN?

Die Entwicklung kräftiger neuer Triebe und die Blütenbildung sollen gefördert werden.

TIPPS FÜR DEN SCHNITT

- *Binden Sie alle neuen Triebe gleich nach der Blüte an, damit sie nicht durch Wind geschädigt werden.*

PFLANZEN, DIE GENAUSO GESCHNITTEN WERDEN

Rosa *'Albertine'*: *nach der Blüte oder im Frühherbst*
Rosa *'Emily Gray'*: *nach der Blüte oder im Frühherbst*
Rosa *'New Dawn'*: *nach der Blüte oder im Frühherbst*
Rosa *'Rambling Rector'*: *nach der Blüte oder im Frühherbst*
Rosa *'Wedding Day'*: *nach der Blüte oder im Frühherbst*

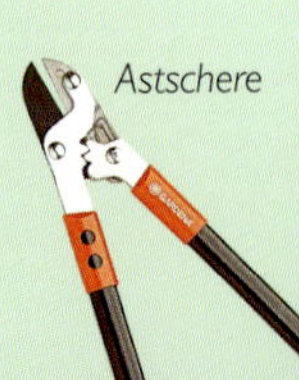

Astschere

Alte Äste entfernen

Neue Triebe anbinden

Tote oder geschädigte Triebe abschneiden

Erhaltungsschnitt
Tote und geschädigte Triebe

Erhaltungsschnitt

Durch regelmäßigen Schnitt werden totes und krankes Holz sowie alte Blütentriebe entfernt und kräftige neue Triebe begünstigt. Das führt zur Bildung kurzer Blütentriebe. Durch den Schnitt wird auch das Wachstum in Grenzen gehalten.

Entfernen Sie im Herbst tote, kranke oder geschädigte Triebe nah über dem Boden.

Jedes Jahr sollte etwa ein Drittel der ältesten Blütentriebe entfernt werden, um Platz für den Neuaustrieb zu schaffen.

Schneiden Sie alle zu dicht wachsenden und aneinander reibenden Triebe zurück, da sie Schäden verursachen können. Binden Sie alle verbliebenen Triebe gut an der Kletterhilfe fest.

Nach Beendigung der Blüte werden alle Blüten bildenden Seitentriebe etwa 10 cm über dem Boden abgeschnitten.

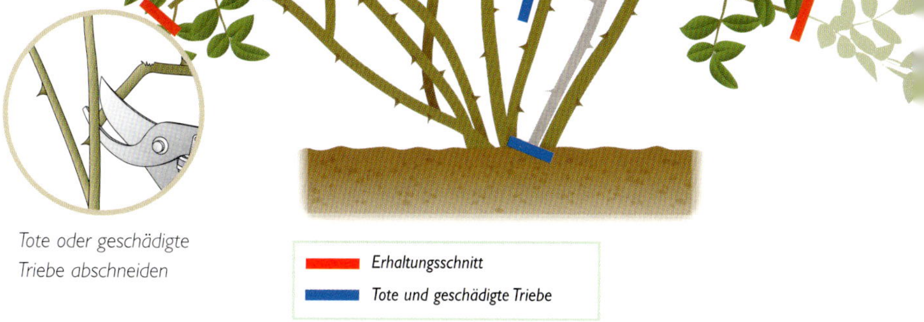

Verjüngungsschnitt

Alte, vernachlässigte Rambler-Rosen entwickeln sich zu einem Gewirr aus dünnen, schwachen Trieben, die anfällig für Schädlinge und Krankheiten werden und außerdem nur noch wenige Blüten hervorbringen. Ein radikaler Rückschnitt in mehreren Schritten kann hier helfen. Sie können aber auch im Spätsommer die ganze Pflanze bis zum Boden zurückschneiden.

Schneiden Sie im Winter alle alten Triebe etwa 45 cm über dem Boden ab. Dadurch wird der Neuaustrieb angeregt.

Nehmen Sie im Spätsommer alle toten und kranken Triebe sowie alle dünnen, schwachen Äste heraus. Binden Sie die kräftigeren Triebe an, damit sie ein Grundgerüst bilden können. Schneiden Sie alle Seitentriebe bis auf 10 cm vom Haupttrieb entfernt zurück.

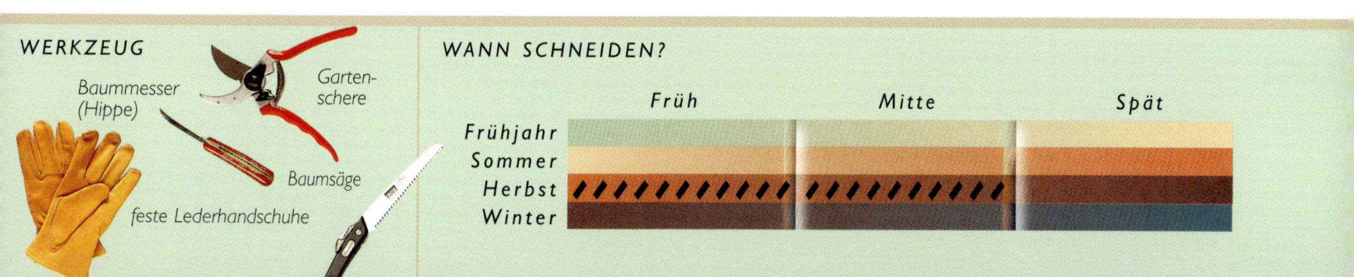

Rosmarinus

Rosmarin

Das besonders in der Küche sehr beliebte Gewürzkraut ist mit den zarten Blüten auch für die Gartengestaltung eine wertvolle Strukturpflanze.

Wo eine Rabatte und ein Kräutergarten aufeinander treffen, darf Rosmarin nicht fehlen. Diese immergrüne Pflanze ist in vielen Regionen winterhart und trägt sehr intensiv duftende Blätter und Stängel. Rosmarin ist so vielseitig, dass er als kleiner Strauch oder als eine niedrige Trennhecke gepflanzt werden kann. Die ursprünglich am Mittelmeer beheimatete Pflanze gedeiht auf sandigen oder mageren bis mäßig nährstoffreichen, durchlässigen Böden sehr gut. Auf sandigen Böden in heller, sonniger Lage fällt die Blüte besonders gut aus. Diese strauchigen Gewächse werden oft zu hoch und dünntriebig und fallen manchmal um, da ihr brüchiges Wurzelsystem sie nicht mehr stützen kann. In exponierten, windigen Lagen sollten sie besser an einer Mauer stehen.

Am häufigsten wird *Rosmarinus officinalis* oder eine der vielen Sorten kultiviert. Die Art kann einen dichten, buschigen Strauch von etwa 1,5 m Höhe und Breite bilden und hat eine aufrechte Wuchsform. Die dünnen, schmalen, ledrigen Blätter sind auf der Oberseite dunkelgrün und unterseits filzig behaart. Die Sorte R. 'Aureus' hat grün und gelb gesprenkelte Blätter. Die kleinen, röhrenförmigen, Blüten sind in den Blattachseln quirlig angeordnet und erscheinen ab Mitte Frühling. Die Blütenfarbe variiert von Violettblau über Blassviolett, leuchtendes Blau und Rosa bis hin zu Weiß.

Rosmarinus officinalis *bildet einen buschigen Strauch von aufrechter Wuchsform mit durcheinander wachsenden Trieben. Ältere Pflanzen entwickeln in der Mitte häufig eine offene Form, wodurch sich die Triebe spalten und abbrechen. Die dünnen Triebe sind dicht bedeckt mit schmalen, dunkelgrünen, Blättern, die aromatisch duften und unterseits filzig behaart sind. Von Mitte Frühling bis Frühsommer und erneut im Herbst erscheinen quirlig angeordnete, kleine, blassblaue, röhrenförmige Blüten.*

Aufbauschnitt

Im Allgemeinen sollten diese Pflanzen ungestört wachsen. Ein Rückschnitt kann nur erforderlich werden, um eine ungleichmäßige Wuchsform zu verhindern.

Entfernen Sie nach der Pflanzung alle schwachen oder geschädigten Triebe und schneiden Sie die extrem wüchsigen Triebe zurück.

WARUM SCHNEIDEN?

Die Pflanze soll eine gleichmäßige Wuchsform erhalten.

TIPPS FÜR DEN SCHNITT

- *Verwenden Sie für den Verjüngungsschnitt eine scharfe Gartenschere, damit die Triebe nicht gequetscht werden.*

PFLANZEN, DIE GENAUSO GESCHNITTEN WERDEN

Rosmarinus officinalis: *im Spätsommer nach der Blüte*
Santolina *ssp. und Sorten*: *im Spätsommer nach der Blüte*

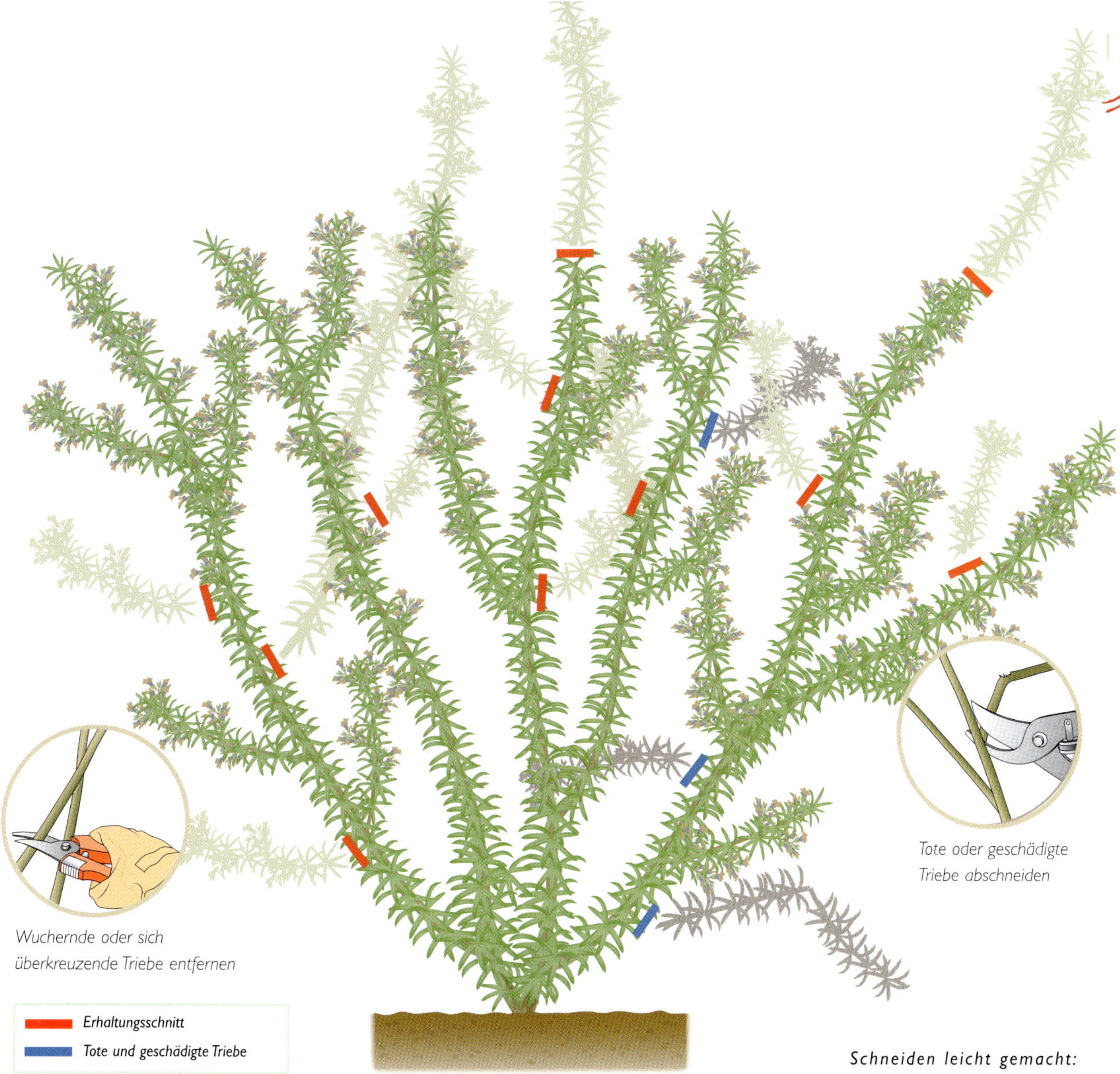

Wuchernde oder sich überkreuzende Triebe entfernen

Tote oder geschädigte Triebe abschneiden

Erhaltungsschnitt

Tote und geschädigte Triebe

Schneiden leicht gemacht:
Verwenden Sie eine Schere

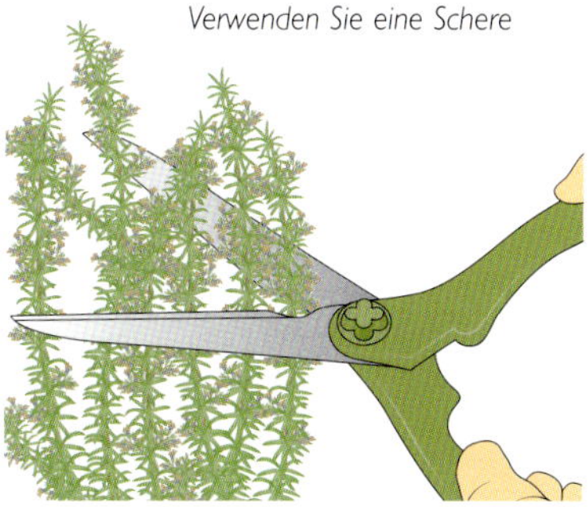

Erhaltungsschnitt

Durch den Rückschnitt starkwüchsiger und das Auslichten durcheinander wachsender Triebe, behält die Pflanze ihre Wuchsform.

Entfernen Sie abgebrochene oder geschädigte Triebe. Nehmen Sie jeden zweiten nach der Blüte heraus, um das Gewirr auszulichten.

Schneiden Sie alle kräftigen, starkwüchsigen Triebe jeweils um ein Drittel zurück.

Verjüngungsschnitt

Ältere Pflanzen neigen dazu, am Fuß zu verkahlen. Dabei lassen sie die verholzten Triebe mit rissiger Rinde sichtbar werden. Gewöhnlich hilft ein starker Rückschnitt.

Schneiden Sie die Pflanze Mitte Frühling bis auf ein Grundgerüst aus kräftigen Trieben 30-60 cm über dem Boden ab.

WERKZEUG

WANN SCHNEIDEN?

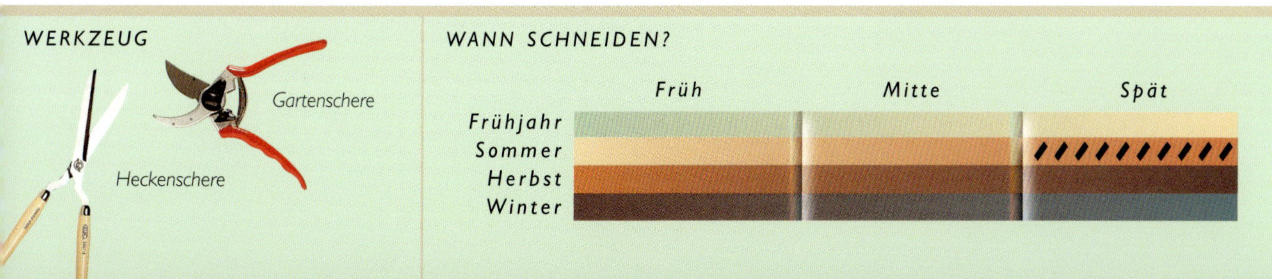

Salix

Weide

Weiden werden wegen der lebhaft gefärbten Zweige und ihres auffallenden Laubs kultiviert. Manche haben dekorative Blüten (Kätzchen), während andere sich mit korkenzieherartig verdrehten Trieben und Blättern schmücken.

Diese große Gattung umfasst eine Reihe von Bäumen und Sträuchern, die oft mit nassen Böden oder mit Staunässe in Verbindung gebracht werden, obwohl sie sich auf den meisten Gartenböden wohl fühlen. Viele Weiden sind starkwüchsig und müssen reichlich Platz haben, um ihre natürliche Wuchsform zu entwickeln.

Die Blattform dieser unverwüstlichen Bäume und Sträucher zeigt eine große Vielfalt – von runden bis ovalen Blättern mit einer flaumartigen Behaarung bis hin zu glatten, langen, schmal lanzettlichen oder riemenförmigen Blättern, die quirlig angeordnet sind. Die Farbe der Blüten (Kätzchen) variiert von Blassgelb bis zu einem schwärzlichen Purpurrot, die Blüten werden 1-18 cm lang – alle bilden große Mengen an Pollen. Das Holz der Weiden ist weich und manchmal brüchig. Daher können Äste leicht abbrechen und scheinbar gesunde Triebe sterben ab. Die meisten Gartenformen werden als mehrstämmige Pflanzen kultiviert, die wegen der Farbe ihrer jungen Rinde beliebt sind. Es gibt auch veredelte Formen, bei denen aber Wildtriebe zum Problem werden.

Aufbauschnitt

Die Pflanze soll sich mehrstämmig entwickeln und kräftige Triebe bilden, die dicht über dem Boden austreiben.

Pflanzen, die dekorative, starkwüchsige Triebe bilden sollen, werden im Winter oder Vorfrühling nach der Pflanzung auf etwa 15 cm zurückgeschnitten. Dadurch wird der Neuaustrieb aus der Basis der Pflanze gefördert, während sie gleichzeitig genügend Zeit zum Einwachsen hat.

Pflanzen, bei denen der Rückschnitt nur zur Begrenzung des Wachstums dient, können im ersten Jahr als Einzelstamm etwa 1 m hoch werden. Dieser wird im Winter oder Vorfrühling am Ansatz abgeschnitten, damit sich am Ende des Stammes neue Triebe entwickeln können, während die Pflanze sich eingewöhnen kann.

WARUM SCHNEIDEN?

Die Wuchshöhe soll begrenzt und die Entwicklung neuer, leuchtend gefärbter Triebe angeregt werden.

TIPPS FÜR DEN SCHNITT

- *Beginnen Sie mit dem Schneiden, sobald die Knospen schwellen.*
- *Verwenden Sie eine Bypass-Schere, denn eine Ambossschere kann die Triebe zerquetschen.*

PFLANZEN, DIE GENAUSO GESCHNITTEN WERDEN

Cornus alba *und Sorten*: *Mitte Frühling*
Cornus sanguinea *und Sorten*: *Mitte Frühling*
Cornus stolonifera: *Mitte Frühling*
Salix alba *und Sorten*: *im Vorfrühling; im Sommer das tote Holz entfernen*
Salix daphnoides: *im Vorfrühling; im Sommer das tote Holz entfernen*
Salix purpurea *und Sorten*: *im Vorfrühling; im Sommer das tote Holz entfernen*

Dünne, schwache Triebe entfernen

Salix alba ***var.*** **vitellina 'Britzensis'** *ist ein schnellwüchsiger, ausladender Strauch. Die langen, schlanken Ruten sind in der Jugend blassgrün und färben sich im Winter leuchtend Orangerot. Die lanzettlichen Blätter laufen spitz zu und sind am Rand stark gezähnt. Auf der Oberseite sind sie von einem matten Grün und unterseits Blaugrün. Im Frühjahr erscheinen leuchtend gelbe männliche Kätzchen.*

Erhaltungsschnitt

Alte Triebe herausschneiden

Erhaltungsschnitt

Wenn diese Pflanzen dekorative Winterfarben hervorbringen sollen, müssen sie jedes Jahr geschnitten werden. Durch den Schnitt werden alte, dünne oder schwache Triebe herausgenommen.

Schneiden Sie im Frühjahr die einjährigen Triebe möglichst nah am alten Astgerüst ab. So verbleiben 2,5-5 cm lange Stummel, aus denen sich neue entwickeln. Wenn die alten Aststummel zu dicht stehen, können Sie diese mit einer kleinen Baumsäge entfernen.

Verjüngungsschnitt

Weiden, die nicht geschnitten wurden, wachsen zu dicht und bilden massenhaft dünne, schwache, wuchernde Triebe, die wenig Farbe hervorbringen und unansehnlich wirken. Auch wird die Pflanze anfällig für Schädlingsbefall und Krankheiten. Durch einen radikalen Rückschnitt in mehreren Schritten über zwei oder drei Jahre hinweg kann die Pflanze verjüngt werden. Sie können die Pflanze auch komplett abschneiden.

Schneiden Sie im Winter alle alten Triebe möglichst nah am Astgerüst ab, wenn nötig mit einer Baumsäge. An den 2,5-5 cm langen Aststummeln entwickeln sich dann neue Triebe.

Entfernen Sie im Spätfrühling alle schwachen Triebe vollständig. Schneiden Sie alle Äste ab, die aneinander reiben oder sich überkreuzen.

Sambucus

Holunder

Mit seinen duftenden Blüten und essbaren Beeren gehört der Holunder zu den wertvollsten Sträuchern für gemischte Rabatten und Waldgärten.

Holunder zählt zu den anspruchslosesten Gartenpflanzen überhaupt. Er gedeiht auf fast jedem Boden und verträgt sogar etwas Vernachlässigung. Diese Sträucher und Bäume werden wegen ihrer dekorativen Beeren und des leuchtend gefärbten Laubs kultiviert, das sich bei Pflanzen, die stark zurückgeschnitten wurden, größer und auffälliger entwickelt. Sie wachsen in halbschattigen oder vollsonnigen Lagen, aber die schönste Blattfarbe entsteht im lichten Schatten. Die Triebe sind hohl und in nassen Jahren können einige sich neigen und umfallen. Sie bilden da, wo sie den Boden berühren, oft Wurzeln aus.

Die unverwüstlichen Pflanzen können in einer Saison bis zu 3 m wachsen und unter guten Bedingungen breiten sie sich stark aus. Die Blätter sind handförmig gefiedert und setzen sich aus fünf breit ovalen Teilblättchen zusammen. Die frischgrünen Triebe färben sich später hellbraun und bekommen mit der Zeit eine korkartige Struktur. Die Blattfarbe kann von Goldgelb bis Purpurrot variieren; manche Sorten weisen eine goldgelbe oder silbrigweiße Panaschierung auf. Der Traubenholunder (*Sambucus racemosa* 'Plumosa Aurea') trägt fein eingeschnittenes, goldgelbes Laub, das anfangs noch bronzefarben ist. Ab Juni erscheinen die schirmartigen flachen Blütendolden, ihnen folgen im Spätsommer rote oder schwarze Beeren.

Sambucus racemosa *'Plumosa Aurea'* *ist ein starkwüchsiger, schnell wachsender Strauch mit frischgrünen Trieben, die sich später hellbraun färben und eine korkartige Struktur bekommen. Die fein eingeschnittenen, am Rand stark gezähnten Blätter sind anfangs bronzefarben, werden später goldgelb und setzen sich aus fünf breit ovalen Teilblättchen zu einer Handform zusammen. Mitte Frühling erscheinen an den Triebenden cremegelbe Blüten in kegelförmigen Dolden. Im Sommer werden rote Beeren gebildet.*

Aufbauschnitt

Die Pflanze soll sich zu einem mehrstämmigen Großstrauch mit kräftigen Trieben entwickeln.

Schneiden Sie die Äste im Winter oder im Vorfrühling nach der Pflanzung stark zurück – auf etwa 15 cm. So werden auch dünne, schwache Triebe entfernt, und neue können an der Basis der Pflanze austreiben.

WARUM SCHNEIDEN?

Der Austrieb neuen, dekorativen Laubs soll angeregt werden.

TIPPS FÜR DEN SCHNITT

- *Führen Sie den Schnitt direkt über den Knospen aus, um das Absterben zu verhindern.*

PFLANZEN, DIE GENAUSO GESCHNITTEN WERDEN

Cornus alba *und Sorten*: *Mitte Frühling*
Cornus sanguinea *und Sorten*: *Mitte Frühling*
Salix ssp. *und Sorten*: *Mitte Frühling*
Sambucus nigra *und Sorten*: *im Winter*
Sambucus racemosa *und Sorten*: *im Winter*

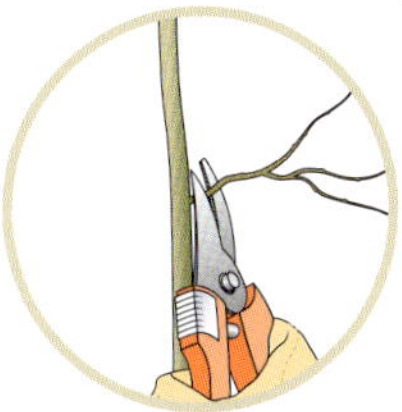

Tote oder geschädigte Triebe abschneiden

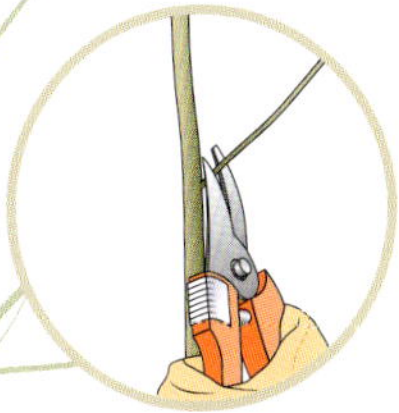

Dünne, schwache Triebe entfernen

Erhaltungsschnitt

Tote und geschädigte Triebe

Alte, zu dicht wachsende Aststummel entfernen

Erhaltungsschnitt

Holunder muss regelmäßig geschnitten werden, wenn er schönes Laub entwickeln soll. Entfernen Sie das alte Holz, um den Neuaustrieb anzuregen. Nehmen Sie schwache, dünne Triebe heraus.

Schneiden Sie im Winter die ein Jahr alten Triebe auf 2,5-5 cm lange Stummel am alten Astgerüst ab, aus diesen entwickeln sich neue Triebe.

Sie können aber auch die älteren Triebe und die ein Jahr alten Triebe um ein Drittel kürzen. Sollten alte Aststummel zu dicht werden, schneiden Sie sie mit einer kleinen Baumsäge ab.

Verjüngungsschnitt

Ohne regelmäßigen Schnitt wächst Holunder zu hoch, verkahlt am Fuß und bildet unzählige dünne, schwache Triebe, die eine spärliche Laubdecke bilden und leicht umknicken. Abhilfe schafft ein radikaler Rückschnitt, bei dem die ganze Pflanze vollständig zurückgeschnitten wird.

Schneiden Sie im Winter alle alten Triebe möglichst nah am Astgerüst ab – wenn nötig mit einer Baumsäge. An den verbleibenden 2,5-5 cm langen Stummeln sollen sich neue Triebe entwickeln.

Nehmen Sie im Spätfrühling alle dünnen oder schwachen neuen Triebe heraus.

Spiraea 'Arguta'

Schneespiere

Der ausdauernde Strauch trägt so viele Blüten, dass es aussieht, als sei er von Schnee bedeckt. Dies hat ihm seinen Namen „Schneespiere" eingebracht.

Der mittelgroße, winterharte sommergrüne Strauch zählt zu den Pflanzen, die besonders einfach zu kultivieren sind. Er trägt hellgrüne, breit ovale Blätter an hellbraunen Trieben, die sich später dunkelbraun und schließlich mattgrau färben. Mitte Frühling bis Spätfrühling entfaltet er eine unglaubliche Fülle schneeweißer Blüten, die in Doldentrauben stehen und an den Enden der vorjährigen Triebe erscheinen.

Die Schneespiere ist eine sehr vielseitige Pflanze und gedeiht auf jedem Gartenboden. Sie kann 3 m hoch und breit werden und wächst zu einem ausladenden kuppelförmigen Strauch. Schließlich bildet sie ein buschiges Dickicht, besonders wenn sie nicht geschnitten wird. Zur Erhaltung seiner natürlichen Wuchsform benötigt dieser Strauch regelmäßigen jährlichen Schnitt, um die gewünschte Blütenpracht zu entwickeln.

Aufbauschnitt

Jungpflanzen sollten geschnitten werden, damit sie eine buschige Wuchsform mit kräftigen Trieben entwickeln.

Entfernen Sie nach der Pflanzung alle alten Äste und schneiden Sie die verbliebenen etwa um die Hälfte zurück. So wird der Austrieb neuer Triebe aus der Basis der Pflanze gefördert.

Spiraea *'Arguta'* *ist ein dichter, rundlicher Strauch von buschiger Wuchsform und mit langen, schwungvoll überhängenden Trieben, die breite, eiförmige, lebhaft grüne, am Rand stark gezähnte Blätter tragen. Im Frühjahr erscheinen kleine, weiße Blüten in Traubendolden, die an den Enden junger Triebe und der Seitentriebe des vorjährigen Holzes stehen. Im Herbst färbt sich das Laub orange und gelb.*

Erhaltungsschnitt

Soll diese Pflanze üppig blühen, muss das alte Holz jährlich entfernt werden, da es sich sonst allmählich verdichten würde. Außerdem regt der Rückschnitt den Austrieb neuer Blütentriebe an.

Schneiden Sie im Frühsommer alle abgeblühten Zweige bis zum Ansatz, also über einer möglichst tief gelegenen Verzweigung oder

WARUM SCHNEIDEN?

Die Wuchshöhe der Pflanze soll begrenzt und die Entwicklung einer buschigen Wuchsform gefördert werden.

TIPPS FÜR DEN SCHNITT

- *Führen Sie den Rückschnitt vor dem Neuaustrieb durch, damit die Blüte im folgenden Jahr nicht ausfällt.*
- *Verwenden Sie eine Bypass-Schere, da die Triebe mit der Ambossschere gequetscht werden.*

PFLANZEN, DIE GENAUSO GESCHNITTEN WERDEN

Dipelta *ssp. und Sorten*: *im Hochsommer nach der Blüte*
Forsysthia *ssp. und Sorten*: *Mitte bis Spätfrühling nach der Blüte*
Kerria japonica *und Sorten*: *im Spätfrühling nach der Blüte*
Spiraea nipponica: *im Frühsommer nach der Blüte*
Spiraea japonica: *im zeitigen Frühjahr*
Spiraea *x* **vanhouttei:** *im Spätfrühling nach der Blüte*

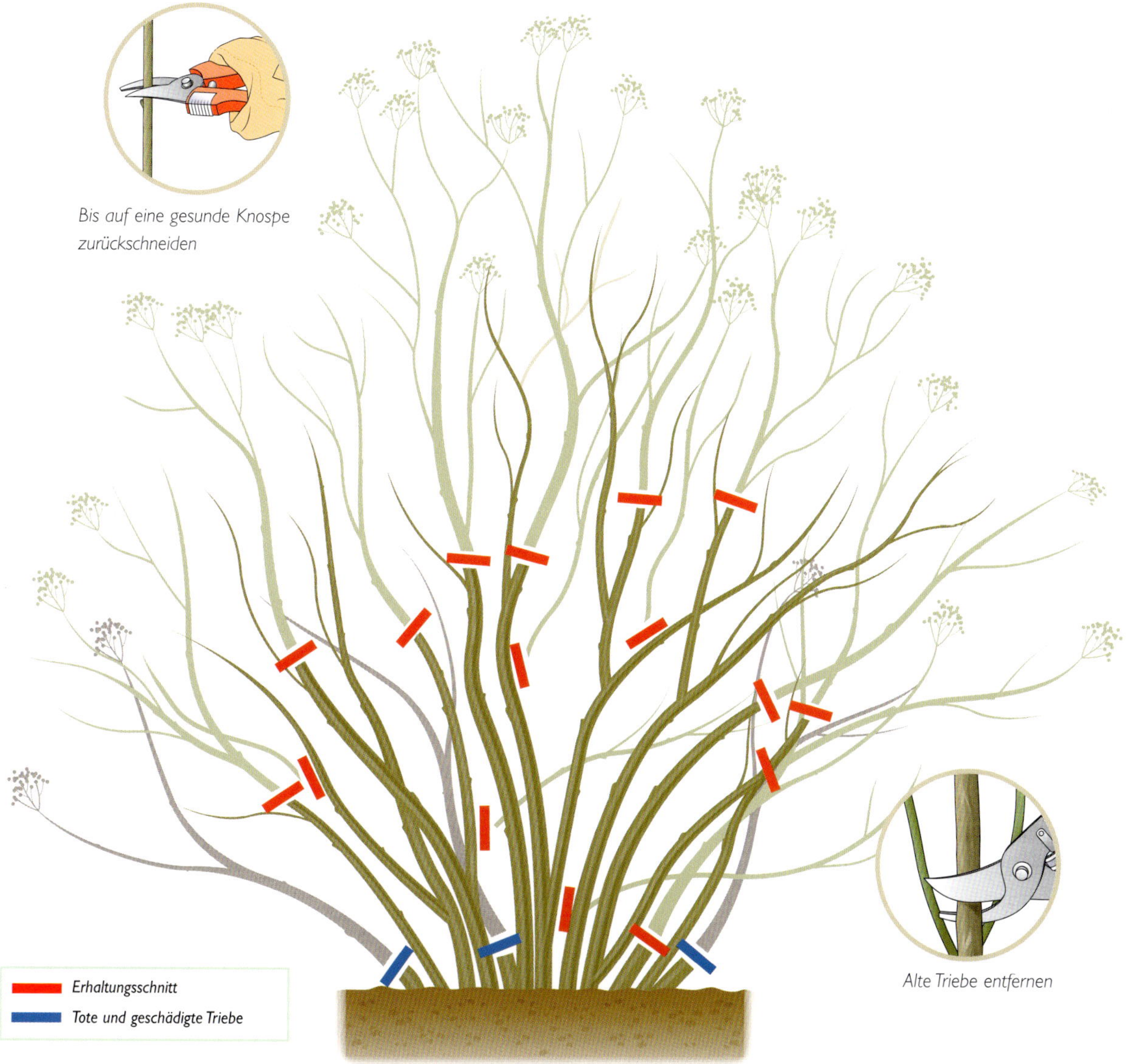

Bis auf eine gesunde Knospe zurückschneiden

Erhaltungsschnitt

Tote und geschädigte Triebe

Alte Triebe entfernen

oberhalb einer gesunden Knospe ab. Kürzen Sie die kräftigen unteren Zweige an der Basis um die Hälfte. So regen Sie die Pflanze dazu an, zahlreiche neue Verzweigungen zu bilden, die im folgenden Frühjahr Blüten hervorbringen werden. Entfernen Sie auch alte und abgestorbene Äste, damit mehr Licht eindringen kann und die neuen Triebe Platz haben.

Verjüngungsschnitt

Ältere Sträucher neigen dazu, im Alter dicht zu wachsen und zu wuchern, besonders wenn der Schnitt vernachlässigt wurde. Die Masse aus dünnen, schwachen Ästen bringt nur noch wenig Blüten hervor und wird anfällig für Schädlingsbefall und Krankheiten. Ein radikaler Rückschnitt in mehreren Schritten kann den vergreisten Strauch verjüngen. Ein kompletter Rückschnitt der Pflanze ist nicht zu empfehlen.

Schneiden Sie im Frühsommer alle Triebe bis auf drei oder vier der kräftigsten 5-7 cm über dem Boden ab, um den Neuaustrieb anzuregen.

Nehmen Sie im folgenden Jahr alle dünnen oder schwachen Triebe heraus. Schneiden Sie die drei oder vier alten noch verbliebenen dicht über dem Boden ab.

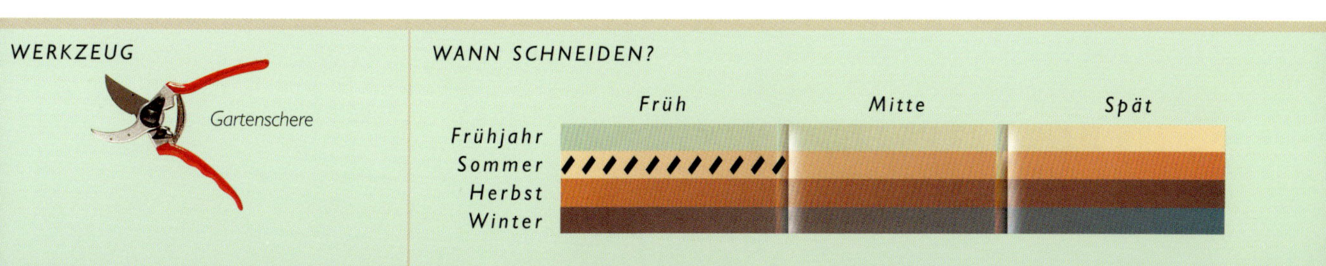

Syringa
Flieder

Auf die Blütenpracht des Fliederstrauchs im Spätfrühling ist immer Verlass. Er ist einfach zu kultivieren und scheint sich besonders in Stadtgärten wohl zu fühlen.

Die meisten Fliederpflanzen sind Sorten von *Syringa vulgaris*. Die kleinen, röhrenförmigen, oft duftenden Blüten erscheinen im Spätfrühling und Frühsommer in großen, pyramidenförmigen Rispen an den Enden der Jungtriebe. Je nach Sorte sind die Blüten weiß, lilarosa, lilarot, lila oder lilablau. Die frischgrünen sommergrünen Blätter sind gegenständig angeordnet und breit oval bis herzförmig; das junge Laub ist manchmal bronzefarben überhaucht und unterseits oft heller gefärbt. Viele Pflanzen entwickeln in der Jugend eine aufrechte Wuchsform, werden aber später in der Mitte offener und verkahlen im Alter am Fuß. Ausgewachsene Bäume können bis zu 6 m hoch und breit wachsen. Der Flieder bevorzugt einen nährstoffreichen, feuchten, aber durchlässigen, neutralen bis kalkhaltigen Boden in vollsonniger oder halbschattiger Lage. Da er ein Flachwurzler ist, gedeiht er besser, wenn der Boden regelmäßig gemulcht wird.

Syringa pubescens *subsp.* microphylla *ist ein großer Strauch von aufrechter Wuchsform, der im Alter eine offene und ausladende Form bekommt. Seine zahlreichen dünnen Triebe haben eine bräunlich graue Rinde, die Blätter sind breit oval bis lanzettlich, glänzend dunkelgrün, unterseits heller gefärbt und gegenständig angeordnet. Im Frühsommer erscheinen an den Enden der jungen Triebe Rispen kleiner, lilafarbener, intensiv duftender Blüten.*

Aufbauschnitt

Schneiden Sie junge Pflanzen, damit sie eine buschige Wuchsform entwickeln und kräftige Triebe aus dem Boden austreiben. Diese Triebe können an einer Stützhilfe als Grundgerüst erzogen werden.

Schneiden Sie im ersten Frühjahr nach der Pflanzung alle schwachen oder geschädigten Triebe heraus. Kürzen Sie die Äste oberhalb eines Knospenpaars um etwa ein Drittel ein.

WARUM SCHNEIDEN?

Die Blütenbildung soll gefördert und der Neuaustrieb angeregt werden.

TIPPS FÜR DEN SCHNITT

- *Flieder bringen Blüten an Knospen hervor, die im Vorjahr gebildet wurden. Achten Sie daher darauf, den Neuaustrieb nicht zu verletzen, da dieser im folgenden Jahr die Blüten trägt.*

PFLANZEN, DIE GENAUSO GESCHNITTEN WERDEN

Syringa vulgaris *und Sorten*: *im Hochsommer nach der Blüte*
Syringa x josiflexa: *im Hochsommer nach der Blüte*
Syringa x prestoniae: *im Hochsommer nach der Blüte*
Syringa x hyacinthiflora: *im Hochsommer nach der Blüte*

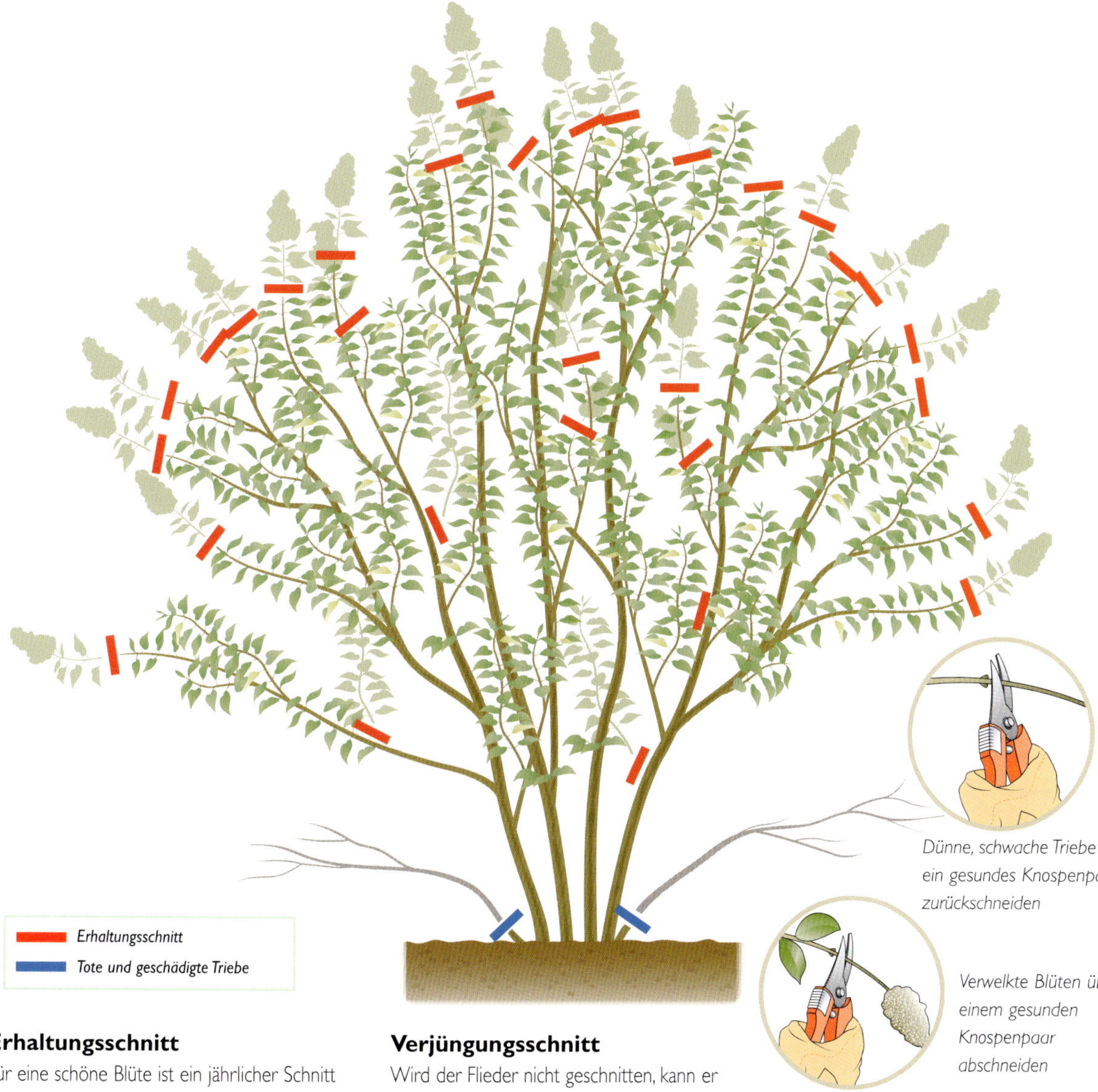

Erhaltungsschnitt

Tote und geschädigte Triebe

Dünne, schwache Triebe bis auf ein gesundes Knospenpaar zurückschneiden

Verwelkte Blüten über einem gesunden Knospenpaar abschneiden

Erhaltungsschnitt

Für eine schöne Blüte ist ein jährlicher Schnitt nicht erforderlich. Man sollte sie jedoch zurückschneiden, um die Entwicklung überlanger, wuchernder, oft verkahlter Triebe zu verhindern und die Bildung neuer Blütentriebe zu fördern.

Schneiden Sie gleich nach der Blüte alle Blütentriebe über einer kräftigen, nach außen gerichteten Knospe ab. Dadurch wird eine üppigere Blüte im folgenden Jahr garantiert.

Schneiden Sie alle dünnen, schwachen oder wuchernden Triebe bis auf ein kräftiges Knospenpaar zurück.

Verjüngungsschnitt

Wird der Flieder nicht geschnitten, kann er unförmig werden und verkahlen. In diesem Fall hilft nur ein radikaler Rückschnitt.

Schneiden Sie im Winter die Hälfte der alten Äste in 45 cm Höhe über dem Boden ab und entfernen Sie alle dünnen, schwachen oder unerwünschten Triebe.

Nehmen Sie im zweiten Jahr alle dünnen oder schwachen Triebe sowie alle alten Äste vom vorigen Jahr heraus.

Flieder wird manchmal auf einer Unterlage veredelt. Wenn Sie ein veredeltes Exemplar haben, schneiden Sie alle Wurzelschosse, sobald sie etwa 30 cm lang sind, möglichst nah über der Hauptwurzel ab. Die Wurzelschosse nicht veredelter Pflanzen können sie zur Vermehrung – somit auch zur Verjüngung des Strauchs – verwenden.

WERKZEUG

Gartenschere

Astschere

WANN SCHNEIDEN?

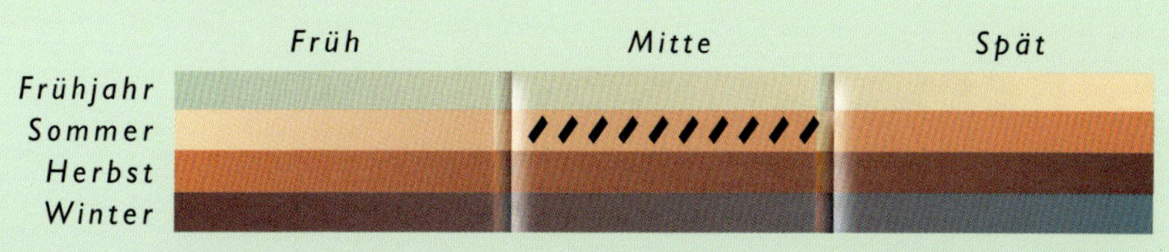

Taxus

Eibe

Diese winterharten, langlebigen immergrünen Pflanzen werden vor allem als Solitäre geschätzt. Sie eignen sich aber auch für Hecken oder als Sichtschutz.

Manche Eiben haben eine aufrechte Wuchsform, während andere ausgezeichnete Bodendecker sind. Ihre Höhe variiert von 1 m bis zu 25 m und die Breite von 2 m bis etwas über 10 m. Es empfiehlt sich, eine Sorte nach gewünschter Höhe und Breite auszuwählen, anstatt einen zu großen Strauch jedes Jahr zurückzuschneiden. Das Laub besteht aus kleinen, schmalen, nadelähnlichen Blättern von je 2,5 cm Länge, die auf der Oberseite glänzend dunkelgrün und auf der Unterseite heller sind. Es gibt auch attraktive Sorten mit goldgelben oder panaschierten Blättern, die jedoch weniger starkwüchsig sind als die grünblättrigen Formen. Die Eibe ist zweihäusig. Die unverwüstlichen Sträucher gedeihen auf fast jedem durchlässigen, nährstoffreichen Boden. Sie vertragen trockenen Schatten, exponierte Lagen und sogar die Luftverschmutzung in der Stadt. Sie sind recht resistent gegen Schädlinge und Krankheiten.

Anders als die meisten Koniferen treibt die Eibe wieder aus, wenn man sie bis ins alte Holz zurückschneidet. Nachteil ist, dass alle Pflanzenteile giftig sind.

Taxus baccata *'Fastigiata Aurea'* *ist ein aufrechter immergrüner Strauch mit einer schmalen Säulenform. Seine goldgelben Jungtriebe nehmen einen satten, gräulich braunen Ton an, wenn die Pflanze ausgewachsen ist. Die Blätter sind klein, schmal und nadelähnlich und unterseits oft heller. Diese Pflanze ist weiblich und bringt sattrote, giftige Früchte hervor.*

Aufbauschnitt

Junge Pflanzen benötigen nur wenig Schnitt, um mehrstämmige Sträucher mit kräftigen Trieben zu bilden, die ein gleichmäßiges Astgerüst formen.

Schneiden Sie im Frühjahr alle geschädigten und sich in der Mitte kreuzenden Triebe heraus. Kürzen Sie die verbliebenen Triebe jeweils um ein Drittel ein. Schneiden Sie starkwüchsige Triebe um die Hälfte zurück, um eine gleichmäßige Wuchsform zu erhalten.

WARUM SCHNEIDEN?

Eine gleichmäßige, schöne Wuchsform soll gefördert und geschädigtes Holz entfernt werden.

TIPPS FÜR DEN SCHNITT

- *Führen Sie den Schnitt nicht im Spätherbst durch, da Jungtriebe Frostschäden erleiden können.*

PFLANZEN, DIE GENAUSO GESCHNITTEN WERDEN

Taxus *ssp. und Sorten*: *Mitte bis Spätfrühling*
Thuja *ssp. und Sorten*: *Mitte bis Spätfrühling; verträgt keinen Verjüngungsschnitt*
Tsuga *ssp. und Sorten*: *Mitte bis Spätfrühling; verträgt keinen Verjüngungsschnitt*

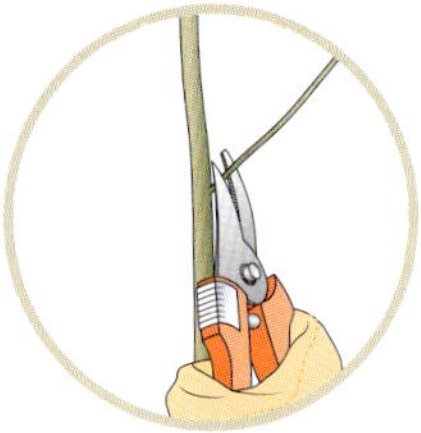

Dünne, schwache Triebe entfernen

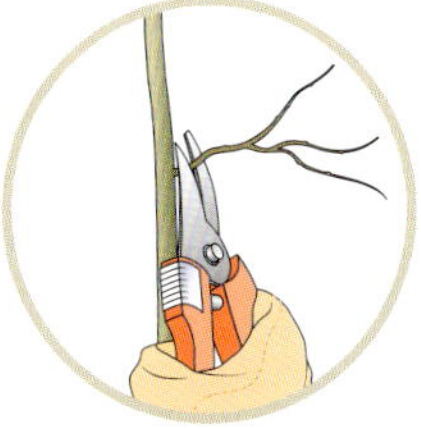

Frostgeschädigte Triebe abschneiden

Schneiden Sie tote oder absterbende Triebe heraus, damit Nachbartriebe nicht faulen oder absterben

Erhaltungsschnitt

Tote und geschädigte Triebe

Erhaltungsschnitt

Eiben vertragen regelmäßigen Schnitt gut und werden daher hauptsächlich als Heckenpflanzen verwendet. Wenn möglich, ist es besser, einzelne ausgesuchte Triebe mit der Gartenschere abzuschneiden, als die ganze Pflanze zu stutzen. Schneiden Sie starkwüchsige Triebe mindestens um die Hälfte bis auf eine gesunde Knospe oder eine Verzweigung zurück, damit die Pflanze eine gleichmäßige Wuchsform entwickelt. Entfernen Sie alle dünnen und schwachen Triebe aus der Mitte der Pflanze.

Nehmen Sie alle von Spätfrösten geschädigten Triebe heraus.

Verjüngungsschnitt

Ältere Eiben bilden an den Astenden weniger Triebe aus und wachsen insgesamt langsamer. Auch verkahlen sie am Fuß, die Äste können auseinander fallen und die Pflanzenmitte sichtbar werden lassen.

Schneiden Sie im Spätfrühling alle Haupttriebe 45-60 cm über dem Boden ab. Kürzen Sie die Seitentriebe auf 25 cm ein. Nehmen Sie im Sommer alle dünnen, zu dicht wachsenden Triebe heraus.

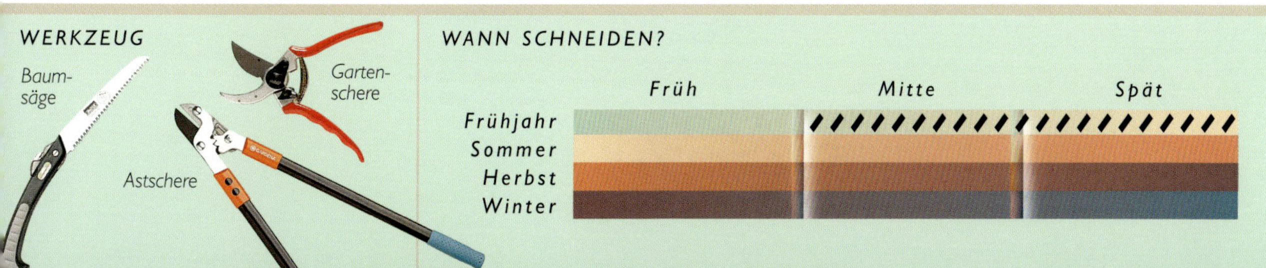

Vaccinium

Heidelbeere

Diese attraktiven sommergrünen Sträucher sind nahe Verwandte der Erikagewächse, die sich im Garten mit dekorativen Blüten und Früchten gut ergänzen. Manche Formen zeigen im Herbst eine leuchtende Laubfärbung.

Die kleinen, ledrigen Blätter dieser Sträucher sind breit oval geformt, am Rand leicht gezähnt und normalerweise frisch- bis dunkelgrün gefärbt. Sie sind entlang rötlich grüner Triebe angeordnet, die sich später bräunlich grün färben. Diese Pflanzen haben eine niedrige, ausladende Wuchsform; sie werden oft weniger als 1 m hoch, können sich aber weit über den Boden ausbreiten und sind daher gute Bodendecker für den Garten. Die kleinen Glockenblüten erscheinen von Mitte Frühling bis zum Hochsommer entlang der Triebe oder an den Triebenden und sind grünlich weiß, weiß oder rosa bis rot getönt. Im Herbst folgen leuchtend gefärbte, oft essbare Früchte. Diese Sträucher brauchen einen sauren, feuchten, durchlässigen, etwas torfhaltigen oder sandigen Boden in vollsonniger oder halbschattiger Lage. Wenn Ihr Gartenboden nicht geeignet ist, können Sie diese Pflanzen auch im Kübel kultivieren.

Vaccinium corymbosum

(Kulturheidelbeere, Gartenheidelbeere, hier im Herbst) ist ein mittelgroßer Strauch mit dichtem Wuchs aus dünnen, langen, rötlich grünen Trieben. Die kleinen, ledrigen, frischgrünen Blätter haben eine breit ovale Form und sind am Rand leicht gezähnt. Im Herbst färben sie sich leuchtend orange und rot. Im Spätfrühling und Frühsommer erscheinen entlang der Triebe glockige Blüten, gefolgt von bläulich schwarzen Früchten.

WARUM SCHNEIDEN?

Die Pflanze soll gesund und wüchsig bleiben und Früchte bilden.

TIPPS FÜR DEN SCHNITT

- *Schneiden Sie bodendeckende Formen mit der Heckenschere.*

PFLANZEN, DIE GENAUSO GESCHNITTEN WERDEN

Ribes *ssp. und Sorten*: *im Spätwinter*
Vaccinium angustifolium: *im Spätwinter*
Vaccinium corymbosum: *im Spätwinter*

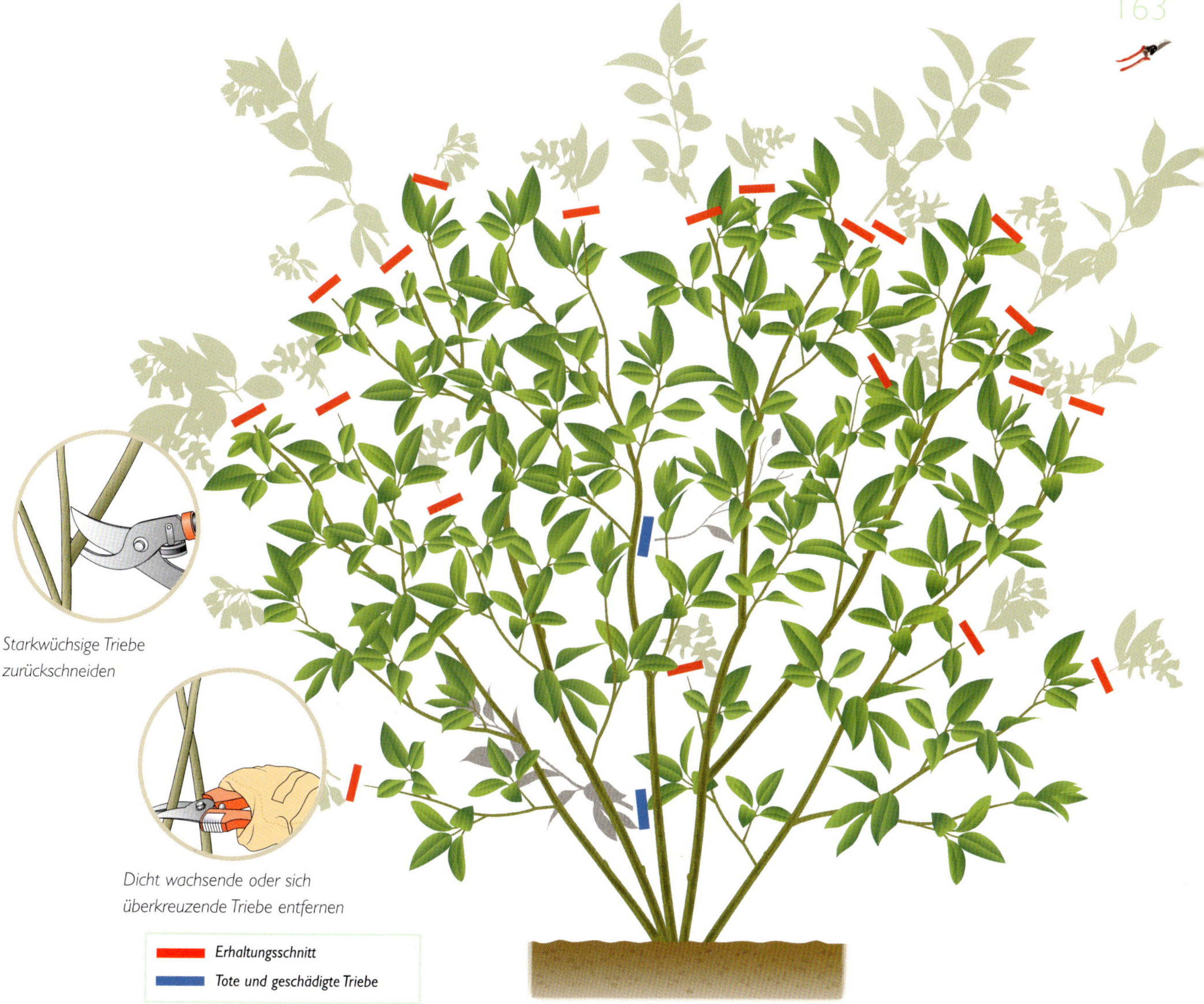

Starkwüchsige Triebe zurückschneiden

Dicht wachsende oder sich überkreuzende Triebe entfernen

Erhaltungsschnitt

Tote und geschädigte Triebe

Aufbauschnitt

Junge Pflanzen werden geschnitten, damit sie buschig wachsen und kräftige Triebe aus dem Boden heraustreiben.

Schneiden Sie nach der Pflanzung alle schwachen oder geschädigten Triebe heraus und die verbliebenen etwa um die Hälfte zurück, um den Neuaustrieb aus der Basis der Pflanze zu fördern.

Erhaltungsschnitt

Die Pflanze soll ein kompaktes und buschiges Grundgerüst entwickeln. Durch Rückschnitt wird der Neuaustrieb gefördert und das Verkahlen am Fuß verhindert.

Schneiden Sie im Spätwinter alle langen, starkwüchsigen Triebe zurück und durcheinander wachsende Triebe heraus.

Verjüngungsschnitt

Alte Sträucher bilden ein Gewirr aus unzähligen dünnen, schwachen, langen Trieben, die nur noch wenige und kleinere Blüten hervorbringen. In diesem Fall kann ein Radikalschnitt helfen, aber Blüten- und Fruchtbildung fallen im folgenden Jahr aus.

Schneiden Sie im Spätwinter alte, kräftige Triebe 10-15 cm über dem Boden ab und nehmen Sie alle schwachen heraus.

WERKZEUG

WANN SCHNEIDEN?

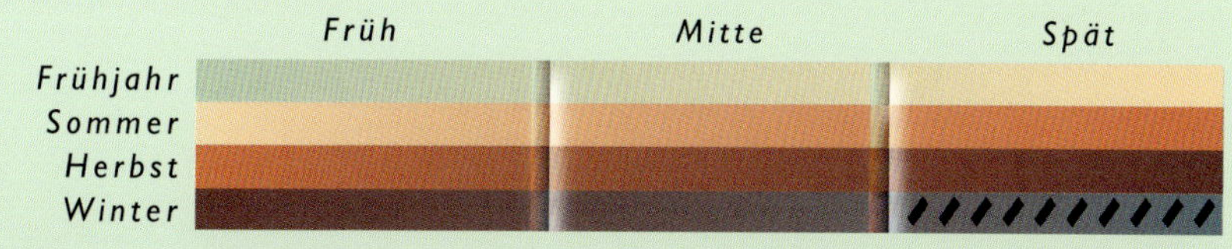

	Früh	Mitte	Spät
Frühjahr			
Sommer			
Herbst			
Winter			x

Viburnum (sommergrüne Arten)

Schneeball

Diese Sträucher eignen sich gut für kleine Gärten und bieten mit Laub, Blüten und Fruchtschmuck das ganze Jahr über einen schönen Anblick.

Diese Gattung umfasst sommergrüne und immergrüne Arten (siehe Seite 166-167). Sommergrüne Arten werden wegen ihrer oft duftenden Blüten, den leuchtend gefärbten Früchten und des dekorativen Herbstlaubs gepflanzt. Sie bevorzugen feuchte, durchlässige, nährstoffreiche Böden in vollsonniger oder halbschattiger Lage, aber im Allgemeinen gedeihen sie auf fast jedem Gartenboden. Schneeballarten sind vielseitig. Sie können als Solitär wachsen oder zu einer Jahreszeit Farbe und Duft in eine gemischte Rabatte bringen, in der kaum andere Sträucher blühen,

Die sommergrüne Sträucher weisen unterschiedliche Wuchsformen und Wuchsgrößen auf. Die meisten von ihnen tragen ovale bis runde, gegenständige Blätter, die am Rand gezähnt und dunkelgrün, in der Jugend oft bronzefarben überhaucht sind und dünne, verholzte Triebe zieren. Die kleinen, röhrenförmigen, meist duftenden Blüten stehen in dichten Dolden und erscheinen im Winter und Frühjahr entlang der oft noch kahlen Triebe oder im Frühsommer gleichzeitig mit dem Laub. Die Blütenfarbe variiert von Weiß bis zu verschiedenen Rosatönen. Den Blüten folgen meist runde, orangefarbene, rote oder blauschwarze Früchte.

Viburnum plicatum *f.* tomentosum *'Mariesii'* *bildet einen ausladenden Strauch mit charakteristischen übereinander stehenden Trieben. Diese haben eine hellbraune Rinde und dunkelgrüne, herzförmige sommergrüne Blätter mit gezähntem Rand und stark geäderter Oberfläche. Im Herbst färben sie sich orange und gelb,. Im Spätfrühling erscheinen an den Triebenden flache Dolden weißer Tellerblüten.*

Aufbauschnitt

Die Pflanzen sollen sich natürlich entwickeln können. Ein Schnitt kann erforderlich sein, um die gleichmäßige Wuchsform zu erhalten.

Schneiden Sie nach der Pflanzung alle schwachen oder geschädigten Triebe heraus und die extrem starkwüchsigen zurück.

WARUM SCHNEIDEN?

Eine gleichmäßige, offene Form und die Entwicklung neuer Triebe sollen gefördert werden.

TIPPS FÜR DEN SCHNITT

- *Schneiden Sie verwelkte Blütenstände nicht ab, wenn sie den Fruchtschmuck behalten wollen.*

PFLANZEN, DIE GENAUSO GESCHNITTEN WERDEN

Viburnum carlesii: *im Spätwinter*
Viburnum dentatum: *im Spätwinter*
Viburnum dilatatum: *im Spätwinter*
Viburnum farreri: *im Spätwinter*
Viburnum x juddii: *im Spätwinter*
Viburnum opulus: *im Spätwinter*
Viburnum trilobum: *im Spätwinter*

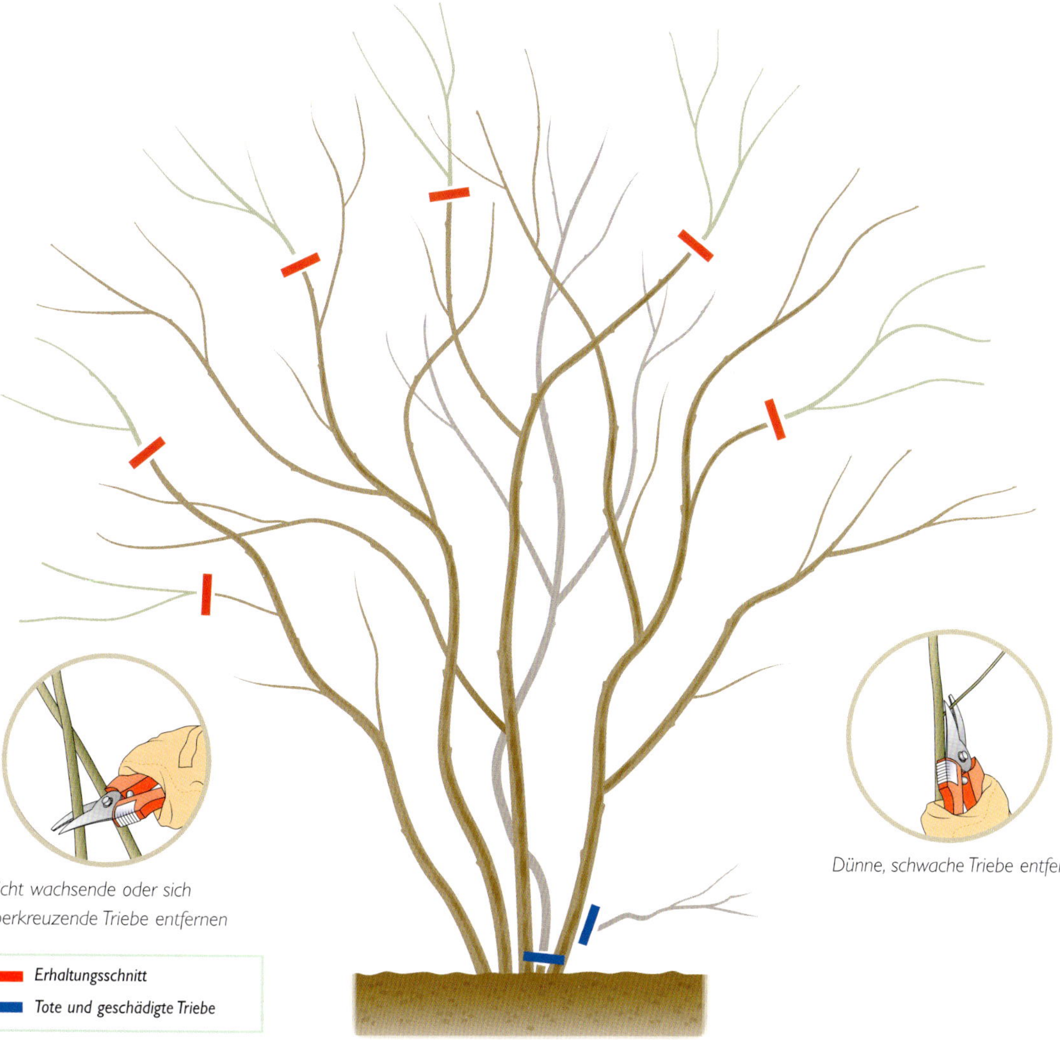

Dicht wachsende oder sich überkreuzende Triebe entfernen

Dünne, schwache Triebe entfernen

Erhaltungsschnitt

Tote und geschädigte Triebe

Erhaltungsschnitt

Viele Schneeballarten werden wegen ihrer Früchte kultiviert. Entfernt man jedoch verwelkte Blüten, können keine Früchte entstehen.

Der Pflegeschnitt hält den Wuchs in Grenzen, entfernt das alte, sich allmählich verdichtende Holz und regt so die Entwicklung neuer Blütentriebe an.

Die Sträucher brauchen nur leichten Schnitt. Schneiden Sie jedes Jahr etwa ein Fünftel der alten Triebe heraus.

Entfernen Sie alle dünnen, schwachen und sich überkreuzenden Triebe.

Verjüngungsschnitt

Wird der Schneeball nicht geschnitten, bildet er ein Gewirr aus unzähligen dünnen, schwachen Trieben, die kaum Farbe zeigen und die Pflanze anfällig für Schädlinge und Krankheiten machen. Führen Sie einen Radikalschnitt durch.

Schneiden Sie im Spätfrühling alle alten Äste – am besten mit einer Baumsäge – bis zum Boden zurück, lassen Sie aber 2,5-5 cm lange Stummel daran, aus denen sich neue Triebe entwickeln.

Entfernen Sie im Sommer alle dünnen, schwachen Triebe.

Schneiden Sie alte Blütenstände nicht ab, wenn Früchte erwünscht sind

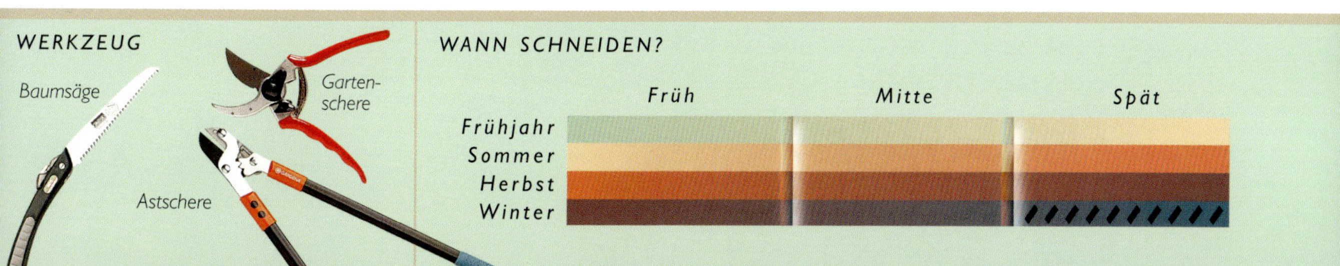

Viburnum

(immergrüne und halbimmergrüne Arten)

Schneeball

Immergrüne und halbimmergrüne Schneeball-Arten tragen glänzend grünes Laub, das einen hübschen Hintergrund für die duftenden Blüten bildet.

Der Schneeball gedeiht auf jedem Gartenboden, bevorzugt aber durchlässige, nährstoffreiche Böden in vollsonniger oder halbschattiger Lage. Die immergrünen Formen haben derb aussehendes Laub, müssen aber im Winter und Frühjahr vor kaltem Wind geschützt werden, da die jungen Triebe sehr frostempfindlich sind. Die Pflanzen lassen sich einfach kultivieren und eignen sich hervorragend als Solitäre. Sie können aber auch Struktur und Duft in eine gemischte Rabatte bringen oder an Mauern und Zäunen gepflanzt werden. Bei der großen Vielfalt an Pflanzentypen und Wuchsformen ist garantiert auch eine passende für Ihren Garten dabei.

Die immergrünen Sträucher tragen oft große, ledrige Blätter, die allein schon sehr dekorativ sein können. Neben dem glänzend grünen Laub können auch purpurn oder sogar cremefarben und grün panaschierte Blätter auftreten. Viele Pflanzen haben Blüten, die sowohl wegen ihrer Farbe als auch wegen ihres Duftes bewundert werden. Die Blütenfarbe kann von Weiß bis zu tiefen Rosatönen variieren, wobei die weißen und die heller gefärbten Blüten meistens intensiver duften. Die Einzelblüten sind klein, stehen aber in großen, auffälligen Dolden. Den Blüten folgen Früchte, die erst rot und später blauschwarz sind.

Viburnum davidii *ist ein niedriger, ausladender, buschiger Strauch von kuppelförmiger Wuchsform. Die dunkelgrünen Blätter sind oval mit gezähntem Rand und stark geäderter Oberfläche. Sie haben eine raue, ledrige Struktur. Winzige, weiße Röhrenblüten stehen in breiten flachen Dolden und erscheinen im Spätfrühling an den Triebenden. Später werden bläulich schwarze Früchte gebildet.*

Aufbauschnitt

Der Strauch soll sich mehrstämmig entwickeln und nahe dem Boden kräftige Triebe bilden. Schneiden Sie im Frühjahr nach der Pflanzung die Triebe um etwa ein Drittel zurück. Das regt einen gedrungenen, buschigen Wuchs an.

Kürzen Sie starkwüchsige Triebe etwa um die Hälfte ein, um eine gleichmäßige Wuchsform zu erhalten.

WARUM SCHNEIDEN?

Eine gleichmäßige, offene Wuchsform soll erhalten bleiben und die Entwicklung neuer Triebe gefördert werden.

TIPPS FÜR DEN SCHNITT

- *Achten Sie auf Wurzelschosse und entfernen Sie diese möglichst rasch.*

PFLANZEN, DIE GENAUSO GESCHNITTEN WERDEN

Viburnum betulifolim: *im Frühjahr nach der Blüte*
Viburnum x burkwoodii: *im Sommer nach der Blüte*
Viburnum davidii: *im Sommer nach der Blüte*
Viburnum rhytidophyllum: *im Sommer nach der Blüte*
Viburnum tinus: *im Sommer nach der Blüte*

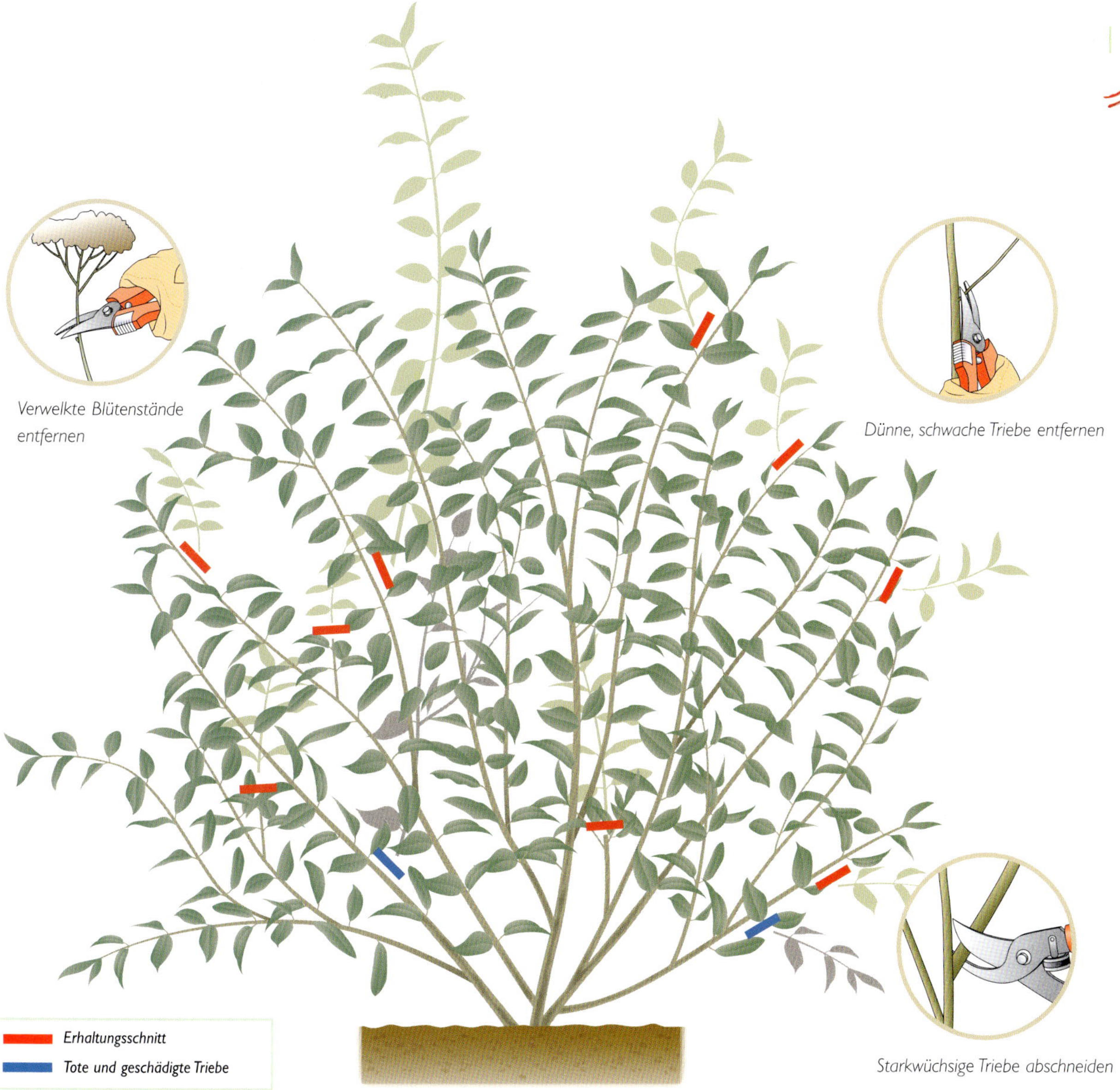

Verwelkte Blütenstände entfernen

Dünne, schwache Triebe entfernen

Erhaltungsschnitt

Tote und geschädigte Triebe

Starkwüchsige Triebe abschneiden

Erhaltungsschnitt

Diese Pflanzen benötigen keinen regelmäßigen Schnitt, um gut zu gedeihen. Durch den Rückschnitt starkwüchsiger Triebe wird aber eine gleichmäßige Wuchsform erhalten.

Nach der Blüte können die verwelkten Blütenstände bis auf eine kräftige Knospe oder bis zu tieferen, kräftigeren Trieben zurückgeschnitten werden. Viele Arten werden wegen ihrer Früchte kultiviert; in diesem Fall dürfen Sie die Blütenstände nicht entfernen.

Schneiden Sie die Triebe mindestens um die Hälfte bis auf eine gesunde Knospe oder eine Verzweigung zurück. Nehmen Sie alle dünnen, schwachen Triebe aus der Pflanzenmitte heraus.

Verjüngungsschnitt

Alte Sträucher bilden ein Astgewirr und bringen weniger Blüten hervor, auch verkahlen sie am Fuß.

Schneiden Sie alle Haupttriebe 30-60 cm über dem Boden ab. Entfernen Sie alle zu dicht stehenden oder sich überkreuzenden Triebe.

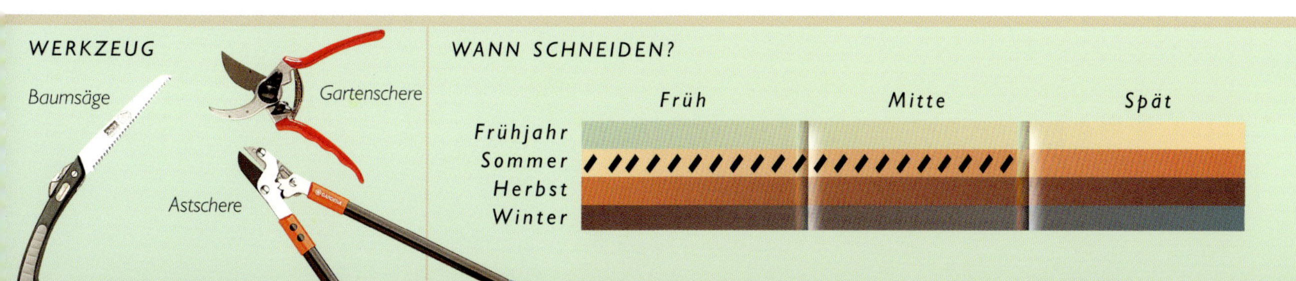

Vitis

Weinrebe, Rebe

Die Weinrebe ist eine der dankbarsten Kletterpflanzen, wenn Sie sich an einer flammenden Herbstfärbung erfreuen wollen. Die Blätter nehmen leuchtende Rot- oder Purpurtöne an, bevor sie abgeworfen werden.

Die bekanntesten Vertreter der Gattung sind die Sorten der Wilden Weinrebe *(Vitis vinifera)*, die man wegen ihrer Früchte, die entweder gegessen oder zu Wein verarbeitet werden, kultiviert. Es gibt aber verschiedene Zierweine, die allein durch ihr dekoratives Laub bestechen. Diese Pflanzen eignen sich hervorragend für einen Laubengang oder für eine Pergola und können auch Mauern oder Zäune bewachsen; manche Formen klettern sogar bis in die Kronen großer Bäume hoch. Weinreben tragen große, herzförmige oder gelappte Blätter mit gezähntem Rand, gewöhnlich grün oder purpurrot; sie stehen entlang starkwüchsiger Triebe, die anfangs grün sind, später graubraun werden und schließlich Lagen sich schuppender Rinde bilden. Die Pflanze verankert sich an der Unterlage mit Hilfe holziger Blattranken, die ihr ermöglichen, bis zu 16 m hoch zu wachsen. Die kleinen Früchte der Sorte 'Fragola' schmecken nach Erdbeeren.

Zierweine bevorzugen durchlässige, kalkhaltige Böden und fühlen sich in vollsonnigen oder halbschattigen Lagen wohl.

Aufbauschnitt

Jungpflanzen werden geschnitten, damit sie ein Gerüst aus kräftigen, über dem Boden austreibenden Triebe bilden.

Schneiden Sie im ersten Winter nach der Pflanzung alle schwachen oder geschädigten Triebe bis auf eine gesunde Knospe etwa 45 cm über dem Boden, zurück. Sobald sich neue Triebe entwickeln, wählen Sie 3-4 der kräftigsten für die Erziehung an der Kletterhilfe aus.

Schneiden Sie im zweiten Winter diese Triebe um etwa ein Drittel zurück und binden Sie sie an der Kletterhilfe fest. Kürzen Sie dünne Triebe bis auf eine oder zwei Knospen ein und nehmen Sie alle schwachen Triebe heraus.

Aufbauschnitt: *Zweiter Winter*

WARUM SCHNEIDEN?

Ein gleichmäßiger Wuchs soll gefördert, die Wuchsstärke begrenzt und die Fruchtbildung angeregt werden.

TIPPS FÜR DEN SCHNITT

- *Führen Sie den Schnitt im Winter oder in voll belaubtem Zustand durch, um mögliches starkes Bluten zu verringern.*

PFLANZEN, DIE GENAUSO GESCHNITTEN WERDEN

Vitis amurensis ***und Sorten:*** *im Spätwinter, bevor die Pflanze Saft führt*
Vitis coignetiae ***und Sorten:*** *im Spätwinter, bevor die Pflanze Saft führt*
Vitis vinifera ***und Sorten:*** *im Spätwinter, bevor die Pflanze Saft führt*

Vitis vinifera *ist eine starkwüchsige Kletterpflanze mit schlanken, verholzten, hellbraunen Trieben, die sich auf der Unterlage mit Hilfe ihrer Blattranken, die sich um die Kletterhilfe winden, festhalten und so gewaltige Höhen erreichen können. Die großen Blätter sind drei- bis fünffach gelappt und grün. Im Herbst färben sie sich leuchtend orange und rot, bevor sie abgeworfen werden.*

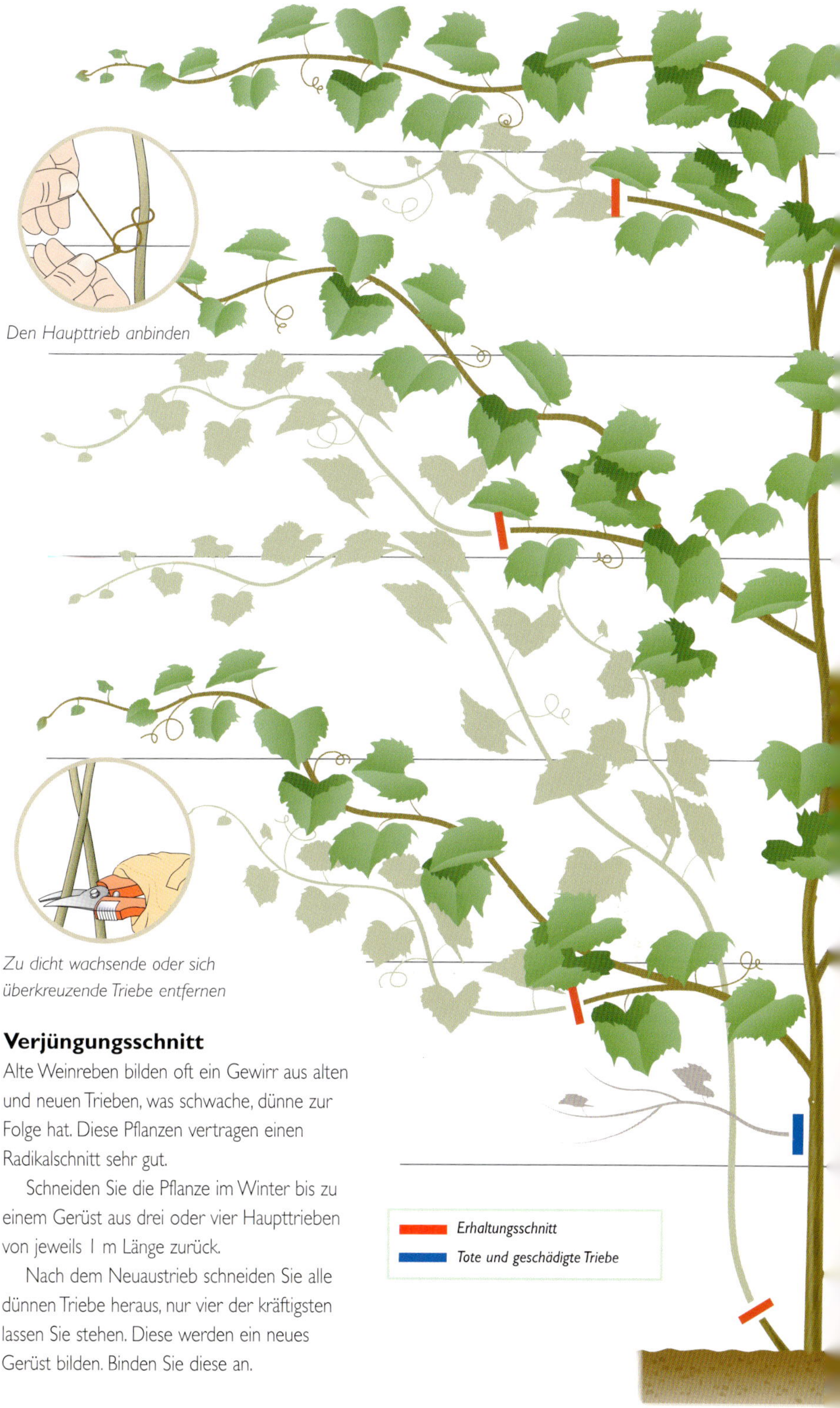

Den Haupttrieb anbinden

Zu dicht wachsende oder sich überkreuzende Triebe entfernen

Erhaltungsschnitt

Tote und geschädigte Triebe

Erhaltungsschnitt

Durch den Pflegeschnitt soll ein Gerüst aus kräftigen Trieben erhalten und die Entwicklung von kräftigen neuen angeregt werden. Ausgewachsene Pflanzen werden auch geschnitten, um ihren Wuchs zu begrenzen.

Kürzen Sie im Winter die Triebe so weit wie erforderlich ein und binden Sie sie an der Kletterhilfe fest. Schneiden Sie die Seitentriebe bis auf zwei oder drei Knospen an der Ansatzstelle zurück. Entfernen Sie alle unnötigen, um zu dichten Wuchs zu verhindern.

Entfernen Sie im Sommer alle zu dicht wachsenden Triebe. Schneiden Sie alte, kahle Triebe bis zum Boden zurück.

Verjüngungsschnitt

Alte Weinreben bilden oft ein Gewirr aus alten und neuen Trieben, was schwache, dünne zur Folge hat. Diese Pflanzen vertragen einen Radikalschnitt sehr gut.

Schneiden Sie die Pflanze im Winter bis zu einem Gerüst aus drei oder vier Haupttrieben von jeweils 1 m Länge zurück.

Nach dem Neuaustrieb schneiden Sie alle dünnen Triebe heraus, nur vier der kräftigsten lassen Sie stehen. Diese werden ein neues Gerüst bilden. Binden Sie diese an.

WERKZEUG

WANN SCHNEIDEN?

	Früh	Mitte	Spät
Frühjahr			
Sommer			
Herbst			
Winter			//////////

Weigela

Weigelie, Glockenstrauch

Weigelien sind einfach zu kultivieren und entfalten jahrelang ihre Pracht, ohne viel Aufmerksamkeit zu erfordern. Man pflanzt sie oft in die Nähe von Forsythien, da sie kurz nach diesen blühen.

Weigelien sind sommergrüne Sträucher von aufrechter bis ausladender Form und werden oft 2 m hoch und 2,5 m breit. Sie gedeihen auf jedem durchlässigen, nährstoffreichen Boden in vollsonniger oder halbschattiger Lage. Formen mit panaschiertem Laub brauchen jedoch einen vollsonnigen Standort, damit ihre Farbe sich gut entwickeln kann. Die breit ovalen, am Rand gezähnten Blätter sind an den Trieben gegenständig angeordnet. Die Triebe sind in der Jugend rot, färben sich später grün, braun und schließlich grau. Die glockigen Blüten erscheinen im Spätfrühling und Frühsommer und sitzen zu mehreren in den Blattachseln. Die Blütenfarbe variiert von Weiß über Grüngelb bis hin zu Rosa- und dunklen Rubinrottönen. Manche Sorten haben attraktiv gefärbtes Laub: *Weigela* 'Briant Rubidor' trägt gelbgrüne Blätter, 'Loymansii Aurea' goldgelbe und *W. florida* 'Foliis Purpureis' bronzegrüne und zeigt eine üppige Blütenpracht.

Weigela florida *'Briant Rubidor'*
ist ein sommergrüner Strauch mit einer lockeren, ausladenden Wuchsform und schlanken, hellbraunen Trieben. Die leuchtend gelben Blätter sind breit oval mit gezähntem Rand und später hellgelb bis grün umsäumt. Im Herbst färben sie sich orange. Die tiefroten, glockigen Blüten erscheinen von Spätfrühling bis Frühsommer zu mehreren in Büscheln in den Blattachseln.

WARUM SCHNEIDEN?

Eine gleichmäßige Wuchsform soll erhalten bleiben und ein buschiger Wuchs angeregt werden.

TIPPS FÜR DEN SCHNITT

- *Verwenden Sie eine Bypass-Schere, da die Triebe mit einer Ambossschere gequetscht werden können.*

PFLANZEN, DIE GENAUSO GESCHNITTEN WERDEN

Dipelta *ssp. und Sorten*: *im Hochsommer nach der Blüte*
Forsythia *ssp. und Sorten*: *Mitte bis Spätfrühling nach der Blüte*
Kerria japonica *und Sorten*: *im Spätfrühling nach der Blüte*
Weigela *ssp. und Sorten*: *im Hochsommer nach der Blüte*

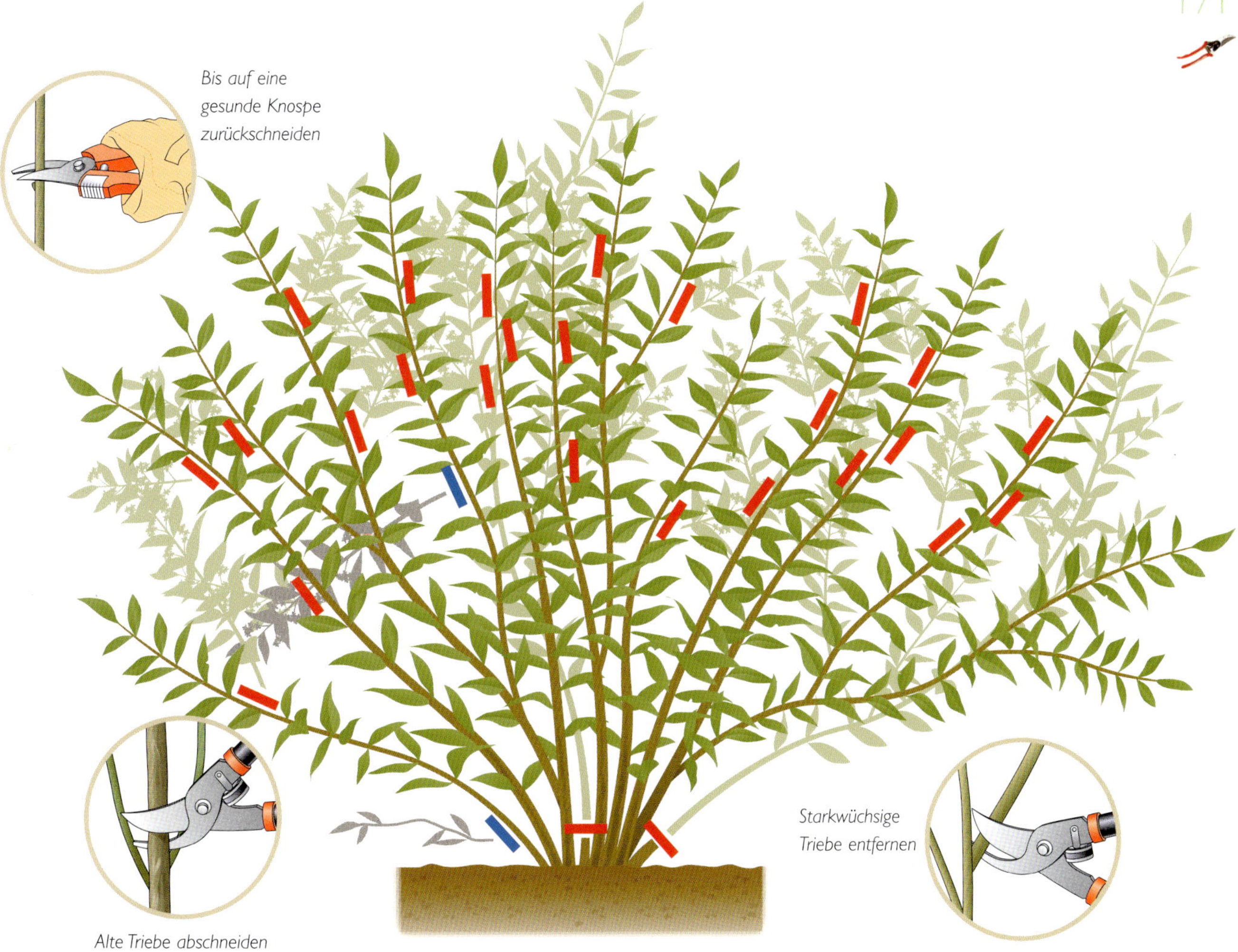

Bis auf eine gesunde Knospe zurückschneiden

Alte Triebe abschneiden

Starkwüchsige Triebe entfernen

Erhaltungsschnitt

Tote und geschädigte Triebe

Aufbauschnitt

Schneiden Sie junge Pflanzen, um einen buschigen Wuchs und die Entwicklung kräftiger Triebe in Bodenhöhe zu fördern.

Entfernen Sie nach der Pflanzung alle geschädigten Triebe und schneiden Sie alle verbliebenen etwa um die Hälfte ihrer Länge zurück, damit neue Triebe aus der Basis der Pflanze gebildet werden, während die Pflanze einwachsen kann.

Erhaltungsschnitt

Die Pflanzen müssen regelmäßig jährlich geschnitten werden, wenn sie schön blühen sollen. Dadurch wird das alte Holz, das sich allmählich verdichten würde, entfernt und die Entwicklung neuer Blütentriebe angeregt.

Schneiden Sie alte Blütentriebe mindestens um die Hälfte, bis auf eine gesunde Knospe oder eine junge Verzweigung, zurück. Kürzen Sie alle starkwüchsigen Triebe ein, die das Aussehen der Pflanze beeinträchtigen.

Sie sollten jedes Jahr etwa ein Viertel der alten Triebe entfernen, um den Lichteinfall zu verbessern und Platz für neue zu schaffen.

Verjüngungsschnitt

Alte Sträucher bilden oft ein dichtes Gewirr aus dünnen, schwachen und zu langen Trieben, die nur noch wenige Blüten hervorbringen, besonders wenn der Schnitt vernachlässigt wurde. Ein radikaler Rückschnitt der Pflanze kann hier helfen.

Schneiden Sie im zeitigen Frühjahr alte Triebe 5-7 cm über dem Boden ab, um den Neuaustrieb anzuregen.

Nehmen Sie im Hochsommer alle dünnen oder schwachen Triebe vollständig heraus. Schneiden Sie die drei oder vier verbliebenen alten bis zum Boden zurück.

WERKZEUG

WANN SCHNEIDEN?

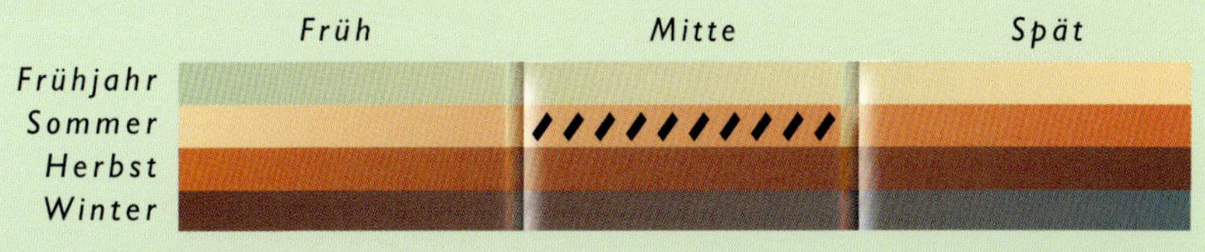

Wisteria

Glyzine, Blauregen

Es gibt kaum einen eindrucksvolleren Anblick, als eine ausgewachsene Glyzine in voller Blütenpracht. Die hängenden Trauben aus Schmetterlingsblüten gehören zu den Gartenhöhepunkten im Frühling oder Sommer.

Glycinen sollten zweimal im Jahr stark zurückgeschnitten werden, um eine schöne Blüte zu sichern. Ihre sehr starkwüchsigen Triebe – sie können in einer Saison problemlos um 4 m wachen – erschweren es, die Pflanze im Zaum zu halten. Das ist zum Teil der Grund dafür, warum unerfahrene Hobbygärtner sich nur vorsichtig an den Schnitt heranwagen. Aber diese Kletterpflanze verdient ihren Ruf, schwer zu schneiden zu sein wirklich nicht.

Die Blüten der Glyzinie werden an Seitentrieben gebildet, die sich im vorigen Jahr aus den Haupttrieben entwickelt haben. Das Ziel des Schnittvorgangs ist die Entwicklung möglichst vieler schön gewachsener Seitentriebe an einem kräftigen und gleichmäßigen Astgerüst, damit die Blütentrauben anmutig herabfallen und kein Durcheinander mit den Ästen darunter bilden.

Alle Sorten blühen in warmen, sonnigen Lagen üppig. Sie sollten am besten an einer Mauer wachsen, wo die neuen Triebe durch die zurückstrahlende Wärme früher heranreifen. An einem solchen Standort kommen die hängenden Blütentrauben am besten zur Geltung. Um die beste Wirkung zu erzielen, bringen Sie horizontale Drähte im Abstand von 38-45 cm und mindestens 5 cm von der Mauer entfernt an.

Pflanzen Sie die Glyzine in etwa 45 cm Abstand von der Wand ein und schneiden Sie den Haupttrieb gleich nach der Pflanzung zurück, um mit der Erziehung zu beginnen. Das regt die Bildung von Seitentrieben an, aus denen Sie durch aufeinander folgende Sommer- und Winterschnitte und durch Anbinden der Triebe ein Grundgerüst aus gleichmäßig gewachsenen Seitenästen aufbauen können.

1.8 m

90 cm

Nach der Pflanzung
Stützen Sie den Haupttrieb mit einem Stab und schneiden Sie ihn bis auf eine gesunde Knospe etwa 1 m über dem Boden zurück. Entfernen Sie alle Seitentriebe.

Erster Sommerschnitt
Binden Sie zuerst den vertikalen Haupttrieb an, dann zwei der kräftigsten Seitentriebe aus den Achselknospen in einem Winkel von 45 Grad. Schneiden Sie die anderen Seitentriebe auf etwa 15 cm oder auf 3-4 Knospen zurück.

Wisteria floribunda
ist eine starkwüchsige, windende Kletterpflanze mit grünen Trieben, die sich beim Verholzen braun, dann grau färben. Die großen, frischgrünen Blätter sind gefiedert und setzen sich aus ovalen Teilblättchen zusammen, die entlang einer Mittelrippe angeordnet sind. Im Spätfrühling erscheinen bläulich rosafarbene Schmetterlingsblüten mit weißen und gelben Zeichnungen in dichten, langen Trauben. Sie öffnen sich von oben nach unten, oft gefolgt von graugrünen Samenhülsen.

WARUM SCHNEIDEN?

Ein kräftiges Grundgerüst soll entstehen, an dem sich lange hängende Blütentrauben entwickeln.

TIPPS FÜR DEN SCHNITT

- *Betrachten Sie die Pflanze sorgfältig und entscheiden Sie dann genau, welches Ziel Sie haben.*
- *Seien Sie mutig und entscheidungsfreudig. Die Glyzine erleidet selten Schaden.*

PFLANZEN, DIE GENAUSO GESCHNITTEN WERDEN

Wisteria brachybotrys *und Sorten: im Spätwinter und Hochsommer nach der Blüte*
Wisteria floribunda *und Sorten: im Spätwinter und Hochsommer nach der Blüte*
Wisteria x formosa *und Sorten: im Spätwinter und Hochsommer nach der Blüte*
Wisteria sinensis *und Sorten: im Spätwinter und Hochsommer nach der Blüte*

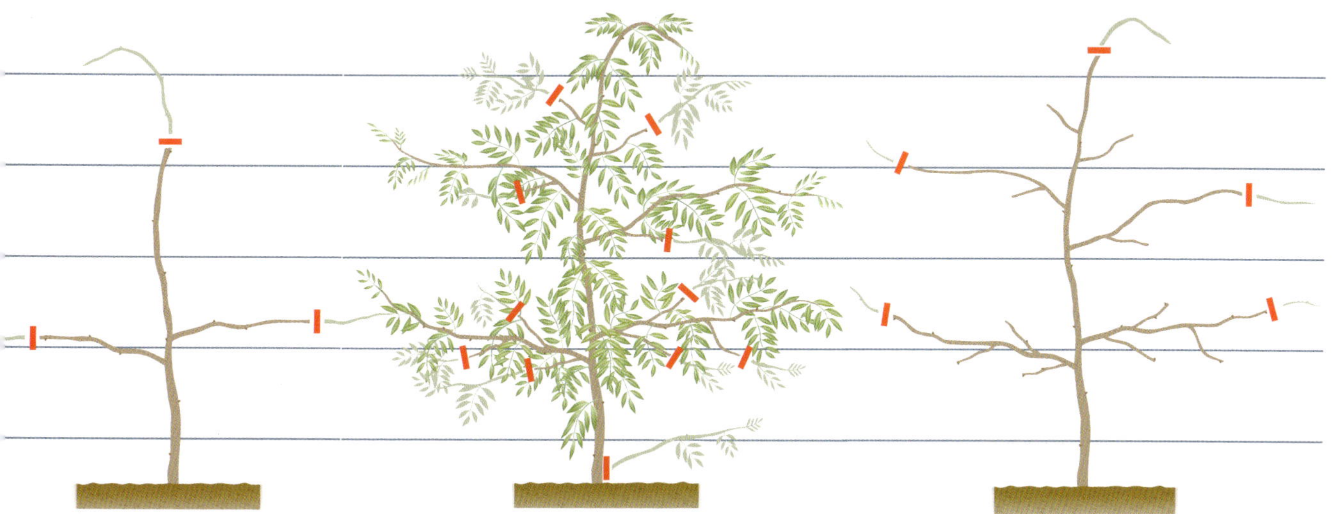

Erster Winterschnitt
Schneiden Sie den Haupttrieb etwa 1 m über den Seitentrieben zurück. Binden Sie die Seitentriebe, die im Jahr zuvor im 45-Grad-Winkel angebunden wurden, waagerecht an. Kürzen Sie sie um ein Drittel ein.

Zweiter Sommerschnitt
Binden Sie den Haupttrieb und die Seitentriebe fest, sobald sie gewachsen sind. Stutzen Sie die Seitentriebe auf 3-4 Knospen zurück. Binden Sie die Seitentriebe im 45-Grad-Winkel an und entfernen Sie alle Triebe an der Basis.

Zweiter Winterschnitt
Schneiden Sie den Haupttrieb zurück und binden Sie die Seitentriebe wie beim ersten Winterschnitt an. Kürzen Sie sie um ein Drittel bis zum ausgereiften Holz. Fahren Sie in dieser Folge fort, bis der verfügbare Platz bedeckt ist.

WERKZEUG

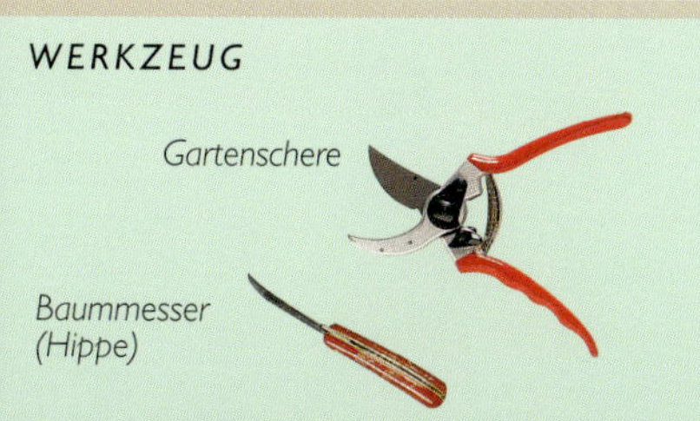

WANN SCHNEIDEN?

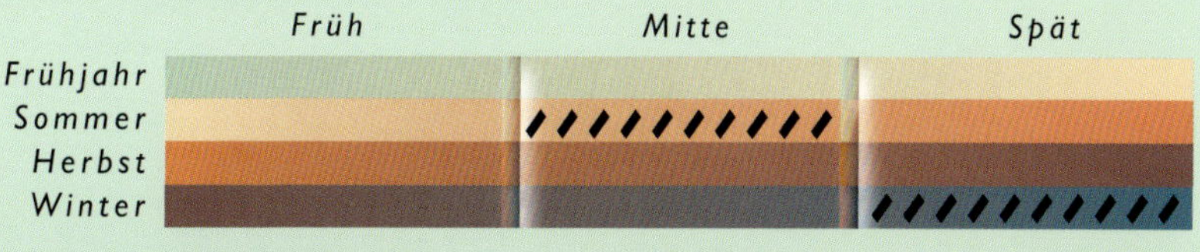

	Früh	Mitte	Spät
Frühjahr			
Sommer		//////////	
Herbst			
Winter			//////////

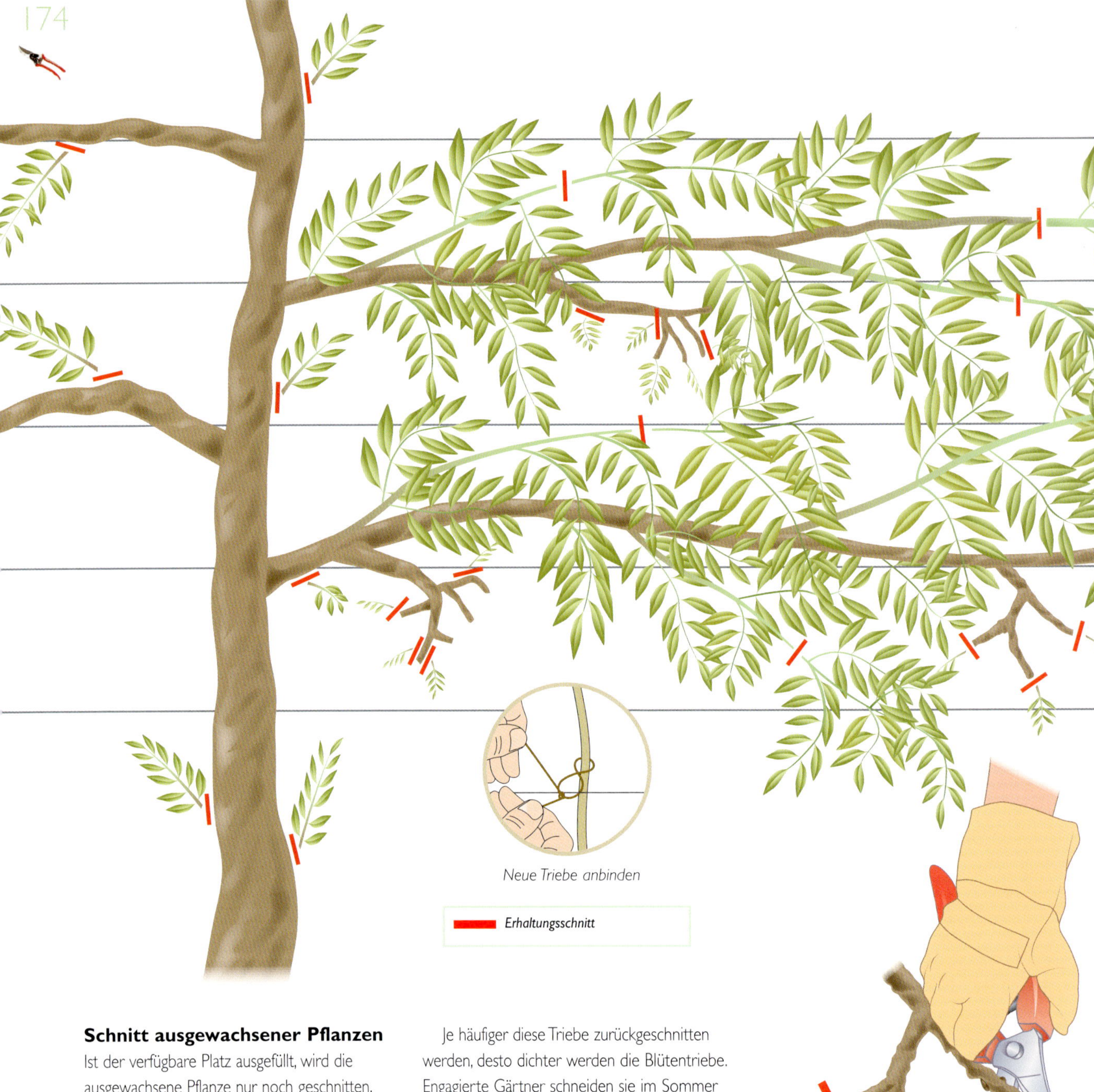

Neue Triebe anbinden

Schnitt ausgewachsener Pflanzen

Ist der verfügbare Platz ausgefüllt, wird die ausgewachsene Pflanze nur noch geschnitten, um ihren Wuchs zu begrenzen und die Bildung weiterer Blütentriebe anzuregen. Das schnelle Wachstum führt bald zu einem Gewirr aus peitschenartigen Trieben. Diese Triebe müssen jeden Sommer zurückgeschnitten werden, damit Blütentriebe gebildet werden, an denen im folgenden Jahr die Blütentrauben erscheinen sollen.

Je häufiger diese Triebe zurückgeschnitten werden, desto dichter werden die Blütentriebe. Engagierte Gärtner schneiden sie im Sommer nach der Blüte alle zwei Wochen auf 15 cm zurück. Beim Winterschnitt werden die Blütentriebe jeweils auf zwei oder drei Knospen eingekürzt. Zu diesem Zeitpunkt lassen sich die dicken Blütenknospen leicht von den flachen Triebknospen unterscheiden. So können Sie frühzeitig erkennen, wie die Blüte in der kommenden Saison ausfallen wird.

Winterschnitt

Im Winter während der Vegetationsruhe kürzen Sie die Blütentriebe weiter auf 7-10 cm ein, so dass auf jedem Blütentrieb zwei oder drei Knospen übrig bleiben. Blütenknospen sind dick, dunkel und etwas behaart und können zu diesem Zeitpunkt leicht von den flachen Triebknospen unterschieden werden.

Erster Sommerschnitt

Nach Beendigung der Blüte schneiden Sie alle neuen Triebe auf 15 cm oder bis zu vier oder sechs Blätter vom Hauptast zurück. Wiederholtes Einkürzen dieser Triebe führt mit der Zeit zu dicht stehenden Blütentrieben, die im Frühjahr oder Sommer eine Fülle von Blütentrauben hervorbringen werden.

BESONDERE SCHNITTARTEN

In diesem Kapitel werden die grundlegenden Techniken des Aufbau-, Erziehungs- und Verjüngungsschnitt vertieft und genau erklärt. Spezielle Schnittverfahren wie der Hecken- und Obstbaumschnitt, das Kappen, die Erziehung von Hochstämmen und Kastenbäumen runden das Thema ab. Damit sind Sie in der Lage, alle relevanten Schnittmaßnahmen sicher und selbstständig durchzuführen.

Bäume schneiden

Bäume verleihen unseren Gärten die Illusion von Beständigkeit und schaffen Strukturen. Sie sind ausdauernd und langlebig. Aus diesem Grund neigen wir oft zu der Annahme, dass Bäume völlig sich selbst überlassen werden können, was jedoch keinesfalls zutrifft.

Bäume im Garten können unterschiedliche Funktionen erfüllen – Schatten spenden, Schutz bieten oder attraktive Blätter und Blüten sowie Fruchtschmuck zur Schau stellen. Wir müssen ihnen dabei helfen, diese Anforderungen auch zu erfüllen.

Der fachgerechte Erhaltungsschnitt zur Entfernung kranker oder geschädigter Zweige kann das Leben eines Baums um Jahre verlängern. Ebenfalls von Bedeutung ist der richtige Zeitpunkt für Schnittmaßnahmen, auch dies trägt wesentlich zum Erhalt der Gesundheit und Wuchsfreudigkeit unserer Bäume bei.

Die meisten sommergrünen Bäume werden im Winter während der Vegetationsruhe zurückgeschnitten, bei manchen Arten kann der Rückschnitt zu dieser Zeit aber unerwünschte Folgen haben: Ahorn (*Acer* spec.), Birke (*Betula* spec.) und Walnuss (*Juglans* spec.) bluten sehr stark, wenn sie im Winter oder im zeitigen Frühjahr zurückgeschnitten werden. Auch Zierkirsche und Verwandte (*Prunus* spec.) sollten im Sommer zurückgeschnitten werden, um Pilzerkrankungen vorzubeugen.

DER AUFBAUSCHNITT

Der Aufbau- oder Erziehungsschnitt von Zierbäumen erfolgt in der Regel bereits in der Baumschule, also bevor sie zum Kauf angeboten werden. Junge Bäume sind bereits so geschnitten, dass sie einen aufrechten Stamm und ein gleichmäßiges Astgerüst entwickeln können; auch der Aufbau der Krone ist vorgezeichnet, so dass Sie kaum noch eingreifen müssen.

Manche Bäume lassen sich schwieriger erziehen als andere, besonders jene mit gegenständig angeordneten Knospen wie Ahorn *(Acer)*, Rosskastanie *(Aesculus)* und Esche *(Fraxinus)*. Diese gabeln sich oft und bilden zwei Stämme. In diesem Fall können später Probleme auftreten, da die Stämme auseinander brechen, wobei große Wunden entstehen, die schweren Schaden anrichten können. Auch die Wahrscheinlichkeit einer Rosterkrankung erhöht sich.

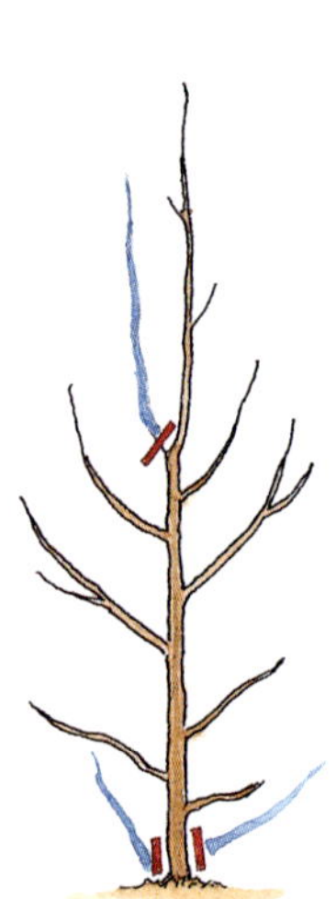

Erziehung eines einstämmigen Baums *Entfernen Sie nach der Pflanzung die oberen, mit dem Hauptstamm konkurrierenden Triebe und die untersten Äste.*

Während der Baum wächst, schneiden Sie die unteren Äste am Stamm ab. Die Äste direkt darüber werden auf etwa 10 cm gekürzt.

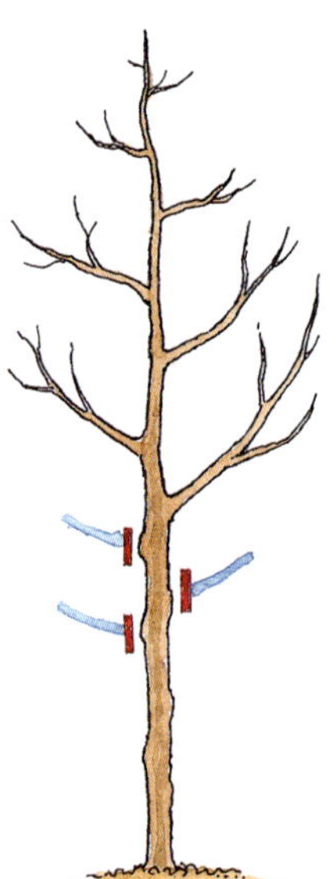

Wiederholen Sie diesen Vorgang in den Folgejahren und entfernen Sie jeweils die untersten Äste. Kürzen Sie die darüber liegenden ein, bevor sie im Jahr darauf entfernt werden.

Wenn sich die Baumkrone entwickelt hat, schneiden Sie die Äste so zurück, dass eine gleichmäßige Struktur entsteht.

Entscheiden Sie sich für eine Form mit mehreren Stämmen, *um Vielfalt in den Garten zu bringen. Viele Bäume oder Sträucher wirken attraktiver, wenn sie auf diese Art erzogen werden.*

Schneiden Sie sommergrüne und blühende Bäume in den ersten drei Jahren zurück, damit sie einen deutlichen Stamm bilden und ein offenes, gleichmäßig wachsendes Astgerüst – die Krone – entwickeln. Der Aufbau einer Struktur, die den Ästen viel Raum lässt und Lichteinfall ermöglicht, ist ebenso wichtig wie das Entfernen von konkurrierenden oder aneinander reibenden Trieben.

Schneiden Sie bis zum Frühsommer alle Triebe, die sich am Stamm unterhalb der Krone entwickeln, diese stellen eine Konkurrenz für den Hauptstamm dar.

Nehmen Sie zwei Drittel aller zu dicht wachsenden oder konkurrierenden Triebe in der Krone zurück, damit die Äste sich nicht kreuzen. Führen Sie den Schnitt immer oberhalb einer nach außen zeigenden Knospe durch, so dass die neuen Triebe sich nicht nach innen zur Kronenmitte hin entwickeln.

Erziehung eines mehrstämmigen Baums: *Lassen Sie den Baum ein Jahr lang wachsen, bevor Sie den Haupttrieb etwa 15 cm über dem Boden abschneiden.*

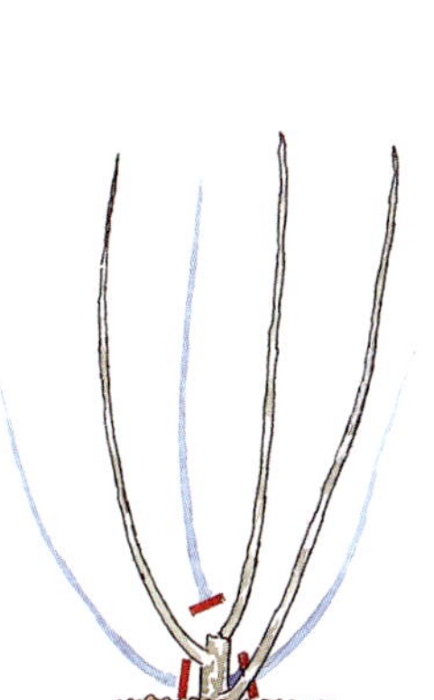

Warten Sie, bis drei oder vier kräftige Triebe austreiben.

Wenn die neuen Triebe sich zu kräftigen Ästen entwickelt haben, entfernen Sie alle dünnen, schwachen Zweige, die an der Basis der Pflanze austreiben.

ERHALTUNGSSCHNITT

Viele eingewachsene Ziergehölze und Schatten spendende Bäume benötigen nur gelegentlich einen Schnitt. Regelmäßig werden jedoch Triebe entfernt, um die Krone offen zu halten und sie gepflegt aussehen zu lassen. Triebe, die sich nach einem Schnitt entwickeln, sollten ebenfalls rechtzeitig herausgeschnitten werden.

Wächst der Baum heran, kann sich die Krone verdichten und im Inneren ein Gewirr aus dünnen, biegsamen Zweigen bilden. In diesem Fall kann Auslichten erforderlich sein, damit mehr Licht und Luft ins Innere der Krone gelangen. Ältere Äste mancher Arten neigen dazu, nach unten zu hängen. Die unteren sollten gekürzt oder vollständig entfernt werden. Gelegentlich muss auch ein großer Ast gekürzt oder entfernt werden, wenn er das Wuchsbild des Baums beeinträchtigt.

Schneiden Sie im Spätfrühling oder Frühsommer alle abgestorbenen, kranken und geschädigten Äste heraus. Diese sind während der Wachstumsphase einfacher zu erkennen als in der Ruhezeit.

Entfernen Sie alle Wurzel- und Triebausschläge sowie alle Wasserschosse.

Schneiden Sie sich kreuzende oder zu dicht wachsende Äste bis auf eine nach außen zeigenden Knospe zurück oder nehmen Sie sie vollständig heraus.

Kürzen Sie alle langen Äste, die das Aussehen der Krone beeinträchtigen.

EINEN AST ABSÄGEN

Es kann vorkommen, dass ein starker, langer Ast an einem ausgewachsenen Baum entfernt werden muss. Da er ein ziemliches Gewicht haben kann, empfiehlt es sich, beim Absägen in mehreren Etappen vorzugehen. Würde man ihn in einem Stück absägen, bestünde die Gefahr, dass er nach unten wegbricht und eine große Wunde reißt, die nur schlecht abheilt. Vermeiden lässt sich dies, indem man lange Äste zuerst in mehreren Abschnitten von außen her einkürzt, um das Gewicht zu verringern.

Eine Alternative ist, den Ast etwa 30 cm von der beabsichtigten Schnittstelle entfernt zunächst von unten anzusägen. Anschließend sägt man ihn 10 cm nach außen versetzt von oben nach unten ein (siehe Abbildung). Befindet sich der zweite Schnitt etwa auf der Höhe des

Erhaltungsschnitt *Bei den meisten einstämmigen Bäumen werden Triebe, die sich am Hauptstamm entwickeln, und solche, die in die Baumkrone wachsen, entfernt.*

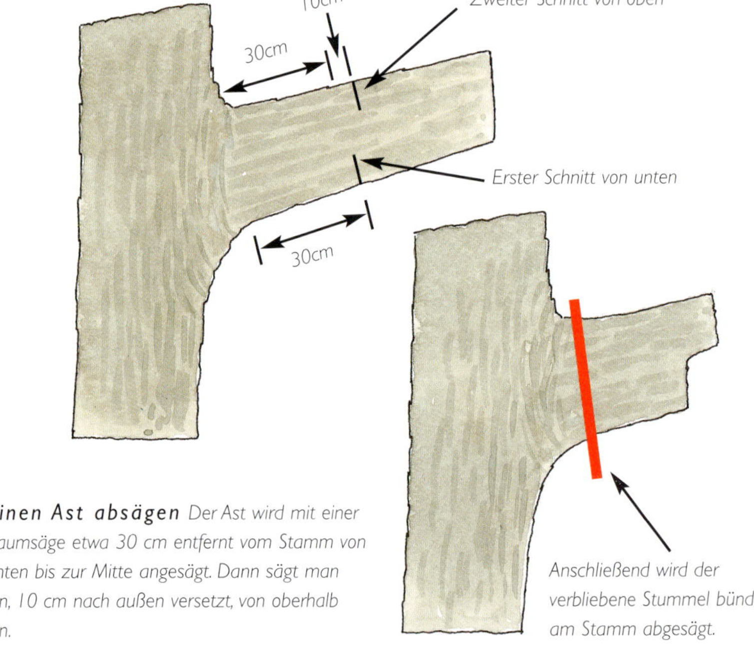

Einen Ast absägen *Der Ast wird mit einer Baumsäge etwa 30 cm entfernt vom Stamm von unten bis zur Mitte angesägt. Dann sägt man ihn, 10 cm nach außen versetzt, von oberhalb ein.*

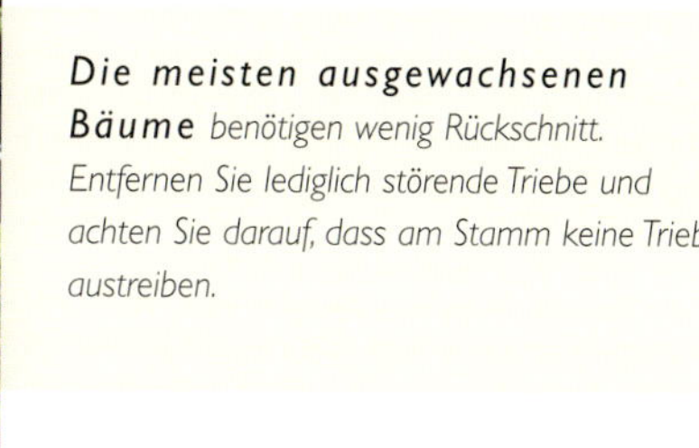

Die meisten ausgewachsenen Bäume *benötigen wenig Rückschnitt. Entfernen Sie lediglich störende Triebe und achten Sie darauf, dass am Stamm keine Triebe austreiben.*

Nach dem Absägen *Entfernen Sie alle kräftigen neuen Triebe, die sich an der Schnittstelle entwickelt haben.*

ersten, bricht das Astende von selbst oder mit leichtem Druck ab. Der Aststummel wird nun möglichst nah am Stamm entfernt, der Astring jedoch belassen. Die Wunde heilt so schneller.

Da zerfranste Wundränder schlechter verheilen, sollte man sich unbedingt die Zeit nehmen, die Wundränder mit der Hippe zu begradigen und die Wunde verschließen. Ein Aststummel kann nämlich nicht von Wundgewebe überwallt werden, bleibt also offen. Krankheitserreger können dann leicht bis ins Innere des Baums vordringen und sich ausbreiten.

Vergewissern Sie sich vor dieser Maßnahme, dass der Baum gesund ist.

VERJÜNGUNGSSCHNITT

Bäume können sehr groß werden. Damit steigt die Gefahr einer Schädigung durch Wind oder sie werden im Alter selbst zu einem Sicherheitsrisiko.

Daher ist es manchmal erforderlich, einen Baum zu fällen und zu entfernen und ihn durch einen neuen zu ersetzen. Wenden Sie sich in diesem Fall an einen Fachmann, einen so genannten Baumchirurgen, der Sie berät und anleitet. Beachten Sie auch kommunale Vorschriften und konsultieren Sie das zuständige Grünflächenamt. Ab einem bestimmten Stammdurchmesser ist das Fällen von Bäumen genehmigungspflichtig.

Ein Verjüngungsschnitt lohnt sich nur bei Bäumen, die nicht zu alt sind oder die ein Sicherheitsrisiko darstellen. Bei ausgewachsenen Bäumen sollte der Verjüngungsschnitt am besten über mehrere Jahre hinweg durchgeführt werden. Beachten Sie, dass ein gesunder Baum im Jahr nach einem radikalen Rückschnitt zahlreiche weiche, saftige Neutriebe bilden wird, die ausgelichtet werden müssen. Der Schnitt kann auch die Entwicklung von Triebausschlägen und Wasserschossen anregen. Diese müssen dann sofort entfernt werden, damit der Baum sich wie gewünscht entwickeln kann.

Beginnen Sie im Winter mit dem Schnitt oder Einkürzen sich kreuzender oder aneinander reibender Ästen. Lichten Sie durcheinander wachsende Triebe aus, damit das Grundgerüst des Baums eine gleichmäßige Form erhält.

Im zweiten Jahr des Verjüngungsschnitts können Sie alle besonders starkwüchsigen Neutriebe auslichten, um ein Astgewirr zu verhindern. Bestimmen Sie die Äste, die zur Entwicklung des Grundgerüsts, das die Krone bildet, dienen sollen.

Entfernen Sie alle Trieb- und Wurzelausschläge sowie Wasserschosse, sobald sie erscheinen.

Hochstämme

In Baumschulen sind zwar verschiedene Baumformen erhältlich, aber eine der beliebtesten Formen für den Garten ist immer noch der Hochstamm – ein Baum mit einem astfreien Stamm von mindestens 1,80 m Höhe.

Einen Hochstamm können Sie natürlich in jeder Baumschule oder im Gartencenter kaufen. Manche Hobbygärtner lieben aber die Herausforderung und kaufen einen Jungbaum von etwa 1,50 m Höhe, um ihn zu einem Hochstamm zu erziehen. In diesem Fall ist eine spezielle Schnitttechnik erforderlich, die in mehreren Schritten über einige Jahre hinweg durchgeführt werden muss. Die Äste, die sich auf dem Stamm des jungen Baums entwickeln, müssen nach und nach eingekürzt und entfernt werden, damit der Stamm einen größeren Durchmesser bekommt und später die Krone tragen kann. Die Äste sollte man nicht zu lang wachsen lassen, damit beim Entfernen keine zu großen Wundflächen entstehen.

AUFBAUSCHNITT

Entfernen Sie im Winter oder im zeitigen Frühjahr nach der Pflanzung alle Triebe, die mit dem Hauptstamm konkurrieren. Dadurch kann sich ein kräftiger, aufrechter Stamm entwickeln.

Nehmen Sie im Spätfrühling alle Seitentriebe am unteren Drittel des Stamms heraus. Schneiden Sie diese möglichst bündig am Stamm ab.

Schneiden Sie auch alle Seitentriebe im mittleren Drittel des Baums um die Hälfte zurück, so dass sich das obere Drittel natürlich entwickeln kann.

Im zweiten Winter nach der Pflanzung werden die Seitentriebe im mittleren Drittel des Baums – das sind die Triebe, die im vergangenen Frühjahr um die Hälfte eingekürzt wurden – entfernt.

Schneiden Sie im Frühjahr alle Triebe im oberen Drittel um die Hälfte zurück.

Kürzen Sie neue Äste im oberen Bereich des Baums um die Hälfte ein. Der obere Teil darf sich natürlich entwickeln.

Das Entfernen der niedrigeren Äste kann jährlich wiederholt werden, bis ein deutlicher, astfreier Stamm von etwa 2 m Höhe entstanden ist.

Ein Hochstamm (oben) *entwickelt sich nicht von alleine, sondern muss durch sorgfältigen Rückschnitt des Jungbaums aufgebaut werden.*

Ein Halb- oder Niederstamm (rechts) *kann einen interessanten Kontrast zu einem Hochstamm bilden.*

Aufbauschnitt beim Hochstamm
Nach der Pflanzung werden die untersten Äste entfernt und geschädigte Triebe in der Krone herausgenommen.

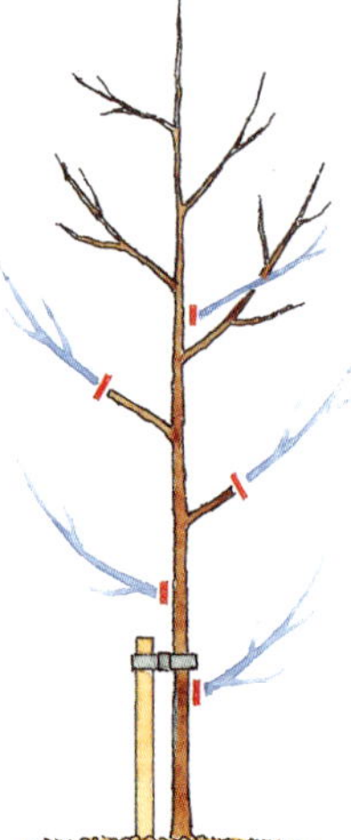

Während der Baum sich entwickelt, werden die unteren Äste laufend entfernt und die Triebe unmittelbar darüber auf 10 cm Länge zurückgeschnitten.

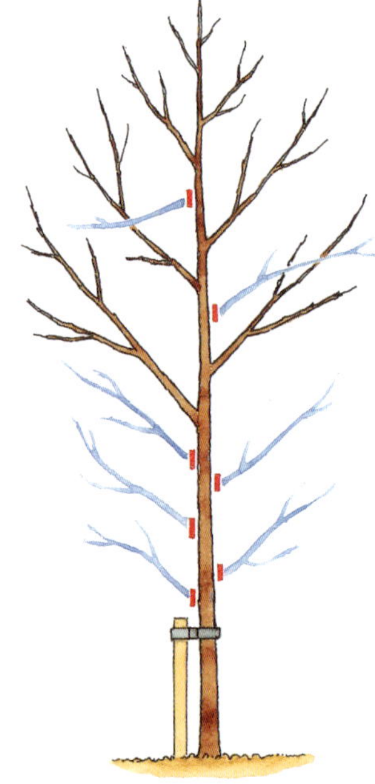

In den folgenden Jahren werden die untersten Äste systematisch entfernt und die Äste unmittelbar darüber in mehreren Etappen eingekürzt, um den Baumstamm zu stärken.

Koniferen schneiden

Koniferen gehören zu den wichtigsten strukturbildenden Elementen im Garten, denn sie sorgen das ganze Jahr über für Farbe und Form und benötigen kaum Aufmerksamkeit. Aber auch bei Koniferen werden Sie für einen in der Jugend sorgfältig durchgeführten Rückschnitt reichlich belohnt.

Bei Koniferen oder Nadelhölzern denken wir stets an immergrüne Pflanzen mit schmalen oder nadelähnlichen Blättern. Es gibt jedoch Ausnahmen, denn verschiedene Nadelbäume werfen ihre Blätter im Herbst ab. Der Ginkgobaum *(Gingko biloba)*, ein naher Verwandter der Koniferen, die Lärche (*Larix* spec.), das Chinesische Rotholz *(Metasequoi glyptostroboides)* und die Sumpfzypresse (*Taxodium* spec.) werden manchmal als sommergrüne Nadelbäume bezeichnet, weil sie ihre Blätter oder Nadeln im Herbst abwerfen und im folgenden Frühling neue hervorbringen.

Die meisten Koniferen durchlaufen zwei Wachstumszyklen: einen im Frühjahr (Hauptvegetationsperiode) und einen zweiten (kleineren) im Spätsommer. Führen Sie einen Rückschnitt immer vor diesen Wachstumsperioden durch, damit die Pflanze auf die Maßnahme schneller anspricht. Werden sie während der Wachstumsphase geschnitten, scheiden Nadelgehölze sehr viel Harz aus. Manche Koniferen entwickeln natürlicherweise eine mehrstämmige Wuchsform. Wenn sie älter werden, können diese Gehölze jedoch auseinanderbrechen. Sie benötigen einen Verjüngungsschnitt.

***Koniferen** können Sie durch leichten Rückschnitt neuer Triebe sowie von Konkurrenztrieben in Form bringen.*

AUFBAUSCHNITT

Die Grundwuchsform von Koniferen wie Tanne (Abies spec.), Fichte (Picea spec.) und Kiefer (Pinus spec.) weist einen einzelnen zentralen Trieb auf, an dem belaubte Triebe in unterschiedlichen Abständen angeordnet sind. Der zentrale Trieb entwickelt sich gewöhnlich zum Hauptstamm und die belaubten Triebe zu Ästen. Manche Nadelgehölze bilden in einem frühen Stadium einen starren, aufrechten mittleren Trieb, während bei anderen Arten das

Triebende gebogen ist und herabhängt. Weiter unten richtet es sich auf, wenn das Gewebe verholzt. Rückschnitt oder Erziehung ist bei ihnen nur dann erforderlich, wenn Triebe geschädigt werden.

Manche Koniferen bilden nahe der Triebspitze einen zweiten kräftigen Nebentrieb, der mit dem Haupttrieb konkurriert. Das Ende des Konkurrenztriebs muss entfernt werden, damit der Stamm sich nicht gabelt; das würde die Baumstruktur beeinträchtigen. Außerdem brechen mehrstämmige Gehölze leicht auseinander. Entfernen Sie im Spätfrühling alle kräftigen Triebe, die am Triebende Konkurrenz für den Leittrieb bedeuten. Sollte es erforderlich sein, können Sie einen kräftigen vertikalen Trieb an einem Stab erziehen, damit sich ein deutlicher Stamm entwickelt.
Schneiden Sie alle diejenigen Triebe, die mit dem Hauptstamm konkurrieren, um zwei Drittel zurück oder nehmen Sie diese vollständig heraus.

Damit sie eine *Kegel- oder Pyramidenform bilden, ist bei diesen Nadelgehölzen ein minimaler Rückschnitt erforderlich. Oft reicht das Zurückschneiden von Trieben, die aus den Haupttästen herausragen.*

ERHALTUNGSSCHNITT

Koniferen gedeihen am besten, wenn sie möglichst wenig geschnitten werden. Wenn Sie ein geeignetes Exemplar auswählen, werden Sie kaum mehr Arbeit haben als den Erhaltungsschnitt heranwachsender Pflanzen. Bei diesem geht es hauptsächlich um die Korrektur geschädigter oder ungleichmäßig wachsender Triebe, die das Aussehen und die Wuchsform des Baums beeinträchtigen. Gelegentlich kommt es vor, dass der Leittrieb oder der Vegetationspunkt beschädigt wird und abstirbt. In diesem Fall nehmen ein oder mehr Triebe des obersten Astquirls seine Stelle ein. Schwierig wird es aber, wenn zwei oder mehr Äste miteinander konkurrieren, um den Haupttrieb zu bilden. In diesem Fall gabelt sich der Stamm und es entsteht eine Schwachstelle, an welcher der Baum später im Alter auseinander brechen kann.

Sobald sich eine Doppelspitze bildet, müssen Sie sich für den besser platzierten kräftigeren Trieb entscheiden – aus ihm erziehen Sie einen neuen Leittrieb. Konkurrenztriebe sollten um ein Drittel eingekürzt oder herausgenommen werden, um die natürliche Dominanz des neuen Hauptstamms zu festigen.

Der Rückschnitt von Koniferen sollte sich auf das Entfernen von schwer geschädigten, absterbenden oder toten Ästen beschränken. Niedrige, bis zum Boden hängen Äste oder solche, die die natürliche Form der Pflanze beeinträchtigen, können ebenfalls entfernt werden.

Der Erhaltungsschnitt bei Koniferen besteht im Allgemeinen darin, die Endknospe der Seitentriebe zu entfernen, um eine Verzweigung anzuregen.

***Nadelgehölze werden in vielen Formen* (rechts)** *und Farben angeboten. Der Rückschnitt ausgewachsener Koniferen sollte auf das Entfernen von toten, absterbenden oder geschädigten Trieben beschränkt bleiben.*

***Langsam wachsende Koniferen* (links)** *mit ausladender, niedriger Wuchsform erfreuen sich immer größerer Beliebtheit und erfordern nur wenig Schnitt.*

Der Versuch, die Höhe einer Konifere zu begrenzen oder sie zurückzunehmen, hat oft eine unschöne und verstümmelte Pflanze zur Folge – viele der oberen Äste wachsen danach in einem unschönen Winkel aus dem Hauptstamm. In diesem Fall ist es besser, den Baum komplett zu entfernen und zu ersetzen.

Im zeitigen Frühjahr werden alle toten, kranken oder geschädigten Äste entfernt.

Die Spitzen starkwüchsiger Triebe können zurückgeschnitten werden, um eine Verzweigung anzuregen und den gleichmäßigen Wuchs zu erhalten. Bei der Kiefer ist ein Rückschnitt selten erforderlich, aber durch Abknipsen der weichen jungen Triebe um zwei Drittel ihrer Länge können Sie dichteren Wuchs fördern.

VERJÜNGUNGSSCHNITT

Nur wenige Koniferen können auf altem, kahlen Holz neue Triebe bilden. Sie vertragen daher keinen Verjüngungsschnitt. Ein vergreistes, geschädigtes oder vernachlässigtes Nadelgehölz sollte durch ein neues ersetzt werden. Die Eibe (*Taxus* spec.) spricht jedoch auf einen Radikalschnitt gut an und kann erfolgreich verjüngt werden. Thujen (*Thuja* spec.) lassen sich ebenfalls gut zurückschneiden, treiben aber nicht auf dem kahlen Holz aus.

Koniferen sind in einer großen Vielfalt erhältlich und können langsam- oder sehr starkwüchsig sein. Seit einigen Jahren gehören die Formen von ausladendem oder niederliegendem Wuchs zu den beliebtesten Nadelgehölzen. Viele der langsam wachsenden Koniferen benötigen kaum Rückschnitt, außer bei einer Schädigung von Ästen oder Laub. Wie alle Immergrünen werfen auch diese Gehölze einen Teil ihres alten Laubs im Sommer ab. Welke Nadeln häufen sich oft inmitten von vorhandenem Laub. Wenn sie verfaulen, führt dies zum Verwelken der gesunden Nadeln in der Nähe und zum Absterben benachbarter Äste. Ganze Bereiche der Pflanze werden dann braun und sterben ab. Mindestens einmal im Sommer sollten Sie das verwelkte Laub entfernen, um diese Art von Schäden zu vermeiden. Schneiden Sie abgestorbene Äste ab, wenn die Nadeln trocken sind, um eine Ausbreitung von Krankheiten zu verhindern.

Gelegentlich versucht eine Zwergkonifere, sich zu normaler Größe zurückzubilden, indem sie schnellwüchsige oder größere Triebe hervorbringt. Diese Triebe müssen entfernt werden.

Hecken

Hecken spielen in unseren Gärten eine wichtige Rolle. Sie bilden nicht nur Grenzen und halten Eindringlinge fern, sondern dienen auch als Hintergrund für Pflanzungen. Außerdem sorgen sie für Sichtschutz und unterteilen den Garten in verschiedene Bereiche.

Eine Hecke ist eigentlich ein natürlich aussehender Zaun, der aber künstlich geschaffen wurde. Die Einzelpflanzen dürfen ihre charakteristische Wuchsform nicht entfalten, sondern werden stattdessen so behandelt, dass sie gemeinsam einen besonderen Zweck erfüllen. Durch Rückschnitt und Einkürzen kann man es schaffen, dass eine Auswahl ungleicher Pflanzen wie eine Einheit wirkt. Häufiges Zurückschneiden weicher, junger Triebe anstelle des regelmäßigen Rückschnitts verholzter Triebe regt die Pflanzen an, in einer bestimmten Art zu wachsen. Zur Freude des Gärtners vertragen viele sommergrüne und immergrüne Gewächse dieses häufige Zurückschneiden und reagieren darauf mit einem gleichmäßig deckenden, dichten, kompakten Wuchs.

Der Heckenschnitt unterscheidet sich vom üblichen Pflanzenschnitt und wird auf eine bestimmte Weise durchgeführt, um seinen Zweck zu erfüllen. Dieselben allgemeinen Regeln, die für den Rückschnitt einzelner Pflanzen gelten, sind auch bei der Heckenpflege maßgebend.

FORMALE HECKEN

Hecken, die regelmäßig zurückgeschnitten werden, um das natürliche Wachstum einzuschränken, bezeichnet man als formale Hecken. Sie bestehen meist aus einer einzigen Pflanzenart – zum Beispiel Eibe *(Taxus)* oder Buche *(Fagus)* – und bilden den perfekten Hintergrund für Zierpflanzen. Als Gestaltungselemente einer formalen Anlage oder in einem Garten mit geometrisch angelegten Beeten und Rabatten sind sie strukturgebend. In vieler Hinsicht ist diese Heckenform in der Nähe des Formschnitts (Topiari) anzuordnen.

NATÜRLICHE HECKEN

Natürlich wachsende Hecken, die aus einer einzigen Art bestehen, findet man oft in ländlichen Gärten. Wie und wann natürliche Hecken geschnitten werden müssen, hängt von der jeweiligen Pflanzenart und deren Blütezeit ab. Natürliche Hecken erfordern im Allgemeinen weniger Aufwand als formale Hecken, da der Schnitt sich darauf beschränkt, die Blütenbildung zu fördern. Sie werden gewöhnlich nach der Blüte zurückgeschnitten, denn das Entfernen alter Blütentriebe fördert die Entwicklung neuer. Diese Art des Rückschnitts bedeutet, dass diese Hecken zu bestimmten Zeiten im Jahr etwas ungepflegt aussehen können. Aber der geringere Arbeits- und Zeitaufwand gleicht diesen Nachteil meist aus.

***Eine formale Hecke** kann ein interessantes Gartenelement darstellen, muss aber regelmäßig zurückgeschnitten werden, um die gepflegte Form zu erhalten.*

Die Stufenform entsteht, wenn Sie Hecken in unterschiedlichen Höhen zurückschneiden – ein interessantes Gestaltungselement für einen formalen Garten.

Manche Heckenpflanzen, sowohl bei formalen als auch bei natürlichen Hecken, können Früchte wie Hagebutten oder Beeren bilden; dies sollte beim Schnittzeitpunkt berücksichtigt werden, damit man die attraktiven Früchte nicht vorzeitig entfernt.

GEMISCHTE HECKEN

Der Schnitt gemischter Hecken kann sich etwas schwieriger gestalten. Sie setzen sich aus mehreren Pflanzenarten zusammen, die so kombiniert werden, dass die Hecke zu jeder Jahreszeit anders aussieht. Es kann sich um eine Mischung aus Pflanzen handeln, die gestaffelt zu unterschiedlichen Zeiten blühen oder im Herbst verschiedene Laubfarben und Texturen zeigen. Immergrüne und sommergrüne Pflanzen können ebenfalls miteinander kombiniert werden. Für welche Pflanzen Sie sich auch entscheiden, die gemischte Hecke wird einen abwechslungsreichen Hintergrund bieten, aber auch selbst zum Blickfang werden.

Kompliziert wird es beim Schneiden, da jede Pflanzen eine andere Wuchsform und Wuchskraft besitzt. Aus diesem Grund müssen Sie auf Schnitttechniken und -zeiten zurückgreifen, die sich von denen der üblichen einheitlichen Hecken unterscheiden.

Bei der Auswahl der Pflanzen für eine gemischte Hecke sollten Sie sich für Gehölze mit ähnlicher Wuchskraft entscheiden, um sich das Leben nicht unnötig schwer zu machen. Andernfalls werden die wüchsigeren Pflanzen ihre schwächeren Nachbarn überwachsen und schließlich die Hecke dominieren, wodurch das Erscheinungsbild stark beeinträchtigt wird. Auch eine gemischte Hecke kann formal oder natürlich gestaltet werden.

***Niedrige formale Hecken* (links)** *werden traditionell eingesetzt um Gartenbereiche voneinander abzutrennen. Sie erfordern regelmäßige Pflege, aber das Ergebnis lohnt die Mühe.*

***Eine Hecke* (rechts)** *bildet auch eine ausgezeichnete Begrenzung zwischen Gartenrabatten und -wegen. Sie schafft eine sanfte Verbindung zwischen der dezenten Bepflanzung in den Rabatten und den geraden Linien der Wege.*

AUFBAUSCHNITT UND ERZIEHUNG

Das Gelingen einer Hecke hängt oft davon ab, wie sie in den ersten zwei oder drei Jahren nach der Pflanzung behandelt wurde. Der Schnitt in der Anfangsphase ist kritisch, da der Wuchs an der Basis und im oberen Bereich gleichmäßig sein sollte. Pflanzen, die auf unnatürliche Weise dicht beieinander stehen, neigen dazu, rasch aufrecht zu wachsen, da sie mit ihren unmittelbaren Nachbarn konkurrieren. Fehlt in der Anfangsphase der Rückschnitt, können an der Basis der Hecke unschöne Lücken entstehen; dadurch kann sich die Hecke nicht zu einem wirkungsvollen Sichtschutz oder zu einer dichten Begrenzung entwickeln.

Die meisten Hecken profitieren von einem Rückschnitt gleich nach der Pflanzung. Dadurch wird nicht nur eine dichte, buschige Wuchsform gefördert, sondern die Einzelpflanzen werden dazu angeregt, eine Einheit – die Hecke – zu bilden.

Abhängig von der Pflanzenart und ihrer Wuchsform werden die Gehölze nach der Pflanzung auf etwa zwei Drittel ihrer ursprünglichen Höhe eingekürzt. Gleichzeitig werden alle kräftigen Seitentriebe, die im rechten Winkel zu der Hecke austreiben, etwa um die Hälfte zurückgeschnitten. Dieser Vorgang sollte einige Jahre lang jedes Jahr wiederholt werden, um den Wuchs an der Spitze und an den Seiten der Hecke zu reduzieren.

Aufbauschnitt

Im ersten Jahr Sommergrüne Pflanzen werden unmittelbar nach der Pflanzung etwa auf die Hälfte bis auf zwei Drittel ihrer ursprünglichen Höhe zurückgeschnitten. Bei Immergrünen und Koniferen wird das Triebende mindestens um 15 cm eingekürzt.

Im Hoch- bis Spätsommer wird die Endknospe aller übermäßig wachsender Pflanzen abgeschnitten, sobald sich die neuen Triebe entwickeln. Schneiden Sie alle Triebe zurück, die im rechten Winkel zu der Hecke wachsen, um eine dichte, buschige Wuchsform zu fördern.

Im zweiten Jahr Im Winter werden alle neuen Triebe um etwa ein Drittel zurückgeschnitten und alle heraustehenden Seitentriebe eingekürzt.

Wenn sich neue Triebe entwickeln, werden diese im Spätfrühling und Frühsommer etwas zurückgeschnitten, damit die Pflanze weiterhin buschig wächst.

Die Endknospen aller stark wachsenden Pflanzen werden zurückgeschnitten.

Erstes Jahr *Schneiden Sie gleich nach der Pflanzung stark zurück.*

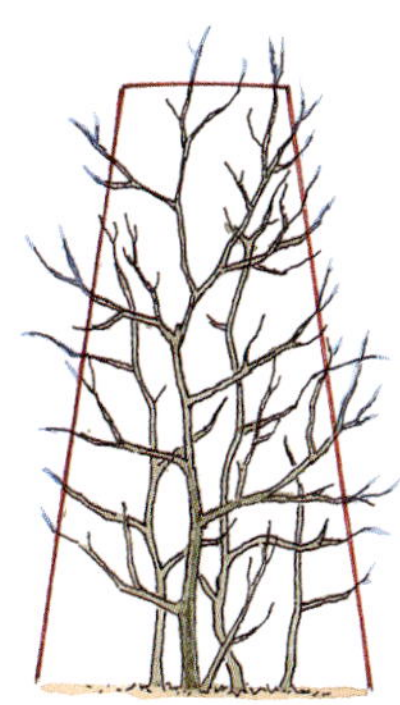

Zweites Jahr *(Sommer) Schneiden Sie Triebe, die sich im rechten Winkel zur Hecke entwickeln, zurück.*

Zweites Jahr *(Winter) Schneiden Sie neue Triebe etwa um ein Drittel zurück.*

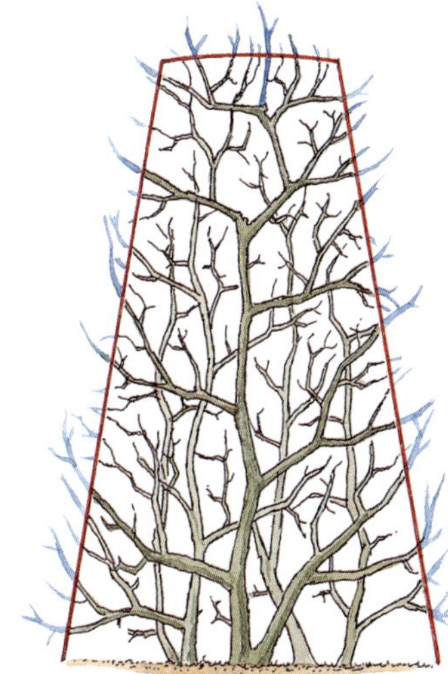

Zweites Jahr *(Frühling und Sommer) Schneiden Sie neue Triebe und die Endknospen starkwüchsigen Triebe ab.*

ERHALTUNGSSCHNITT

Häufiges Schneiden junger Triebe führt zu einer schönen, dicht und gleichmäßig gewachsenen Hecke. Wird sie sorgfältig geschnitten – besonders in der Anfangsphase –, werden die meisten Arten an der Basis nicht breiter als 1 m. Die Breite einer Hecke ist wichtig für den Schnittvorgang, denn je breiter sie ist, desto schwieriger lässt sie sich ordentlich schneiden. Zu breit gewordene Hecken nehmen oft wertvollen Platz weg, der für andere interessante Pflanzen gebraucht wird.

Eine formale Hecke sollte entweder an der Basis genauso breit sein wie oben oder sich nach oben hin verjüngen. Die geneigten Seiten erleichtern nicht nur den Schnitt, sondern lassen Licht an die gesamte Oberfläche, so dass die unteren Äste nicht verkahlen.

In kälteren Regionen kann Schnee Probleme verursachen, vor allem wenn es sich um eine immergrüne Hecke handelt. Durch Schnee und Eis können die Äste unter dem Gewicht auseinander fallen oder sogar abbrechen, die Folge sind beträchtliche Schäden für die Pflanzen. Eine Hecke mit geneigten Seiten wird davon weniger betroffen sein.

Beim Schnitt einer Hecke, beginnen Sie immer unten an der Basis und arbeiten sich nach oben vor, damit sich der Schnittabfall beim Herunterfallen nicht in dem noch zu schneidenden Bereich verfängt. Schneiden Sie von Hand, werden Sie die Schnittführung nach oben mit schwungvollen und bogenartigen Bewegungen parallel zu der Hecke als einfacher empfinden.

Schneiden und Form geben

Hat die Hecke die erforderliche Höhe erreicht, schneiden Sie den oberen Bereich auf etwa 30 cm unterhalb dieser Höhe zurück. Dadurch entwickeln sich neue Triebe, die die Schnittstellen verdecken.

Streben Sie eine besondere Heckenform an, benötigen Sie eine Schablone aus Holz. Zeichnen Sie die gewünschte Form auf das Holz und sägen Sie das Muster aus. Halten Sie die Schablone vor oder über die Hecke und entfernen Sie die überstehenden Triebe (siehe Abbildung). Wenn Sie auf der gegenüberliegenden Seite die Form spiegelverkehrt wiederholen wollen, drehen Sie die Schablone einfach um und schneiden die andere Seite. Hat die Hecke erst einmal die gewünschte Form angenommen, werden Sie merken, dass Sie die Schablone in den Folgejahren für den Schnitt kaum noch benötigen.

Der schwierigste Teil beim Heckenschnitt dürfte die Begradigung einer Hecke sein. Am einfachsten gelingt dies, indem Sie entlang der Heckenoberkante zwischen zwei Pfosten eine Schnur in der gewünschten Höhe spannen.

Die Seiten schneiden

Beginnen Sie im Frühjahr mit dem Schnitt an der Basis der Hecke und arbeiten Sie sich nach oben vor. Schneiden Sie die diesjährigen Triebe bis knapp oberhalb der Schnittstellen vom letzten Heckenschnitt zurück.

Entfernen Sie soweit möglich alle welken Blätter von Hand mit einer Gartenschere.

Die Oberseite schneiden

Stecken Sie zwei Pfosten oder zwei stabile Stäbe etwa 4 m von einander entfernt in den Boden, so dass sie gerade die Vorderseite der Hecke berühren. Spannen Sie zwischen den Pfosten in der gewünschten Höhe eine Schnur. Verwenden Sie hierfür eine farbige Schnur, damit Sie sie besser erkennen können.

Scheiden Sie die Oberseite mit einer Gartenschere, für kräftigere Triebe nehmen Sie eine Heckenschere. Fegen Sie den Schnittabfall weg, damit er auf den Boden fällt.

Form geben *Benutzen Sie beim Schneiden eine Schablone, wenn Sie der Hecke eine besondere Kontur geben wollen.*

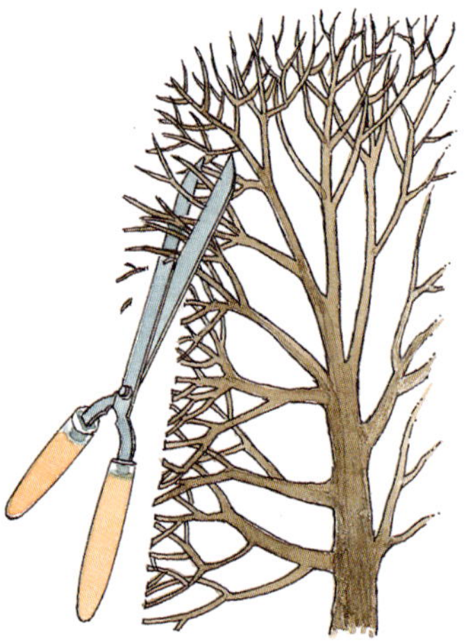

Nach oben schneiden *Schneiden Sie eine Hecke immer von unten nach oben, damit der Schnittabfall nicht im Weg ist..*

Oberseite begradigen *Spannen Sie zwischen zwei Pfosten eine Schnur, die als Richtmaß dient.*

Hecken und in Form geschnittene Pflanzen *verleihen dem Garten Tiefe und Kontrast und sorgen für einen harmonischen Gesamteindruck.*

Sogar eine gut gepflegte Hecke *muss bisweilen im Umfang reduziert werden. Eine wuchernde Hecke sollte über mehrere Jahre hinweg in Etappen zurückgeschnitten werden.*

Topiari-Formen können aus nahezu allen gängigen Heckenpflanzen gestaltet werden, die Schnitttechnik ist die gleiche wie für eine normale Hecke.

VERJÜNGUNGSSCHNITT

Hecken können durch Wind oder Schnee geschädigt werden. In diesem Fall ist ein Rückschnitt anzuraten. Wird er richtig durchgeführt, sieht man der Hecke nicht einmal an, dass sie geschnitten wurde.

Lediglich Koniferenhecken, mit Ausnahme von *Taxus* spec. (Eibe) und *Thuja* spec. (Thuje), können auf altem Holz keine Triebe bilden und dürfen daher nicht zurückgeschnitten werden.

Wuchert die Hecke stark, wird der Verjüngungsschnitt über mehrere Jahre hinweg durchgeführt. Ein starker Rückschnitt in mehreren Etappen ist einem Radikalschnitt grundsätzlich vorzuziehen. Nach Möglichkeit nehmen Sie sich die Seite der Hecke zuerst vor, die mehr Licht erhält, da sie schneller darauf anspricht und dem Garten weiterhin Schutz gewähren wird, wenn Sie die andere Seite der Hecke schneiden.

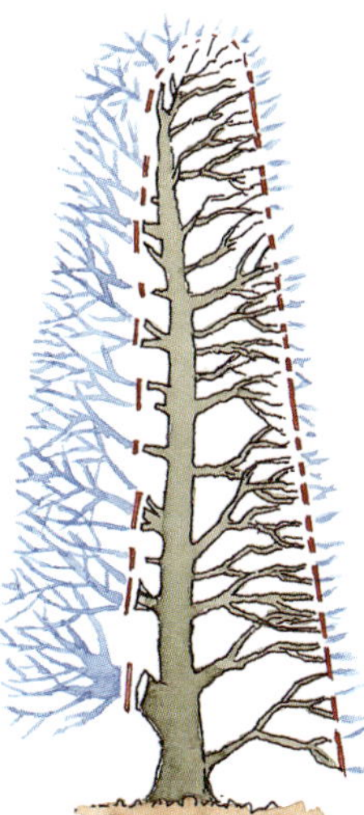

Die Breite reduzieren durch Verjüngen: Erstes Jahr *Eine Seite der Hecke wird stark, die andere Seite leicht zurückgeschnitten.*

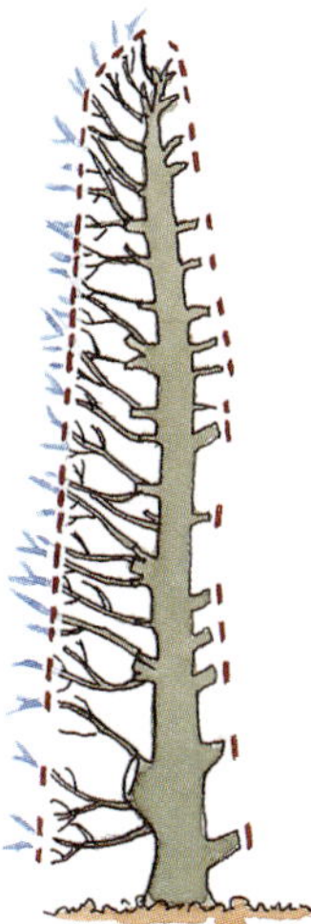

Zweites Jahr *Der Schnitt wird in umgekehrter Form durchgeführt, neue Triebe werden leicht, und die auf der anderen Seite stark geschnitten.*

Die Breite reduzieren

Im ersten Jahr Im Frühjahr werden alle Seitentriebe zunächst auf der einen Seite der Hecke auf etwa 15 cm zurückgeschnitten. Die andere Seite der Hecke wird wie gewöhnlich geschnitten.

Im zweiten Jahr Im folgenden Frühjahr werden die Triebe auf der anderen Seite der Hecke auf etwa 15 cm zurückgeschnitten. Die neuen Triebe der Seite, die im Vorjahr geschnitten wurde, können leicht gestutzt werden

Gleichzeitig werden die neuen Triebe der Heckenoberseite etwas zurückgeschnitten.

DÜNGEN

Hecken werden gewöhnlich mehrmals im Jahr geschnitten, was zum Verlust von Nährstoffreserven führt. Das wiederum beeinträchtigt das Wachstum. Gartenbesitzer vergessen diesen Umstand bisweilen. Jährliches Mulchen mit reifem Kompost bzw. verrottetem Mist oder die Gabe von Universaldünger nach einem Schnitt kann diesen Verlust ausgleichen.

WERKZEUG

Für den Heckenschnitt verwendet man eine gewöhnliche Heckenschere oder eine Elektroschere. Bei Pflanzen mit größeren Blättern wie der Stechpalme *(Ilex)* sollten Sie eine Gartenschere benutzen, auch wenn der Schnitt mehr Zeit beansprucht. Heckenscheren schneiden bei großblättrigen Pflanzen das Laub in der Mitte durch. Die Blätter vergilben und verwelken dann langsam, was einen sehr unschönen Anblick bietet. Für Hecken, die höher als 1,5 m sind, benötigen Sie eine Leiter oder eine stabile Arbeitsbühne.

Kletterpflanzen schneiden

Kletterpflanzen werden gewöhnlich eindimensional gezogen – das heißt, sie begrünen eine senkrecht stehende Fläche. Auch sie benötigen einen Rückschnitt und gleichzeitig eine Unterstützung, damit sie an der Kletterhilfe emporwachsen.

Ziel ist ein gleichmäßig entwickeltes Grundgerüst aus Trieben, die direkt an der Stützhilfe wachsen. Dazu müssen die kräftigsten Triebe in der richtigen Position festgebunden werden.

Beim Rückschnitt einer Kletterpflanze müssen Sie immer deren Wuchsform vor Augen haben, unabhängig davon, um welche Art es sich handelt. Eine echte Kletterpflanze kann sich bis zu einem gewissen Grad von allein auf der Unterlage festhalten, was wiederum den Schnittvorgang und die Erziehung beeinflusst. Kletterpflanzen, die andere Gewächse als Kletterhilfe benutzen, unterscheiden sich von Gehölzen, die man an Mauern oder Zäunen pflanzt, wie zum Beispiel Feuerdorn. Diese sind speziell dafür erzogen worden, an einer vertikalen Oberfläche zu wachsen. Manche dieser Gehölze können extrem starkwüchsig sein und jedes Jahr um mehrere Meter wachsen. Das bedeutet, dass sie zweimal im Jahr zurückgeschnitten werden müssen, um den Wuchs in Grenzen zu halten und die Triebe zu erziehen.

Der Aufbauschnitt muss bei Klettergewächsen oft ein Leben lang durchgeführt werden und nicht nur in der Jugend, wie es bei den meisten Bäumen und

Die Trompetenblume (oben), *ist ein Selbstklimmer und gedeiht in einer warmen, sonnigen Lage am besten. Sie blüht an den Trieben des Vorjahrs.*

Die Glyzine (rechts) *bildet Triebe, die sich um andere Pflanzen oder um eine Kletterhilfe winden, um so an die hellen Sonnenstrahlen zu gelangen.*

Sträuchern der Fall ist. Klettergewächse müssen auch geschnitten werden, um Schäden am Gebäude oder das Überwuchern von Fenstern und Türen zu verhindern.

Je nach Art der Haftorgane unterscheidet man verschiedene Gruppen.

SELBSTKLIMMER

Es gibt zwei Gruppen. Zur ersten gehören Selbstklimmer wie die Trompetenblume (*Campsis* spec.), Gewöhnlicher Efeu *(Hedera helix)* und die Kletterhortensie (*Hydrangea anomala* ssp. *petiolaris*), die sich mit Hilfe ihrer Haftwurzeln verankern. Die zweite Gruppe umfasst Arten wie die Jungfernrebe *(Parthenocissus tricuspidata)*, die sich mit Hilfe kleiner Haftscheiben festhalten und gewöhnlich keine zusätzliche Stützhilfe mehr benötigen.

RANKENDE UND WINDENDE

Diese Kletterpflanzen umfassen drei Haupttypen. Gewächse wie die Akebie *(Akebia quinata)*, kletternde Heckenkirschen (*Lonicera* spec.), der Knöterich *(Fallopia baldschuanica)* und die Glyzine (*Wisteria* spec.) winden sich um die Kletterhilfe oder um alles, was sie erreichen können.

Rankende Arten wie Clematis und Stechwinde *(Smilax aspera)* halten sich mit Blattstielranken an Stützen fest.

Klettergewächse, die Sprossranken ausbilden, winden diese um jede Unterlage, die sich ihnen in den Weg stellt, und ziehen sich selbst immer näher an ihre Stützhilfe heran. Zu dieser Gruppe gehören die Weinrebe (*Vitis* spec.) und die Passionsblume (*Passiflora* spec.).

SPREIZKLIMMER

Rosen werden als Kletterpflanzen bezeichnet, obwohl sie Spreizklimmer sind. Sie haben schnellwüchsige Triebe, die sich zwischen andere Pflanzen oder eng stehende Gerüste spreizen und sich mit Hilfe von Dornen, Stacheln oder Haaren festhalten, um nicht herabzufallen. Das ist der Grund, warum die Spitzen von Dornen und Stacheln oft zum Trieb hin gebogen sind.

Kletterrosen *sind keine echten Kletterpflanzen, sondern Spreizklimmer, die an einem Gerüst festgebunden und erzogen werden müssen, damit sie in die Höhe wachsen können.*

Bodendecker

Die natürliche Wuchsform niederliegender, sich ausbreitender Pflanzen eignet sich sehr gut, um Bereiche des Gartenbodens dekorativ bewachsen zu lassen. Bodendecker haben auch den Vorteil, dass sie das Wachstum von Unkrautpflanzen unterdrücken.

Als Bodendecker bezeichnet man in der Regel Pflanzen, die nicht höher als 45 cm werden, sich aber unbegrenzt ausbreiten können. Ziel ist, eine mehrtriebige Pflanze zu erziehen, die den Boden mit einem Netzwerk aus Seiten- und Nebentrieben überzieht und das Sonnenlicht nicht bis zum Boden durchdringen lässt. Das bedeutet, dass der Aufbauschnitt wichtig ist.

AUFBAUSCHNITT

Der Aufbauschnitt fördert die Entwicklung einer Pflanze mit mehreren Trieben und einem Grundgerüst aus niedrigen, ausladenden, gleichmäßig wachsenden Zweigen dicht über dem Boden.

Entfernen Sie im ersten Frühjahr nach der Pflanzung alle abgestorbenen oder geschädigten Triebe. Schneiden Sie alle verbliebenen auf 15-20 cm zurück.

Da sich diese Triebe verzweigen und Seitentriebe bilden, sollten sie 15-20 cm lang sein, bevor Sie die Spitzen abschneiden, um eine verzweigtere Wuchsform zu erreichen.

ERHALTUNGSSCHNITT

Eingewachsene Pflanzen benötigen wenig Pflegeschnitt und bringen trotzdem jahrelang Blüten und Früchte hervor. Wächst die Pflanze aber oben an den Spitzen weiter, wird sie unweigerlich höher und unten entstehen Lücken. Solange es sich nicht um eine Konifere (siehe Seite 184) handelt, kann das alte Holz alle fünf oder sechs Jahre zurückgeschnitten werden, um die Höhe zu reduzieren und neuen Austrieb von der Basis her anzuregen.

Schneiden Sie die Pflanzen 15-20 cm über dem Boden ab. Alte Triebe können bis zum Boden zurückgeschnitten werden, damit sie durch neue, wuchsfreudige Triebe ersetzt werden.

VERJÜNGUNGSSCHNITT

Pflanzen können gelegentlich den ihnen zur Verfügung stehenden Platz überschreiten. In diesem Fall dürfen Sie nicht den häufig gemachten Fehler begehen, die Triebe einfach bis zum Rand einer Rabatte oder eines Beets zurückschneiden. Besser ist es, jeden zu lang gewordenen Trieb bis zu dem Punkt zurückzunehmen, von dem aus er eine volle Wachstumsperiode benötigen wird, um wieder den Beetrand zu erreichen. Schneiden Sie die Triebe auf eine Knospe oder auf ein Knospenpaar zurück und alle unschönen Triebe ab. Entfernen Sie abgestorbene oder geschädigte Triebe.

Aufbauschnitt (oben) *ist sehr wichtig für Bodendecker wie diesen Efeu, damit sie sich zu einer geschlossenen Pflanzendecke entwickeln.*

Dieser dichte Teppich aus Erica carnea (links), *ist das Resultat eines häufigen Rückschnitts.*

Wenn Bodendecker höher werden (ganz links), *entstehen Lücken in der Pflanzendecke. Regen Sie die Bildung neuer Triebe aus der Basis an, indem Sie die Pflanzen alle 5–6 Jahre zurückschneiden.*

Schneiden leicht gemacht

Spezielle Techniken ermöglichen es, den Schnittaufwand ideutlich zu reduzieren. Dies sollte aber nicht Selbstzweck, sondern Teil einer Gesamtkonzeption der Gartenplanung sein. Auch im pflegeleichten Garten brauchen Ihre Pflanzen Aufmerksamkeit und einen gelegentlichen Schnitt.

Wie man den Schnittaufwand reduzieren kann, machen uns die Gärtner städtischer Grünanlagen vor. Die Royal Horticultural Society in Großbritannien experimentierte mehrere Jahre mit verschiedenen Schnittmethoden an Rosen, um zu sehen, wie die Pflanzen darauf ansprechen. Dabei distanzierte man sich von altbekannten Vorgehensweisen und der Verwendung von Gartenscheren, Astscheren und Sägen. Stattdessen kamen Hand- und Elektro-Heckenscheren zum Einsatz. Dabei wurden ohne Rücksicht auf die Dicke der Triebe oder ihrer Lage an der Pflanze alle Pflanzentriebe auf eine vorher bestimmte Höhe zurückgeschnitten.

Das Ergebnis waren zahlreiche schöne Blüten, die jedoch im Durchschnitt etwas kleiner ausfielen als die an Pflanzen, die nach herkömmlicher Methode geschnitten wurden.

Die Pflanzen schienen entgegen der ersten Erwartung von der „Gleichbehandlung" in einer großen Anpflanzung zu profitieren.

Der anfallende Schnittabfall muss bei dieser Methode entfernt und vernichtet werden; das Werkzeug sollte besonders scharf sein, um einen sauberen Schnitt zu gewährleisten, ohne dass zerfranste Ränder entstehen (was übrigens für alle Schnittarten gilt).

Der größte Nachteil der beschriebenen Vorgehensweise ist, dass zahlreiche kurze, weiche Triebe gebildet werden, die leicht von Schädlingen und Krankheiten befallen werden können, besonders wenn diese zu dicht wachsen.

Geeigneter scheint daher die Kombination aus traditionellen Methoden und neuen Techniken mit elektrischen Werkzeugen. Schneiden Sie die Pflanzen 4-5 Jahre lang mit einer elektrischen Heckenschere zurück und nehmen Sie im folgenden Jahr alle abgestorbenen, wirr wachsenden Triebe von Hand heraus.

Für einige Pflanzen ist diese Schnittmethode nichts Neues, sondern wird schon seit Jahren praktiziert. Gewächse mit vielen kurzen, dünnen Trieben, wie zum Beispiel Erika und Lavendel, wurden schon immer mit der Heckenschere zurückgeschnitten, um verwelkte Blüten sowie überschüssige Triebe zu entfernen. Viele Bodendeckerrosen werden ebenfalls auf diese Weise geschnitten, die verwelkten Blüten können dann mit der Gartenschere abgeknipst werden.

Machen Sie sich zuerst klar, in welcher Höhe der Schnitt durchgeführt werden soll. Schneiden Sie dann alle Triebe, die oberhalb dieser Höhe wachsen, mit einer Heckenschere ab. Ziehen Sie Handschuhe an und fegen Sie die Schnittreste mit der Hand weg. Sammeln Sie den Abfall auf und werfen Sie ihn weg.

Eine weitere, weniger aufwändige Methode, ist das Entfernen ganzer Pflanzenteile. Dabei werden jedes Jahr oder jedes zweite Jahr Triebe vollständig entfernt, um den Gesamtumfang des erforderlichen Rückschnitts zu reduzieren. Wählen Sie die Triebe nach Alter oder Gesundheitsgrad aus: Abgestorbene,

Schneiden leicht gemacht *Manche Beetrosen können statt von Hand mit einer elektrischen Heckenschere zurückgeschnitten werden.*

Befreien Sie die Pflanze nach dem Rückschnitt von den Schnittresten.

Sammeln Sie den Schnittabfall auf und werfen Sie ihn weg, um einer Ausbreitung von Schädlingen und Krankheiten vorzubeugen.

Viele Strauchrosen *bringen mehr Blüten hervor, wenn sie nach der Methode des minimalen Aufwands zurückgeschnitten werden.*

Minimaler Rückschnitt *Entfernen Sie nur die ältesten Triebe und lassen Sie die Pflanze natürlich wachsen.*

geschädigte oder kranke Triebe werden zuerst herausgeschnitten, gefolgt von zwei oder drei der ältesten Triebe, die man meist mit der Astschere oder der Säge abschneidet. Bei dieser Methode wird nichts zurückgenommen, sondern ganze Pflanzenteile entfernt, um neuen Trieben Platz zu machen.

MINIMALER RÜCKSCHNITT

Schneiden Sie im zeitigen Frühjahr oder gleich nach der Blüte zwei oder drei der ältesten Triebe möglichst nah über dem Boden zurück. So hat die Pflanze ausreichend Zeit, neue Triebe für die nächste Saison zu bilden.

Werfen Sie alle herausgeschnittenen Äste und Zweige weg oder verbrennen Sie diese. Achten Sie darauf, dass Sie die verbliebenen Triebe nicht beschädigen, wenn Sie die alten entfernen.

Die Auswahl der Pflanzensorten hat ebenfalls einen Einfluss auf den zu erwartenden Aufwand der Schnittarbeit im Garten. Manche besonders anspruchslose Pflanzen müssen nach dem Einwachsen kaum noch geschnitten werden, besonders, wenn der Aufbauschnitt sorgfältig durchgeführt worden ist. Magnolien, Kamelien, die meisten Koniferen, Strauchveronika, Flieder, Rhododendron und Skimmie gedeihen jahrelang gut, solange man sie gelegentlich etwas zurückschneidet oder zumindest die verwelkten Blüten entfernt, damit sie ihr gepflegtes Aussehen behalten.

Der Verjüngungsschnitt

Viele Pflanzen gedeihen und blühen jahrelang auf das Beste, selbst wenn sie sich selbst überlassen sind. Auch Pflanzen in der freien Natur scheint dies gut zu gelingen, und dort ist ja offenbar kein Gärtner nötig!

Die meisten Pflanzen werden unter dem Gesichtspunkt ausgewählt, wie sie im Garten aussehen sollen und nicht danach, wie sie in der Natur wachsen. Jeder Gartenbesitzer möchte den zur Verfügung stehenden Platz optimal nutzen und das bedeutet, die Pflanzen so einzusetzen, dass sie besonders gut zur Geltung kommen und Blüten, Früchte oder dekoratives Laub hervorbringen. Die meisten kultivierten Formen bleiben aber nur dann attraktiv, wenn sie regelmäßig Aufmerksamkeit erhalten. Ungepflegte Pflanzen entwickeln sich oft zu einem Gewirr aus alten und neuen Trieben, die Blüten werden allmählich kleiner, besonders nachdem die Samenbildung eingesetzt hat.

Die Gründe für die Vernachlässigung sind unterschiedlich. Vielleicht fehlt einfach das Interesse oder die Arbeit wird als zu schwer oder als lästig empfunden. Oft ist aber einfach Unsicherheit die Ursache, und der Pflanzenfreund überlässt die Pflanzen lieber sich selbst als ihnen unter Umständen zu schaden. Was auch immer der Grund sein mag, das Ergebnis ist stets das Gleiche.

Doch es hilft nichts: Um im Garten überleben zu können, braucht eine Pflanze einen Verjüngungsschnitt. Die schwierigste Entscheidung ist lediglich, ob eine Pflanze der Mühe wirklich wert ist. Lohnt sich ein Schnitt oder soll sie besser durch eine neue ersetzt werden?

Wenn Sie Ihre Entscheidung treffen, beachten Sie, dass einige Pflanzen einen radikalen Rückschnitt sehr gut vertragen und sich völlig erholen, während andere wie Geißklee (*Cytisus* spec.) den Rückschnitt nicht überleben, da ihre Triebe vertrocknen und absterben. Die meisten Koniferen bilden ebenfalls keine neuen Triebe auf dem alten, kahlen Holz. Viele Gehölze sprechen auf eine umsichtig vorgenommene Verjüngung gut an.

Ein Verjüngungsschnitt sollte immer in Etappen über zwei oder drei Jahre hinweg durchgeführt werden. Schneiden Sie eine Pflanze nie innerhalb einer einzigen Saison zurück. So bleibt auch Zeit, um in Ruhe die kräftigsten Jungtriebe zu bestimmen, die Sie als Haupt- und Seitentriebe erziehen wollen. Bester Zeitpunkt für einen Verjüngungsschnitt ist das zeitige Frühjahr.

VEREDELTE PFLANZEN

Bei veredelten Pflanzen wurde eine bestimmte Sorte oder Varietät auf eine Unterlage aufgebracht, die andere Eigenschaften, zum Beispiel in Bezug auf die Wüchsigkeit, besitzt als die aufgepropfte Sorte. Ein Verjüngungsschnitt kann hier Probleme verursachen, wenn der Schnitt zu weit unten erfolgt und die Edelsorte auf der Unterlage unabsichtlich entfernt wird. In diesem Fall bildet die Unterlage starkwüchsige Wildtriebe, die die veredelte Sorte verdrängen.

DÜNGEN

Nach jedem starken Rückschnitt sollte gedüngt werden. Verabreichen Sie einen organischen Langzeitdünger oder gereiften Kompost bzw. gut verrotteten Mist, damit die Pflanze sich schneller von dem Eingriff erholen kann.

EINEN VERGREISTEN STRAUCH VERJÜNGEN

Der erste Schritt bei der Verjüngung einer vergreisten Pflanze ist das Entfernen von totem, krankem und geschädigtem Holz. Diese Maßnahme wird besser während der Vegetationsperiode und nicht in der

Vernachlässigte Pflanzen (oben) *können zu groß für den zur Verfügung stehenden Platz werden. In diesem Fall wird ein Verjüngungsschnitt erforderlich sein.*

Verlangsamtes Wachstum (links) *tritt bei manchen Pflanzen von Natur aus auf, wenn sie ausgewachsen sind. Solche Pflanzen wuchern nicht.*

Ruhezeit durchgeführt. In belaubtem Zustand können Sie besser erkennen, welche Triebe gesund sind und welche nicht.

Als Nächstes schneiden Sie etwa die Hälfte der verbliebenen Triebe bis zum Boden zurück.

Zum Schluss kürzen Sie alle Seitentriebe an den restlichen Ästen bis auf drei oder vier Knospen ein.

Im folgenden Jahr beginnt der zweite Verjüngungsschritt. Schneiden Sie nun alle im Vorjahr eingekürzten Triebe ab.

Wahrscheinlich müssen Sie neue Triebe, die sich im vergangenen Jahr entwickelt haben, auslichten, um einen zu dichten Wuchs zu verhindern. Belassen Sie nur die kräftigsten, gesündesten Triebe und achten Sie darauf, dass sie gleichmäßig gewachsen sind, um eine schöne Gesamtform zu erhalten.

Entfernen Sie alle dünnen, langen oder geschädigten Triebe. Schneiden Sie Triebe, die nicht gebraucht werden, auf drei oder vier Knospen zurück, so dass sie neue Triebe entwickeln können.

Bei veredelten Pflanzen ist es wichtig, alle Wildtriebe an der Unterlage zu entfernen. Wenn sie über dem Boden gebildet wurden, kann man sie mit der Hand abreißen, um alle schlafenden Knospen in der Nähe ebenfalls zu entfernen. Treiben Wildtriebe aus dem Boden heraus, entfernen Sie vorsichtig die Erde um sie herum und reißen Sie sie mit der Hand ab. Danach füllen Sie diesen Bereich wieder mit Erde auf.

Wenn das Gehölz auf den Verjüngungsschnitt innerhalb der nächsten 3-5 Jahre gut anspricht, erkennen Sie deutlich den Unterschied. Nach dem Rückschnitt sollte der Strauch sorgfältig beobachtet werden, oft treten zahlreiche weiche, saftige Triebe hervor, die anfällig für Schädlingsbefall und Krankheiten sind. Denken Sie daran, die verbliebenen verholzten Stummel zu entfernen, denn sie können Herde für Rostkrankheiten darstellen.

Verjüngung alter Pflanzen: Erster Schritt *Schneiden Sie alle Triebe dicht über dem Boden ab, um den Neuaustrieb anzuregen.*

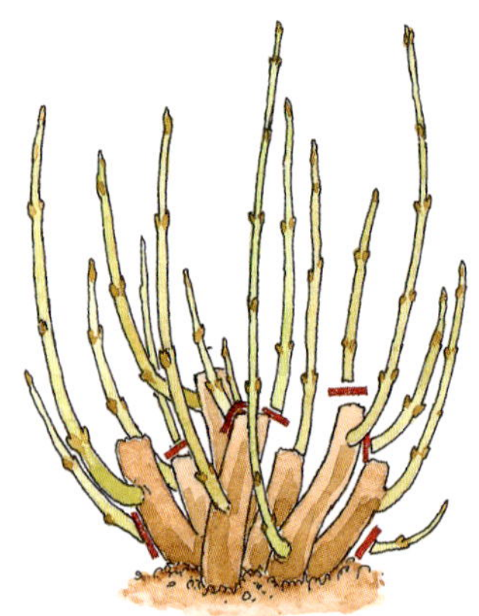

Zweiter Schritt *Die kräftigsten neuen Triebe sollen sich weiterentwickeln. Alle schwachen Triebe werden entfernt.*

Große Sträucher wie diese Glanzmispel (oben), *sollte man besser in mehreren Schritten zurückschneiden, als alle Triebe auf einmal zu entfernen.*

Bäume mit einem lockeren Astgerüst (oben rechts) *müssen nur wenig zurückgeschnitten werden. Entfernen Sie einfach Äste oder Zweige, die sich kreuzen oder aneinander reiben.*

Das Heben der Krone *ist eine Methode, bei der die unteren Äste entfernt werden und so die Krone erhöht wird.*

Beim Auslichten der Krone *wird die Astdichte verringert, wodurch mehr Licht einfällt und der Windwiderstand reduziert wird.*

Spezielle Techniken

Es gibt eine Reihe von Schnitttechniken die angewendet werden, um eine besondere Wirkung zu erzielen. Diese Spezialmethoden können den Erhaltungsschnitt ersetzen, wenn dieser nicht das gewünschte Ergebnis zeigt.

KNOSPENWACHSTUM FÖRDERN

Einige Bäume und Sträucher bilden Triebe mit langen, kahlen Abschnitten ohne Seitensprosse. In diesem Fall kann eine Korrektur nötig werden, um Struktur und Gesamterscheinung der Pflanze zu verbessern.

Um die Entwicklung einer Knospe oder eines Triebs zu verhindern, können Sie mit einem scharfen Messer direkt unterhalb einer Knospe eine kleine, umgekehrt v-förmige Kerbe in die Rinde schneiden (siehe Abbildung). Die Versorgung mit Wachstumsstoffen wird so unterbrochen und der Wuchs dieser Knospe gehemmt

Soll eine Knospe zum Wachstum angeregt werden, bringen Sie die Kerbe oberhalb derselben an. Dieses Verfahren dient auch der Förderung von Seitentrieben auf kahlen Abschnitten der Äste.

Am wirkungsvollsten ist diese Technik im Frühjahr gleich nach Beginn des Austriebs, wenn die Pflanzen Saft führen.

KÖPFEN

Das Köpfen ist eine traditionelle Methode, bei der ein Baum stark zurückgeschnitten wird, um die Neubildung von einjährigen Trieben zu erreichen. Da diese Triebe relativ dünn sind, entwickelt sich keine schwere Krone mit dicken Ästen.

Geköpft wird im Frühjahr, entweder jährlich oder alle zwei Jahre. Schneiden Sie dabei die vorhandenen Äste etwa 5-7 cm vom Stamm entfernt ab; dieser kann bis zu 2 m hoch sein. Starkwüchsige Gehölze wie Pappel (*Populus* spec.), Trompetenbaum (*Catalpa* spec.), Linde (*Tilia* spec.), Platane (*Platanus* spec.), Judasbaum (*Cercis* spec.) sowie einige Weiden (*Salix*-Sorten) können auf diese Weise zurückgeschnitten werden. Sie stellen dann im Winter ihr dekoratives Laub oder ihre leuchtend gefärbten Jungtriebe zur Schau.

AUF-DEN-STOCK-SETZEN

Diese uralte Schnitttechnik wird in der Holzbewirtschaftung nachweislich seit 700 Jahren angewendet, um vor allem bei Weiden die Entwicklung junger Triebe zu fördern. Weidenzweige wurden traditionell für die Herstellung von Zäunen und Körben sowie als Brennmaterial für Holzöfen verwendet. Heute wird dieser Rückschnitt durchgeführt, um eine besondere Wuchsform zu erreichen und ist hauptsächlich auf Gehölze beschränkt, die

Unterhalb einkerben *Eine Kerbe unterhalb der Knospe hemmt deren Wuchs.*

Oberhalb einkerben *Eine Kerbe über der Knospe fördert deren Entwicklung.*

Köpfen: Erster Schritt *Schneiden Sie alle Äste bis auf kurze Stummel nah am Stamm zurück.*

Köpfen: Zweiter Schritt *Sobald die neuen Triebe gebildet werden, lichten Sie diese aus, so dass nur die dicksten und kräftigsten verbleiben.*

interessante Triebe mit leuchtend bunter Rinde hervorbringen können, oder dekoratives Laub tragen.

Ziel ist vor allem die Förderung starkwüchsiger Triebe mit Blättern, die größer sind als im Normalfall, zum Beispiel bei Gehölzen wie dem Blauglöckchenbaum *(Paulownia tomentosa)*, dem Perückenstrauch *(Cotinus coggygria)*, Holunder (*Sambucus* spec.), Eukalyptusbaum (*Eucalyptus* spec.), Hasel (*Corylus* spec.) und Weide (*Salix* spec.). Diese bringen alle besonders dekorative Blätter hervor. Ahornarten, Hartriegel (*Cornus* spec.), die Brombeerenart *Rubus biflorus* und die Silberweide *(Salix alba)* produzieren nach einer solchen Behandlung besonders leuchtende, farbige Triebe.

***Viele Weiden* (rechts)** *werden wegen ihrer leuchtend gefärbten Rinde gepflanzt. Sie werden oft radikal zurückgeschnitten, um den Austrieb frischer, neuer Triebe anzuregen.*

Durch starken Rückschnitt *werden Hasel* **(rechts unten)** *und Holunder angeregt, im Frühjahr große, leuchtend farbige Blätter zu entwickeln.*

Auf-den-Stock-Setzen: Erster Schritt
Schneiden Sie alle Triebe bis zum Boden zurück, so dass nur kurze Stummel stehen bleiben.

Auf-den-Stock-Setzen: Zweiter Schritt:
Neue Triebe lichten Sie so aus, dass nur die kräftigsten übrig bleiben.

***Eine Allee mit Kastenbäumen* (rechts)** *ist ein attraktiver Anblick, besonders, wenn die Seitenäste dicht ineinander verwoben sind.*

***Wie eine Hecke „auf Stelzen"* (ganz rechts)** *wirken Kastenbäumen im Frühling und Sommer. Sie bilden im Garten ein formales Element und lassen gleichzeitig Licht auf die Pflanzen zu ihren Füßen durch.*

KASTENBÄUME

Auf den ersten Blick wirken Kastenbäume wie eine erhöhte Hecke auf Stelzen. Im 16. und 17. Jahrhundert war es üblich, Alleebäume auf diese Weise zu erziehen. In barocken Gartenanlagen wie in der von Schloss Versailles bildeten lange Alleen aus Kastenbäumen ganze Baumwände.

Diese Technik wurde in neuester Zeit wieder entdeckt und erfreut sich wachsender Beliebtheit, besonders bei der Gestaltung formaler Gartenanlagen.

Die Methode ist extrem arbeitsintensiv und schwierig, sie kombiniert Schnitt- und Erziehungsmaßnahmen.

Zur Formung des Grundgerüsts werden alle Seitentriebe horizontal entlang langer Drähte erzogen. Alle vorstehenden Triebe schneidet man auf eine oder zwei Knospen am Ansatz zurück. Entlang der Drähte verwachsen die parallelen Seitentriebe ineinander und bilden schließlich eine Wand. Hat sich dieses Gerüst richtig entwickelt und stabilisiert, werden die Triebe wie bei einer herkömmlichen Hecke zurückgeschnitten.

Kastenbaum: Erster Schritt *Erziehen Sie den Leittrieb zu einem stützenden Grundgerüst; entfernen Sie alle Triebe, die sich auf dem Stamm entwickeln und alle Seitentriebe, die nicht parallel zum Gerüst erzogen werden können.*

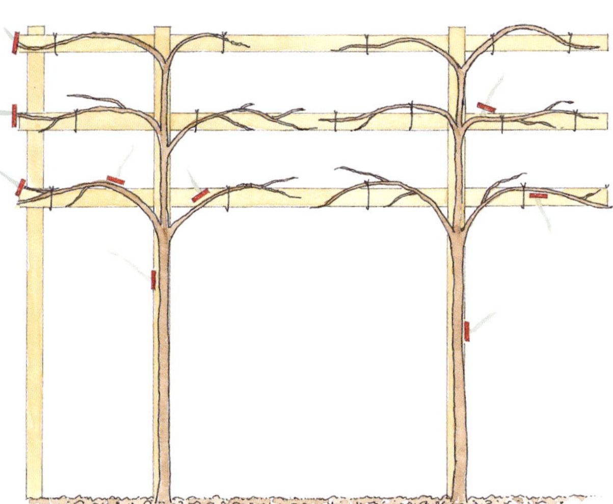

Kastenbaum: Zweiter Schritt *Wenn der Leittrieb die Oberkante des Stützelements erreicht hat, erziehen Sie ihn horizontal. Kürzen Sie vorstehende Seitentriebe ein und entfernen Sie alle Triebe, die sich am Stamm entwickeln.*

Kastenbaum: Dritter Schritt *Sobald die Triebe der Bäume beginnen ineinander zu wachsen, schneiden Sie alle, die nicht parallel zum Grundgerüst wachsen, bis auf eine Knospe ab.*

TRIEBE HERUNTERBINDEN

Viele blühende Gehölze neigen dazu, mehr Blüten und Früchte zu bilden, als die Äste tragen können. Die Äste biegen sich in der Folge herab und ihre Enden befinden sich dann unterhalb der Ansatzstelle am Stamm. Zierapfel (*Malus* spec.) und Zierbirne *(Pyrus salicifolia)* entwickeln von Natur hängende oder lange, biegsame Äste, die meist mehre Jahre brauchen, bevor sie Blütentriebe bilden und damit auch Früchte tragen.

Kämpfen Sie nicht gegen diese natürliche Wuchsform an – ein Rückschnitt würde nur die Entwicklung von noch mehr ähnlichen Trieben anregen. Stattdessen sollten Sie diese Triebe nach unten festbinden. Befestigen Sie dazu eine Schnur am Ende des Triebes und binden Sie das andere Ende der Schnur locker am Fuß des Stammes fest. Auf diese Art fixiert, verbleiben die Triebe in dieser Position. Die Folge ist, dass sich auch der Fluss der Wachstumshormone in den Zweigen verändert. Die Knospen entlang dieser gebogenen Äste entwickeln sich besser und bilden Seitentriebe, die im Sommer auf zwei oder drei Knospen zurückgeschnitten werden können. Sie bringen im folgenden Jahr Blütentriebe hervor, die im darauffolgenden Frühling blühen. Wachsen die Äste zu dicht, kann ein ganzer Ast oder ein Astabschnitt entfernt werden, um neuen Trieben Platz zu machen.

Wurzelschnitt: Erster Schritt *Heben Sie um den Baum herum einen Graben aus, der innerhalb des Kronenbereichs liegt. Er sollte ein Spaten breit und ca. 50 cm tief sein.*

Wurzelschnitt: Zweiter Schritt *Schneiden Sie alle frei liegenden dicken und holzigen Wurzeln ab und entfernen Sie die abgetrennten Enden vollständig, bevor Sie den Graben wieder zuschütten.*

Triebe biegen *bedeutet lange, biegsame Triebe nach innen zu auf den Stamm hin zu erziehen, um die Bildung von Blüten zu fördern.*

WURZELSCHNITT

Der Wurzelschnitt wird heute selten durchgeführt, kann aber als letzter Ausweg dienen, um die Wuchskraft extrem starkwüchsiger Pflanzen zu schwächen. Das Kappen der Spitze solcher Gehölzen hätte nur noch mehr Austrieb und eine völlig missgebildete Pflanze zur Folge.

Ein weiterer Effekt des Wurzelschnitts ist, dass die Bildung von Blüten angeregt wird. Für Obstbäume kommt diese Technik nicht in Frage, da die meisten Obstbäume inzwischen auf schwach wachsenden Unterlagen veredelt werden.

Damit das Wuchsbild einer Pflanze ausgewogen ist, muss zwischen den Trieben und den Wurzeln ein physikalisches und chemisches Gleichgewicht herrschen. In den Wurzeln einer Pflanze werden Wachstumsstoffe gebildet, die die Bildung von Trieben und Blüten sowie deren mengenmäßiges Verhältnis zueinander regulieren.

Beim Wurzelschnitt werden Abschnitte von Wurzeln abgetrennt, die für die Herstellung dieser Substanzen verantwortlich sind. Die Beschränkung ihrer Produktion verändert die Konzentration dieser Stoffe in der Pflanze, wodurch die Neubildung von Trieben reduziert wird; gleichzeitig wird die Tendenz der Pflanze mehr Triebe als Blüten zu bilden, unterdrückt. Ein weiterer Vorteil des Wurzelschnitts ist, dass neue Faserwurzeln gebildet werden.

Der Wurzelschnitt hat aber auch viele Nachteile und muss sehr genau durchgeführt werden. Er erfolgt im Frühjahr, nachdem die stürmischste Zeit des Jahres vorüber ist. Würden Sie die Hauptwurzeln im Herbst abtrennen, könnte der Baum den Herbst- und Winterstürmen kaum standhalten und würde wahrscheinlich umfallen. Im Frühling heilen zudem die Wurzeln besser und es bilden sich schneller neue, vorausgesetzt, die Pflanze ist gesund. Denken Sie daran, dass manche Gehölze durch Wurzelstecklinge vermehrt werden. Verbleiben bei Pflanzen wie manchen Robinien (*Robinia* spec.), *Sassafras albium* oder dem Losbaum (*Clerodendrum* spec.) nach einem Wurzelschnitt abgetrennte Wurzelstücke im Boden, werden sie bald austreiben und rasch zu wuchern beginnen.

RINGELN

Diese einfache, aber sehr wirkungsvolle Methode zur Schwächung der Wuchskraft einer Pflanze kann angewandt werden, wenn andere Schnittarten nicht das gewünschte Ergebnis erzielt haben. Sie kann auch eingesetzt werden, wenn ein Wurzelschnitt nicht durchführbar ist, weil sich die Hauptwurzeln beispielsweise unter einem Weg oder einer Einfahrt befinden. In der Regel wird sie verwendet, um starkwüchsige Apfel- oder Birnbäume in Ertrag zu bringen oder wenn die Veredelungsstelle unter der Erde liegt und die Edelsorte Wurzeln zu treiben beginnt.

Mitte Frühling wird dazu am Stamm ein schmaler Rindenstreifen von 6-12 cm Länge entfernt. Der Ring darf nicht um den Baumstamm geschlossen sein, der Baum würde dann absterben. Wichtig ist die Tiefe des Streifens. Sie müssen bis ins Kambium, das teilungsfähige Gewebe im äußeren Bereich des Holzes, einschneiden. Dieses befindet sich direkt unterhalb der Rinde. Durch das Entfernen des Rindenstücks entsteht eine Barriere, die den Transport von Nährstoffen zu den Wurzeln einschränkt, gleichzeitig ist der Fluss von Wachstumshormonen behindert, so dass sie sich im Stamm oberhalb des Ringes ansammeln. Die Folge ist ein Mangel an Nährstoffen und Pflanzenhormonen unterhalb des Schnitts und damit einhergehend die Reduzierung der Wurzelaktivität, die das Wachstum des Sprosses reguliert.

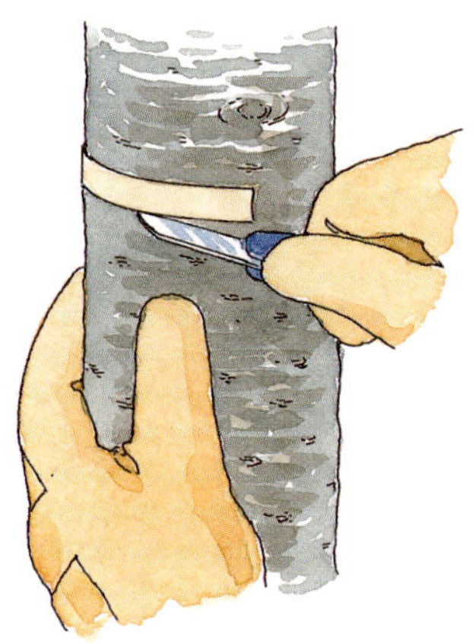

Ringeln: Erster Schritt *Wickeln Sie ein Stück Klebeband um den Stamm, das als Orientierungshilfe dient.*

Ringeln: Zweiter Schritt *Schneiden Sie entlang der Seiten des Klebebands in die Rinde. Entfernen Sie den herausgeschnittenen Rindenstreifen.*

Ringeln: Dritter Schritt *Überkleben Sie den Streifen mit Isolierband oder verschließen Sie ihn mit Wundwachs. Die Wunde bildet im nächsten Jahr einen Kallus (Gewebewucherung).*

Obstgehölze schneiden

Das Geheimnis einer reichen Obsternte ist weniger die Größe des Baums, als ein fachgerecht durchgeführter Schnitt zum richtigen Zeitpunkt. Obstbäume sind veredelt, das heißt auf eine Unterlage aufgebracht, die den Umfang und die Form des Baums, beeinflusst.

Spalierbäume *bestehen aus mehreren Astreihen, die horizontal im rechten Winkel zum Stamm erzogen wurden. Ein so erzogener Baum kann auf einer relativ kleinen Fläche große Mengen Früchte hervorbringen.*

ERZOGENE BÄUME

Als Spalier erzogene Obstbaumformen, besonders von Apfel und Birne, sind sehr beliebt, besonders wenn nur wenig Platz zur Verfügung steht.

Die häufigsten Erziehungsformen sind der Schnurbaum oder Kordon sowie Spalier- und Fächerform. Allen Methoden ist gemeinsam, dass das Astgerüst in einem bestimmten Winkel zum Stamm oder horizontal erzogen wird. Dies fördert die Bildung von Fruchtholz.

Ist einmal ein Astgerüst aufgebaut worden, wird der so erzogene Baum hauptsächlich im Sommer zurückgeschnitten. So wird die Entwicklung von Fruchtholz angeregt, die Sprossbildung gefördert und die gewünschte Form erhalten. Die Standardform des Sommerschnitts bezeichnet man als Lorette-Schnitt. Dabei werden alle wüchsigen Triebe, das sind solche mit 22 bis 23 Blättern, auf drei Knospen zurückgeschnitten; alle weniger wüchsigen Triebe nimmt man auf fünf Knospen zurück, wenn das Holz ausgereift ist.

Diese Schnittmethode kann die Fruchtbildung so stark fördern, dass in der Folge zahlreiche kleine Früchte gebildet werden. In diesem Fall müssen einige Fruchttriebe entfernt werden, der Fruchtbhang also ausgedünnt werden.

Lorette-Schnitt *Schneiden Sie junge Triebe im Sommer zurück, um die Bildung von Fruchtholz zu fördern. Wüchsige Triebe werden auf drei Knospen, weniger wüchsige auf fünf Knospen zurückgeschnitten.*

Schnurbaum: Erhaltungsschnitt
Scheiden Sie neue Seitentriebe auf drei Knospen und alte Seitentriebe auf eine Knospe zurück.

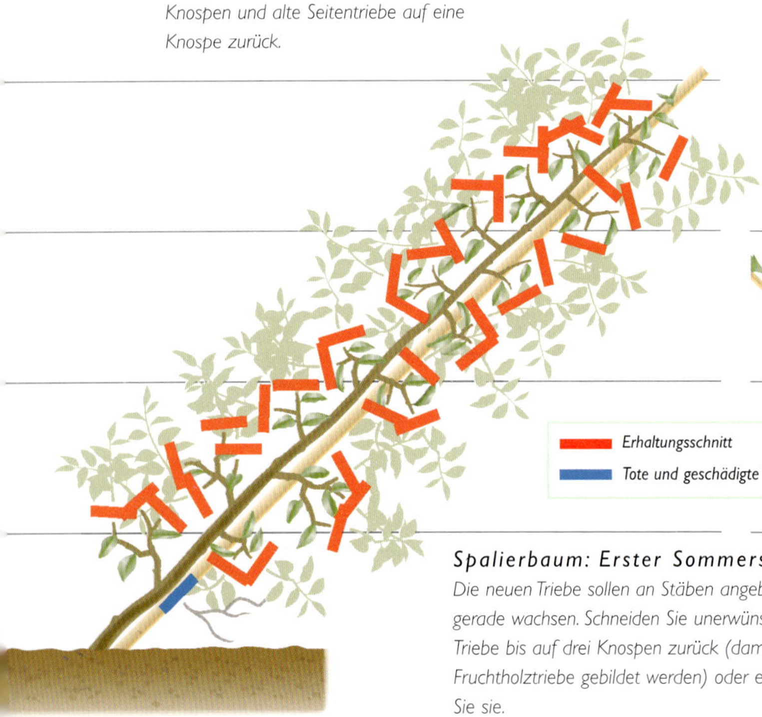

Schneiden Sie die Seitentriebe bis auf 2-3 Blätter zurück

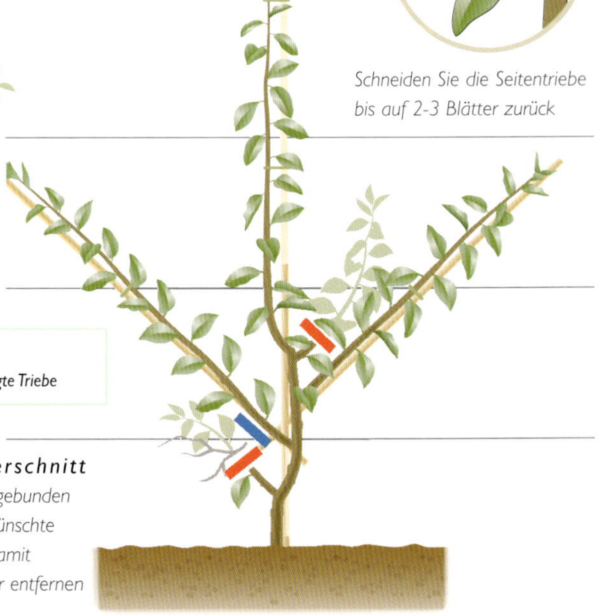

Erhaltungsschnitt
Tote und geschädigte Triebe

Spalierbaum: Erster Sommerschnitt
Die neuen Triebe sollen an Stäben angebunden gerade wachsen. Schneiden Sie unerwünschte Triebe bis auf drei Knospen zurück (damit Fruchtholztriebe gebildet werden) oder entfernen Sie sie.

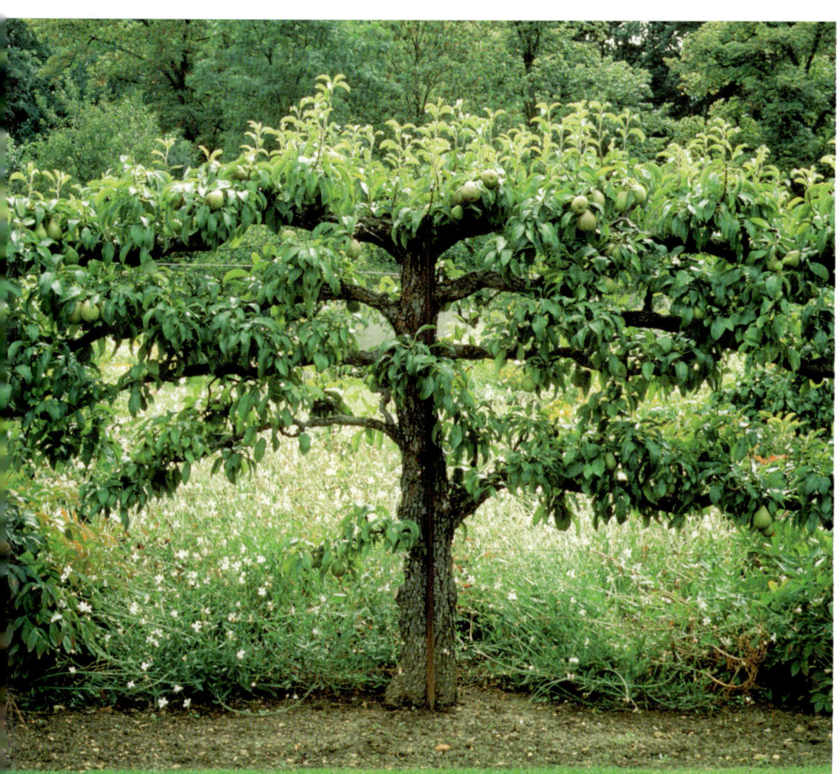

Spalierbaum: Erhaltungsschnitt (Winter) *Schneiden Sie eingewachsene Spalierbäume im Winter zurück, um zu dicht wachsende Fruchttriebe und alle Triebe, die keine Knospen tragen, zu entfernen.*

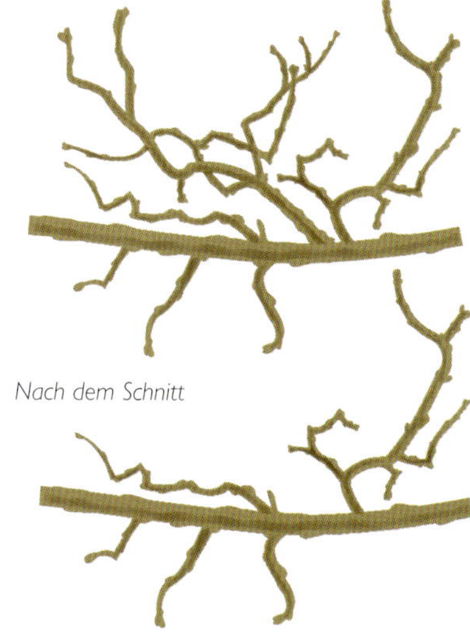

Vor dem Schnitt

Nach dem Schnitt

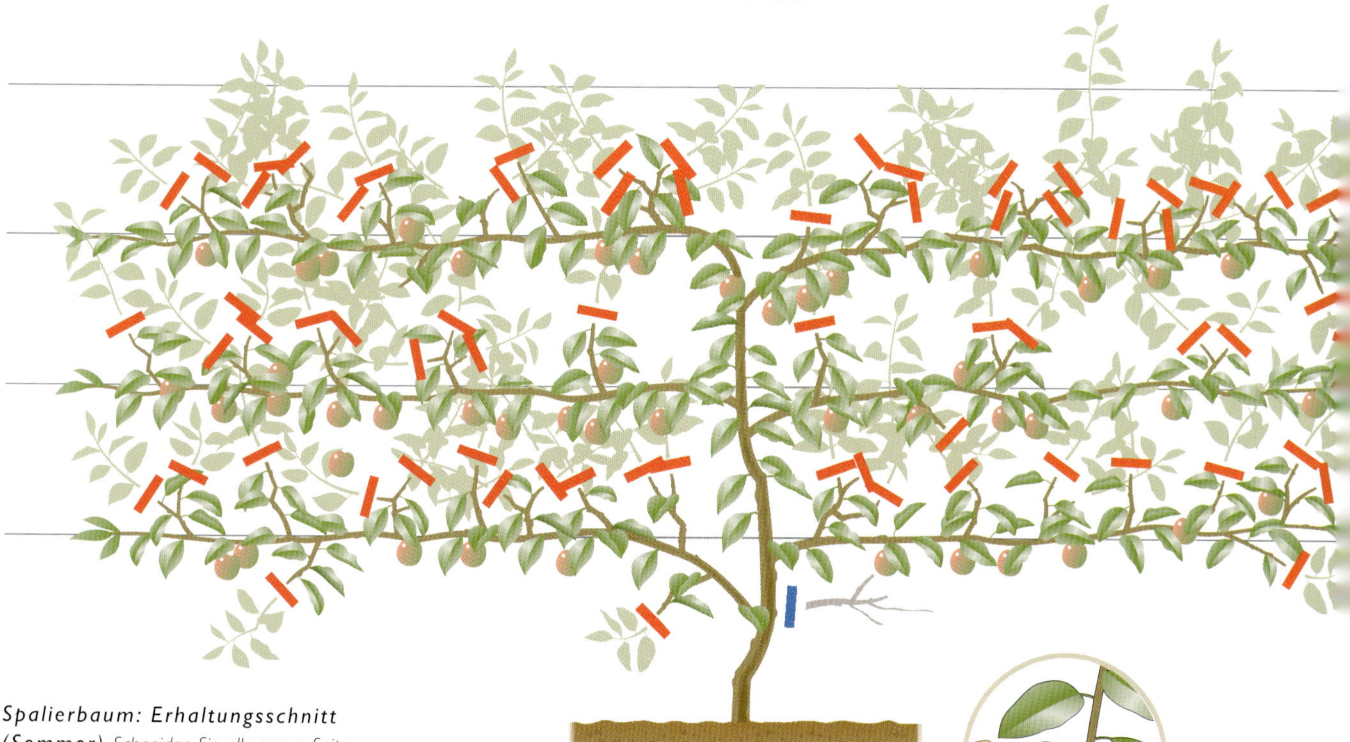

Spalierbaum: Erhaltungsschnitt (Sommer) *Schneiden Sie alle neuen Seitentriebe auf drei Knospen und alle Triebe aus den Achselknospen der Seitentriebe auf ein Blatt oberhalb der basalen Blattrosette zurück.*

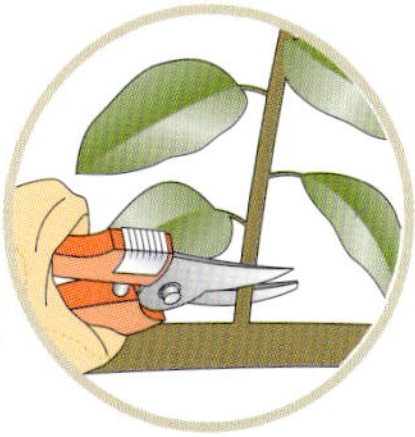

Entfernen Sie wuchernde aufrechte Triebe

FREI STEHENDE BÄUME

Frei stehende Obstbäume machen weit weniger Arbeit als erzogene Exemplare. Viele Obstbäume können in ihrer natürlichen Wuchsform kultiviert werden. Kirsch- und Pflaumenbäume erfordern beispielsweise im Allgemeinen weniger Schnittmaßnahmen als andere Obstbäume.

Pflaumen- und Kirschbäume bilden ihre Früchte hauptsächlich auf dem vorjährigen oder auf älterem Holz. Im Gegensatz zu Apfel- und Birnbäumen sollten neue Triebe nicht regelmäßig zurückgeschnitten werden, da diese kräftigen, wüchsigen Triebe schließlich die Früchte tragen. Aus diesem Grund beschränkt sich der Erhaltungsschnitt bei Pflaumen- und Kirschbäumen hauptsächlich auf das Entfernen ganzer Äste – entweder junger, wuchernder Äste, die miteinander konkurrieren oder älterer Äste, die nicht mehr regelmäßig Früchte tragen.

Der Erhaltungsschnitt wird im Spätfrühling oder Sommer durchgeführt, um das Risiko eines Befalls mit Erregern zu reduzieren, die über offene Wunden eintreten können. Kürzen Sie einige der oberen Äste um etwa ein Drittel ein, damit die unteren Äste mehr Licht erhalten, so dass die Früchte auf diesen Ästen gut heranreifen und eine schöne Farbe entwickeln können.

Im Sommer kann ein Ausdünnen des Fruchtbehangs erforderlich sein (besonders bei Pflaumenbäumen), damit die Äste kurz vor der Ernte unter dem Gewicht der Früchte nicht abbrechen.

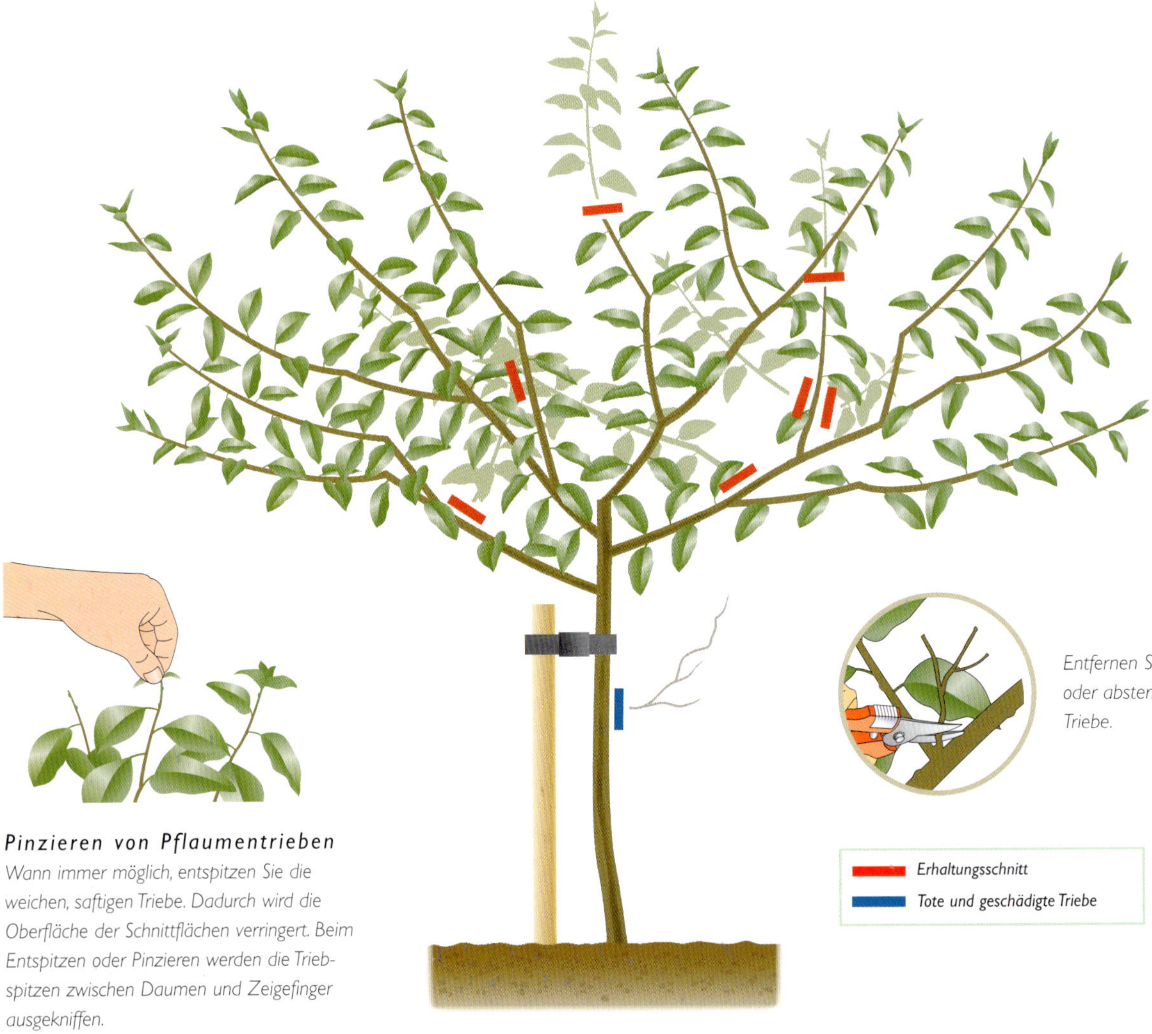

Pinzieren von Pflaumentrieben

Wann immer möglich, entspitzen Sie die weichen, saftigen Triebe. Dadurch wird die Oberfläche der Schnittflächen verringert. Beim Entspitzen oder Pinzieren werden die Triebspitzen zwischen Daumen und Zeigefinger ausgekniffen.

Entfernen Sie tote oder absterbende Triebe.

Erhaltungsschnitt

Tote und geschädigte Triebe

Pflaumenbäume (ganz links) *haben oft eine überhängende Wuchsform mit langen, schlanken Ästen. Die oberen Äste bedecken häufig die unteren. Aus diesem Grund sollten einige der unteren Äste vollständig entfernt werden.*

Kirschbäume (links) *haben gewöhnlich einen höheren Stamm. Dadurch ist reichlich Platz unter dem Baum, was die Ernte erleichtert.*

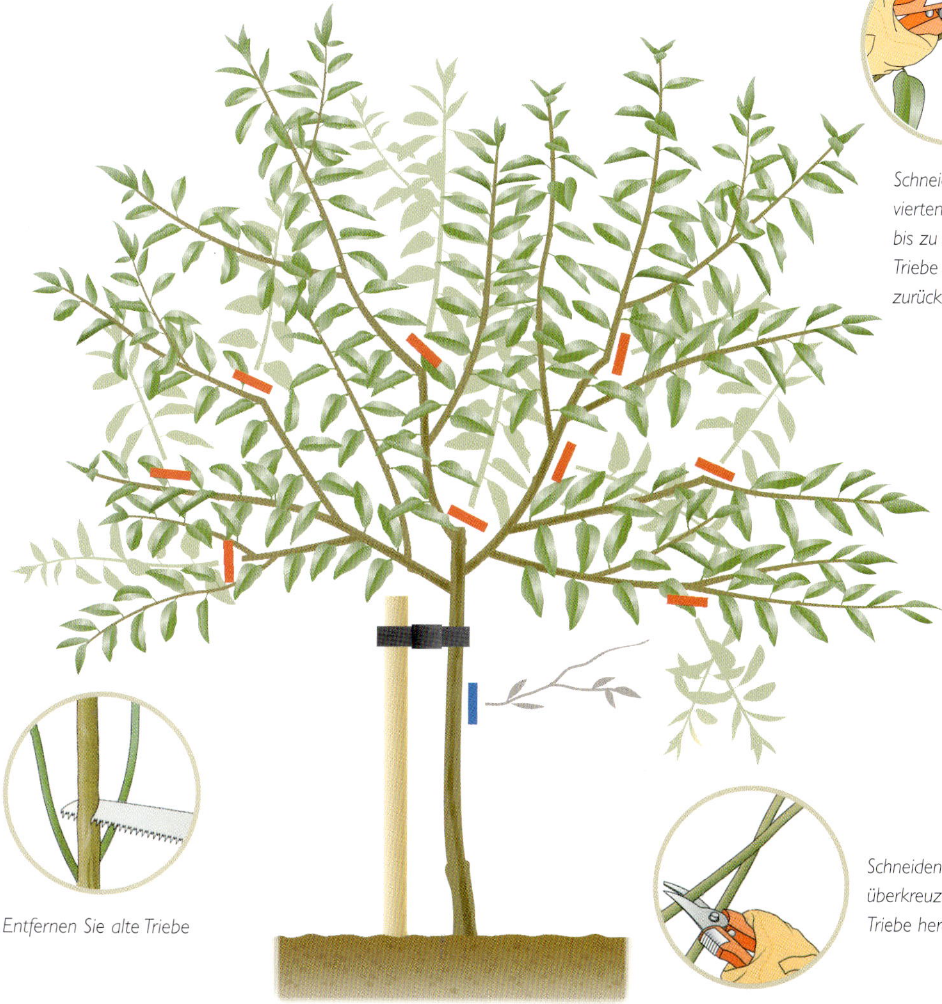

Schneiden Sie jeden vierten Fruchttrieb bis zu einem neuen Triebe an der Basis zurück

Entfernen Sie alte Triebe

Schneiden Sie sich überkreuzende Triebe heraus

EMPFEHLENSWERTE HECKENPFLANZEN

GEHÖLZE FÜR FORMALE HECKEN

Pflanze	Immergrün /sommergrün	Beste Höhe	Schnittzeitpunkt	Verjüngungs-schnitt
Buxus sempervirens	I	0,5 bis 1 m	einmal im Frühjahr, zweimal im Sommer (niemals im Winter)	Ja
Carpinus betulus	S	1,5 bis 6 m	einmal im Spätsommer	Ja
Chamaecyparis lawsoniana	I	1,2 bis 2,4 m	einmal im Spätfrühling, einmal im Frühherbst	Nein
Crataegus monogyna	S	1,5 bis 3 m	einmal im Sommer, einmal im Herbst	Ja
x *Cupressocyparis leylandii*	I	2 bis 6 m	einmal im Frühjahr, zweimal im Sommer (niemals im Winter)	nein
Eleagnus x *ebbingei*	I	1,5 bis 3 m	einmal im Hoch- bis Spätsommer	Ja
Escallonia spec.	I	1,2 bis 2,4 m	einmal gleich nach der Blüte	Ja
Euonymus fortunei	I	1,2 bis 2 m	einmal im Sommer	Ja
Fagus sylvatica	S	1,5 bis 6 m	einmal im Spätsommer	Ja
Griselinia littoralis	I	1,2 bis 3 m	einmal im Spätfrühling, einmal im Spätsommer	Nein
Ilex-Hybriden und Sorten	I	1,2 bis 4 m	einmal im Spätsommer	Ja
Ligustrum spec.	S	1,5 bis 3 m	einmal im Frühjahr, zweimal im Sommer (niemals im Winter)	Nein
Lonicera nitida	I	1 bis 1,2 m	einmal im Frühjahr, zweimal im Sommer (niemals im Winter)	Nein
Osmanthus spec.	I	2 bis 3 m	einmal im Frühjahr	Ja
Prunus laurocerasus	I	1,2 bis 3 m	einmal im Spätwinter	Ja
Pyrocantha spec.	I	2 bis 6 m	einmal nach der Blüte, einmal im Spätsommer (Beeren nicht abschneiden)	Nein
Taxus baccata	I	1,2 bis 6 m	einmal im Sommer, einmal im Herbst	Nein
Thuja spec.	I	1,5 bis 6 m	einmal im Spätfrühling, einmal im Frühherbst	nein

GEHÖLZE FÜR NATÜRLICHE HECKEN

Pflanze	Immergrün /sommergrün	Beste Höhe	Schnittzeitpunkt	Verjüngungs-schnitt
Berberis darwinii	I	1,5 bis 2,4 m	einmal nach der Blüte	Ja
Berberis thunbergii	S	0,6 bis 1,2 m	einmal nach der Blüte	Ja
Choisya ternata	I	2 bis 2,4 m	einmal nach der Blüte	Ja
Cotoneaster lacteus	I	1,5 bis 2,2 m	einmal nach der Fruchtbildung	Ja
Crataegus monogyna	S	1,5 bis 3 m	einmal im Winter	Ja
Escallonia spec.	I	1,2 bis 2,4 m	einmal gleich nach der Blüte	Ja
Forsythia x *intermedia*	S	1,5 bis 2,4 m	einmal nach der Blüte	Ja
Fuchsia magellanica	S	1 bis 1,5 m	einmal im Frühjahr, um alte Triebe zu entfernen	Ja
Garrya elliptica	I	1,5 bis 2,2 m	einmal gleich nach der Blüte	Nein
Hibiscus syriacus	S	2 bis 3 m	einmal im Frühjahr	Nein
Ilex aquifolium / Ilex opaca	I	2 bis 6 m	einmal im Spätsommer	Ja
Lavandula spec.	I	0,5 bis 1 m	einmal im Frühjahr, einmal nach der Blüte	Nein
Pyracantha spec.	I	2 bis 3 m	einmal nach der Blüte, einmal im Herbst (Beeren nicht abschneiden)	Nein
Rosa rugosa	S	1 bis 1,5 m	einmal im Frühjahr, um alte Triebe zu entfernen	Ja
Viburnum spec.	I	1 bis 2, 4 m	einmal nach der Blüte	Nein

PFLANZEN, DIE KEINEN ODER WENIG SCHNITT BRAUCHEN

Manche Bäume, Sträucher und Kletterpflanzen wachsen jahrelang gut und werden nur wenig oder gar nicht geschnitten. Entscheiden Sie sich beispielsweise für immergrüne oder sommergrüne Zwergformen, werden Sie weniger Arbeit haben. Die hier aufgelisteten Pflanzen benötigen nur wenig Schnitt.

SOMMERGRÜNE GEHÖLZE	IMMERGRÜNE GEHÖLZE
Acer palmatum und Sorten	*Aucuba japonica*
Cercis spec und Sorten	*Camellia* spec. und Sorten
Chaenomeles spec. und Sorten	*Choisya ternata* und Sorten
Cotinus coggygria und Sorten	*Cistus* x *corbariensis*
Cotoneaster, aufrechte Arten und Sorten	*Cotoneaster* aufrechte Arten und Sorten
Daphne spec. und Sorten	*Euonymus* spec. und Sorten
Hibiscus syriacus	*Gaultheria mucronata* und Sorten
Hydrangea anomala ssp. *petiolaris*	*Ilex opaca* und *Ilex aquifolia* und Sorten
Ilex verticillata	*Osmanthus* spec. und Sorten
Magnolia spec. und Sorten	*Photinia* x *fraseri* und Sorten
Rhododendron spec. und Sorten	*Prunus* spec. und Sorten
Syringa spec. und Sorten	*Rhododendron* spec. und Sorten
	Tsuga spec. und Sorten
	Viburnum spec. und Sorten

GLOSSAR

Achselknospe (Seitenknospe) Eine Knospe, die an der Übergangsstelle zwischen Blatt und Stängel oder zwischen Haupt- und Seitenzweig liegt.

Astgerüst Das „Skelett" aus Leitästen, das sich entweder natürlich entwickelt oder in die entsprechende Form gebracht wird.

Astring Oft wulstartig verdickte Ansatzstelle eines Asts, in der wichtige Reservestoffe gespeichert sind.

Auge siehe Knospe.

Auskneifen Das Entfernen weicher Triebspitzen zwischen Zeigefinger und Daumen mit den Fingernägeln.

Auslichten Herausnehmen kranker, störender, überalterter oder unproduktiver Pflanzenteile, vor allem bei Gehölzen.

Austrieb 1) Wachstumsbeginn nach der Vegetationsruhe, 2) Gesamtheit aller zu einer bestimmten Zeit gebildeten Triebe eines Gehölzes.

Basis Der unterste Teil eines Sprosses oder einer Pflanze.

Baum Ein Gehölz mit einem deutlichen Stamm und einer Krone.

Blatt Neben Stängel und Wurzel drittes wichtiges Pflanzenorgan, das der Assimilation, dem Gasaustausch und der Transpiration dient.

Blattachsel Eine zwischen Blatt und Stängel liegende Achsel.

Blindtrieb Trieb ohne endständige Knospe; besonders bei Rosen blühen diese Triebe nicht.

Bluten Austritt von Pflanzensaft, meist hervorgerufen durch die Verletzung eines verholzten Pflanzenteils, z.B. nach einem Schnitt.

Blütenstand Blüten tragender Stängelabschnitt.

Buntblättrigkeit siehe Panaschierung.

Edelauge Knospe einer Edelsorte, die auf eine Unterlage aufgebracht wird.

Edelreis Ein Trieb einer ausgelesenen Sorte, der so genannten Edelsorte, der auf eine Unterlage gebracht wird.

Endknospe (Terminalknospe, Gipfelknospe) Eine Knospe, die sich an der Spitze eines Haupttriebs befindet.

Entspitzen (Pinzieren) Abschneiden oder Auskneifen von Triebspitzen, um eine Verzweigung anzuregen um so einen buschigen Wuchs zu fördern.

Erziehung Maßnahmen wie Schnitt, Aufleiten und Binden während des Jugendstadiums einer Pflanze, um diese in bestimmte Formen zu bringen.

Formschnitt (Topiari) Regelmäßiger, exakten Linien folgender Schnitt sehr gut schnittverträglicher Gehölze mit dem Ziel, eine ästhetische Wuchsform zu erreichen.

Frucht Das nach der Befruchtung aus Teilen der Blüte hervorgehende Gebilde, das einen oder mehrere Samen umschließt.

Fruchtholz Alle holzigen Teile eines Gehölzes, an denen Blüten und damit Früchte gebildet werden können.

Gefiedert Bezeichnung für ein geteiltes Blatt, das aus einer Mittelrippe mit einander gegenüber stehenden Teilblättchen besteht.

Gegenständig Bezeichnung für die Anordnung von Blättern oder Knospen am Spross, die sich gegenüber stehen.

Gipfelknospe siehe Endknospe.

Halbimmergrün Bezeichnung für Pflanzen, die im Winter ihre Blätter behalten, im Frühjahr aber neu austreiben und dann das alte Laub abwerfen.

Halbstrauch Ein Gehölz, dessen oberirdische Triebe nicht vollständig verholzen und jedes Jahr absterben.

Hauptast Ein nach Alter, Rangstufe und Entwicklungszustand deutlich hervortretender Ast.

Haupttrieb Ein dominant wirkender, weil gewöhnlich schon älterer und stärker entwickelter Trieb.

Hochblatt (Braktee) Modifiziertes Blatt am Grund einer Blüte oder eines Blütenstandes; entweder den Kelchblättern ähnlich oder groß und auffallend gefärbt.

Hochstamm Baum mit einer Stammlänge von etwa 180 cm. Manche Sträucher, z.B. Rosen können zu dieser Form erzogen werden.

Holz 1) Verholztes Gewebe der Gehölze; 2) Triebe, die verholzt sind und nach deren Alter man einjähriges, zweijähriges und mehrjähriges Holz bzw. junges und altes Holz unterscheiden kann.

Hybride Aus einer zufälligen oder gezielten Kreuzung von Eltern verschiedener Arten oder Gattungen hervorgegangene Nachkömmlinge.

Immergrün Bezeichnung für Pflanzen, die ihre Blätter nicht auf einmal zu Beginn der kalten Jahreszeit, sondern nach und nach in einem arttypischen Rhythmus abwerfen und daher beständig grün erscheinen.

Kallus Gewebewucherung an Wundstellen, durch die eine Verletzung schnell zuwachsen kann; vor allem von Gehölzen bekannt.

Kappen Bei Bäumen nicht fachgerechte Form des Rückschnitts der Hauptäste, um das Wachstum zu fördern.

Kletterpflanzen Gewächse, die im Erdboden Wurzeln und mit Hilfe verschiedener Kletterorgane in Kombination mit verstärktem Längenwuchs an einer Kletterhilfe in die Höhe wachsen, um mehr Licht zu erhalten; meistens Gehölze.

Kletterorgane Speziell ausgebildete Pflanzenteile, mit deren Hilfe sich Kletterpflanzen an einer Stütze festhalten und daran in die Höhe wachsen können. Man unterscheidet: Blattranken, Blattstielranken, Haftscheiben, Haftwurzeln und Sprossranken.

Knospe (Auge) Jugendliches, meist noch wenig entwickeltes, kleines Pflanzenorgan, das von einer Knospenhülle umgeben ist. Aus Triebknospen entwickeln sich Sprosse, aus Blattknospen Laubblätter und aus Blütenknospen Blüten.

Koniferen (Nadelgehölze) Gehölze, meist Bäume, selten Sträucher mit nadel- oder schuppenförmigen Blättern (Nadeln), Zapfen tragend, aber auch mit fleischigen Früchten wie Eibe und Wacholder; immergrün.

Köpfen Schnitt, der vor allem bei Weiden angewendet wird, um eine ständige Neubildung von einjährigen Trieben anzuregen.

Kordon siehe Schnurbaum.

Krone Oberer, verzweigter Bereich eines Baums; es gib verschiedene Kronenformen: Rundkrone; Pyramienkronen, Hohlkrone; Teller oder Flachkrone; Dreiast- und Zweiastkrone; Spindelkrone.

Konkurrenztrieb Ein eng bei oder parallel zu einem Leitast wachsender Trieb, der dessen Wachstum negativ beeinflusst.

Leitast siehe Hauptast.

Mittelrippe Der verlängerte Blattstiel, an dem Teilblättchen meist paarweise sitzen und der dem Mittelnerv eines einfachen Blatts entspricht.

Mulchen Bezeichnung für das Abdecken des Bodens mit organischem Material oder mit speziellen Mulchfolien.

Nadelgehölze siehe Koniferen.

Öfterblühend (remontierend) Innerhalb einer Wachstumsperiode werden mehrmals Blüten in bestimmten Abständen gebildet.

Okulation Einpassen und Fixieren eines Edelauges in die junge Rinde der Unterlage.

Panaschierung (Buntblättrigkeit) Phänomen, das bei Laubblättern auftritt und sich in Form von weißen, gelben oder andersfarbigen Flecken, Streifen oder anderen Mustern zeigt; kann durch Pflegefehler verlorengehen (vergrünen).

Pfahlwurzel Eine mächtige, weit in die Tiefe vordringende Hauptwurzel.

Pfropfung Verbinden eines dünnen Edelreises mit seiner Unterlage.

Pinzieren siehe Entspitzen.

Quirl (Wirtel) Bezeichnung für die Stellung von mehr als zwei gleichartigen Pflanzenorganen, die auf gleicher Stängelhöhe an einem Punkt entspringen, besonders für Blattstellung gebräuchlich.

Remontierend siehe öfterblühend.

Rinde Eine Art schützende „Haut" auf den verholzenden Teilen von Gehölzen.

Ringeln Einschneiden der Rinde und Entfernen eines Rindenstreifens, um ein übermäßiges Triebwachstum eines Baums zu bremsen; führt oft zum Absterben des Baums, da der Wasser- und Nährstofftransport weitgehend unterbrochen wird.

Saft Bezeichnung für die Flüssigkeit, die sich in den Leitungsbahnen der Pflanze befindet.

Schlafende Knospen Minimal ausgebildete Knospen, die als Folge von Verletzungen der Äste oder Zweige austreiben.

Schnurbaum (Kordon) Erziehungsform von Obstgehölzen; Stammverlängerung mit extrem kurzen Zweigen besetzt; diese kann vertikal aufstrebend zum senkrechten, horizontal zu einem waagerechten oder diagonal aufsteigend zu einem schrägen Kordon geformt werden.

Seitentrieb Ein seitlich abzweigender Trieb.

Sommergrün (Laub abwerfend) Bezeichnung für Gehölze, die jährlich am Ende der Vegetationsperiode ihr Laub abwerfen.

Sorte Eine Zuchtform, also eine in Kultur entstandene, meist durch Züchtung erzielte Abweichung vom üblichen Erscheinungsbild einer Art, Unterart oder Varietät.

Spalierform Art und Weise, in der Gehölze an einem Spalier, teilweise jedoch auch frei stehend erzogen werden können.

Stamm Verholzter Spross eines Baumes vom Boden bis zum ersten größeren Ast.

Terminalknospe siehe Endknospe.

Topiari siehe Formschnitt.

Trieb Bezeichnung für Spross, insbesondere für einen verholzten. Je nach Ausbildung und Stellung am Pflanzenkörper werden Triebe verschieden bezeichnet.

Triebausschlag siehe Wildtrieb.

Überwallung Stabilisierung und Schutz der Verletzung eines Gehölztriebs durch wulstartiges, neu gebildetes Rindengewebe.

Unterlage Basis, auf der die Pflanzen einer gewünschten Sorte veredelt werden; sie dient der besseren Verankerung der oft standschwachen Sorten im Boden und beeinflusst das Wuchsverhalten; besonders bei Obstgehölzen wichtig.

Vegetationsperiode (Wachstumsperiode) Zeitspanne, während der Pflanzenwachstum möglich ist.

Vegetationspunkt Bildungsgewebe der Pflanze, das vor allem in Spross- und Wurzelspitzen zu finden ist, und mit dem Zuwachs gesichert wird.

Vegetationsruhe (Winterruhe) Abschnitt im jährlichen Rhythmus, meist Herbst und Winter, in dem die Pflanzen nicht wachsen.

Veredeln Qualitätsaufbesserung einer Pflanze durch Kombination von Knospen oder Triebstücken einer wertvollen Zuchtform mit einer Unterlage mittels verschiedener Veredelungsmethoden; wird erforderlich, wenn die Zuchtform selbst gar nicht oder nicht zufriedenstellend wuchsfähig ist.

Veredelungsstelle Der Punkt, an dem die Knospe oder das Reis mit der Unterlage verbunden wird und später mit ihr verwächst.

Verkahlen Zunehmender Verlust der üblichen Belaubung und/oder Rückgang der Seitenverzweigung, z.B. aufgrund von Vergreisung; die Pflanze erscheint dadurch unansehnlich.

Wasserschosse (Wasserreiser) Senkrecht aufragende, dünne, weiche Zweige, die bei Obstbäumen meist aus einer schlafenden Knospe unter Lichtarmut heranwachsen; sollten frühzeitig abgerissen werden, da sie Nährstoffe verbrauchen.

Wildtrieb Trieb der Unterlage bei veredelten Gehölzen. Erscheint er in der Nähe der Stammbasis, oder entspringt aus den Wurzeln.

Winterhart Bezeichnung für eine Pflanze, die den Winter ohne Frostschäden überstehen kann.

Wurzel Vorwiegend unterirdisch wachsendes Pflanzenorgan, das vorrangig der Verankerung der Pflanze im Boden sowie der Wasser- und Nährstoffaufnahme dient.

Wurzelausschlag siehe Wildtrieb.

Wurzelballen Alle Wurzeln einer Pflanze samt dem sie unmittelbar umgebenden Erdreich.

Wurzelschnitt Abtrennen der Hauptwurzeln eines Baums oder Strauchs, um die Wuchskraft zu schwächen.

Ziergehölze Bäume und Sträucher, die hauptsächlich wegen ihres attraktiven Aussehens und weniger als Nutzpflanzen kultiviert werden.

Zweihäusig Pflanzenarten, mit männlichen und weiblichen Blüten auf verschiedenen Pflanzen.

Register

Z

DANKSAGUNG UND BILDNACHWEIS

Wir danken folgenden Fotografen und Agenturen für die Genehmigung zur Verwendung ihrer Fotografien in diesem Buch.

Abkürzungen: l links, r rechts, o oben, u unten

2 Nick Wiseman/Science Photo Library; 4 l Leigh Clapp/The Garden Picture Library; 8-9 Garden World Images; 10 Peter Stiles/Hortipix; 11r, 12l, 13o Garden World Images; 14 S. Ormel/ Garden World Images; 15 ol T. Cooper/ Garden World Images; 15 or D. Warner/ Garden World Images; 15 u Garden World Images; 16 F. Davis/ Garden World Images; 17 Garden World Images; 19 u L. Kirton/Garden World Images; 23 o, 24 Garden World Images; 25 Mark Bolton/ Garden Picture Library; 26 Ailsa M. Allaby/ Science Photo Library; 27 u F. Davis/ Garden World Images; 28-29, 30 Garden World Images; 32 o, 34 o Peter Stiles/Hortipix; 36 Garden World Images; 38 Michael Comb/ Flora-PIX; 42, 44 Garden World Images; 50 IPC Magazine/Garden World Images; 52 D. Gould/ Garden World Images; 54 Achie Young/ Science Photo Library; 56, 60, 64 Peter Stiles/Hortipix; 66 Peter Etchells/ Science Photo Library; 68 Peter Stiles/Hortipix; 70 Michael Comb/ Flora-PIX; 72 o Jane Sugarman/ Science Photo Library; 76 Michael Comb/ Flora-PIX; 78 Peter Stiles/Hortipix; 80, 83, 88 Garden World Images; 90 Patrick Johns/Corbis; 92 Garden World Images; 100, 102 Peter Stiles/Hortipix; 104 Michael Comb/ Flora-PIX; 108 Garden World Images; 120, 122 Peter Stiles/Hortipix; 134 Michael Comb/ Flora-PIX; 140 o M.J. Higginson/ Science Photo Library; 144 o Peter Stiles/Hortipix; 146 o D. Gould/ Garden World Images; 150, 152 Garden World Images; 154 Michael Comb/ Flora-PIX; 156 Mrs. W.D. Manks/ Science Photo Library; 158 Peter Stiles/Hortipix; 160 Michael Comb/ Flora-PIX; 162, 166 Garden World Images; 164 Michael Comb/ Flora-PIX; 168 o, 170, 173 o Peter Stiles/Hortipix; 176-177 Garden World Images; 181 o D. Gould/ Garden World Images; 182l L. Anderson/ Garden World Images; 183 Garden World Images; 184l Peter Etchells/ Science Photo Library; 186 o Garden World Images; 187 Peter Stiles/Hortipix; 188 F. Davis/ Garden World Images; 189 o Leigh Clapp/ The Garden Picture Library; 190 Hank Dijkman/ The Garden Picture Library; 191 o C. Howes/Garden World Images; 193 Jeremy Samuelson/ Getty Images; 194 Elsa M. Megson/ Science Photo Library; 195 Garden World Images; 196 l, 196 r, 197 Peter Stiles/Hortipix; 196 u Clive Nichols/ The Garden Picture Library; 199 o Mel Watson/ The Garden Picture Library; 199 u K. Howchin/ Garden World Images; 201 o A.C. Seinet/ Science Photo Library; 202 Garden World Images; 203, 204 r Peter Stiles/Hortipix; 205 or Garden World Images; 207 o G. Conelly/ Garden World Images; 207 ur Archie Young/ Science Photo Library; 208 o Paul Shoesmith/ Science Photo Library; 209 o Garden World Images; 210 o D. Gould/ Garden World Images; 213 o Mayer/Le Scanff/ The Garden Picture Library; 214 o David Marks; 215 o Mayer/Le Scanff/ The Garden Picture Library; 217 Nick Wiseman/ Science Photo Library.

Alle anderen Illustrationen und Fotografien stammen von Quarto Publishing plc.